ELSÄSSISCHE

LITTERATURDENKMÄLER

AUS DEM

XIV—XVII JAHRHUNDERT

HERAUSGEGEBEN

VON

ERNST MARTIN UND ERICH SCHMIDT.

I. BAND.

DAS HEILIGE NAMENBUCH VON KONRAD DANGKROTZHEIM.

STRASSBURG.
KARL J. TRÜBNER.

LONDON.
TRÜBNER & COMP.
1878.

DAS

HEILIGE NAMENBUCH

VON

KONRAD DANGKROTZHEIM

HERAUSGEGEBEN

MIT EINER UNTERSUCHUNG ÜBER DIE CISIO-JANI

VON

KARL PICKEL.

STRASSBURG.
KARL J. TRÜBNER.

LONDON.
TRÜBNER & COMP.
1878.

Buchdruckerei von G. Otto in Darmstadt.

AN

PROFESSOR WILHELM SCHERER

IN BERLIN.

Ihnen, verehrter Freund, eignen wir die Sammlung zu, die wir hiermit eröffnen. Wir wünschen mit ihr zu bezeugen, dass das von Ihnen so erfolgreich begründete germanistische Studium an der Universität Strassburg auch jetzt noch in Ihrem Sinne fortgeführt wird: mit liebevoller Würdigung auch der gering erscheinenden Dinge im Bereiche unserer Wissenschaft, mit stätem Hinblick auf die hohen Ziele, auf die grossen Leistungen, deren sie sich rühmen darf.

Die deutsche Litteratur des Elsasses ist unzweifelhaft der jeder andern Landschaft unseres Vaterlandes wenigstens ebenbürtig: es genüge dafür auf Ihre glänzenden Schilderungen in der 'Geschichte des Elsasses' zu verweisen. In dem für unsere Sammlung abgesteckten Zeitraume aber mag das Elsass wohl, im Ganzen betrachtet, als die litterarisch thätigste und wichtigste Provinz erscheinen. Hier war die Reformation, das tiefste Interesse dieser Zeit, am gründlichsten vorbereitet; sie ward hier am eifrigsten vertheidigt. Hier regte sich — gerade in der drohenden Gefahr — zuerst wieder das deutsche Nationalgefühl und rief, als es auf politischem Gebiete den Thatsachen gegenüber verstummen musste, noch wissenschaftliche Werke hervor, die mit unter den bedeutendsten Vorläufern unserer deutschen Alterthumswissenschaft zählen.

Wir werden diese Zeit zum Gegenstand von Arbeiten machen, die den nicht geringen Anforderungen der deutschen

Philologie Genüge thun sollen. Wir verhehlen uns nicht, dass eine vollständige Sammlung, auch in einem weniger strengen Sinne unternommen, nicht bloss unsere Kräfte übersteigen würde. Wir sehen von allem ab, was auf diesem Gebiete von andern bereits in wissenschaftlicher Weise bearbeitet worden ist oder wofür eine solche Bearbeitung in Aussicht steht. Was uns bleibt, soll, so hoffen wir zuversichtlich, an Menge und Güte ausreichen um unsere Arbeit nicht als kleinlich und nutzlos erscheinen zu lassen.

Indem wir diese Arbeit unser nennen, sprechen wir zugleich im Namen der jüngeren Genossen unseres Unternehmens. Wir vertrauen darauf, dass es uns an solcher selbstständiger Unterstützung auch künftig nicht fehlen werde.

Strassburg, 7. Juni 1878.

Ernst Martin.
Erich Schmidt.

INHALT.

Seite.

I.

Das heilige Namenbuch Konrad Dangkrotzheims, oder wie er selbst es nennt, *das heilig nambuoch,* war bis zum Brande der Strassburger Bibliothek 1870 erhalten in einer daselbst befindlichen Handschrift der ehemaligen Johanniterbibliothek Bibl. Arg. B 142, bestehend aus 11 Blättern in 4⁰; dann in einem zu Strassburg ohne Jahreszahl, aber vermuthlich um 1530 erschienenen Drucke, 10 Blätter in 4⁰. Eine kurze Vergleichung von Handschrift und Druck hat Massmann in den Heidelberger Jahrbüchern 1826, S. 1176—1180 gegeben. Durch die Güte des Herrn Oberbibliothekars Prof. Dr. O. von Heinemann ward es möglich, das Exemplar der herzoglichen Bibliothek zu Wolfenbüttel hier zu benützen. Es ergab sich, dass dem Drucke nicht jene Hs. zu Grunde gelegen haben kann, da er zwei dort fehlende Verse (72. 401) erhalten hat und auch sonst vielfach bessere Lesarten aufweist. Wahrscheinlich war die dem Drucker vorliegende Hs. eine ältere, vielleicht das Manuscript des Verfassers; ich glaube das daraus schliessen zu dürfen, dass während in der Handschrift der Name des Dichters, dessen Schreibung wir aus von ihm selbst ausgestellten Urkunden kennen, an den zwei Stellen, an denen er sich nennt (v. 311 und 529), beidemale etwas verändert Danckrotzheim geschrieben ist, der alte Druck die richtige Form Dangkrotzheim bietet. So erscheint der Name auch in einigen Versen, die dem Gedichte auf dem Titel des Druckes vorangehn.

Das heilgen Nambuoch.

Das heilge nambůch, dût nenne mich
min diechter Dāgkrotzheim d' sin̄rich,
Ordenung der heiligen und deßglich
monat deß jors zeug ich vnstrofflich.

Den jungen zů bericht ser trôstlich
befindet myn leser eygentlich.

Schwerlich sind übrigens diese Verse vom Dichter selbst seinem Werke vorausgeschickt. Zwar die Spielerei mit den Reimen, die in den 6 Versen die gleichen sind, entspricht ganz der Art Dangkrotzheims; ich verweise nur auf v. 508 bis 520 des Namenbuchs, wo der Dichter nicht weniger als 11 gleiche Reime hinter einander folgen lässt, ohne selbst darauf Rücksicht zu nehmen, dass ein Reimpar nicht vollständig wird. Aber das Selbstlob *der sinnrich* stimmt nicht zu seiner Bescheidenheit und ebenso widerspricht jener Annahme die ungeschickte, unklare Ausdrucksweise dieser Verse.

Unter den Titelversen des Druckes ist noch ein Holzschnitt beigefügt, der Jesus als Kind im Tempel lehrend darstellt; vor seinem Katheder ebenfalls sitzend, aber auf Schemeln, und mit Büchern, zwei Schriftgelehrte; rechts vom Beschauer ein dritter stehend, links stehend Joseph und Maria. Der ganze Titel ist von Zierleisten eingefasst, die geschmackvoll, aber von verschiedenen Mustern entnommen sind.

Der Druck unterscheidet sich von der Handschrift durch eine etwas modernisierte Schreibweise. Aber auch die der Handschrift ist nicht ganz die urkundlich bezeugte des Dichters, welche in dem unten folgenden Texte herzustellen versucht worden ist.

Bis jetzt lag nur ein Abdruck der Hs. vor, welchen auf die Aufforderung von Graff, Diutisca I. 292 A. W. Strobel veranstaltet hat in den Beiträgen zur deutschen Literatur und Literärgeschichte, Paris und Strassburg 1827, S. 105 bis 129.

Ausserdem sind für die Kenntnis des Dichters werthvolle Beiträge gegeben worden von F. J. Mone in der Zeitschrift für Geschichte des Oberrheins II. (1851) 323—326; von August Stöber im Elsässer Samstagsblatt 1859 und von J. Franck in der Allgemeinen deutschen Biographie IV, 737 ff.

II.

Cuonrat Dangkrotzheim, der sich als den Verfasser des heiligen Namenbuchs an zwei Stellen, v. 34 und 529, selbst bekennt, wird ausserdem noch erwähnt in dem Verzeichniss der Kolmarer Meistersinger (in der Ausgabe der Meisterlieder der Kolmarer Handschrift von Bartsch S. 7 Nr. XIV), ferner in B. Hertzogs chronicon Alsatiae, Edelsasser cronick, getruckt zu Strassburg durch Bernhart Jobin, 1592, IX, 155; er nennt sich selbst noch in einigen von ihm ausgefertigten Urkunden, die sich im Königsbrücker Archiv zu Lichtenthal befinden und von denen Mone einen Abdruck gegeben hat a. a. O. Einige andere Urkunden von ihm, die sich, allerdings in jüngerer Abschrift, im Copialbuch der Abtei Stürzelbronn vorfanden, sind mit der Strassburger Bibliothek 1870 ein Raub der Flammen geworden, nicht aber, wie J. Frank a. a. O. angibt, in der neu errichteten Strassburger Bibliothek zu finden.

Die genannten Quellen geben uns Aufschluss über Heimat, Lebenszeit und Stellung unseres Dichters.

Ueber sein Heimatsland zunächst kann man nicht lange in Zweifel sein. Die durch Reime belegten Sprachformen, besonders die häufigen Reimverbindungen *â : ô*[1], *œ : ê*[2], *iu* oder *ü : i, î*[3] weisen auf das Elsass hin. Dazu stimmen die von ihm gebrauchten Monatsnamen. Bekanntlich haben die einzelnen deutschen Landschaften bezüglich der Benennungen der Monate ihre Eigenthümlichkeiten, die auch durch die im 15. Jahrhundert in Gebrauch gekommene und besonders durch den 1473 erschienenen Kalender Johann Küngsbergers (Regiomontanus) verbreitete gemeindeutsche Monatsreihe sich nicht ganz haben verdrängen lassen; das gilt besonders von den Namen der 4 letzten Monate. Das Elsass nun, welches hier

---

[1] *jar : vor* 412 488 525, *daror : offenbar* 125, *cron : gan* 28, *kramen : komen* 270, *nach : loch* 108, *alen : holen* 432, *sossen : maszen* 544, *stat : tot* 64.

[2] *schœne : Magdalene* 216, *uffhœren : leren* 510, *rœren : speren : heren* 519.

[3] *güder : snider* 482, *vorvir : gehür* 312, *kint : frünt* 326, *erlühter : bihter* 120, *regelsbir : für* 318, *rüsten : baptisten* 188.

nicht mit den übrigen alemannischen Landschaften übereinstimmt, sondern auch hier, wie in sprachlicher Beziehung, die Vermittlung zwischen dem fränkischen und alemannischen Gebiete bildet, unterscheidet sich von den übrigen Landschaften dadurch, dass der Name Hertmond, der sonst dem Januar eigen ist, für den December gebraucht wird. Wir wissen das besonders aus einem Elsässischen Kalender, der in einer Kopenhagener Handschrift des XIV. Jahrhunderts überliefert ist, abgedruckt in Haupts Zeitschrift VI, 350 ff. Dass auch im Namenbuch der December *Hertmonet* genannt wird, (v. 355) beweist wieder die elsässische Abkunft des Dichters.

Ein dritter für sich allein schon genügender Beweis ist die Erwähnung mehrerer specifisch Elsässischer Heiligen, das heisst solcher, die, weil sie im Elsass gelebt und, meist als Bischöfe von Strassburg, gewirkt, nur oder vorzugsweise im Elsass verehrt wurden und sich deshalb nur in Elsässischen Kalendern vorfinden. Es sind das

Arbogast, v. 213 *und der heilige Sant Arbogast.* Nach Jacob Wimpfelings catalogus episcoporum Argentinensium 1508 fol. VIII. und Hertzog, Edelsass. Chronik IV, 67 war er der sechste Bischof von Strassburg, von 641—668. Er findet sich als Heiliger für den 21. Juli an Stelle der sonst an diesem Tage verehrten Praxedis, die in unserm Namenbuch auf einen andern Platz, vor Aposteltheilung, gerückt ist, auch in dem eben genannten Elsässer Kalender der Kopenhagener Handschrift, (Els. Kop. Kal.) und im Strassburger calendarium oeconomicum practicum perpetuum vom Jahre 1740; dann noch in einem unter Nr. 4 zu besprechenden deutschen Cisio-Janus, der aus diesem Grunde vielleicht dem Elsass zuzutheilen ist.

Adolf, v. 253 *Adolf zuo Strosburg bischof was.* Er war Strassburgs 18. Bischof, von 780—790. Das cal. oec. nennt ihn als Heiligen für den 29. August an Stelle des in den nicht-elsässischen Kalendern erscheinenden Festes decollatio Johannis. Für den ganzen Sprengel des Strassburger Bisthums war der Adolphstag, der Tag der Einweihung des Münsters, ein hohes Fest; vgl. Anm. zu v. 253.

Florentz, v. 333 *und der heilige Sant Florentz.* Er war

Nachfolger Arbogasts auf dem Strassburger Bischofsstuhl, den er bis zu seinem Tode 676 inne hatte und wird im Els. Kop. Kal. und cal. oec. als Heiliger für den 7. No ember aufgeführt.

Eine nur im Elsass verehrte Heilige ist endlich Aurelie, v. 302 *do kumet Sant Aurelie her,* im cal. oec. fälschlich auf den 5., im Els. Kop. Kal. richtig auf den 15. October gesetzt.

Auch die nähere Heimat des Dichters kennen wir; sein Wohnort war Hagenau. Dangbrotsheim von Hagenau wird er im Verzeichniss der Kolmarer Meistersinger genannt; Hertzog führt ihn unter der Zahl der Schöffen von Hagenau auf; in seiner Eigenschaft als solcher stellte er die erwähnten Urkunden aus. Im Namen Dangkrotzheim glaubte man den Namen seines Heimatsorts zu sehn und zwar meint Strobel, Beiträge zur deutschen Literatur und Literärgeschichte S. VIII, dieser sei das heutige Dangolsheim in der Nähe des Städtchens Molsheim, während Mone Danckrotzheim für identisch erklärt mit dem jetzigen Dengelsheim, einem Dorfe zwischen Drusenheim und Fortlouis, ganz in der Nähe des durch Goethe bekannt gewordenen Sesenheim; in den Urkunden des Klosters Schwarzach, welches dort einen *dinckhoff* hatte, wird dies stets Danckratzheim oder Danckrotzheim genannt; so in den von Grimm, Weisthümer I. herausgegebenen, wo es S. 736 *Danckrotzheym, ist ein richs dorff* heisst, welches Grimm übrigens irrthümlich nach Dangolsheim verlegt, wo nach Mone das Kloster Schwarzach nie begütert war. Indessen auch der alte Name von Dangolsheim war Danckratzheim; denn nur dieses kann gemeint sein, wenn in einem liber specificationum des Frauenwerkes vom Jahre 1351, *welches die rechte und gewohnheiten der Ambahtlüte des Frauenwerkes aufzählt,* unter den Dörfern, *den man zu pfingesten pfennige git,* Danckratzheim genannt wird: *Item den von Danckratzheim fünf schillinge,* (Stöbers Alsatia 1852, 212), da alle hier genannten Ortschaften südlich oder westlich von Strassburg, gegen Schlettstadt und Zabern zu, liegen. Und Hertzog bemerkt III, 26 bei der Aufzählung der *Stätte, Schlösser und Dörffer zwischen der Hasel und Mosig: Danckoltzheim Oder wie in alten Brieffen zu finden Danckrhatsheim.*

Man könnte also in Zweifel sein, an welchen dieser beiden Orte zu denken sei; indessen weit zweifelhafter erscheint mir, ob wir überhaupt in Dangkrotzheim den Namen des Heimatsorts unsres Dichters und nicht vielmehr seinen Geschlechtsnamen zu sehn haben. Mone nimmt an, sein Geschlechtsname sei ein andrer gewesen; er denkt an Clobellouch, den Namen einer im Elsass und Speiergau weit verbreiteten Familie; auf dem Pergamentstreifen, welcher das jedenfalls den Namen führende Siegel, dessen Schrift theilweise nicht lesbar ist, mit der Urkunde verbindet, steht dieser Name geschrieben. Das ist jedoch nicht von Bedeutung; denn auf dem Pergamentstreifen der zweiten Urkunde, die ebenfalls mit Dangkrotzheims Siegel versehen ist, steht ein andrer Name, Cappel Ulrich; ausserdem passen die auf ersterem Siegel leserlichen Buchstaben nicht zum Namen Clobellouch, es sind die Buchstaben S. CONADI. S ... EA ... NKRAZEM; auch ist das Wappen der Clobellouch ein etwas anderes, als das auf den Siegeln; diese zeigen eine heraldisch nach rechts gekehrte Pfeilspitze, wohinter auf dem Siegel der zweiten Urkunde ein Engel als Schildhalter steht; das Wappen der Clobellouch ist dagegen ein mit der Spitze nach oben gerichteter Pfeil (es ist abgebildet bei Hertzog VI, 182.); unter den vielen in der Edelsasser Chronik abgebildeten oder beschriebenen Wappen ist nur eins, welches eine nach rechts gerichtete Pfeilspitze zeigt, das der Sicken (VI, 102); diese sind indessen eine Strassburger Familie; dann passt der Name ebenfalls nicht zu den Buchstaben des Siegels, so dass an sie auch nicht zu denken ist.

Ueberhaupt liegt wohl kein Grund vor zu bezweifeln, dass der Name, mit dem sich der Dichter im Namenbuch, der Schöffe in den Urkunden selbst nennt, sein Geschlechtsname ist, zumal auch Hertzog, der doch sonst die Geschlechtsnamen der zu nennenden Personen angibt, ihn ebenfalls einfach Conradt Danckoltzheim nennt; wir werden also im Namen Dangkrotzheim — so schreibt er sich selbst in den Urkunden, und so ist sein Name im alten Druck des Namenbuchs geschrieben, während in dem Verzeichniss der Kolm. Meisters. Dangbrotsheim, in der Handschr. des Namenbuchs Danckrotzheim, in der Edelssas. Chronik endlich Danckoltzheim geschrieben ist — den Familiennamen unsres Dichters sehen. Immerhin ist es möglich, dass seine Familie aus einem jener beiden Dörfer stammte und seine Vorfahren bei der Uebersiedelung nach Hagenau sich den Namen beilegten. Uebrigens gehört die Familie der Dangkrotzheim nicht zu den Hagenauer Patricierfamilien; Hertzog führt sie weder im X. Cap., welches *von alten Adenlichen auch Burgerlichen geschlechten zu Hagenau, ihren Wappen und Genealogien* handelt, mit auf und erwähnt überhaupt nur noch einmal einen Mann des Namens, Johann von Danckoltzheim, als Schultheissen von Hagenau im Jahre 1369 (IX, 154), woraus hervorgeht, dass sich die Familie dennoch eines gewissen Ansehens in der Bürgerschaft erfreute.

Genaueres wissen wir über unsers Dichters Lebenszeit. Nach Hertzog wurde er im Jahre 1402 und zwar *uff montag nach dem wüsten sonntag* zum Schöffen erkoren; da wir wol annehmen dürfen, dass er hierzu nicht vor dem 30. Lebensjahr gewählt würde, werden wir sein Geburtsjahr nicht nach 1372 anzusetzen haben. Als sein Todesjahr gibt Hertzog 1444 an: *starb uff Mittwoch nach dem Schawertag* anno 1444.* Als Abfassungszeit des Namenbuchs bezeichnet der Dichter selbst v. 524 u. 525 das Jahr 1435, so dass er es im Alter von ungefähr 60 Jahren geschrieben haben würde. „Das Gedicht ist in der That das Erzeugniss eines frommen, schlichten und gemüthlichen Alten, dem es hienieden noch recht behaglich ist und der sich mit heiterm Sinne zu der ihm lieben Kinderwelt und zu frischem Volksleben hingezogen fühlt". (Stöber a. a. O.) Ohne diese ausdrückliche Angabe dürfte sich aus dem Gedichte wol schwerlich ein Anhaltepunkt betreffs seiner Lebenszeit gewinnen lassen. Deutliche Hinweise auf historische Ereignisse seiner Zeit fehlen ganz. Da wir seine Lebenszeit kennen, möchten wir vielleicht in einigen Stellen eine Hindeutung auf ein von ihm erlebtes Ereigniss erblicken: v. 183, 184

und der heilige herr Sant Vit,
an dem vil trostes und hoffens lit

und 206, 207

* Aschermittwoch.

Ulrich (sin fisch bringet an der hand);
der hat über die gelider craft.

Dangkrotzheim schrieb das wol mit Hinblick auf den zwei Decennien vorher, besonders in den Jahren 1417 und 1418 in Strassburg, wie im übrigen Elsass wüthenden Veitstanz, von dem nur die Schutzpatrone der mit Fallsucht, Gicht, Veitstanz behafteten, Veit und Ulrich, befreien konnten, zu deren Kapellen, besonders der Veits bei Zabern, die Kranken in Scharen wanderten. (Stöber in Frommann, deutsche Mundarten VI, 4.)

Was die Stellung unsres Dichters betrifft, so war er ohne Zweifel Schullehrer. Nicht nur dass er ein Schulbuch schreibt — denn als solches ist doch unser Namenbuch zu betrachten — in dem fast jedes Blatt von seiner innigen Liebe zu den Kindern, besonders der Schuljugend, Zeugniss ablegt, wie sie nur ein Lehrer zu seinen Schulkindern haben kann, weisen einige Stellen des Namenbuchs mehr oder weniger deutlich darauf hin. Die Rettiche, Rüben, das Rindfleisch in den Versen 165—167

des fröwent sich min gesellen, die buoben
und kument uns rettich und ruoben
et cetera rintfleisch in das hus,

kann man doch wol schwerlich anders, wie als Geschenke, die die Schüler am Urbanstag ihrem Lehrer bringen, deuten; eben daran kann man nur denken, wenn es v. 304—307 heisst:

So bringet der bihter Sante Galle
sin gallestucke in einem körbel getragen.
Das süllent ir üwern mueter sagen,
wann es des meisters schuolrecht ist.

Einen deutlichen Hinweis auf des Dichters Stand enthält endlich v. 343, in dem der Dichter die Katharine *die allerliebste mine* nennt, das heisst seine Patronin. Katharina galt bekanntlich als Beschützerin der Wissenschaften. So berichtet Lasicz* über sie: *Literarum studiosi Catharinam virginem Alexandrinam velut alteram Minervam colunt.*

* Johann Lasicz: de diis Samagitarum ceterorumque Sarmatarum et falsorum Christianorum, 1580 abgefasst, woraus ein Theil abgedruckt in Haupts Zeitschr. I, 138—149.

Daneben bekleidete nun Dangkrotzheim lange Jahre hindurch das Amt eines Schöffen, wahrscheinlich ununterbrochen. Die von ihm ausgestellten Urkunden sind aus der Zeit von 1410—1431; die zwei im Königsbrücker Archiv befindlichen aus den Jahren 1410 und 1430, die verloren gegangenen von 1412, 1413, 1415, 1421, 1431. Wahrscheinlich blieb er bis zu seinem Tode Schöffe. Ueber die Stellung und Befugnisse der Hagenauer Schöffen, die Zusammensetzung des Schöffencollegiums in damaliger Zeit, spricht ausführlich Hertzog im II. und IV. Capitel des IX. Buchs seiner Chronik. Nicht unpassend findet einiges davon vielleicht hier eine Stelle.

IX, II. S. 149: *Es haben die Schöffen zu Hagenaw anfenglichs uber 200. jor die Administration allein gehabt, das gericht besessen, und die Statt regirt, auch keinen gelitten, er wer dann vom Adel unnd einem guten alten geschlecht das auch Adelmässig. Als aber bey zeiten und Regierung keyser Carol des vierten die Schöffen das gemein einkommen und gefell zum theil in jren nutz gebrauchten und grosse partheiligkeit under jnen und jren geschlechten für fiele, das sie sich nit konden mit einander vereinigen, dann dazumahl namen sie das ungelt, einer heut der ander morgen unnd theten der gemein darumb kein Rechnung dann sie vermeinten die Statt stunde allerdings an jnen allein und kam grosz unglück und zwitracht hievon under den Handtwercksleuten dieweill niemandts von den Schöffen noch von den jhren konte bezalt werden unnd wolte keiner den andern lassen fürkommen, da gieng ein jeder zu seinem Handtwerck, das jme huldigte, dann es war dazumal also, das sich ein jedes Handtwerck einem Schöffen anhengig machte unnd derselb Schöff behalff sich auch als dann mit demselben Handtwerck und gebrauchte seinen vortheil damit. Dise klag kam für die Römische keyser und könige, als sie nun vernamen das die Statt nur an den zwölff Schöffen stunde und wante, und das dieselben mit der Statt gut handleten nah jhrem willen und gefallen, darzu sich partheylich hielten mit den urtheln, darumb sprach keyser Carol der viert Anno 1324 zu den Erbaren leuten zu Hagenaw, die solches dazumahl vor jre kayser. May. brachten: ir sollen nemen ausz ewern Handtwercken noch als viel der Schöffen seind, damit uberstimmen jr sie. Dises geschahe unnd wurden vier und zwenzig zu den Schöffen von den Handtwercken inn den Raht gezogen, welches noch heutigs tags die vier und zwentziger heissen und werden järlichs und jedes Quatember auszer den Schöffen einer zum Stetmeister, und ausz den vier und zwentzigen ein Marschalk, so die Statt regieret, gezogen, damals baweten sie gleich das Rahthausz unnd lütten zu Raht, giengen auch bei dem eydt in den Raht, als der Brieff ausweiset, den man alle jar schwöret, der jnen auch damals von obgenantem könig Caroln gegeben wardt und war zuvor nit gebreuchlich, das man in den Raht leuten thet.*

Ganz dasselbe, oft mit denselben Worten, wird in einer Papierhs. *von dem ursprung und auffkommen der Statt Hagenau* (abgedruckt in Stöbers Alsatia 1868--72 S. 339 bis 350) berichtet, die Hertzog jedenfalls benutzt hat.

Einige Jahrzehnte darauf erhob sich über die Aufnahme von Handwerkern in das Schöffencollegium grosser Streit, über dessen Ausgang Hertzog IX, IV, 153 so berichtet: *da wolten die Schöffen man solte andere Edelleute kiesen zu Schöffen und keinen von den Handtwercken darzu nemen, darumb erhube sich ein grosser streit und es was auch unzimlich dann man fande damals under den Handtwercken auch taugliche leut und es bracht der Raht zu weg inhalt des Brieffs so man järlich schwört, das im jar 1391 drey schöffen von den Handtwercken erkieset worden, als Ritter Hans, Voltzel Duchscherer und Bechtholt Ferber.*

Wahrscheinlich ist auch unser Dangkrotzheim einer von diesen aus den *handtwercken* gewählten Schöffen gewesen.

Ausserdem war er nun auch dichterisch thätig. Hagenau zeichnete sich ja als eine Wissenschaft und Dichtung hegende und befördernde Freistätte aus, und war schon damals bekannt durch seine Buchhandlungen, aus denen sich im 16. Jahrh. jene grossartigen Hagenauer Buchdruckereien entwickelten. Das musste gewiss höchst anregend auf Dangkrotzheims geistigen Bildungsgang einwirken und so nimmt es uns kein Wunder, wenn wir ihn im Verzeichniss der Kolmarer Meistersinger in der Reihe dieser mit aufgeführt finden. Tragen wir also kein Bedenken, diesem Zeugnisse Glauben zu schenken, so erregt dagegen begründeten Verdacht eine ebenda sich findende Notiz, die ihm die Autorschaft eines Gedichts zuschreibt, das sonst unter des Dichters Muscatblüt Namen überliefert und auch von Groote in seine Ausgabe der Muscatblütschen Gedichte als Nr. 23 mit aufgenommen ist. Die Notiz lautet: 19 *Dyss ist in Muscatblüt nuwem ton von der schopfunge und der geburt VII lieder. der ton stet hien nach.*

Ir merckent alle besunder;

und im Register steht zu diesem Liede bemerkt *In Muscatblut nuwem ton daz hat Dangbrotsheim von Hagenauw gemacht.*

Nichts Auffallendes hat zwar die Benutzung eines von einem Dichter erfundenen und ihm eigenen Tons durch einen andern (vgl. Jacob Grimm, über den altdeutschen Meistergesang S. 111 und 112). Ohne alle Bedeutung ist indessen, was vielleicht als Beweis für die Autorschaft Dangkrotzheims vorgebracht werden könnte, dass sich einzelne Worte und Wendungen des Gedichts auch im Namenbuch wiederfinden, wie *gehiur* v. 9 im Namenbuch v. 312 und 315 vorkommt; *lustliche spise* v. 16 an Namenbuch 230 *wie wol sie lustlich uszersliefft; von leyen und pfaffen* v. 54 an Namenbuch 289 *pfaffen und leyen; Ave voller gnaden! got mit dir ist an schaden* v. 33 an Namenbuch 113 *ave vol gnaden! got mit dir ist;* die Bezeichnung der Jungfrau Maria als Joachims und Annen Kind v. 32 an Namenbuch 368 *die enpfengnisse unser lieben frouwen do sie Joachim umbefing* erinnern könnte; diese Redeweisen sind nicht vom Dichter selbst erfunden, sondern aus geistlichen Schriften entnommen und stereotyp geworden. Dass sich unser Dichter solcher Redeweisen mit Vorliebe bediente, werden wir unten ausführlicher erörtern.

Dagegen ist schon aus sprachlichen Gründen das Gedicht dem Verfasser des Namenbuchs abzusprechen. Reimverbindungen wie *gnaden : schaden* 33, *tagte : vragte* 81 sind bei Dangkrotzheim, wie überhaupt in Elsässischen Gedichten schon desshalb nicht möglich, weil â in der Elsässer Mundart zu ô wird, a dagegen a bleibt. Gegen die Autorschaft

Dangkrotzheims spricht ferner die ausdrückliche Nennung Muscatblüts als Verfassers zum Schluss des Gedichts ganz in der Art Muscatblüts: *spricht Muscatblüt,* und der Umstand, dass es schon in den ältesten Handschriften, die die Muscatblüt'sche Liedersammlung enthalten, so in einer zu Lebzeiten Dangkrotzheims vor Abfassung des Namenbuchs im Jahre 1433 geschriebenen, diesem ausdrücklich zugesprochen wird. (Aufsess, Anz. f. Kunde des deutsch. Mittelalters I, 260, 233.) Auch der Inhalt, die ganze Art der Darstellung stimmt zu der Muscatblüt'schen, so dass wir keinen Anstand zu nehmen brauchen, es gegen das Zeugniss des Kolmarer Meistersingerverzeichnisses unserm Dichter ab und Muskatblüt zuzusprechen.

Uns ist also nur ein Werk Dangkrotzheims bekannt, das heilige Namenbuch.

Sein Inhalt ist entsprechend der eigentlichen Bedeutung des Worts Namenbuch, womit man in späterer Zeit die Fibeln bezeichnete, im wesentlichen eine Aufzählung von Heiligen nach der Aufeinanderfolge der Tage ihrer Verehrung geordnet, wie er selbst am Anfang des Gedichtes sagt:

Zuo erste tuot es dir offenbor
alle lieben heilgen durch das jor,
wie die noch einander gont
und in den zwölf monetten stont.

Indessen ist das nicht eine einfache trockene Aufzählung — eine für ein Gedicht etwas undankbare Aufgabe — sondern es sind zwischen die Heiligennamen Bauernregeln, Wetterbeobachtungen, Gesundheitsregeln u. dergl. glücklich eingestreut. Der Ton ist ein naiver, herzlicher, gemüthvoller, die Sprache eine einfache, schlichte, nicht ungewandte.

Fassen wir des Dichters Ausdrucksweise etwas näher in's Auge, so wird eine Wiederholung gewisser Worte und Redeweisen bald auffallen, nicht nur solcher, die offenbar Lieblingsworte des Dichters waren, wie *geroten, vorabe* u. a., sondern einer Anzahl höchst prosaischer, nämlich den Heiligen beigelegter Epitheta. Es ist das eine um so auffälligere Erscheinung, als sich, abgesehen von jenen Lieblingsworten, der Dichter einer gewissen Abwechslung befleissigt; doch lässt sie sich höchst einfach erklären. Jene Epitheta sind nicht vom

Dichter selbst ersonnen, sondern von ihm aus Martyrologien, Legendarien u. dergl. Werken entnommen. Das zeigt eine einfache Nebeneinanderstellung von Epithetis, die den Heiligen im Namenbuch, wie in Martyrologien beigelegt werden; wir wählen aus der Zahl der letzteren das dem Kop. Els. Kal. beigegebene und ein selbständig in einer Münchener Handschrift Cgm. 837 vom Jahre 1450 sich findendes.

Martyrol. Monacense.	Els. Kop. Kal.	Namenbuch.
Mathyes XII pot	*Sant Mathis dag ein zwelffbotte*	*91. Der zwölfbotte Sant Mathis.*
	Thimoteus ein zwelfbotte.	*56. Thymotheus der zwölffbotte.*
Barnabas der XII pot.	*Sant Barnabas ein zwölffbotte.*	*182. und Sant Barnaba der zwölfbotte.*
Jacobus.	*Sant Jacob ein zwelfbotte*	*218. Jacobus der mere, zwölfbotte.*
Andreas der XII pot.	*Sant Andres ein zwelfbotte*	*352. Andreas der zwölfbotte.*
Matheus der XII pot und evangelist.	*Sant Matheus ein zwelfbotte und ein evangeliste.*	*274. Matheus zwölfbotte und evangelist.*
Sant Marcus evangelist	*Sant Marx ein evangeliste.*	*130. Sante Marx der evangelist löbenlich.*
Lucas der evangelist	*Sant Lucas ein ewangeliste.*	*308. Santus Lucas der evangelist.*
Oswaltus künig marterer	*Sant Oswalt ein künig.*	*236. Künig Ohswalt.*
Wensenlaus herczog, kunig, marterer.	*Sant Wentzeler ein hertzoge aus Beheim unde marter*	*280. Sant Wentzelaw der was hertzog der statt von Proge.*
Marcellus ein pabst.		*52. Marzolff des bobst.*
Calixtus pabst und marteler.	*Calixtus ein bobest.*	*301. Calixtus bobest und marteler.*
Nicolaus pischof.	*Sant Nicolaus ein pischof.*	*364. Niclaus bischof und herren.*
Thomas pischof	*Sant Thoman von Cantelberg ein bischof.*	*398. Von Cantelberg bischof Thomas.*
Paulus der erst einsidel.	*Sant Paulus der erste einsidel.*	*51. Paulus der erst einsidel im walde.*
die entphenknuss unser frawen.	*Alse unser frowe enpfangen wort.*	*368. die enphengnisse unser lieben frowen.*

Martyrol. Monacense.	Els. Kop. Kal.	Namenbuch.
unser frauwen himelfart.	*alse unser frowe zuo himmel fuor.*	240. *unser frouwe . . . und zu irme kinde varen.*
gepurt Maria der muter gotes	*Unser frouwen tag alse sie geboren wart.*	263. *unser lieben frowen zart das ist als sie geborn wart.*
Dorothea ein junckfrau und martrin.		81. *Die edele junkfrowe Sant Dorothee.*
Juliana junkfrau mertrin.	*Sant Juliana ein magt unde ein martlerin.*	86. *Juliana die jungfrowe vin.*

Der Einwand, den man gegen eine wissentliche Benutzung solcher Werke Seitens unseres Dichters erheben könnte, diese meist den Stand der Heiligen angebenden Epitheta seien eben die bezeichnendsten und der Dichter habe wohl kaum andere oder passendere wählen können, ist nicht stichhaltig. Eine Vergleichung der in den beiden Martyrologien den Heiligen beigelegten Epitheta ergibt, dass diese in einer grossen Anzahl von Fällen verschiedene sind, was um so mehr beachtet zu werden verdient, als es den Schreibern dieser höchst prosaischen Werkchen doch nicht um einen Wechsel des Ausdrucks zu thun sein konnte. In solchen Fällen weist entweder auch das Namenbuch andere Epitheta auf oder es schliesst sich an eins der beiden Martyrologien, meist das Münchener, an.

Verschieden sind die Epitheta in den drei Schriftchen z. B. in:

Mart. Mon.	Els. Kop. Kal.	Namenbuch.
Bonifacius pischof zu Maincz.	*Sant Bonifacie unde sine gesellen.*	174. *Der bobest Bonifacius.*
Unser lieber vater Augustinus.	*Sant Augustinus ein bischof.*	250. *Der lerer sant Augustin.*
Der unschuldigen kindlin tag.	*der kindelin tag.*	393. *Der seligen kindelin tag.*
Johanes der taufer.	*Johanstag zu sünnigihten.*	188. *uff Sant Johans den baptisten.*

Mit Els. Kop. Kal. stimmt das Nmb. z. B. überein, in

Johannes der ewangelist als er in das öl gelegt wart.	*Sant Johannes marter vor der latinen porten.*	*158. Johans vor der latinschen porten.*

Mit Martyrol. Monacense, während das Els. Kop. Kal. abweicht, in:

Gregorius der gross lerer und pabst.	*Sant Gregorie der bobest.*	*99. Sante Gregorium den lerer.*
gross wirdig riter Sant Jorg.	*Sant Georie ein marteler.*	*128. und der ritter Sant Jergen.*
das heilig creuz als es gefunden ist worden.	*die vindung des heiligen crütze s.*	*150. das heilige crütz, als es zuo Ostern funden wart.*
Erasmus der gross liebe heilig marter.	*Erasmus ein marteler.*	*173. Der heilig Erasmus.*
der gross Christoferus.	*Christoffel ein marter.*	*220. Christoforum den grossen man.*

Dies, glaube ich, thut zur Genüge dar, dass derartige Ausdrücke von Dangkrotzheim aus ähnlichen Werken, wie die beiden Martyrologien, entnommen sind und zwar möchte ich behaupten, dass er sie nicht aus der Erinnerung niederschrieb, sondern eins dieser Werkchen vor sich hatte. Nur unter dieser Annahme nämlich finden wir eine Erklärung für eine auffällige Erscheinung im Namenbuch, die so häufig vorkommende asyndetische Aneinanderfügung von Heiligennamen ohne Prädicat, wie z. B. v. 85 und 86:

Der himelfürst Sant Valentin.
Juliane die iungfrowe vin

und in einer grossen Anzahl andrer Stellen, die in der Anm. zu v. 52 zusammengestellt sind. Diese kann ich nur so erklären, dass der Verfasser des Namenbuchs ein Martyrologium vor sich liegen hatte und wo er Excurse für unnötig fand und ein Reim leicht herzustellen war, einfach die einzelnen Zeilen aus seiner Vorlage herausschrieb und wie dort unter einandersetzte.

Halten wir damit die Benutzung fremder Werke für erwiesen, so werden wir auch misstrauisch gegen andere Partien des Gedichts, besonders die aus der Legende oder biblischen Geschichte entnommenen Theile sein und uns fragen, ob Konrad diese aus dem Gedächtniss entnommen oder auch hier eine Vorlage gehabt. Die Uebereinstimmung einzelner Redeweisen mit den betreffenden Stellen der Bibel, wie v. 74—76

der gerecht Simeon forhtsam
das kindelin in sin arme nam
und huop domit an und schree:
Nunc dimittis domine

mit ev. Luc. 2, 29, oder 387

der erste marteler Sante Stephan,
der sach den himmel offen stan

mit Apostelgesch. 7, 55 würde natürlich nichts beweisen; wol aber würde ich eine Bestätigung meiner Vermuthung darin sehen, wenn die von ihm bei Anspielungen oder der Wiedergabe von Legenden und dergl. gebrauchten Ausdrücke sich auch in andern ähnlichen Werken wiederfänden. Und das ist in der That der Fall. In einer Anzahl von Fällen werden im legendarischen Theil von Hermanns von Fritzlar *heiligen lebine* (Deutsche Mystiker, herausg. von Pfeiffer I.) gerade dieselben Scenen aus der Legende erzählt und mehrmals dieselben Ausdrücke gebraucht. Ich stelle hier einige zusammen:

Hermann von Fritzlar.	Namenbuch.
S 51. *und vant sante Paulum stênde ûffe sînen knien und sine ougen waren gekart gên dem himel und sin munt stunt alse her betete.*	50. *Paulus.* *der üebte sin leben in grosser venie.*
96. *und do lit dirre aposiole in tutschen landen und dikein mere.*	91—94. *Matthis* *der lit zuo Trier und brach das is* *und ist dishalb des meres see* *in tütschen landen kein zwölfbotte me.*
236. *Man hilfet in ouch wole mit almusen. Ze dem dritten mâle hilfet man in mit innigem gebete* u. s. w.	329. *und wellest den tag kein almuosen sparen.* 323. *und warten uff das gemeine gebet.*
[Es fragt sich wem man helfen soll] *und ein ieclîch sînem vatere und sîner mutere und die im geholfen haben zu eime guten lebine.*	324. *Eins ist din minne, eins ist din ette* *so was eins sust din guoter frünt.*

237. uud alle sîne bant di er hate zu dirre ketin di worden alle los	*332. der bantloeser Sante Lienhart.*
240. darumme heizet her der milte sente Mertîn.	*336. und der milte Sant Martin.*
13. dise jungvrouwe (Barbara) hate ein gelubde von gote, wer iren âbent vastet und iren tag vîrt oder ir sunderlich gebet heldet, dise mugen nicht gesterben sundern ruwe und bîchte und gotis lîchamen.	*360—362. Sant Barbel mügig ist zu stercken, was lütes sich in irn dienst gent, die sterben nit ons sacrament.*
164. dô her sprach: dir sint vergeben alle dîne sunde.	*217. Der vergap ir sünde selbs got.*

Bemerkt zu werden verdient noch, dass auch die Ueberschrift des Werks Fritzlars mit den Versen des Namenbuchs, in denen der Inhalt desselben angegeben wird, übereinstimmt. Die Ueberschrift von *der heiligen lebine* lautet:

S. 6 *Hie hebet sich ane das buch von der heiligen lebine durch das Jor alse si nâch der zît gevallen,* die betreffende Stelle im Namenbuch

v. 39—41 *Zuo erste tuot es dir offenbor*
alle lieben heilgen durch das jor,
wie die noch einander gont.

Dies soll natürlich nicht eine Benutzung der *heiligen lebine* oder vielmehr jenes grossen, Erklärungen von Evangelien u. s. w. enthaltenden Sammelwerks, das um 1340 bestand,* beweisen, so wenig wie die oben zusammengestellten Epitheta eine solche jener Martyrologien, sondern zeigen, dass der Dichter einer Vorlage sich bediente und zwar in ziemlich ungezwungener Weise. Ich denke mir diese als eine Sammlung von Legenden oder vielmehr legendulae, wie eine lateinische z. B. in einer Münchener Handschrift Cgm. 686 mit der Ueberschrift: *Incipit pronunctiamentum de Sanctis per Annum* vor mir liegt, die auf 50 Blättern die Legenden der meisten Kalenderheiligen kurz dargestellt enthält.

Das Verdienst Dangkrotzheims wird dadurch natürlich nicht geschmälert. Der volksthümliche, naive Ton, den er

* Vgl. Joseph Haupt, Beiträge zu den deutschen Mystikern, I.

anschlägt, die herzliche Liebe vor allem zu den Kindern, die durch das Ganze athmet, das Heranziehen alles dessen, was des Menschen Herz bewegt, was die Natur ihm an leiblichem und geistigem Segen bietet, die glückliche Vereinigung dieses mit den prosaischen Heiligenaufzählungen, das bleibt sein unbestrittenes Eigenthum und das ist es doch gerade, was das Büchlein zu dem macht, was es sein soll, einem Schul- und Volksbuch, das ist es, was es geeignet macht, seinen Zweck zu erfüllen

den kinden zuo schuolen (zu) *locken*
und simelkuochen in milroum brocken
und in den süeszen hunigseim.

Noch bleibt ein Wort zu sagen übrig über die Wahl des Stoffes, der doch im wesentlichen aus einer Aufzählung der Kalenderheiligen besteht. Eine solche als Inhalt eines Schulbuchs hat für die damalige Zeit nichts Auffälliges. War doch zu einer Zeit, in der man in Ermangelung unsrer heutigen Kalender das Datum nicht nach der Zahl des Tags im Monate, sondern nach den unbeweglichen Festen oder den Tagen gewisser Kalenderheiligen bestimmte, die Kenntniss dieser, sowie ihrer Aufeinanderfolge für Jedermann unumgänglich nöthig und so suchte man schon in der Schule den Kindern diese Tage fest einzuprägen. Bei der beträchtlichen Anzahl derselben nahm das nicht geringe Zeit in Anspruch und bildete deshalb neben dem Auswendiglernen der 10 Gebote, des Vaterunsers, von Kirchenliedern und der Grammatika bis ins 17. Jahrhundert einen nicht unwesentlichen Theil des Schulunterrichts. Es lag also nahe, gerade diesen sprödesten Theil des Unterrichts, vor dem der Schuljugend wol nicht mit Unrecht am meisten grauen mochte, durch eine angemessene Bearbeitung für sie geniessbar zu machen.

Uebrigens waren ja solche Zusammenstellungen von Heiligen in Versen für Schulzwecke nichts Neues; vielmehr hatte sich eine förmliche Gattung solcher Gedichte in den letzten Jahrhunderten ausgebildet, auf die, so verschieden auch ihre äussere Gestalt meistens von der unsres Namenbuchs ist, wegen ihrer inhaltlichen Verwandtschaft etwas näher einzugehen gestattet sein möge, zumal durch eine Vergleichung mit ihnen manche Vorzüge unsres Gedichts, die sonst leicht übersehen werden könnten, mehr hervortreten werden. Ich meine den Cisio-Janus.

III.

Wenn ich den Cisio-Janus etwas ausführlicher bespreche, als vielleicht unbedingt nöthig erscheinen möchte, so geschieht das zum Theil, um dieser Gattung von Gedichten zu ihrem Rechte zu verhelfen, die wegen ihres ungestalten Aeussern, seit sie wieder aufgefunden, das heisst seitdem man in der Mitte des vorigen und Anfang dieses Jahrhunderts auf sie wieder aufmerksam wurde, vielleicht wie keine andre Litteraturgattung verachtet und verkannt, stets nur mit Tadel und Schmähungen überhäuft wurde, welche noch dazu grösstentheils von denen ausgingen, von denen man dies am wenigsten erwarten sollte, den zahlreichen Herausgebern und Bearbeitern derartiger Gedichte. So erklärte man, abgesehn davon, dass man dem Cisio-Janus allen poetischen Werth absprach, ihn wenn auch nicht mit Panzer für zwecklos, so doch theilweise für sinnlos, während doch eine genauere Betrachtung bald ergeben haben würde, dass letzterer Vorwurf ganz unberechtigt, der erstere Fehler, der Mangel an poetischem Werth. milder zu beurtheilen sei.

Der eigentliche und ursprüngliche Cisio-Janus, auch Cysianus und Cisivanus, von seinem Anfange so genannt, enthielt in 24 lateinischen Hexametern, 2 für jeden Monat, die meist nur durch die Anfangssilben angedeuteten Namen der unbeweglichen Feste und der Kalenderheiligen. Und zwar war die Einrichtung so, dass je 2 für einen Monat bestimmte Verse so viel Silben, wie der betreffende Monat Tage zählten; dass ferner durch die Stellung der ersten Silbe eines Heiligennamens zugleich der Monatstag seiner Verehrung bezeichnet wurde, indem sie die gleiche Stelle innerhalb der beiden betreffenden Verse oder innerhalb des ganzen Cisio-Janus einnahm, wie der betreffende Tag im Monat oder im ganzen

Jahre. Die ganze Einrichtung war also derartig, dass, wie Chyträus in der Ueberschrift zu einem von ihm im Anhang seiner Chronologia Herodoti et Thucydidis abgedruckten Cisio-Janus sagt, *syllabis in digitum digestis pueri Calendarium integrum ediscere et memoriter circumferre possent.* In Betracht kommen also besonders die Anfangssilben der Heiligennamen, während die übrigen Silben zwar den Werth eines Tags haben, nicht aber ein Fest oder einen Heiligen bezeichnen. Deren waren übrigens nicht gar viele, und wo sollte auch Raum für sie sein in einem Gedicht, in welchem auf den engen Raum von 24 Hexametern nicht weniger als 140—180 Namen von Heiligen und Festen zusammengedrängt waren, und ausserdem auch noch ein Plätzchen übrig bleiben muste für den Namen des Monats und einige erklärende oder wie Grotefend und andere Herausgeber wollen „nichts bedeutende Worte?"

Die letzteren sind meist Verba, dazu bestimmt, die Heiligennamen in ein grammatisches Verhältniss zum Monatsnamen zu bringen; meist ist der Monatsname Subject, das Verbum transitiv und von diesem werden nun die betreffenden Heiligennamen als abhängig gedacht und, wenn sie ausgeschrieben sind, auch in den entsprechenden Casus, also meist den Accusativ gesetzt: vorausgesetzt dass das ohne Störung der Silbenzahl geschehen kann.

So ist im Januar Subject *Janus* (Januarius), Prädicat: *sibi vendicat** und davon sind die Namen als Objecte abhängig; *Cisio* = circumcisio domini, das erste Wort steht aber doch im Nominativ, weil wenn *cisionem* geschrieben würde, dadurch die erste Silbe des Wortes *epi* = epiphania auf die 7. Stelle von der ihr zukommenden 6. gerückt würde.

Im September ist der Satzbau: *Sep*(tember) *habet* = September hat.

Etwas erweitert ist der Satz beim Mai: *Maius in hac serie tenet:* Der Mai hat in folgender Reihenfolge, dann gegen Ende *in pede,* zum Schluss noch . . . .

---

* vendicat ein mittellat. Wort und nach Dieffenbach, glossarium mediae et infimae aetatis S. 610 nicht ganz gleichbedeutend mit vindicare, sondern = usurpare, acquirere.

Anders ist die Construction bei den übrigen Monaten:

Februar: *Februo* scil. sunt, worauf die Namen im Nomin., im 2. Vers aber *conjunge tunc inde* zu diesen füge noch hinzu, wovon nun der Accusativus abhängig ist: *Petrum Mathiam.*

Der März lautet: *Martius decoratur,* wozu ablat. *officio Gregoriano,* dann *juncta Maria Genitrice,* ablat. absol. = wozu Maria hinzuzufügen ist.

April ovat in festis,* der April freut sich der Feste; von *festis* sind nun abhängig die Genitive *Tiburti, Ambrósii, sancti Geor(gii); Marci, Vitalis.*

Im Juni heisst es: *Jun dat,* dabei steht aber nicht der Accus., sondern Genitiv. Wir werden deshalb *dat* als Abkürzung von dator anzusehen haben.

Juli: *Juli*(o) *occurrunt**,* im Juli begegnen uns.

Oktober: *Sub Octobre**** scil. sunt.

November: *Novembre cole* = im November verehrte; *succedunt,* dann folgen noch.

Das Prädicat fehlt im December; vielleicht wird hier der December im Nom., gleichsam als Ueberschrift vorangesetzt und nun folgen alle darin vorkommenden Tage im Nominativ.

Prädicat wie Monatsname fehlen ganz im August, ausgenommen in einem Cis. (Nr. 22), wo letzterer durch *ibi* bezeichnet wird; indessen haben wir Grund, zu vermuthen, dass auch im ursprünglichen Cis. der Monatsname wenigstens gestanden hat, vgl. Anm. zu v. 15.

Wir sehen also, dass so sinnlos wie Grotefend (Ersch und Grubers Realencycl. unter Cisio-Janus), Krause (Rostocker Gymnas. Progr. 1875 S. 11) und andre glauben, diese Worte nicht sind und dass wir nicht mit ersterem (Mones Anz. 1870 S. 282) anzunehmen brauchen, dass ursprünglich vernünftigere Verse zu Grunde lagen, da ihr Sinn ja ganz klar, die Satz-

* ovare nach Dieffenbach, S. 403 ouare a pueris qui tunc letantur quum dantur iis ova. In Graphäus Calendar. (vgl. unten) heisst es *April Ambrosis gaudet.*

** Vgl. Anm. zu v. 13.

*** Vgl. Anm. zu v. 19.

construction höchst einfach ist. Wir können nur die Mannigfaltigkeit in der Ausdrucksweise bewundern, mit der der unbekannte Verfasser des ersten Cisio-Janus in jedem Monat die Heiligennamen in andrer Weise zu denen der Monate in Beziehung gebracht hat.

Dass dagegen der Sinn der übrigen, besonders der abgekürzten Worte für jeden Uneingeweihten in mystisches Dunkel gehüllt und ohne Erklärung fast unverständlich war, geben wir zu und mag das Panzer zur Entschuldigung dienen, wenn er diese Wörter *nichts bedeutend* nennt; besonders ist die Schuljugend zu bedauern, für die ja diese Art besonders bestimmt war, weshalb man diesen Cisio-Janus oft hinter Kinderbüchern und Gebetbüchern abdrucken liess, und auch Luther und Melanchthon nicht versäumten, den von ihnen herausgegebenen Katechismen und Gebetbüchlein dergleichen Cisio-Jani beizufügen. Dass vollends poetischen Werth ein Werk, das lediglich praktischen Zweck verfolgte, das bei möglichster Kürze möglichste Reichhaltigkeit erstrebte, das einen leicht verständlichen Sinn bieten, in regelrechtem Versmass geschrieben sein sollte und in dem nun noch jedem Wort und jeder Silbe ihre bestimmte Stelle angewiesen war, wodurch natürlich der Dichter an jeder freien Bewegung behindert war, nicht haben konnte, ist wol nicht weniger klar und halte ich es deshalb für ungerechtfertigt, sich immer wieder über die „kläglichen, erbärmlichen, geschmacklosen" Verse zu ereifern, wie die meisten Herausgeber thun. Hat doch selbst Melanchthon eine glattere, elegantere Form nur dadurch herzustellen vermocht, dass er von einem Hemmniss sich befreite, indem er die Zahl der Heiligen, wie wir später noch zeigen werden, auf 1/5 reducirte.

Der eigentliche Cisio-Janus nun ist uns in einer beträchtlichen Anzahl von nicht nur bezüglich der Orthographie, in Fehlern und Versehen, sondern auch bezüglich der Anzahl und Namen der erwähnten Heiligen theils mehr, theils minder von einander abweichenden Recensionen erhalten, theils in Handschriften, theils in alten Drucken und zwar besitzen wir solche Cisio-Jani aus dem 13.—16. Jahrhundert. Nach Haltaus, der in seinem Calendarium medii aevi praecipue Germanicum S. 153 einen Cisio-Janus aus einer pergam. Hs. des 14. Jahrhunderts (abgedruckt in Ersch und Grubers Real-Encyclopädie unter Cisio-Janus) veröffentlichte, hat in neuerer Zeit auf den latein. Cisio-Janus wieder aufmerksam gemacht Naumann in einer Abhandlung im Serapeum 1848 S. 38, worin er nach einer kurzen Besprechung des Zwecks und Wesens auf einige im Druck erschienene aufmerksam macht, dann selbst aus einer pergam. Hs. des 14. Jahrh. aus Leipzig eine Recension mittheilt; eine dritte wurde herausgegeben von Dr. Bickel aus einer Marburger Hs. und endlich gab eine Uebersicht über alle ihm bekannten mit Zusammenstellung der Varianten Dr. Grotefend im Anzeiger für Kunde der deutschen Vorzeit, 1870 S. 280—284, 300—311; hierzu einen Nachtrag im Anz. 1871 S. 308—310.

Danach kannte er 19 Recensionen; ausser dem mit Bick. bezeichneten, von Bickel herausgegebenen (Grotefend Nr. 1), dem Haltausschen (Nr. 4), dem im Serapeum abgedruckten (Nr. 3) folgende:

Nr. 4 (Grot. 3) Steff., von Steffenhagen nach einer aus Preussen stammenden Hs. des 14. Jahrhs. herausgegeben.

5. a. Prager Cis., in Dobner monum. Boemiae I, S. 174.

b. Kalendarium der Prager Universität: Monumenta hist. Univ. Carolo-Ferdinand. Prag 1830 u. Zeitschrift für Schles. Geschichte Ver. VII, 308.

6. a. Breslauer; Zeitschr. für Schlesische Geschichte Ver. VII, 312.

b. Aus dem Zinsbuch von Liegnitz; ebenda.

7. Hild. Zeitschrift des histor. Vereins für Niedersachsen 1855 S. 189; aus dem Nekrologium des Klosters Weenhausen von c. 1470.

8. Lutherische. a. im Betbüchlein mit Kalender und Passional, Wittenberg 1530.

b. in Reinh. Luthers enchiridion piarum precationum, Wittenberg 1543.

9. Cisio-Janus, hoc est kalendarium syllabicum Lucae Lossii, Wittenberg 1551.

10. Der in Chyträus chronologia Herodoti et Thucydidis S. 33 des Anhangs sich findende.*

11. Colerus, calendarium oeconomicum et perpetuum. Wittenberg 1591. Vgl. Serapeum XXX, S. 303.

12. Kalender des Johannes von Gmunden. Bei Grotefend Gam. Nr. 18.

13. Computus novus et ecclesiasticus. Wien 1512. Grot. Nr. 19. Wien.

14. Computus novus et ecclesiasticus. Kracov. 1514 und 1518. Grot. Krak. Nr. 20.

15. Computus vulgaris, Antwerpen 1521. Grot. Ant. Nr. 21.

16. Summarius computus. Summ. Nr. 22.

17. Diurnale horarum secundum ordinem breviarii eccl. Numburgensis. Nürnb. 1492. Nmb. Nr. 23.

18. Computus cum commento. Comm. Nr. 24.

19. Computus manualis magni Aniani. Man. Nr. 25.

Die Zahl dieser Bearbeitungen liesse sich noch um ein beträchtliches vermehren; ich füge einige von mir verglichene hinzu:

Nr. 20 ein aus dem Conceptbuch von Albert von Beham, der in der ersten Hälfte des 13. Jahrhunderts lebte, von Höfler in der Einleitung zu seinem Werke: Albert von Beham und die Regesten Pabst Innocenz IV. S. XXIV, (Bibliothek des literar. Vereins zu Stuttgart XVI.) abgedruckter Cis., auf den auch Latendorf Anz. 1871 S. 207 noch einmal aufmerksam macht, ohne ihn vollständig zu collationieren.

Nr. 21 ein Cis., der sonderbarer Weise von allen Bearbeitern, auch Grotefend übersehen worden ist, wiewohl er sich doch in einem Werke findet, aus dem letzterer einen andern Cis. entnommen hat, nämlich in Chytraei chronologia Herodoti et Thucydidis, Helmstadii MDXCIII.** Ausser dem von Naumann schon erwähnten und von Grot. mit Chytr.

* Vgl. Nr. 21.

** Ich weiss nicht, ob er in der von Grotefend benutzten Ausgabe vom Jahr 1586 fehlt.

bezeichneten (bei uns Nr. 10) auf S. 33 des Anhangs abgedruckten mit der Ueberschrift *series dierum totius anni omnium et festorum praecipuorum* findet sich vorher bei dem S. 20—32 abgedruckten Calendarium ecclesiae Christianae der Abdruck einer andern Recension und zwar so, dass die einzelnen Silben auf die betreffenden Tage vertheilt sind, also Silbe unter Silbe steht. Er ist keineswegs, wie man vielleicht glaubte, mit Nr. 10 identisch, obwohl er sich eng an ihn anschliesst. Abgesehn von einer Anzahl Abweichungen in der Schreibung, mehreren Versehen und Irrthümern des Schreibers von Nr. 20, die zeigen, dass er wenig Verständniss für das Geschriebene hatte*, unterscheidet er sich durch eine nicht unwichtige Variante von Nr. 10. V. 10 weist er nämlich gegen 10 *Urbanum sequitur Pe,* die Lesart der übrigen Hs. auf *Urban in pede Cris Can.*

Nr. 22 ein in einer Hs. der Fürstl. Fürstenberg. Hofbibliothek zu Donaueschingen Nr. 28, des XIV. Jahrhunderts, erhaltener, geschrieben im Jahre 1360.

Nr. 23 ein Cis. in der Münchener Handschr. Cgm. 4425 nebst einem deutschen Cis. einem Kalender beigegeben.

Die Abweichungen dieser Abfassungen bezüglich der erwähnten Heiligen sind nun der Art, dass in einem Cis. weniger, in einem andern mehr Namen sich finden, indem solche auch an Stellen stehn, die in andern Nebensilben von Namen oder Verbindungsworte einnehmen, wie v. 2 ein Theil *Paulus,* ein andrer *Pau Po.*, ein Theil v. 14 *occurrunt Prax. Mag.* ein andrer *Arnolfus Prax. Mag.* bietet. Oder es bieten die verschiedenen Cisio-Jani für einen Tag und ein Fest verschiedene Namen; so wird das Fest quattuor coronati v. 21 in einigen Bearbeitungen durch *qua;* in andern durch *co* bezeichnet; das Fest der heiligen Ursula und der 11000 Jungfrauen v. 20 in einem Theile durch *Ur,* dem andern durch *un* (undecim millia). Die am häufigsten vorkommenden Abweichungen bestehen endlich in Aufzählung verschiedener Heiligen für einen Tag.

---

* *Ang* statt *Ag; Basil* st. *Blasi; Cytinus* st. *Cyrinus; Dou* st. *Don; Britijque* st. *Bricciique.*

Alle diese Abweichungen erstrecken sich nicht auf einzelne Recensionen, sondern eine jede ohne Ausnahme weist ihre eigenthümlichen Varianten auf, theilweise so wesentliche und in solcher Anzahl, dass Grotefend daran verzweifelt, den ursprünglichen Grundtext oder nur einen, der einen vernünftigen Sinn bietet, herzustellen. Er gibt den Text einfach so, wie ihn die Mehrzahl der Abfassungen bietet, im Uebrigen begnügt er sich, die Varianten übersichtlich zusammenzustellen.

Mit allzugrosser Schwierigkeit scheint mir nun die Auffindung des ursprünglichen Grundtextes nicht verbunden zu sein; nur muss man sich vorher Klarheit über die Entwicklung des Cisio-Janus zu verschaffen suchen und den Weg, den diese eingeschlagen, rückwärts verfolgen.

Der Cisio-Janus könnte auf zweifache Weise entstanden sein und sich entwickelt haben. Entweder könnte, wie Grotefend annimmt, der ursprüngliche Cisio-Janus nur eine geringe Zahl von Heiligen und um so mehr erklärende Worte umfasst haben, die allmählich durch Einschieben von mehr und mehr Heiligen verdrängt wurden, wodurch der Cisio-Janus so „entstellt" wurde, wie er in den erhaltenen Recensionen vorliegt; oder man könnte Anfangs die Heiligennamen ohne verbindende Worte in Verse zusammengestellt, dann um den Kindern das Erlernen und Verständniss etwas zu erleichtern, solche Heilige, deren Verehrung nicht allgemein üblich war, entfernt und dafür einige Sinn und Zusammenhang herstellende Worte eingesetzt haben. Für den ersten Augenblick möchte man wol geneigt sein, sich für letztere Annahme zu entscheiden und eine Bestätigung darin finden, dass wir ja solche einfache Zusammenstellungen von Heiligen, wenn auch in Prosa, in jenen schon oben erwähnten Kalendermartyrologien besitzen, dass ferner in spätern Bearbeitungen, wie denen des Colerus, besonders aber Melanchthons, in der That die Zahl der Heiligen zu Gunsten der Form und des Inhalts um ein Bedeutendes vermindert ist. Indessen zeigt die Vergleichung mit einer nachweisbar zu den ältesten gehörenden Bearbeitung, der Behams, die an vielen Stellen, an denen sich in andern Heiligennamen finden, erklärende Worte gibt, darunter einen Theil der oben zusammengestellten Prädicate, dass die Entwicklung des Cis. in der That den zuerst angegebenen Weg gegangen ist.

Voreilig indessen wäre es, nun ohne weiteres mit Grotefend den Cisio-Janus als den ältesten anzusehn, der die geringste Anzahl Heiliger aufweist; vielmehr ist eine strenge Scheidung vorzunehmen zwischen ursprünglichen und später eingeschobenen Heiligen; letztere sind auszumerzen, und durch die Worte zu ersetzen, die dafür in andern, älteren Recensionen sich finden, während dagegen dem Cis. mit Recht zukommende Heilige nicht durch derartige Worte, selbst wenn sie in der Mehrzahl der Bearbeitungen sich finden sollten, verdrängt werden dürfen.

Zunächst wäre zu untersuchen, welcher Art die später eingeschobenen Heiligen sind.

Eine Betrachtung der in den einzelnen Abfassungen erwähnten Heiligen ergibt, dass neben einer überwiegenden Majorität in dem Gros der Bearbeitungen sich findender Heiligen andere nur in grösseren oder kleineren Gruppen, einige nur in wenigen oder einer Recension genannt werden. Und bei einer Untersuchung der zweiten Classe stellt sich heraus, dass sie sich recrutiert

1) aus Heiligen, deren Leben und Heiligsprechung in die Zeit der Entwicklung des Cisio-Janus fällt,

2) aus National- und Localheiligen,

also solchen Heiligen, deren Erscheinen oder Fehlen in den einzelnen Cisio-Jani mit der Verschiedenheit der Zeit und des Orts in Beziehung steht.

Um zu zeigen, in welchem Umfange und in welcher Weise Nationalheilige im Cisio-Janus Aufnahme fanden, mögen die Varianten, die einige solcher Gruppen gegenüber der Mehrzahl der übrigen, wie unter sich zeigen, hier Platz finden.

Eine besonders scharf hervortretende Gruppe ist die, welche man die böhmisch-polnische oder slavische nennen könnte, repräsentiert durch Nr. 4 (Steffenhagens Cis.), Nr. 5a und b (Prag), Nr. 6 (Breslau), Nr. 14 (Krakauer computus ecclesiasticus), an die sich hie und da noch Nr. 13 und 17 anschliessen, die indessen hier, da diese Uebereinstimmungen von geringer Bedeutung sind, ausser Acht gelassen werden können.

Gemeinsam weist diese Gruppe gegenüber den meisten übrigen Bearbeitungen zwei Heilige auf,

V. 9 Stanislaus, dem man einen Platz verschaffte durch Verdrängen des entbehrlichen *latin* bei *Johan latin*. Dieser am 8. Mai verehrte Heilige starb 1079 als Bischof von Krakau, wurde 1253 von Innocenz IV. unter die Heiligen versetzt und war Schutzpatron der Polen und benachbarten Völker.

V. 17 Hyacinth (auch Nr. 12 und 17), indem *Pro. Jaci.* statt *Protique* geschrieben ist. Er war Mönch des Predigerordens, den er in Böhmen, Schlesien, Polen ausbreiten half und wurde am 11. September, natürlich besonders in den eben genannten Gegenden, verehrt, aber, wie aus der Erwähnung in Nr. 12 und 17 ersichtlich ist, auch in weiterem Kreise.*

Es sind das also zwei Heilige, deren Verehrung besonders in den slavischen Ländern üblich war.

Innerhalb dieser Gruppe schliessen sich enger an einander an Nr. 4, 6, 14; sie haben gemeinsam folgende Heiligen:

V. 18 Stanislaus *(Sta. Wen.* statt *Da Wen.)*.

V. 19 Hedwig *(Cal. Hed.* statt *Calix.)*, Herzogin von Polen, gestorben 1243, verehrt am 15. Oktober.

Wir werden also diese 3 Cisio-Jani als speciell polnische ansehen dürfen.

Nr. 4 und 5 haben gemeinsam V. 5 *Translatio* scil. Wenceslai, welches statt des bei Beham sich findenden *officio* eingesetzt ist, also wieder einen Böhmen, der zwar auch in andern Cis. erwähnt wird, aber nicht hier, sondern v. 18 als Heiliger für den 28. September, wo ihn diese beiden Fassungen wiederholen.

V. 21 Ludmilla *(The Lu* statt *Theo)*, Erzieherin von Wenceslaus, Herzog von Böhmen.

In demselben Verse

Fra? *(Mart. Fra.* statt *Martin)*.

---

* Vielleicht ist der Name auch in Halt. *Prot. Ja.* versteckt statt des Behamschen *Prot. Ma.*

Nr. 5 und 14 haben V. 13 statt *Udal.* = Udalricus, Bischof von Augsburg *Procop,* Abt von Prag, verehrt am 4. Juli.

Nr. 6 und 14 V. 11 Vincentius *(Bo. Vin.* statt *Boni)* als Heiligen für den 6. Juni; es kann das sowohl Vincentius, Bischof von Chieti, wie der mit Benignus zusammen an demselben Tage verehrte Märtyrer des Namens sein.

V. 15 Dominicus, *(Pro. Do.* statt *Protho),* 4. August.

Endlich hat Nr. 5 ganz allein

V. 5 Longinus *(Gregorio Long* statt *Gregoriano),* Märtyrer, 15. März.

V. 8 Petrus Diaconus *(Pet.* statt *et),* 17. April.

V. 18 Ludmilla *(Lu.* statt *Eu.),* Herzogin von Böhmen, verehrt am 16. September.

V. 13 Hus *(Procop Hus* statt des in Nr. 5 und 14 sich findenden *Procopi* oder von *Udal Oct* der übrigen Cisio-Jani), gemeinsam mit einigen nicht zu dieser Gruppe gehörenden Recensionen:

V. 14 Anna (mit Nr. 13), und

V. 21 Ottmar (auch Nr. 13 und 23), zwei Heilige, die besonders in Oesterreich verehrt wurden.

Unwichtig ist, dass Nr. 14 allein dem Antonius von Padua einen Platz eingeräumt hat durch trennen von *Cirini* V. 11 in *Cir. Anthon,* verehrt am 13. Juni und

Nr. 4 dem Pabste Felix II. *(Fel. Abdon* statt *Sim. Abdon),* verehrt am 29. Juli.

Wir sehen aus dieser Betrachtung, dass die dieser Gruppe allein angehörenden Heiligen solche sind, deren Verehrung sich im Wesentlichen auf die Länder Schlesien, Polen, Böhmen beschränkt, die in einzelnen von diesen sich findenden solche, die nur in einem von diesen Ländern verehrt werden, alles also National- und Localheilige, die bei Aufsuchung des Grundtextes des Cisio-Janus zu streichen sind.

Eine andere Gruppe, die sich sowohl in geographischer Hinsicht, wie bezüglich der gemeinsamen Erwähnung eines Heiligen an diese anschliesst, wird durch Nr. 12 den Gmundener Cis. von 1439, Nr. 13 den Wiener und Nr. 23 den Münchener Cgm. 4425 gebildet. Sie weist mit jener Gruppe gemeinsam auf den heiligen Sigismund, der in den übrigen Bearbeitungen fehlt, V. 9, in dem *Philip* in 2 Worte *Phil. Sig.* getrennt ist.

Die Heiligen, welche diese Cisio-Jani gegenüber dem Gros der übrigen gemeinsam erwähnen, sind V. 1 Erhart (auch Nr. 22), dem das Pronomen *sibi* hat weichen müssen, wiewol zu Schaden des Sinns.

V. 5 Kunigunde, ausgedrückt durch *Kun* in *Marci Kun* an Stelle des gewöhnlichen *Marcius* und

V. 20 Wolfgang, bezeichnet durch *Wolf,* welche Silbe an Stelle des den heiligen Quintinus andeutenden *Quin* getreten ist.

Von den eingesetzten Heiligen waren zwei, Erhard und Wolfgang, Bischöfe von Regensburg, jener im 8. Jahrhundert, verehrt am 8. Januar, dieser im 10., gestorben am 31. October 994, verehrt an seinem Todestage. Die heilige Kunigunde war die Gemahlin Heinrichs II., starb in dem von ihr gestifteten Kloster Kauffungen. Ihr Tag ist der 3. März.

Es sind dies also Heilige, zu deren Verehrung besonders der Sprengel des Bisthums Regensburg, weiterhin des Erzbisthums Salzburg Grund hatte.

Von diesen 3 Bearbeitungen schliessen sich näher aneinander an Nr. 13 und 23 durch Erwähnung folgender in Nr. 12 und den meisten übrigen Cis. fehlenden Heiligen:

Heinrich V. 13 *(Mar Heinri* statt *Margar),* der von den uns bekannten nur noch in Nr. 17 genannt wird,

Ottmar V. 21 *(Briccius Oth* statt des gewöhnlichen *Bricciique)* (auch Nr. 5); er war Abt von St. Gallen, seine ausschliessliche Erwähnung in diesen Cis. ist daher höchst auffällig.

Achatius V. 12, ausgedrückt durch *Achatz,* das an die Stelle von *sancti* getreten ist, der Heerführer der angeblichen 10,000 Märtyrer, und besonders in der Salzburger Diöcese verehrt, am 22. Juni; auch in den beiden von Oswald von Wolkenstein verfasten unter Nr. 5 und 6 der deutschen Bearbeitungen zu besprechenden ist er nicht vergessen.

Rupertus, V. 15, bezeichnet durch *Rudber* (auch in Bick: *Ru Fir)* in *Mauri Rudber* statt *Mauricius,* war erster Bischof von Salzburg † 723 und wird an 2 Tagen verehrt, dem

27. März, wahrscheinlich seinem Todestage* und dem 24. September, dem Tag seiner Versetzung.

Nr. 23 erwähnt einen Heiligen an einer Stelle, in der er weder in Nr. 13 noch in den übrigen Cis. sich findet, Virgilius in V. 22, indem er *Kathe Virgil* statt des gewöhnlichen *Katharia* (in 13 *Kath Conradi)* bietet. Virgilius Bischof von Salzburg und Apostel von Kärnthen starb 784 am 27. November, an dem er verehrt wird. Indessen auch Nr. 23 erwähnt diesen Heiligen, nur an andrer Stelle, V. 18 *(Rudber Vir Da* statt *Rudber et Da)*; wie bei Rupertus wird nämlich auch neben Virgils Todestag noch der seiner Heiligsprechung begangen; dies ist der 26. September.

Ausserdem hat Nr. 13 noch eine Anzahl Heilige für sich allein:

V. 1 Valentinus *(Ep Val* statt *epi)*; er war Bischof von Passau und wird am 7. Januar verehrt.

V. 14 Anna *(Jac An Mar Pau* statt *Jacobique)*, (auch Nr. 5) Jesu Grossmutter, am 26. Juli verehrt; ihr Fest wird besonders in der österreichischen Monarchie noch heute glänzend begangen.

V. 19 Colomann *(Arte Col* an Stelle von *Arteque)*, ein Schotte von königlichem Geschlecht, der auf einer Reise nach Jerusalem zu Stockerau in Oesterreich als Kundschafter verdächtigt eingezogen und gehenkt wurde (1020); er ist Schutzpatron der Oesterreicher, wird am 13. October verehrt und auch in den Wolkensteiner Cis. genannt.

V. 20 Chrisantus und Daria *(Severi Chrisanti* statt *Seve Crispine)* verehrt am 25. October.

Die in dieser Gruppe sich findenden Heiligen sind also besonders solche, die sich in Oesterreich oder im Bezirk des Erzbisthums Salzburg der Verehrung erfreuen; aus der Erwähnung von Valentin in Nr. 23 darf man vielleicht schliessen, dass dieser Cisio-Janus aus dem Gebiet des Passauer Bisthums stammt; Nr. 13 wird man vielleicht dem Bisthum Salzburg zuweisen, Nr. 12 auch als dem Salzburger Erzbisthum, viel-

* Potthast, Wegweiser durch die Geschichtswerke des Europäischen Mittelalters, Suppl. 397 gibt allerdings den 23. März als solchen an.

leicht dem Bisthum Regensburg entstammend ansehen; auffällig bleibt bei letzterem noch die Nennung des Schutzpatrons von Nürnberg, Sebaldus V. 16 *(Sumptio Ag Sebaldi* statt *Sumptio Agapiti).*

Bemerkt zu werden verdient schliesslich noch, dass nach den beiden Cis. Nr. 13 und 23 einige Heilige auf andere Tage fallen, als den gewöhnlichen ihrer Verehrung, Georg und Margarethe; jener nicht auf den 23. sondern 24. April, diese statt auf den 13. den 12. Juli; das ist nicht fehlerhaft, sondern jene Heiligen wurden in der That in einigen Gegenden an diesen Tagen verehrt, wahrscheinlich gerade in Oesterreich oder in der Salzburger Diöcese. Das scheint mir daraus hervorzugehen, dass in mehreren andern dieser Gegend angehörigen deutschen Cis., den beiden Wolkensteinschen und dem unter Nr. 7 zu besprechenden vom österreichischen Dichter Teichner verfassten diese Heiligen ebenfalls auf jene Tage fallen.* Hiermit hätten wir dann ein neues Kriterium zur Ermittlung der Heimath wenigstens der Salzburger Cisio-Jani gewonnen.

Zu ähnlichen Resultaten würde eine Untersuchung der in den übrigen Recensionen erwähnten Heiligen führen, die hier anzustellen indessen nicht der Platz ist, da für uns von grösserer Wichtigkeit ist die andere Classe der dem Cisio-Janus ursprünglich nicht eignen Heiligen, derer die zwar allgemeine Verehrung innerhalb der katholischen Kirche fanden, aber erst von einer Zeit an, die mit der der Entwickelung des Cisio-Janus zusammenfällt. Diente eine Untersuchung über die Nationalheiligen zugleich zur Bestimmung der Heimath, so diese zu der des ungefähren Alters der einzelnen Abfassungen.

Hierbei ist es nun nicht nöthig, alle in späterer Zeit aufgenommenen in den verschiedenen Bearbeitungen aufgeführten Heiligen aufzuzählen, sondern wir können uns auf

---

* Danach ist wohl auch Scheffer-Haltaus S. 116 zu berichtigen, der die Verehrung Margarethas am 13. Juli für erst in späterer Zeit eingeführt hält; die Belege, die er für den 12. Juli angibt, sind allerdings älteren Urkunden entnommen, die aber wohl alle der Salzburger Diöcese entstammen.

eine Untersuchung derer beschränken, die, in einer verhältnissmässig frühen Zeit allgemein verehrt, sich in dem einen oder andern Cis. noch nicht vorfinden und derer, welche zunächst vor diesen heilig gesprochen, auch da erwähnt werden. Die für uns in Betracht kommenden Heiligen sind:

1) Elisabeth, † 1231, heilig gesprochen 1235 von Gregor IX, verehrt am 19. November.

2) Franciscus, † 1226, versetzt 1228 durch Gregor IX, verehrt am 4. Oktober.

3) Juliana, 1208 heilig gesprochen, verehrt am 16. Februar.

4) Thomas, † 1170, heilig gesprochen 1173 von Alexander III, verehrt am 29. December.

Dass alle Cisio-Jani mit Ausnahme des Beham'schen (Nr. 21) und der von Haltaus und Bickel herausgegebenen (Nr. 1 und 3) diese Heiligen nennen, beweist, dass sie aus einer spätern Zeit stammen, als in der die letzte dieser Heiligsprechungen stattfand, 1235, während wahrscheinlich ist, dass jene drei in früherer Zeit verfasst wurden, und zwar werden wir wohl die Abfassungszeit von Nr. 3 wegen des Fehlens von Elisabeth und der Erwähnung der übrigen drei Heiligen in die Zeit von 1228—1235, die von Nr. 1 wegen Fehlens von Elisabeth sowohl wie Franciscus, der Nennung der beiden andern in die Zeit von 1208—1228 ansetzen dürfen. Als den ältesten Cisio-Janus werden wir den Behamschen betrachten, in welchem von den genannten 4 Heiligen nur Thomas Erwähnung geschieht, seine Abfassungszeit also vor 1208, aber nach 1173 annehmen.

Bei einem Versuch, den ursprünglichen Cisio-Janustext aufzusuchen, werden wir uns also zunächst an diese am wenigsten mit Elementen der 2. Classe zersetzten Recensionen halten, um so mehr, als diese auch frei sind von Nationalheiligen. Die Behamsche als die älteste allein zu Grunde legen zu wollen, verbietet der Umstand, dass sie eine nicht geringe Anzahl von Fehlern zeigt, die in Nachlässigkeit oder dem Bestreben ihren Grund zu haben scheinen, sich die Benutzung des wahrscheinlich zum Privatgebrauch niedergeschriebenen, nicht zum Auswendiglernen, sondern Nachschlagen bestimmten Kalenders zu erleichtern. Beham liebt namentlich die Abkürzungen der Heiligennamen möglichst auszuschreiben, was nicht fehlerhaft ist, so lange er sich mit Hinzufügen von Consonanten begnügt, wodurch die Silbenzahl keine andre wird, wie er V. 1. *epiph* statt *epi, oct* statt *oc, marc* statt *mar, anth* statt *an;* V. 2 *thym* für *thi* u. s. w. schreibt. Fehlerhaft dagegen schreibt er Worte, die nur durch eine Silbe angedeutet werden dürfen, aus, wodurch die Silbenzahl vergrössert wird; so V. 17 *September* statt *Sep;* V. 21 *Andre* statt *And;* V. 18 *Eufe* statt *Eu.* Diesen Fehler wieder gut zu machen, lässt er bisweilen den auf ein von ihm vollgeschriebenes Wort folgenden Heiligen weg, so dass der darauf folgende wieder den ihm gebührenden Platz einnimmt. Solchen Heiligen haben wir dann, wenn sie nachweisbar seit alter Zeit in der römischen Kirche verehrt wurden und sich in Folge dessen in allen Cis., besonders in Haltaus und Bickel finden, zu ihrem Rechte zu verhelfen; wo jedoch Beham ein nothwendiges Verbindungswort, wie ein Prädicat, an Stelle von Heiligennamen des Gros oder andre Heilige, als die übrigen Cis., aufweist, haben wir seine Lesart einzusetzen; wo endlich Beham, Haltaus, Bickel gemeinsam vollere Form eines Heiligen anstatt gekürzter von mehreren des Gros zeigen, selbst wo wir dies nicht mehr nachweisen können, letztere als später hinzugekommene auszuscheiden. So könnte man vielleicht meinen, das Fest Mariä-Empfängniss sei doch als ein altes und in der ganzen katholischen Kirche gefeiertes in Beham, Bickel, Haltaus, in denen es nicht erwähnt wird, einzusetzen, allein wir wissen, dass lange Jahre man sich über Aufnahme oder Verwerfung dieses Festes stritt, dass noch Innocenz III. zu Ende des 12. Jahrhunderts die Feier dieses Festes zu unterdrücken bemüht war und diese erst 1263 durch den Franciscanerorden festgesetzt wurde.

Mit Verbesserung der mannigfachen orthographischen Fehler würde sich der von uns als ursprünglich anzusehende Text etwa so gestalten:

(Die bei Angabe der Varianten gebrauchten Abkürzungen sind: A für den Behamschen, B für den Bickelschen, H für den Haltausschen Cisio-Janus; mit C bezeichnen wir die Uebereinstimmung der übrigen Recensionen, ausser den späten hier nicht in Betracht kommenden Luthers und Lossius).

Januar.	Februar.
1. *Ci* = circumcisio domini 1. Jan.	*Bri*, Brigitta 1. Febr.
2. *si*	*pur.*, purificatio Mariae 2. Febr.
3. *o.*	*Bla* Blasius 3. Febr.
4 *Ja*	*sus,*
5. *nus*	*A* Agatha 5. Febr.
6. *e* Epiphania domini 6. Jan.	*gath.,*
7. *pi.*	*Feb*
8. *si*	*ru*
9 *bi*	*o,*
10. *ven*	*S o* Scolastica 10. Febr.
11. *di*	*la*
12. *cat*	*sti*
13. *oc.*, octava epiphaniae.	*ca,*
14. *Fe* Felix in pincis 14. Jan	*Va* Valentinus 14. Febr.
15. *li.,*	*lent.*
16. *Mar.*, Marcellus 16. Jan.	*Pri*
17. *An.*, Antonius 17. Jan.	*mum*
18. *Pris* Prisca 18. Jan.	*con*
19. *ca,*	*jun*
20. *Fab.*, Fabianus et Sebastianus 20. Jan.	*ge*
21. *Ag.*, Agnes 21. Jan.	*tunc*
22. *Vin* Vincentius 22 Jan.	*Pet* Petri cathedra 22. Febr.
23. *cen.,*	*rum,*
24. *Tim.*, Timotheus 24. Jan.	*Mat* Matthias 24. Febr.
25. *Pau* Pauli conversio 25 Jan.	*thi*
26. *lus,*	*am*
27. *no*	*in*
28. *bi*	*de.*
29. *le*	
30 *lu*	
31. *men.*	

Martius officio decoratur Gregoriano,
Gertrud, abba Bene. iuncta Maria genitrice.
April in Ambrosii festis ovat atque Tiburti
Et Valer., sanctique Geor., Marcique, Vitalis.
Philip, crux, Flo., Got., Johan latin, Epi., Ne., Mar.
ad mar.
Maius in hac serie tenet Urban, in pede Cris., Can.
Nic., celline, Bon., Med. dat. Jun., Primi, Ba., Cyrini,
Vitique Mar., Prothas., Al., sancti Joha., Joha., Le.,
Pe., Pau.

V. 1 *Cesio* A. *Marcel* B.

V. 2 *sub* A. *Pau Po*(lycarp) C. *Pau Po Car* (falsch, weil eine Silbe zu viel. *Car* = Carolus) H. *Paulus sicque Valerus* B.

V. 3 *Ag Dor Febru Ap* C.

V. 4 *Petrum tunc* A. *Juli* statt *Primum* B H C.

V. 5 *Adria per* statt *officio; Gregorio Cyr* H C.

V. 6 *Alba* B C. *Apoll* H.

V. 8 *Vita Qui* B.

V. 9 *God God Johan Vic. Steph. Epi Pan Ser et Lot* B. *et God* H. *(Ne) Ser et Soph* H C.

V. 10 *tres Can* A, wohl Versehen. *Cris Pe* = Petronella, H.

V. 11 *Marcelle* H C. *vin et med* A. *Bonif dat me* H. *Nic Mar Eras Bo dat jun Med. Primi Bar Nazari* B. *Cyrilli* H.

V. 12 *Prothasi sancii* A. *Viti Hus Mar Gervas Alba Vi*(gilia)

V. 5 Gregorius 12. März.

V. 6 Gertrud 17. März. Bene(dictus) 21. März. Maria genetrix = Mariae annuntiatio 25. März.

V. 7 Ambrosius 4. April. Tiburtius 14. April.

V. 8 Valer(ianus) 18. April. Geor(gius) 23. April. Marcus 25. April. Vitalis 28. April.

V. 9 Philippus 1. Mai. crux = inventio crucis 3. Mai. Flo(rianus) 4. Mai. Goth(ardus) 5. Mai. Johan latin = Johannes ante portam Latinam 6. Mai. Epi = Gordianus et Epimachus 10. Mai. Ne = Nereus et Achilles 12. Mai. Mar. ad mar = Maria ad martyres 13. Mai.

V. 10 Urban, 25. Mai. Cris(pulus et Gabinus) 30. Mai. Can(tianilla et Cantius) 31. Mai.

V. 11 Nic(omedes) 1. Juni. celline = Marcellinus et Petrus exorcista 2. Juni Boni(facius) 5. Juni. dat = dator vgl. S. 21. Primus et Felician 9. Juni Ba(rnabas) 11. Juni. Cyrinus et Basilides 12. Juni.

V. 12 Vitus 15. Juni. Mar(cellianus et Marcus) 18. Juni Prothas = Gervasius et Protasius 19. Juni. Al(banus) 21. Juni.

Jul. partes Udal., Oc., Wil., Kili., fra., Bene., Margar.,
apost., Al.
Occurrunt Prax., Mag., Ap., Chris., Jacobique Sim.,
Abdon.
15. *Petr., Steph., Steph., Just., Os., Sixt., Af., Cy., Ro.,*
Lau., Tibur., Hip., Eus.,
Sumpcio, gap., Mag., An., Pri., Timo., Bartholo., Ruf.,
Au., col., daucti.

Jo coniunge Pe Pau B. *Johan Jere — Pe Pau* H. mit Weglassung einer Silbe zwischen *Jere* und *Pe*.

V. 13 *Juli*(partes) A falsch, weil *Udal* dadurch auf den 5. statt 4. Juli kommt; um wieder auszugleichen, lässt Beham *Oc* weg. *Proces* HC. *Jul proces Uldeque* B. *apostal* A. *Be Fe* B.

V. 14 *Arnolfus* C H B statt *occurrunt*; dann würde aber das Prädicat fehlen. *Jacobi Pau Fel Abdon* B. *Jacobi Pau Be Ab Germ* H.

V. 15 Für *Just* = *Proth* C. Für *Af* = *Don* C. *Stephan Os* B. *ciri — lau* A.

V. 16 *Sumpcio Agapiti Timo* C. ausser Nr. 7, H. *Gap Magni Pri Ti Ti* B. *Ruff Her Jo Fel Pau* B. *Ruff An decolla* H. *Bartol* A.

Joha = Johannes baptista 24. Juni, Joha. = Johannes et Paulus, 26. Juni. Le = Leo II., 28 Juni. Pe = Petrus et Paulus 29 Juni. Pau(li commemoratio) 30. Juni.

V. 13 Udal(ricus) 4. Juli. Oc(tava Apostolorum) 6. Juli. Wil(ibald) 7. Juli Kili(anus) 8. Juli. Fra(tres) 10. Juli. Bene (dicti translatio) 11. Juli Margar(etha) 13. Juli. Apost(olorum divisio) 15. Juli. Al(exius) 17. Juli.

V. 14 Prax(edis) 21. Juli. Mag = Maria Magdalena 22. Juli. Ap(ollinaris) 23. Juli. Chris tina) 24. Juli. Jacobus 25. Juli. Sim(plicius, Faustinus et Beatrix) 29. Juli. Abdon (et Sennes) 30. Juli.

V. 15 Petr = vincula Petri 1. Aug. Steph(anus papa) 2. August. Steph(ani protomartyris inventio) 3. August. Just(inus) presb. 4. Aug. Os(waldus) 5. Aug. Six(tus), 6. Aug. Af = Donatus et Afra. 7. Aug. Cy(riacus) 8. Aug. Ro(manus) 9. Aug. Lau(rentius) 10. Aug. Tibur(tius) 11. Aug. Hip(polytus) 13. Aug. Eus(ebius) 14. August.

V. 16 Sumpcio = assumptio Mariae 15. Aug. gap = Agapetus 18. Aug. Mag(nus) 19 Aug. An bezeichnet keinen besondern Heiligen (Anastasius Martyr und Antoninus, an die nur gedacht werden könnte, werden am 21. resp. 22. Aug. verehrt); entweder ist An = Anagninus, die Heimath von Magnus bezeichnend, der Bischof von Anagni war, oder es ist in dieser Silbe der Monatsname versteckt, indem An aus Aug verstümmelt ist; das scheint dadurch bestätigt zu werden, dass in Cis. Nr. 22 mit Weglassung von Pri hier steht ibi = hier, in diesem

Aegidium Sep. habet nat., Gorgon., Proti., Ma., Crux, Nic.,
Eu., Lamperteque, Mat., Mauricius et Da., Wen., Mich., Hier.
Remi. sub Octobre Marcus, Di., Ger., An. quoque, Calixt,
20. *Galle, Lucas, Cap., Un., Cor., Seve., Crispini, Simonis, Quin.*

V. 17 *September,* A. falsch. *Prot* A.; eine Silbe zu wenig. *Prot Ja* H. Protus et Hyacinthus 11. Sept., wohl Verwechselung von Ma., da zwei Heilige für einen Tag nie genannt werden. Daraus dass B C Ma weg liessen. H änderte, geht hervor, dass der damit bezeichnete Heilige nicht bekannt oder nicht in der Verehrung, wie früher stand; es ist überhaupt zweifelhaft, wer damit gemeint sei, vgl. Anm. *Protique,* B C. *crux Eu* H.

V. 18 *Eufe* A. Statt *Da* = *Cle* A (Cleophas. 25. Sept.) *Mauri Ru Fir Cy Co We* B. *et Dami* H.

V. 19 *Remique* H C. Remigi B. *Franciscus* B C *Diger Arteque Calix* C. *Sergi Di ger Augustini Calix* H. (falsch, wegen grösserer Silbenzahl). *Sergi Dionysius Ad Mau.* B.

V. 20 *Cus* statt *Cor* A *vel* statt *Cap* C. *Lu Janu Und* B. *Se Seve* C. *se Co* B. *Simonis et Juda* B. *Galli Lucas* (fehlt Silbe) *Ur Cor Se Sa Cris Aman Simonis Quin* H

Monate. Pri(vatus) 21. Aug. Timo(theus et Simphorian) 22. Aug. Bartholo(meus) 24. Aug. Ruf(us) 27. Aug. Au(gustinus) 28. Aug. Col = decollatio Johannis 29. Aug. dauoti = Felix et Adauctus 30. August.

V. 17 Aegidius, 1. Sept. Nat(ivitas Mariae) 8. Sept. Gorgon(ius) 9 Sept. Proti = Protus et Hyacinthus 11 Sept. Ma kann bedeuten Maternus, Amandus, Maurilius, die alle am 13. Sept verehrt werden; hier ist wol an Amandus zu denken. crux = exaltatio crucis 14. Sept. Nic(omedes presb.) 15. Sept.

V. 18 Eu(phemia) 16. Sept. Lamp(ertus) 17. Sept. Mat(thaeus ap. et evang.) 21. Sept. Mau(ricius) 22. Sept. Da(mianus et Cosma) 27. September. Wen(ceslaus) 28. Sept. Mich(ael) 29. Sept. Hier(onymus) 30. Sept.

V. 19 Remi(gius) 1. Okt. Marcus 7. Okt. Di(onysius) 9 Okt. Ger(eon et alii 318 mart) 10 Okt An(dronicus) 11. Okt. Calixt(us) 14. Okt.

V. 20 Gallus 16. Okt. Lucas 18. Okt. Cap(rasius) 20. Okt. Un(decim millia) od. Ur = Ursula 21. Okt. Cor(dula) 22. Okt. Seve(rinus)

Omne Novembre cole Co., Theo., Martin Bricciique;
Succedunt illi Ce., Cle., Chry., Katharina, Sat., An.
December: Barba., Nicolaus et alma Lucia,
Sanctus abinde Thomas, modo nat., Steph., Jo., Pu.,
Thoma., Sil.

Dazu ist dann noch in dem im Serapeum abgedruckten Cis. hinzugefügt:

Sillaba quaeque diem, duo versus dant tibi mensem.

So ungefähr, wenn auch in Einzelheiten hie und da abweichend wird man sich wohl die ursprüngliche Gestalt des lateinischen Cisio-Janus zu denken haben. Ihn änderte jeder spätere Abschreiber nach Belieben, indem er an die Stelle von Nebensilben Nationalheilige oder später hinzugekommene setzte, ja wohl auch den einen oder andern Heiligen zu Gunsten eines andern verdrängte, so dass jede Recension von der andern verschieden ist, jede ihre eigenen Heiligen zeigt. Auf diese Weise wurde im Lauf der Zeit der Cisio-Janus so verunstaltet, dass in einzelnen Bearbeitungen kaum

V. 21 Für *cole* = *Leo* C. Für *Co* = *qua* C. *Pro* H. cade — *Mart. Cu. Briccique* B.

V. 22 *Post hec Elisa* C. *istos insequitur Ce* B *succedunt istis El Ce katharinaque Sat An* H. Es ist nicht anzunehmen dass Els. Elisabeth ist, die nicht den 22., sondern 19. Nov. verehrt wird, da doch die Nichterwähnung von Franciscus es wahrscheinlich macht, dass der Cis. vor deren Heiligsprechung verfasst wurde. Uebrigens ist der Vers in H corrupt, zählt zu viel Silben. *Andre* A.

V. 23 *Nico Concep.* (conceptio Mariae) C ausser 7 und 10.

23. Okt. Crispinus et Crispinianus 25. Okt. Simon (et Judas) 28. Okt. Quin(tinus) 31. Okt.

V. 21 Omne = omnium sanctorum commemoratio 1. Nov. Co = quattuor coronati 8. Nov. Theo(dorus miles) 9. Nov. Martinus 11. Nov. Briccius 13. Nov.

V. 22 Ce = Caecilia 22. Nov. Cle(mens papa) 23. Nov. Chry(sogonus) 24 Nov. Katharina 25. Nov Sat(urnius et Crisantius) 29. Nov. An(dreas) 30. Nov.

V. 23 Barba(ra) 4. Dec., Nicolaus 6. Nov., Lucia 13. Dec.

V. 24 Thomas 21. Dec., nat(ivitas domini) 25 Dec., Steph(anus protomartyr) 26. Dec., Jo(hannes evangelista) 27. Dec., Pu = wahrscheinlich pueri, der unschuldigen Kindertag; sonst allerdings gewöhnlich innocentes. Thomas ep. Cantuar. 29. Dec., Sil(vester) 31. Dec

noch die ursprüngliche Form des Hexameters zu erkennen, ein vernünftiger Sinn, da ja mehrere das Verständniss herstellende Worte weggelassen waren, schwer herauszufinden war.

Als Probe eines solchen möge der noch ungedruckte Donaueschinger Cisio-Janus Nr. 22 aus der Handschrift Nr. 28 hier Platz finden:

Cisio ianus epi., Erhart, Pauli, Kat., oc., Feli., Mar., Ant.
Prisca, Fab., Ag., Vin., Em., Tim., Pau., Pol., Jo., Crisos., Adel.
Bri., pur., Blasus, Ag., Dor. Februo, Scolastica, Valent,
Juli., conjunge tunc Petrum, Mathiam inde.
Martius Adrian per decoratur Gregorio Cir.
Gerdrut, abba Bene. iuncta Maria genitrice.
April in Ambrosii festis ovat atque Tyburci
et Valer., sancti quoque Ge., Marcique Vital., Quin.
Philip, crux, Flor., Got., Johan latin, Epi., Ne., Ser. et Soph.
Maius in hac serie tenet Urban, in pede Cris., Can.
Nic., Marcelli, Boni. dat. Jun. Primi, Bar., Cyrini
Viteque Mar., Prothas., Al., sancti Johan, Jo., Dor., Le., Pe., Paul.
Jul. Proces., Udal., oc., Wil., Kyli., Fra., Bene., Margar., apostol.
Arnolfus, Prax., Mag., Ap., Cris., Jacobi, Pan., Sim., Abdon.

---

1. Erhart, Bischof von Regensburg, 8. Januar. Pauli = Paulus, primus eremita, 10. Jan. *Kat* hat der Schreiber wahrscheinlich ganz gedankenlos als letzte Silbe von vendicat stehen lassen.

2. Em (erentiana) 23. Jan. Pol(ycarpus) 26. Jan. Jo. Crisos = Johannes Chrysostomus 27. Jan. Adel(gundis), 30. Jan.

3. Dor(othea) 6. Febr.

5. Adrian(us) 4. März. Per(petua et Felicitas), 7 März.

8. Quin(tinus) 30. April.

9. Ser(vatius) 13. Mai. Sop(hia) 15. Mai.

12. Dor. = Dorothea Prussiae patrona, aber nach Potthast am 25. Juni verehrt.

13. Proces(sus) 2. Juli.

14. Arnulfus, 18. Juli Pan(taleon) 28 Juli.

15. *Pe., Steph., Steph., Proth., Os., Six., Auf., Cy., Ro., Lau., Tybur., Yp., Eu.*
Sumpti., oc., Ga., Mag. ibi, Thymo., Bartholo., Ruf., Au., Col., Aucti.
Egidius Sep. Magni, Nat., Gorgon., Prothasi., crux., Nic.,
Eu. Lamperteque Math., Mauri., concep. et Dami. Mich., Jer.
Remigi, Francisci., Sergi., Di., Ger., Arteque, Calixt.
20. *Galle, Lucas et Un., Se., Seve., Crispini, Si., Nar., Af., Quin.*
Omne Novembre Leon., Qua., The., Mar., Marti., Briccius, oct.
Post haec Eliza, Ce., Cle., Cris., Katherina, Sat., An.
December: Barba., Nicol., concep. et alma Lucia.
Sanctus abinde Thomas, modo nat., Steph., Jo., pu., Thoma., Sil.

Den Uebelständen, an denen die neueren Bearbeitungen litten, abzuhelfen, sowohl einen allgemein und ohne Erklärung, selbst für den, der keine Kenntniss der Abkürzungen der Heiligennamen hatte, verständlichen Sinn, als auch eine glattere, elegantere Form herzustellen, machten sich nun im 16. Jahrhundert eine Reihe von Bearbeitern zur Aufgabe, wie Melanchthon. Cornelius Graphäus u. A. Dass das nicht ohne Streichung einer beträchtlichen Anzahl von Heiligen geschehen konnte, wenn man an der Regel, jeden Monat in so viel Silben zu behandeln, als er Tage zählte. festhalten wollte, liegt auf der Hand, und so sehen wir in Melanchthon's Cisio-Janus oder, wie er ihn nennt, Calendarium sylla-

---

15. Prot(asius mart. Col.) 4. Aug.
16. oc(tava Laurentii) 17. Aug.
18. concep(tio Johannis Baptistae) 24. Sept.
19. Franciscus, 4. Okt. Sergi(us et Bachus) 17. Okt. Ger ist fehlerhaft weggelassen.
20. Se(verus) 22. Okt. Nar(cissus ep. Hieros.) 29. Okt.
21. Leon(hardus) 6. Nov. Mar(tinus papa et martyr) 10. Nov.
22. Eliza(beth) 19. Nov.
23. concep(tio Mariae virginis) 8. December.

bicum, die Zahl der Heiligen auf 33 zusammengeschrumpft, und nicht viel mehr finden sich in dem des Graphäus. Uebrigens steht der Melanchthon'sche dem eigentlichen Cisio-Janus insofern näher, als er noch im ursprünglich ihm eigenen Maasse, dem Hexameter, abgefasst ist, während der des Graphäus, sowie ein anderer noch zu erwähnender, aus sogenannten freien lateinischen Versen besteht. Einige Proben mögen hier folgen.

Die beiden ersten Monate des Melanchthon'schen Calendarium syllabicum (abgedruckt im Anhang zu Chyträus chronol. Her. et Thuc. Anhang S. 34 u. 35) lauten:

Cisio-Janus Epiphaniis dic dona Magorum,
Vincit ouans Agne, nova Paulum lumina vertunt.
Et purgata parens ad templum ducit Jesum.
Sede doces sacra cum Petro, Mathia, gentes.

Eine ähnliche freiere Bearbeitung der lat. Cis. erwähnt Grotefend, Anzeiger 1871, S. 311; sie findet sich in Schonborns Calendarium, Wittenberg 1567. Der Januar lautet:

Scinditur, inde Magis colitur puer ortus Jesus,
Prisca dat Agneti cum Paulo munera Jani.

Die dagegen von Grotefend, Anz. 1871, S. 310 aus Wedekind's Geschichte der Grafschaft Glatz (Neurode 1857) mitgetheilten Verse sind nicht als Cisio-Janus-Verse zu betrachten, da gleich im Januar die zwei erwähnten Feste nicht den ihnen zukommenden Platz einnehmen, *Magus* die 8., *Paulus* die 30. Stelle hat; im Februar sogar nicht einmal die richtige Reihenfolge eingehalten ist, indem Matthias (24. Februar) vor Petrus (22. Februar) steht. Diese Verse sind wohl nur zur Erklärung einzelner im Cisio-Janus, dem sie beigefügt sind, genannten Feste bestimmt, welche Annahme dadurch noch wahrscheinlicher wird, dass in den drei ersten Hexametern nur je ein Fest genannt wird; im vierten werden zwar Petrus und Matthias erwähnt, allein ersterer nur als Vorgänger des zweiten.

Als Probe der freieren Verse des Graphäus führe ich aus dessen Calendarium (in Chytr. chron. Her. et Thuc. Anhang S. 36 u. 37) die Monate März und April an:

Martius Adriano narrat
Atque Gregorio,
Quod Gertrudis et Benedictus
Annunciant virgini.
Aprilis Ambrosio gaudet,
Cui martyr Tyburtius
Praedicat mox futuram
Marci stationem.

Von einem andern in zwangloserer metrischer Form gebauten lat. Cis. in Schonborn's Computus vel Calendarium gibt Grotefend a. a. O. die beiden ersten Monate als Probe. Sie lauten:

Cuediture puer magus quem supplex adorat.
Felix est Antonius, Agnes subit.
Paulus fulmina cadit.
Se purgat virgo de more.
Exordia grati veris
Promittit laeto Petro
Mathias laetus.

Einen lateinischen Cisio-Janus sieht Grotefend ferner in dem von ihm Anz. 1870, S. 301—311, herausgegebenen, aus 422 Hexametern bestehenden Kalendergedicht Laurea sanctorum Hugo's von Trimberg; indessen wie später gezeigt werden wird mit Unrecht.

IV.

Neben diesen lateinischen Cisio-Jani finden wir schon aus früher Zeit, nachweisbar aus dem 14. Jahrhundert, auch deutsche Bearbeitungen; sie sind nicht sklavische Nachbildungen jener, sondern der Form und dem Inhalt nach von ihnen verschieden; an Stelle des in der früheren Zeit für die lat. Cis. allein gebräuchlichen Versmaasses, des Hexameters, treten uns hier deutsche Reimverse, an Stelle zusammengehäufter, abgerissener Silben in den meisten vollständige Namen und das Bestreben entgegen, einen gewissen Zusammenhang zwischen den einzelnen Heiligen herzustellen. Auch unter sich zeigen sie eine bei weitem grössere Verschiedenheit, als die aus einer Grundform durch mehr oder weniger bedeutende Veränderungen hervorgegangenen lateinischen; bezüglich der Sprache sowohl, wie des Inhalts und auch des Umfangs.

Während der Umfang der lat. Cis. stets der gleiche war, indem immer die Silbenzahl der Zahl der Tage im Jahre entsprach, haben wir hier sowohl Bearbeitungen, in denen die Zahl der Silben, als auch solche, in denen die Zahl der Worte, ja einen, in dem die Zahl der Verse gleich der der Tage im Jahre ist. In allen aber wird das Gesetz festgehalten, dass durch die Stellung des Heiligennamens zugleich der betreffende Monatstag bezeichnet wird, sei es, dass er der Zahl der Silbe, des Worts oder des Verses innerhalb der für den Monat bestimmten Verse entspricht. Obschon dies eigentlich als in dem Wesen und dem Zweck des Cis. begründet, ganz selbstverständlich ist, hebe ich es doch an dieser Stelle ausdrücklich hervor, weil, wiewohl in der Ueberschrift eines der bekanntesten Cisio-Jani (Nr. 4) ausdrücklich bemerkt wird: *ein yeclich wort gibt ainen tag,* wiewohl ein älterer Bearbeiter, Eschenburg, im lit. Anz. 1807, S. 61 schon auf dieses Verhältniss aufmerksam gemacht hat, doch fast keiner der neueren Bearbeiter von deutschen Cisio-Jani das gewusst hat und damit das wichtigste Mittel zur Emendation der uns so verwahrlost und verstümmelt überkommenen Gedichte ausser Acht geblieben ist. So hätte wohl, um nur einige Beispiele anzuführen, Beda Weber sich den Abdruck der Wiener Handschrift von Wolkensteins zweitem Cisio-Janus* erspart; denn ausser orthographischen Abweichungen unterscheidet er sich von dem ersten Nr. CXXI nur dadurch, dass in ihm mehrere Worte fehlerhaft hinzugesetzt sind, die bei einer Vertheilung der Worte auf die Tage leicht zu finden waren. Franz Pfeiffer hätte, wenn er gewusst, dass durch ein solches Hinderniss der freiere Fluss der Rede gehindert gewesen wäre, gewiss ein milderes Urtheil über Wolkenstein's dichterische Begabung gefällt, als

---

* Die Gedichte Oswalds von Wolkenstein v. Weber Nr. CXXII.

er Serap. 1853, S. 146 thut, wo er ihm jede Fähigkeit, die Sprache zu handhaben,* abspricht. Endlich würde Adalbert Jeitteles, der sich ernstlich bemüht, unter Zusammenstellung und Vergleichung der verschiedenen Lesarten eines in mehreren Handschriften überlieferten deutschen Cisio-Janus eine Textherstellung und Erläuterung „des verworrenen und dem Anschein nach unentwirrbaren" Gedichts zu versuchen, mit leichterer Mühe zu richtigeren Resultaten gelangt sein und auch für die Stellen, die „trotz der angestrengtesten Bemühung theils der rhythmischen Ordnung, theils der Aufhellung des Sinnes widerstrebten", leicht eine Erklärung gefunden haben. Uebrigens ist auf dieses Gesetz neuerdings wieder aufmerksam geworden, wenigstens so weit es den Wort-Cisio-Janus betrifft, K. E. Krause, der mit Hülfe dieses Kriteriums den Text des letztgenannten Cisio-Janus herzustellen versucht in Bartsch, Germania XXII, S. 286—290, worüber später gesprochen werden wird.

Gehen wir nun auf eine Betrachtung der einzelnen Bearbeitungen ein, so hat die ihm bekannten Pfeiffer im Serapeum 1853, S. 146 ff zusammengestellt und einen, den Vers-Cisio-Janus oder vielmehr Cysianus abgedruckt. Später sind eine Anzahl von ihm nicht erwähnter veröffentlicht oder besprochen worden in Mone's Anzeiger, Bartsch's Germania, Wagner's Archiv und anderen Zeitschriften.

Wir machen den Anfang mit einer Betrachtung der dem Umfang nach kleinsten und dem lateinischen Cisio-Janus am nächsten stehenden, den Silben-Cisio-Jani.

Von dieser Classe sind mir, abgesehen von einer niederdeutschen später zu besprechenden, nur 2 deutsche Bearbeitungen bekannt.

1. Der von Pfeiffer, a. a. O. unter Nr. 8 erwähnte, von dem ein Abdruck in Ersch und Gruber's Real-Encyclopädie

* Uebrigens hätte ihn ein Blick auf die übrigen Gedichte Wolkensteins wohl belehrt, dass diesem die Handhabung der Sprache im Gegentheil leicht fiel; scheint er sich doch darauf sogar etwas eingebildet und gerade in Wortspielereien etwas besonderes gesucht zu haben; ich verweise nur auf die Gedichte Nr. XXXV, XXXVIII, XXXIX u. s. w.

unter „Cisio-Janus“ sich findet und von dem die ersten Monate lauten:

Januar:

New iahrs tag folgen könig drey.
Das sagt dem Reinhold Felix frei.*
Antoni Bastian verehrt.
Paul Polycarpum bekehrt.

Hornung:

Nach Lichtmess ist Agth Dorthe Zeit
Mit Scholastic und Valent nicht weit.
Concordien stul
Führt Mathiam zur schul.

März:

Im Mertz spricht Adrian 'Thom Aquin,
Geh mit Gregorio und Gerdrud hin
Dass Benedict heil verkünd,
Weil man sonst keins fünd.'

April:

Im April Ambros Friedrich fragt,
'Schaw was zu Leo Tiburt sagt,
Wil Valerian mit Gorg gahn,
Marcs, kom mit nach Meilan.'

2. Ein bis jetzt noch unedirter und überhaupt noch nicht beachteter Cisio-Janus, in einer der fürstlich Fürstenbergischen Hofbibliothek zu Donaueschingen angehörigen Papierhandschrift Nr. 103, des XV. Jahrhunderts, erhalten, mit der Ueberschrift:

---

7. Concordia 18. Februar. stul = Petri Stuhlfeier, 22. Februar.

9. Thom Aquin = Thomas Aquinas, 7. März.

13. Friedrich? Nach Woidenbach und Potthast ist ein Friedrich Heiliger des 5. März und des 18. Juli, im April wird nirgends ein Heiliger des Namens verehrt.

---

* So ist zu schreiben statt Reinhard; ein Heiliger dieses Namens wird nur am 23. Februar, am 12. Januar Reinhold verehrt.

Daz ist dez Steyrer Kalender.

Ueber Person und Lebenszeit des Verfassers Steyrer habe ich nichts ermitteln können.

Dieser Cisio-Janus ist der von allen bekannten deutschen Bearbeitungen dem lateinischen am nächsten stehende und möchte deshalb wohl zu den ältesten zu zählen, wenn nicht gar als die erste deutsche Bearbeitung zu betrachten sein. Gegenüber allen deutschen Cisio-Jani hat er mit den lateinischen gemein zunächst die Abkürzungen von Heiligennamen durch ihre Anfangs- oder Schlusssilben; so finden wir gleich in der ersten Strophe Antonius durch Ant., Fabianus durch Fab., Agnes durch nes u. s. w. abgekürzt. Sodann sind hier noch die Heiligen, die in den meisten übrigen deutschen Cis. in einen Zusammenhang zu einander gebracht sind, zuweilen ohne Verbindung nebeneinander gestellt, in welchen Fällen die Reihe einigemal vollständig, da auch die Abkürzungen die gleichen, dieselbe ist wie im lateinischen. So beginnt der Mai ebenso wie dort mit *Philipp, crux, Flor, Got;* ist ja hier sogar das lateinische Wort *crux* stehen geblieben; auch der August beginnt wie da mit *Petr, Steph, Steph(n) (Valtein) Sixt, Affr.*

Dieser Cisio-Janus besteht aus 12 Strophen, je einer für den Monat, von je 4 Versen.

Die Handschrift Nr. 103, in der er enthalten ist, besteht aus 4 Blättern, wovon die erste Seite des ersten und das vierte unbeschrieben sind; auf den zwei ersten beschriebenen Seiten steht ein unter Nr. 7 zu besprechender Cisio-Janus mit der Ueberschrift *daz ist dez Teichner kalender;* an ihn schliesst sich auf 2b der unsrige, von derselben Hand geschrieben und 2b und 3a füllend; auf 3b stehen von späterer Hand einige Gebete.

Beim ersten Anblick scheint der Cisio-Janus zu wimmeln von kalendarischen Unrichtigkeiten, die sich anscheinend nur durch gewaltsame Mittel, bedeutende Kürzungen oder Streichen von Worten entfernen lassen; indessen stellt sich bei genauerer Betrachtung heraus, dass diese auf Rechnung des Schreibers, nicht des Verfassers zu setzen und auf leichte Weise zu berichtigen sind. Der Verfasser wollte nämlich nicht immer mitgezählt wissen eine Anzahl Endsilben, besonders solche mit stummem oder tonlosen e und mit auslautendem Vocal und das Präfix ge und wird das wohl auch durch die Schrift angedeutet haben, während unser Abschreiber den Vocal fast stets schrieb; lassen wir ihn weg, so dass die betreffenden Silben nicht mehr die Geltung von solchen haben, so rückt der grösste Theil der Heiligen auf die ihnen zukommenden Plätze.

Die Silben, deren Vocale der Dichter mit besonderer Vorliebe synkopirt, sind:

ge. v. 7 *gricht.* v. 10 *gsang.*

Die Endung *e* in *hertz*(e) v. 31, während dagegen v. 41 in *alle heiligen* e als Silbe gezählt wird.

en. v. 1. *Perchtn.* v. 7 *strengn.* v. 12 *Rueprechtn.* v. 14 *pluemn.* v. 16 *gachn.* v. 22 *grossn.* v. 27 *cherssn.* v. 30 *Matzzn.* v. 31 *Frawn* (dieses Wort ist übrigens einmal ohne e, *frawn,* geschrieben v. 20). v. 31 *chlagn.* v. 32 *erslagn.* v. 33 *amn.*

Als Silbe gilt dagegen *en* in:

v. 28 *Chriehen.* v. 41 *heiligen.* v. 45 *süezzen.*

Nicht zu zählen ist ferner das *e* in der Endung *ent.* v. 39 *tausnt.* v. 40 *hausnt.*

el. v. 29 *Steffl.* v. 36 *michl.* v. 43 *netzzl.* v. 46 *lützl.* v. 47 und 48 *Toeml.;* dagegen ist e zu schreiben in

v. 46 *teufel.*

em gilt nicht als Silbe v. 10 in *seinem.* Es wird wohl zu schreiben sein *seim.*

Das e in *er* ist zunächst zu streichen in 2 Worten, denen es gar nicht zukommt, nämlich *Affr,* geschrieben *Affer* v. 30, welches Abkürzung von Afra, und *Peter* v. 20, wo es Abkürzung von Petronella ist; aber auch sonst muss es meist weggelassen werden; so in

Petr v. 24. u. 29; in einem Vers, v. 15, sogar in 3 Worten

gutr rittr sendr, wogegen es beizubehalten ist v. 8 *Peter.* v. 14 *pleter.* v. 24 *ritter.* v. 26 *prueder.* Vielleicht ist sogar der Artikel *der* einmal nicht als Silbe zu zählen v. 34; dasselbe gilt vom Pron. *er,* welches sich eng an die voraufgehende Verbalform anschliesst in *getr* v. 19.

Als vom Schreiber eingeschoben zu betrachten ist wohl auch das *i* in *Perichten* v. 1, *zwelif* v. 26 und *Gilig* v. 33; dagegen zu schreiben und zählen ist es v. 16 *Gorig.*

Wegzulassen ist endlich das *a* in *Stephan* v. 29 u. 48 und der auslautende Vocal in *Sophei* v. 18 (hier schon des Reimes wegen), *Tyburzy* v. 14., *Virgili* v. 36.

Einige andere noch bleibende kalendarische Fehler lassen sich leicht entfernen durch Umstellen, Streichen und Kürzen eines Worts; so kommt *Britzz* = Briccius v. 42 auf seinen Platz, wenn es vor *iem* gestellt wird. Umzustellen ist wahrscheinlich auch der Imper. *lazz* v. 8 vor *Peter;* die beiden Heiligen Peter und Matthias befinden sich zwar auf ihren Plätzen, falls wir nur v. 7 die Endung *en* im Worte *strengen* als Silbe zählen; indessen hat dann die Strophe eine Silbe zu viel; zählen wir dagegen *en* in *strengen* nicht mit und nehmen jene Umstellung vor, so ist alles in Ordnung.

Ein andrer kalendarischer Fehler in v. 21 ist durch Weglassung des Namens *Bonifaz* entstanden; setzen wir ihn ein, so bringen wir *Preim,* sowie die folgenden Heiligen auf ihre Stelle und gewinnen einen passenden Reim auf *schatz;* übrigens fehlt Bonifacius als Heiliger für den 5. Juni in nur wenigen Cisio-Jani.

Auf solche Weise kalendarisch berichtigt lautet der Cisio-Janus:

Daz ist dez Steyrer Kalender.

Neu ist daz iar in Perchtn lant.
Erhart, nach dir ist dem Felix gar Ant.
Brisca, Fab., nes, Vinzent wart.
Paulus, der hat sich bechart.

Preid, liecht Blas zunt, Agt, Dorothe, Preim,
Scolastica, Valent,
Hilf vor dem strengn gricht!
Lazz, Peter Mathias, uns nicht!

Tump ist die werlt ze dem vaschang.
Den tantz richt Gregor mit seim gsang.

---

2. Erhart, 8. Januar.
8. *P. M. lazs* Handschr.

Gedraut und abtt Benedict, schikch
Marei, Rueprechtn, mich anplikch!

Abrill, sag Ambros, der may;
die pluemn, pleter, gras uns Tyburz hay.
Gutr rittr, hilf von sendr not!
Gorig, Marcus wend den gachn tot!

Philipp, crux, Flor., Got., Hanns, ich hoff,
mich tröst noch hewr mein fraw Soph.
May gruen, der pluen dort her; dô getr.
Prich Urban viol, trag frawn, Petr!

Nikom, Erasm, Bonifaz,
Her Preim, der funt vil grossn schatz.
Veyt huett daz hauz. Prothos faul,
ritter Hanns, wach auf! slaf nicht, Petr Paul!

Trinck Process! Uolreich ist umb sechs.
Trinkt, prueder! Margret gitt zwelfpot, lex.
Wol auf nach cherssn, Magdalen!
Jacob wil nach Chriehen gen.

Petr, Steffl, Stephn, Valtein, Sixt,
Affr, haimleich Lorentz pey Matzzn ligst.
Frawn schied uns macht noch mannich hertzz chlagn.
Bartholomeus tod, Hanns erslagn.

Gilg mit dem most offt amn vellt.
Fraw höcht die pürd, dr wiert am chräutz zelt.
Eu., Ruprecht, schach und Math., Mauritz.
Rueprecht, Virgil haut Michl witzz.

Den Leo Frantzz slueg mit der stang.
Dyonis tod; Cholman hang.

12. Rupertus v. Salzburg, 27. März.
16. *wend uns* Handschr.
21. *Nic. Erasem* Handschr. Erasmus, 2. Juni.
24. *auf* fehlt Handschr.
26. lex = Alexius, 17. Juni.
30. matzze = Maximus 13. August.
36. Virgilii elevatio, 26. September.
37. *her Frantzz* Handschr.
38. Colmann, Märtyrer, 13. Oktober.

Gall und Lucas und maid aindlef tausnt
datz Choln datz Symonn all hausnt.

Alle heiligen Lienhart vieng.
Do trannkch Mertt, daz Britzz iem engieng.
Strikchs netzzl, Els! Jungfraw Cec., Clement, Kaerl.
Trinch vasten Sat Aendrl!

Hilf süezzen Barbar, Nyclos, fraw,
daz uns der teufel lützl schaw.
Hie läutt mit fuchsswantz Toeml mir spat.
Läutt Christ, Stephn, Hanns, Chind, Toeml dort drat.

Zahlreicher ist die zweite Classe der Cisio-Jani, in der jeder Tag durch ein Wort ausgedrückt ist; zu ihr gehört

3. der von Hermann, dem Mönch von Salzburg, Ende des 14. Jahrhunderts verfasste Cisio-Janus, den man bis jetzt als die nachweisbar älteste deutsche Bearbeitung betrachtete (vgl. Nr. 7), erhalten in einer Wiener Handschrift Nr. 2856 und in der Münchener Hs. der Kolmarer Meisterlieder Nr. 4997, f. 648 unter dem Titel: *Des münch Cisiojanus die jarwyse.*

Nach Hofmann, Verzeichniss der Wiener Handschriften S. 252 ist seine Ueberschrift: *Hie hebt sich an ein teutscher Cisio-ianus des munichs,* sein Anfang

Besniten wirdigkleichen wart der dreyer konig betaget.
Schon diese Probe zeigt, dass es ein Wort-, nicht ein Silben-Cisio-Janus ist; *konig* = heiligen drei Könige, 6. Januar, ist das 6. Wort.

Der Cisio-Janus besteht aus 12 Strophen, je einer für den Monat (Die Münchener Handschrift enthält nach Bartsch nur 11).

In Pfeiffers Uebersicht über die deutschen Cisio-Jani im Serapeum 1853 wird er S. 145 unter Nr. 1 besprochen; im Druck ist er noch nicht erschienen.

4. Der älteste bekannte im Druck erschienene deutsche Cisio-Janus, hervorgegangen aus der Druckerei Günther Zeiners

---

42. *icm Br.* Handschr.
43. *Cecil* Handschr.

in Augsburg 1470 unter dem Titel *diss ist der Cisio-Janus tzu tutsch und ein yeglich wort gibt einen tag.* Aus den vielen von ihm vorgenommenen Nachdrucken, von denen einige des 16. Jahrhunderts Latendorf in Mones Anzeiger 1871 Spalte 135—138 beschreibt, geht hervor, dass er einer der beliebtesten Kalender war.

Als seine Heimath wird man wohl wegen Erwähnung Arbogasts v. 40 das Elsass ansehen dürfen. Die Namen der 4 letzten Monate zwar, die nach Zapf, Buchdruckergeschichte Augsburgs S. 9 *fulmont, herbstmont, slachtmont, wintermont* lauten, weisen auf die Gegend des Westerwaldes hin. Denn *fulmond* heisst nach Weinhold, die deutschen Monatsnamen S. 18 der September in ganz Mitteldeutschland, Hessen, Thüringen, Schlesien, am Main und im Westerwald, in keiner von diesen Gegenden kennt man indessen für November den Namen *slachtmont,* ausser im Westerwald (ausserdem nur noch in den Niederlanden), während dieser Name gewöhnlich den December bezeichnet. Indessen stammen diese Ueberschriften wohl vom Schreiber oder Drucker. Ein anderer gleich zu besprechender Abdruck weist die gemeindeutsche Monatsreihe auf.

Den Zeiner'schen Druck hat vollständig mitgetheilt Gräter im altdeutschen Almanach, den er seiner Zeitschrift Iduna und Hermode 1812 beigab, mit Weglassung der Monatsnamen; auch sind einige kleinere Abweichungen wenigstens von der in Zapfs Buchdruckergeschichte gegebenen Probe (Oktober) zu bemerken. Eine in Einzelnheiten mannigfach von diesem Gräter'schen Abruck abweichende Ausgabe desselben Cisio-Janus publiciert Grotefend in Ersch und Grubers Real-Encyclopädie unter „Cisio-Janus", ohne indessen anzugeben, woher er sie entnommen und in welcher Beziehung sie zum Zeiner'schen Drucke steht. Dass es kein direkter Abdruck von diesem ist, zeigt schon die eben erwähnte Verschiedenheit der Monatsnamen. Aber auch die sonstigen Abweichungen vom Gräter'schen, also Zeiner'schen Texte sind nicht unbedeutend. Abgesehen davon, dass die Grotefend'sche Schreibweise grösstentheils die nhd. ist — übrigens ist auch die Zeiner'sche modernisiert; so ist geschrieben *ei* statt *î,* während der Reim *himmelreich: sich* zeigt, dass î einzusetzen ist — wodurch eine Anzahl falscher Reime entstehen, wie *gehn: schön, wolle: geselle,* finden sich Verschiedenheiten ganzer Worte und Verse. Meist bietet dann der Gräter'sche Text die richtige Lesart.

Versuchen wir nun aus diesen beiden Recensionen mit Hülfe des oben besprochenen Kriteriums, der Vertheilung der Worte auf die Tage, durch Einsetzung der durch den Reim belegten Sprachformen u. s. w. den ursprünglichen Text zu reconstruieren.

Danach würde er sich etwa so gestalten:

Jesus, das kint, wart besnitten;
drei kunig vom Orient kamen geritten
unt opfferten dem herren lobesam.
Antonius sprach zuo Sebastian:
'Agnes ist do mit Paulus gewesen.
Wir solten ouch mit wesen.'

Brigida, Maria wolten mit Agatha gon,
Jesum ir kint opffern schon.
Do ruft Valentinus mit macht:
'Frewent euch der Fastnacht!
Wenn Peter und Matthias
kommen, schier wissent das.'

Der Mertz, der värt doher mit Thoman
und spricht, er müsse Gregorium han;
mit dem wolle er disputirn.
So kompt Benedictus und wil hofirn
Mariae unser trösterin
und dem jungen kindelin.

Z = der Zeiner'sche Druck, wie ihn Gräter gibt.
Gr. = die Grotefend'sche Ausgabe.
6. Gr. *genesen.*
7. Gr. *da Maria wolt; gehn.*
11. Gr. *denn* wie auch 71.
12. Gr. *wisset.*
13. der fehlt Gr. dann *Herr Thoman.*
14. Z. *müste.*
17. Gr. *Marien Gottsgebererin.*

April und bischof Ambrosius
varn do her und sprechen alsus:
'Die ostern wellent Tiburtium bringen'
'So wil Valerianus das Alleluia singen.'
sprachen Jörg und Marx zuhant.
Wüsste das Peter Maylant!

Philippus das kreutz funden hat.
Johannes leidet das ölbad.
Gordian sprach zu Servatio:
'Wir wollen fürwar nit baden also.
Gang flugs und sag es Urban schnell,
daz er uns bring Petronell!'

Wir sollen frölich leben.
Bonifacius will uns alles vergeben,
als Barnaba mir hat geseit.
Vitus sprach mit bescheidenheit:
'Gervasius und Albanus wellen jagen.
Hans und Henselein sollen das Petern sagen.'

Theobald, Maria und Ulrich
varn in die ernt gemeiniglich.
Des frewet sich Margretha fürwar vast
und macht das alles herr Arbogast.

---

20. Gr. *daher*. Gr. *Adesius* statt *alsus*.
21. Gr. *„schier"* nach *wellen*.
23. Gr. *Georgius und Marcus*.
25. Z. *Mey das kreutz*. Gr. *erfunden*.
26. Z. *Johannes im öl wart gebadt. Mamertus sprach zu Servatio*; auf diese Weise kommt zwar Mamertus an seinen Platz, aber Servatius auf den 14., statt den 13.
28. Gr. *trown*, wie auch 39.
32. Z. *allen*.
35. Gr. *Alban*. Z. *wollen*.
36. Z. *Johannes und Hensell*.
37. Gr. *Wolt*.
38. Z. *gemainlych*.
40. Gr. Z. *heer*.

---

35. Albanus Martyr, 21. Juni.
37. Theobald, 1. Juni.

Magdalena wil ouch Jacob lieb han.
Das verdreusst bischoff German.

Peter und Steffen wünniglich,
Oswald, Sixtus, die frewen sich.
Laurentz sprach: 'Das wisse menniglich:
Maria wil varn zuo himelrich.'
Bernhard gieng das sagen Bartholome.
Ludwig sprach, das wüst Johans houbt e.

Egidius blies uff sin horn:
'Frewent euch, Maria ist geborn.'
'Lassent uns das kreutz erhöhen.
So wirt der herbst nahen.'
Mattheus, Mauritz sprachen also.
Des wart Cosmas und Michael vro.

Remigius, der hies Frantzen
Mit Gertruden frölich dantzen.
Dionysius sprach: 'Was bedütet das?
Es were Gallen mit Luxen gestanden bas.'
Ursula sprach: 'wer dantzen welle,
der si Simonis und min geselle.'

Alle heiligen fragen nach guotem win.
Wilbrodus sprach: 'Louffent hinin!

---

44. Gr. *der frewet sich.*

46. Z. *Mariae.*

47. Gr. *gang, sag das*; in diesem Fall kann man schwanken, welche Lesart aufzunehmen sei.

51. Gr. *erheben;* weder dies, noch *höhen* von Z. reimt auf *nahen* oder *nähen.*

53. Z. Gr. *sprechen.* Gr. *Jo.*

56. Gr. *Gertrud.*

57. Gr. *bedeutet.*

58. Gr. *und Lucas besonder bas.*

59. Gr. *wolle.*

62. Gr. *Felix* statt *Wilbrodus; kompt herein.*

---

48. Ludwig, 25. August.

62. Willibrodus, Bischof von Utrecht, 9. November.

Martin schenkt guoten most
und hat ouch dabi Elisabeth guote kost.
Caecilia, Clemens, sagent Katharina das!
Bilhild hies kommen Andreas.

'Wenn kompt jungfrouw Barbara?'
Sprach Niclas zuo Maria.
'Wie lang sol denn Lucia beiten,
das sie das kindelbett bereiten?
Wenn Thomas bringt schier die Weihenacht.'
Steffen, Johann, kindlin, Thoman habens gesagt.

Zu dieser 2. Classe gehören auch zwei vom Tiroler Dichter Oswald von Wolkenstein, der in der 2. Hälfte des 14. und zu Anfang des 15. Jahrhunderts lebte, verfasste Cisio-Jani; man findet sie abgedruckt in Beda Webers Ausgabe der Wolkenstein'schen Gedichte (Innsbruck 1847); den einen, Nr. 5, in zwei Abdrucken verschiedener Handschriften als Nr. CXXI und CXXII, von denen, wie wir schon oben bemerkten, CXXII, wo sie von der andern abweicht, nur fehlerhaftes bietet, den andern, Nr. 6, als Nr. CXXIII. Die beiden Cisio-Jani zeigen unter sich Verschiedenheit bezüglich des Versmaasses, des Zusammenhangs, in den die Heiligen zu einander gebracht sind, und der Heiligen selbst.

In Nr. 5 umfasst jede Strophe einen Monat, während in Nr. 6 auf eine solche 2 Monate kommen. Diese 2 Monate sind auch dem Zusammenhang nach nicht von einander geschieden; einmal laufen sie sogar vollständig in einander über. In der ersten Strophe ist nämlich das erste Wort des die Heiligen des Februar umfassenden Satzes, der Artikel *die* als 31. Wort des Januar zu zählen. Streng dagegen werden je 2 in einer Strophe vereinigte Monate von einander geschieden. Die Ueberlieferung von Nr. 6 ist an mehreren Stellen eine

63. Gr. *schenkt jetzt.*
64. Gr. *hat dabei viel guoter kost.*
66. Gr. *Advent* statt *Bilhild.*
72. Gr. *haben Thomam bischoff gemacht.*

66. Bilhildis, 27. November.

corrupte, wie sich bei einfacher Nachzählung der Worte ergibt. Wir begnügen uns, hier diese Stellen zu verbessern, verweisen im übrigen auf die Weber'sche Ausgabe.

Auf den April kommen 31 Worte und zwar ist die Corruptel zwischen *Marcus,* der richtig die 25. Stelle einnimmt und *Vitalis,* der an falschem Platze, dem 29. statt des 28., steht; wahrscheinlich ist das Wort *hie* nach *uns* wegzulassen, so dass die Strophe für den April so lautet:

Abrelle, wankelicher muot,
Ambrosius, der Celestin mit hohem fruot*
gab pabst Leo dem Tiburtzen.
Aus ellend uns Valer schier kêr!
Eins guten endes Jorg, Marcus uns gewer!
Vitalis fruchtet wurtzen.

Der Juli hat nur 30 Worte und zwar ist Ausfall eines Worts anzunehmen hinter *Kilian,* das richtig das 8. Wort ist, während die folgenden Heiligen eine Stelle zu früh stehn; durch Einsetzung von *zur* vor *Margret* wird auf leichte Weise die kalendarische Richtigkeit hergestellt und die den Juli enthaltende Strophe lautet:

Die künigin vor Ulrich rait
und auch Kilianus darnach schrait.
Zur Magret Haintz sait:
'Tailunge gebt Alexen!'
Arnolff, der lud Braxedelein,
Magdalena, junckfrau Kristein,
Jacob, Andlein,
die pandt Felix ein kraxen.

Im September ist das vor *Mauritz* stehende *und* hinter diesen Namen zu setzen; so wird Moritz das 22., Ruprecht das 24. Wort in der Halbstrophe.

Ferner ist zu bemerken, dass im Oktober *kenstu* als 2 Worte betrachtet, dagegen im December *sôl lâ* in eins zusammengezogen werden müssen.

---

* Celestin, als Heiliger für den 6. April, nur noch in einem von Weidenbach veröffentlichen Calendarium von 1452; der Tag Celestins ist sonst der 7. Juni.

In Nr. 5 sind, obwohl je eine Strophe einen Monat umfasst, dennoch diese nicht dadurch streng von einander geschieden, sondern laufen mehrmals ineinander über, indem zum vorhergehenden Monat zu zählende Worte mit in die für den folgenden bestimmte Strophe gezogen sind. So hat die erste Strophe nur 29 Worte und sind die beiden Anfangsworte der den Februar enthaltenden Str. 2 mit herüberzunehmen, wiewohl das 2. die Ueberschrift des folgenden Monats, *hornung*, ist. Eben dasselbe Verhältniss ist zwischen Februar und März. Aus Str. 4 gehören zum März sogar noch 3 Worte. April und Mai werden mit Str. 4 und 5 beendet; umgekehrt wie vorher hat wieder Str. 6 ein Wort mehr als der darin besprochene Juni Tage; das letzte ist als erstes Wort des Juli zu zählen; zu diesem gehören ausser Str. 7 noch die 3 ersten Worte von Str. 8; ebenso die 3 ersten Worte von Str. 9 zum August, obwohl auch hier wieder eins der Name des folgenden Monats, *September,* ist. Je ein Wort der folgenden Strophe gehört dem vorhergehenden Monat an in Str. 10 und 11. Die Ueberlieferung in der unter Nr. CXXI abgedruckten Hs. ist eine gute und ist schon desshalb die kalendarische Richtigkeit gewahrt, weil in ihr die Worte auf die einzelnen Tage vertheilt untereinander geschrieben sind. Als Probe möge Str. 12, die den December umfasst, Platz finden:

1. *December.*
2. *Hilff*
3. *uns*
4. *Barbara,* Barbara, 4. Dec.
5. *Sant*
6. *Niclaus* Niclaus, 6. Dec.
7. *und*
8. *Maria,* Mariae Empf. 8. Dec.
9. *dar*
10. *zuo*
11. *die*
12. *mynniklich*
13. *Lucey,* Lucia, 13. Dec.
14. *das*
15. *wir*
16. *der*
17. *sünden*
18. *werden*
19. *frey.*
20. *Herr*
21. *Thomas* Thomas, 21. Dec.
22. *und*
23. *der*
24. *heilig*
25. *Krist,* Weihnachten, 25. Dec.
26. *Steffen,* Stephan, 26. Dec.
27 *Hans,* Johannes, 27. Dec.
28. *Kind,* Unschuld. Kindlein, 28. Dec.
29. *Tomel,* Thomas, 29. Dec.
30. *frisst.*
31. *Silvester.* Silvester, 31. Dec.

7. Der zuerst in Fichards Frankfurter Archiv für ältere deutsche Litteratur und Geschichte 3, 1815 S. 212—215 aus einer Miscellanhandschrift des XV. Jahrhunderts unter der Ueberschrift: *Ein tutscher Kollender und ist mit dem ersten des erst mond Januarius,* veröffentlichte Cisio-Janus, in Pfeiffers Uebersicht unter Nr. 6 S. 148 aufgeführt. Denselben kannte man bis jetzt noch aus einer Wiener Handschrift Nr. 4494, des XV. Jahrhunderts, in Hofmanns Verzeichniss S. 166 besprochen, und zwei Grazer Miscellanhandschriften Nr. $\frac{40}{11}$ und $\frac{34}{42}$ der K. K. Universitätsbibliothek zu Graz, auf die zuerst Jeitteles in Bartsch Germania XXI S. 339 aufmerksam gemacht hat. Auf ihnen basiert auch der von letzterem ebenda hergestellte Text, der indessen, wie schon erwähnt, da Jeitteles nur darauf ausgeht, einen verständlichen Sinn in geregelter metrischer Form herzustellen, statt zunächst für die kalendarische Richtigkeit Sorge zu tragen, nicht immer der richtige und ursprüngliche ist. Diesen versucht, wie schon erwähnt, Krause Germ. XXII S. 286—290 herzustellen.

Zu diesen Recensionen kann ich noch einige neue fügen, drei in Münchener Handschriften, Cgm. 203 vom Jahre 1458, Cgm. 303 von 1457, Cgm. 4425 und eine in der schon oben besprochenen Donaueschinger Papierhandschrift Nr. 103 erhaltene, von denen ich die erste und die beiden letzteren collationiert habe.

Von ihnen ist von Bedeutung besonders die Donaueschinger Handschrift, weil wir aus ihr den Namen des Dichters kennen lernen. In ihr trägt nämlich der Cisio-Janus die Ueberschrift: *Daz ist dez Teichner Kalender.* Heinrich Teichner, bekannt als der fruchtbarste didaktische Dichter des 14. Jahrhunderts, ein Oesterreicher, dichtete nachweislich von 1350—1377, wahrscheinlich aber schon früher; wir dürfen deshalb unsern Cisio-Janus als mindestens gleichaltrig, wahrscheinlich älter ansehen, als den bis jetzt für den nachweisbar ältesten gehaltenen Hermanns, des Mönchs von Salzburg, dessen Lebenszeit ins Ende des 14. Jahrhunderts fällt (Erzbischof Pilgrim von Salzburg, auf dessen Veranlassung er seine

Kirchenlieder schrieb, starb 1396). Denn einen Zweifel in die Wahrheit des Zeugnisses zu setzen, haben wir keinen Grund; wohl aber wird dies dadurch gestützt, dass die Oesterreichische Abkunft des Cisio-Janus ausser Zweifel steht, zunächst wegen Erwähnung einer beträchtlichen Anzahl nur in der Salzburger Diöcese oder in Oesterreich verehrter Heiligen, nämlich von Erhart v. 2, Ruprecht v. 20 und v. 57 (Todestag und Tag seiner Erhebung), Achatius v. 39, Kolmann v. 62, Wolfgang v. 66, Virgilius v. 73, vielleicht auch Anna v. 45, dann wegen der Nennung zweier Heiligen für Tage, an denen, wie oben wahrscheinlich gemacht ist, nur in jenen Gegenden ihr Fest gefeiert wurde, nämlich Georgs an 24. Stelle des April, Margarethas an 12. des Juli.

Was das Verhältniss der Handschriften unter einander betrifft, so weicht in mehreren Fällen nicht unbeträchtlich von den übrigen ab Cgm. 234. Sie bietet eine Anzahl wahrscheinlich grösstentheils vom Schreiber eingefügter Heiligen, die sich in keiner der übrigen vorfinden, so

Reichart v. 10, Apollonia v. 11, Bonifacius v. 35, Wylbolt v. 42, Sebaldus v. 49, Mauricius v. 57, Caecilia und Clemens v. 72, u. A. Die Erwähnung von Wylbolt an 7. Stelle des Juli = Willibaldus, Bischof von Eichstädt, 741—786, macht wahrscheinlich, dass der Schreiber der Eichstädter Diöcese angehörte.

Weniger weicht Cgm. 4425, unbedeutend die Donaueschinger von den übrigen Hs. ab, dann meist die richtige Lesart bietend; bedeutender sind die Abweichungen aller Handschriften von dem von Jeitteles hergestellten Texte, der ja, wo es ihm der Sinn zu verlangen schien, sich willkürliche Aenderungen erlaubte. Eine Herstellung des Textes, basierend auf handschriftlicher Grundlage, wird zeigen, dass die Aenderungen von Jeitteles grösstentheils auf schwachen Füssen ruhen und dazu unnöthig sind, dass aber auch die von Krause gemachten Verbesserungsvorschläge meist überflüssig sind und die Herstellung des ursprünglichen und richtigen Textes bei weitem einfacher ist.

Besniten ist daz kint.
Drey künig sint Erharts gesint;
der stern weist sie.
Wann kumt Marcellus, Antoni?
Prisca, sag Fabian!
Agnes Vincenten wil han,
Paulus Polycarpen
mit ganzen trewen wil warten.

Breid, Maria Blasius sach.
Sant Dorothea sprach:
'Rat trewlich, Scolastica,
daz im Sant Valtein la.'
Juliana sicht auf dem stul sitzen
Petrum und Matthiam, die pflegen grozzer wizzen.

Merz, du heizzest Adrian
des pfinztages gein pad sagen.
Den lerer Gregorium sol man fein vragen.
Gerdraut, gib herberg guet

Ich führe die Varianten nur an, wo ich eine vom Jeitteles'schen Texte abweichende Lesart aufgenommen habe oder eine der neu collationierten Hs. abweicht. Durch A, B, W, F bezeichne ich mit Jeitteles die beiden Grazer, die Wiener Handschr. und den Fichardschen Druck, mit M 1 und M 2 die beiden Münchener, mit D die Donaueschinger Hs., mit a den Jeitteles'chen Druck.

2. *sagt* B D. *sag* M 2; *sagten* a (A W). *sant* F.

8. *wil* D B W F M 1 M 2, *sol* a (A).

5—8. in D fehlerhaft vertauscht mit der ersten Halbstrophe des Februar durch Verwechslung von Prisca und Breid.

10. *Agat Dorothea (Reichart)* M 1 W F. *sprich* M 2.

11. *Ratt Apolonia* M 1.

12. *daz ir sand* M 1. *daz sand* a.

13. *sich* a. *sichr* M 2. *sach* W F D.

14. *Petrus und Mathias,* a M 2. *pflagen* D.

15. *Merz haizz Kunigunden* W. *Mertz und Chünegund* F. *Mercz thu Kungund* M 1.

16. *donerstag* M 1. *das dornstag* F. *zu pad* A F D M 2 a.

17. *sul mir* M 1. *sein* a (A B W) M 1.

18. *gib weg guet* a.

Benedicten, so wirt wol Maria gemuet.
Rueprecht, lieber knecht, hab verguet!
Abrill unstaeter schein.
Ambrosius kan vil latein.
Der lert dich daz:
'Du solt Tiburzen volgen baz.'
Sich, Valerian, daz groz ellend!
Wir fürchten Jorgen, Martzen gaches end,
Vital, daz wend!

---

19. *maid* M 1.

20. *gueter knecht* M 1, 2. *nim verguet* A M 2 a.

22. *wol latein* M 2.

23. *lernet* M 1, 2.

24. vgl. zu v. 26. *sand thyburczen sollt* M 1.

25. Daran, dass Valerian als Heiliger für den 18. April erscheint, nimmt Krause Anstoss; er kennt nur den mit Tiburtius gemeinsam am 14. April verehrten Valerian; ein Heiliger des Namens für jenen Tag „kommt nirgends vor". Er nimmt desshalb zu einer höchst gesuchten Erklärung seine Zuflucht; indess würde er wohl selbst ihre Nichtigkeit erkannt haben, wenn er einen Blick auf die andern Cisio-Jani oder in ein Martyrologium hätte werfen wollen. Valerian kommt als Heiliger für den 18. April allerdings vor, ist sogar so beliebt, dass er nur in wenigen Cis. fehlt; so finden wir ihn in den beiden Wolkensteinern Nr. 5 und 6, in dem von uns unter Nr. 1 und 4 genannten und auch in den latein. Abfassungen; denn in letzteren kann man ihn doch unmöglich mit Tiburtius, mit dem er durch *et* verbunden ist, zusammennehmen (einzelne Recensionen bieten übrigens *Tiburti Pet Valer),* da natürlich im Silben-Cisio-Janus ein Tag nur durch den Namen eines Heiligen angedeutet werden kann (vgl. übrigens über Valerian als Heiligen des 18. April Latendorf f. K. d. d. V. 1871. Sp. 137). *Valerian* fehlt M 1.

26. Noch grössere Schwierigkeit macht Krause St. Georg, der hier statt an 23. nach ihm auf 25. Stelle steht; da auch Marcus auf die 26., Vitalis auf die 30. Stelle gerückt sei, müsse ein unbedeutendes Wort gestrichen werden; Krause streicht mit A das Wort *wir* vor *fürcht,* das er in *fürhten* verwandelt; indessen steht in der Mehrzahl der Hs. Georg gar nicht an 25. Stelle, sondern ist nur von Jeitteles dahin gerückt durch Aufnahme von *daz* aus A. v. 24 vor *du* und Stellen von *scholt* hinter *Tiburcio.* Setzen wir die handschriftliche Lesart ein, so rückt Jorg an die ihm zukommende 24. Stelle, ebenso die beiden andern Heiligen; dagegen kommt Valerian auf die 17. Stelle zu stehn. Da bieten denn D F und M 2 das richtige; in ihnen steht *sich* vor *Valerian,* so dass dieser richtig das 18. Wort im Verse ist. *gachen end* (B W) a. *gachen und* A. *gab ende* F.

Philipp daz kreutz ist
Sant Johannes
und dem dank fein
mit ganzen trewen jungfrouw Sophei.
Mai, du bringst laub und gras. Gar snell
reit Urban auf den grossen jarmarkt gen Peternell.

Hilf, getrewer Erasm
auz grozzer armuet!
Wir danken Preim,
waz er uns guets tuet.
Veit, sich hebt ein grozzer streit,
bezwingt Achatz Vriaul.
'Johannes tauf. Hensel släft.' sprach Peter Paul.

Sprich, Process, daz Ulreich
teil sein hab Kilian geleich.
Dar umb Margret wil senden poten zu Alexen.

---

30. *dienet dem gedanck sye mit ganzen treuen junckfraw Sophy* F. *und dem danck sein mit ganzen trewen junkfrau Sophei*(n) D M 2 *und dem wir dancken sein mitt trewen junckfraw Sopya* M 1. *dem danch sei mit ganzen treun der junchfrawen Sophein* a. *dem danch sein* A B W.

32. *Mai du bringst uns laub und gras snell* (A B W?) a.

33. *marckt* M 2. *[Petronel hier die Ortschaft bei Haimburg.]*

34. *getrew* D A.

35. *und Bonifacius* M 1.

36 *dir* M 2. *danken wir* M 1.

38. *grozzer* fehlt D.

39. *betwing achatz friaul* D. *wething achacz stagaul* B. *bezwinget zu fryel* F. *auf Achatzen leib* W. *gebint Achacz virgaull* M 1. *bezwing Achatzen zeit* M 2. *gewint Achatz Vriaul* (A) a.

40. *tauft* M 2 F. *tauffer Hensel slafer* M 1. *henselen me* F. *Hensel slaf* a. *sprich* M 1. *Jhesu peter pauls* M 2.

41. *Sprich Maria* M 1, 2 (visitatio Mariae, 2. Juli); *sich Process* (A) a.

42. *sein teyll Wylboltt Kylian geleich dorumb auch Sand Margarett* M 1. *sin teyl Kylian* F.

43. *poten senden* A B W M 1, 2, F. *Alexen reich Arnolphus* (A W?) a. In M 2 ist *poten senden* fehlerhaft nach *Alexen* gestellt. *wil* M alle Handschr. ausser D.

Arnolphus der pat frown Magdalen,
'Sag Christein, Jacob wil ir mit trewen pei gesten!'

Peter, Steffel, Stephan,
Künig Oswalt, Sixt, Affran
sehent Sant Laurenzen in grozzen noten stan.
Maria, du solt uns gewern!
Bernhard dient Timotheo gern.
Bartholomeus, du solt leren,
Augustin unser saelde meren.

Gilg, trink most, wein;
pit die purd Marein,
daz uns die höhung des kreuz erschein.
Her Lamprecht mein,
sag daz Mathes zu Salzburg Ruprechten vrag,
wie Behaim Wenzeln, Micheln klag.

Tuscan, du hast Franciscen
neulich gefangen.

---

44. Arnolfus pat fraun Magdalen (A B W) a. sprach zu fraw F. arnolt pat frauen braxede magdalen M 2. Arnolvus der pratt praxedis Madalen M 1.

45. sag Christoff, Jacob an wild dir trewleich pey sein W. daz ir Jacob mit treun scholt pei sten (A) a. Apollinaris Cristein Jacob Annen wellen M 2. Jacob Anna im M 1. besten M 1.

47. Valtein Oswalt D. sich Affran an F. sichst affern an D.

48. sich Laurenzen a. sich pey lorenczen B. du sichzst Larunczen A. ciriaci Roman laurenczen pey sand polten stan W. pey L. D. by Laurentz und sant Ypoliten stan F. du pey lorenczen M 1. Unsre Lesart M 2.

49. sollt Sannd Seboltt gebern Sandtt Tymotheus dyenett Bartholomeo gern der lerer Augustinus uns soll lerenn M 1.

50. draut statt dient M 2.

53. most und wein D. wein und pit M 2. pit fehlt B.

54. bitte die jungfrau Mari F.

55. den höhung (A B W?) a.

56. du W F. hör D. niem A. nieman a.

57. man sagt M 2. Matheus Mauricius M 1. Heinrei und Ruprecht M 2.

58. Künig Wentzla W. Virgilium wie Wentzlas M 2.

59. Tuscan = Toscana.

60. enpfangen W a. treuleich A B W D F a.

Marcus, du haizt Venedig prangen.
Oestereich Kolman hat erhangen.
Gall beleib!
Lucas schreib!
Wie Ursula ze Cholle gelang,
daz sol schreiben Symon gen Regensburg Wolfgang.

Heiligen all gemein,
lōst uns Lienhart der rein.
So ezze Martein
mit Briccen sein gens alein.
Var hin, Elspet,
schaw wiez in Meissen stet.
Katrein, send Virgil nach sand Andre.

Hilf mit trewen, Barbara,
daz Niclas uns Maria
gnad erpitt. Zu Venedig
Lucia genedig ligt.
Herr, gib unserm leben vrist.
Thomas kündet uns geporen Christ.
Stephan, Hansen kindlein, Thomas freunt ist.

---

61. *tüett Venedigen prangen* M 1. *sol zu venedigen prangen* W. *so hayss dionisium Regenspurg prangen* B. *ez chunnen venedig prangen* D. *du* fehlt M 2

62. *und Oesterreich* M 2. *hatt sand Kolman dorumb* M 1.

63. *Gallus schrayb, Lucas wye as soll* M 1.

65. *Die* F. *das Ursula gen Köln* M 2.

66. *so sol* M 2.

68. *lass* B. *las usz* F. *helff* W. *lerntt* M 1. *erlös* M 2.

69. *Fro ist* M 2.

72. *Hessen* (A) a. *schaw wie Hessen nu ste* D. *wartt nū zezilg Clemens und Katterina* M 1.

73. *Katrein* fehlt D. *sand* M 1.

74. *Hilf getrewen* D. *hilf uns getreue* (A) a. *Nū hylf Sull* M 1. *longin mit trewen* W. *Elogius hilff bietten* F.

75—76 *und* M 1. *daz Nycla nu Maria erpiet* A. *daz Niclas uns Maria erpit* a. *von Maria* M 2. *erpitten* M 1.

77. *ligt genedig* a gegen alle Hs.

80. *gueter freunt* (A B) a. *freunt Silvester* M 2. Der Vers fehlt W und F, in letzterem dafür: *Silvester papa propern.*

8. Der von Pfeiffer unter Nr. 7, S. 148 genannte Cisio-Janus, in einer Wolfenbütteler Hs. überliefert, von dem Eschenburg im Neuen litter. Anzeiger von 1806 S. 62 Nachricht gibt. Seine Ueberschrift lautet: *Hie hebt sich an der Cisio-ianus nach den XII monaten des jars.* In der von Pfeiffer mitgetheilten Probe (Oktober) fehlt vor Franciscus in der ersten Zeile ein Wort, vielleicht Sant; mit Einsetzung dieses lautet der Oktober:

Remigius und Sant Franciscus,
die namen mit in Dyonisius
und kamen do hin gen Sant Gallen.
Der liess in kochen zamen allen
zwelf genz gepraten und gesoten
Symon und andern zwelfpoten.

9. Ein niederrheinischer Cisio-Janus, veröffentlicht von Reifferscheid aus einer Trierer Papierhs. $\frac{2017}{\text{CCCCXXXII}}$ des XV. Jahrhunderts in J. M. Wagners Archiv für die Geschichte deutscher Sprache und Dichtung, Band I, S. 507 bis 510.

Die beiden ersten Monate lauten:

Der hardemoent hait XXXI d.

Jairsdach is nu gekomen,
dri conningen haen dat vernomen,
dat hoirten sagen zwein heiligen man,
sint Anthonis ind sint Sebastiaen.
Agneta, Vincencius vur sint Pauwel steit,
keiser Karl den na reit.

Spurkillemoent XXVIII d.

Bride, Maria, Blasius sprach,
Agatha, Dorothea haven gemacht
Appollonia quam ouch heimlich dar,
Valentin wart des gewair,
he wolde gerne om Peter gain,
Mathias bleif liever stille stain.

An Umfang der bedeutendste Cisio-Janus ist

Nr. 10 der von Pfeiffer a. a. O. S. 150—156, und 173—176 nach einer Papierhandschrift der Stuttgarter öffentlichen Bibliothek (Cod. Bibl. 4 Nr. 20) aus der ersten Hälfte des XV. Jahrhunderts, mitgetheilte „Cysianus“. Er zählt 365 Verse, einen für jeden Tag; hier stimmt die Zahl des

Verses, in dem ein Heiliger genannt, mit der des Tags im Monat, an dem er verehrt wird, überein. Jeder Monat hat eine Ueberschrift von zwei Versen, die ein charakteristisches Merkmal des Monats angeben, wie

Genner bin ich genant.
Große trünck sind mir bekant.

Hornung heiß ich, erkenne mich,
gestu nacket, es gruwet dich u. s. w.

Diese Ueberschriften sind streng zu scheiden von den übrigen Versen; durch sie würde, wenn man sie mit ihnen gleichstellen wollte, die kalendarische Richtigkeit in Unordnung gerathen; dann durch sie verschiedene Male zwei ein Reimpaar bildende Verse auseinandergerissen werden. So ist der letzte Vers des Januar

An der sele reinsam

der erste eines Reimpaars, dessen andrer den Anfang vom Februar bildet

Briden sollen wir han.

Dazwischen steht die Ueberschrift vom Februar; dasselbe gilt für den letzten Vers des Februar, April, Mai, Juni, August, September und November.

Wenn dieser Umstand die Vermuthung erwecken könnte, dass diese Ueberschriften nicht vom Verfasser des „Cysianus" herrühren, sondern vom Schreiber eingefügt sind, so wird diese zur Gewissheit erhoben dadurch, dass wir ganz dieselben oder wenig variirende Verse auch als Anfänge und Ueberschriften von Monaten in mehreren andern Kalendern finden, die sonst weder mit dem „Cysianus" noch überhaupt mit den Cisio-Jani etwas zu thun haben. So beginnen in einem alten Kalender vom Jahre 1431, der für jeden Monat gereimte Vorschriften besonders für die Landleute enthält, (mitgetheilt in Mones Anzeiger 1865 Spalte 319 und 320, 348 und 349 von J. Baader) die einzelnen Monate fast ebenso, wie hier; der Jenner:

Genner pin ich genant,
trinken und essen ist mir bekant;

der Februar:

Hornung pin ich genant, erkenn mich,
yeest du nackent, es gereut dich.

der März:

Ich pin geheissen mercz,
den pflug ich hy auffstercz.

Der April zeigt grössere Verschiedenheit; indessen der Inhalt ist der gleiche. Im „Cysianus" lautet die Ueberschrift:

Ich Abrel zuo rehtem zil
Die wingarten hacken wil;

im Kalender von 1431

Appril bin ich genannt, ze rechter zeit
Ich dy reben besneid.

Völlig gleich sind die Anfangsverse vom Mai, Juli, September, December; aber auch die übrigen zeigen nur geringe Varianten, wie Juni:

Der Brachmonat bin ich genant, *Der pflug můss mir in die hant.*	*Brachmonet pin ich genant,* *Hawen und karst nym ich in di hant.*

Fast ebenso lauten ferner die Ueberschriften der Monate des Gedichts „*die zwölf monate*" veröffentlicht aus einer Einsiedler-Handschrift des XV. Jahrh. von Gall Morel in Mones Anz. 1872 Spalte 215—218.

Die Ueberschrift vom Januar bietet endlich auch, mit einer geringen Abweichung, ein in einer Pergamenthandschrift von 1443 in Donaueschingen erhaltener grosser Kalender, von dem Barack, Verzeichniss der Donaueschinger Hs., unter Nr. 494 S. 334 eine Probe mitgetheilt hat.

Genner bin ich genant.
Trinken und essen ist mir wol bekant.

Wahrscheinlich begannen auch die übrigen Monate mit jenen, wie es scheint, stereotyp gewordenen und allgemein verbreiteten Sprüchen.

Dies ist wohl ein hinreichender Beweis dafür, dass diese Sprüche für die einzelnen Monate nicht vom Verfasser des „Cysianus" herrühren, mag er sie auch selbst vielleicht mit zugefügt haben; wahrscheinlicher ist, dass dies ein späterer Abschreiber gethan hat.

Ueber Einrichtung, Anordnung, sachlichen und poetischen Werth, die Sprache des „Cysianus" wird man sich am besten durch eine Probe ein Bild verschaffen können, zu welcher ich den Juni wähle. Einige zu beachtende Verse sind gesperrt gedruckt.

Nicomed an den reyen kart.	Nicomedes, 1. Juni.
Er sprang in die rosen rot.	
Erasimus er gebott,	Erasmus, 3. Juni.
Das er lese der rosen vil.	
Bonifacius lief zuo dem zil,	Bonifacius, 5. Juni.
do die roten rosen lagen.	
Sin houpt wart im abgeslagen.	
Ouch kam Mechart	Medardus, 8. Juni.
Mit Preim uff die fart	Primus u. Felician, 9. Juni.
und lassen der rosen rott.	
Barnaban der zwelffbott,	Barnabas, 11. Juni.
Basilidus und Cyrin,	Basilides, u Cyrin, 12. Juni.
die süllen wir erin fin.	
Valerius und Rufus sin genosz.	Valerius, 14. Juni.
Vit leit martir grosz.	Vitus, 15. Juni.
Er war by den zwelf ioren,	
Do er in die rosen kam gevoren.	
Marcius und Marcelius,	
Gervasius und Brothasius,	Gerv. u. Protasius, 19. Juni.
Regina, ein jungfrow zart.	Regina, 20. Juni.
Alban sich gen got kart.	Albanus, 21. Juni.
Die zehentusent marterer gůt	Achatius u d. 10,000 Märtyrer, 22. Juni.
By dem ban man fasten tůt.	
Also Johannes geborn wart.	Johannes d. Täuffers Geburt, 24. Juni.
Euleus ein goltsmit zart.	Eligius, 25. Juni.
Johannes und Paulus eren schon.	Johannes u. Paulus, 26. Juni.
Die sibensleffer sollen in han	Die Siebenschläfer, 27. Juni.
zweien zwelfbotten fasten:	
Peter und Paulus důn rasten	Petrus Paulus, 29. Juni.
zu Rom und Latron.	

Pfeiffer hält diesen Cisio-Janus für einen Elsässischen; dahin weisen ihn häufige Reimverbindungen zwischen *â : ô* und sonstige Spracheigenheiten und dafür spreche das Pergamentblatt mit dem Concept eines elsässischen Zinsradels, das auf der inneren Seite des hinteren Deckels aufgeklebt ist. Letzteres kann nur beweisen, dass der Abschreiber ein Elsässer war, die Reimverbindungen *â : ô* dagegen sind gar nicht so häufig, wie man nach Pfeiffers Worten erwarten sollte. Von 182 Reimpaaren haben wir nur 3 von *â : ô*.

Im Mai *Urban : Rom.*
Im Juni *schôn : hân.*
Im Juli *Latrôn : heumôn.*

Nicht beweisend ist hiervon der Reim *Latrôn : heumôn;* denn man könnte ebensogut schreiben *Latrân : heumân; mân* für *môn* ist in mehreren Dialekten eine sehr gebräuchliche Form. Der Reim *Urban : Rom* ist aus Nachlässigkeit des Dichters zu erklären, schon wegen der Verschiedenheit der auslautenden Consonanten. Es bliebe also nur noch *schôn : hân;* dieser Reim allein kann natürlich nichts beweisen; denn vereinzelte Reimverbindungen *â : ô* finden sich auch in den übrigen nicht nur od., sondern auch md. Dialekten; dass der Dichter *â* nicht als *ô* gesprochen hat, zeigen eine grosse Anzahl von Reimen *â : a,* wie:

an : gestân (April), *man : getân* (Januar), *man : begân* (März), *ban : vertân* (Februar), *ban : getân* (März),
und von ausl. *a* in Fremdworten auf *â:*
Egiptiaca : dâ (April).

Bei einem Versuch, aus der Sprache die Heimath des Cysianus zu bestimmen, hat man wohl besonders zu beachten Reimverbindungen von

mhd. *uo : ô* in
zwô : zuo (Februar) Weinhold mhd. Gr. S. 71.

mhd. *e* od. *ê : a* in
schar : har (her) (März); besonders häufig
kart : wart (Juni.)
zart (April), (Juni). Weinhold, mhd. Gr. S. 21, 23, 54, 57.

mhd. *œ : ô*

schôn : krôn (Februar) Weinhold, mhd. Gr. S. 74.

dann solche, in denen Silben mit inlautendem *b* auf solche mit inlautendem *g* reimen, wie

geslagen : begraben. Weinh. mhd. Gr. S. 189,

vielleicht auch

glouben : schouwen März, u. s. w.

Als Anhaltspunkt kann ferner vielleicht noch der Gebrauch des Part. Praet. *geton* für „gewesen“ dienen, im Mai

Und Johannes ewangelist,
Der ein zwelfbott ist geton,
Wolten an den reigen gon.

und im December

Dem gůten Thoman,
Der ein zwelfbott ist geton.

Alle diese Eigenthümlichkeiten, die letztere nicht ausgenommen, finden sich auch in den Gedichten des Dichters Altswert wieder, dessen ganze Ausdrucksweise überhaupt ganz zu der des Cysianus stimmt, so dass man fast auf den Gedanken gerathen könnte, ihn als den Verfasser des Gedichts anzusehn. Mindestens werden wir den Verfasser für einen Landsmann Altswerts erklären dürfen. Halten wir dessen Elsässische Abkunft für erwiesen, so würden wir also allerdings auch den Cysianus für Elsässisch halten müssen.

V.

Dies sind die bis jetzt bekannten in hochdeutscher Sprache abgefassten Cisio-Jani. Auch in andern Sprachen sind sie in mehr oder weniger vom lateinischen abweichender Form bearbeitet worden. So sind mir bekannt zwei in niederdeutscher Mundart, je ein in niederländischer, französischer und tschechischer Sprache geschriebener.

Von den beiden niederdeutschen, beides Silben-Cisio-Jani, ist der eine, der Rostocker *Schapherdes Kalender,* in Lischs Mecklenb. Jahrb. XXIII, 126 von Wichmann-Kadow abgedruckt; von ihm lautet nach Anz. für K. d. d. V. 1871, Sp. 137 der April:

Gy paschen Ambrosy du hochghelerde biscop Tyburci
unde strenge rydder Jurgcn marcy byddet vor my.

der andere, verfasst von einem gewissen im 15. Jahrhundert lebenden Konrad Gesselen, in einem Kalendarium in einer Papierhs. der Rostocker Universitätsbibl. MS. Math. Phys. 1, 4⁰ befindlich, ist von Krause veröffentlicht im Programm der grossen Stadtschule zu Rostock 1875. Hier möge auch dieser Cisio-Janus einen Platz finden:

Januarius de Hartman.	*Nye iar unde twelfte dach* *de helden dat erste sunte lach.* *Marcel Prisca Sebastian* *vor Paule se nicht verne stan.*
Februarius de Hornung.	*Na lichtmissen Agata* *Godes hulde uns entsta* *Des helpt uns de truwe man* *Peter Mathias kumpan.*
Marcius der Mertze.	*Dat men na godes hulden stat,* *Dat is wol Gregorius rat.* *Gertrud unde Benedictus* *Maria kumpt ok aldus.*
Aprilis der April.	*So volget Ambrosius* *Truweliken bidde got vor uns.* *So volget by namen* *Jurgen Marcus althosamen.*
Majus der Mey.	*Wolborch Cruce mit Johan* *Solt du io nich under weghen lan.* *Den Sommer bringet uns vorwar* *Urban, der was eyn hilch man.*
Junius de Brachman.	*Merket sunte Bonifacius* *de kumpt uns aldus.* *Vit der fleghen is eyn kreter.* *Na Johanne volget Peter.*
Julius der Hoyman.	*Die korne sad vor ghete* *Wanner komen is Grete.* *Apostole komen vor Magdalen.* *Jacob sal der Warheit ghen.*

Augustus der Austmon.	*Peter lep us (!) den benden.* *Los wart Laurent von brenden.* *Maria vor up frig von denne.* *Bartholome mit Johanne.*
September de Hervestman.	*Do sprak de reyne sunte* *Maria vor Jesus crutze.* *'mit gode hefft ok Matheus del.* *von sunden help Michel.'*
Oktober der Windeman.	*Remigius der was milde.* *Dinges dach maket gilde,* *ok is Lucas mit Meghede dar.* *Dat seget Symon vorwar.*
November Wintermon.	*Allen hilghen ensamen* *So kumpt Merten by namen.* *Do sprak Elsebe aldus;* *Na Katherinen kumpt Dreus.*
December Wluemon.	*Ok so kummet uns Nikel Maria,* *Darna Lucia.* *An viren is nu Thomas vorsmat.* *Christ self nu io hochtit hat.*

Einen Niederländischen Cisio-Janus erwähnt Mone in seiner Uebersicht der niederländischen Volksliteratur S. 325. Er befindet sich in einer Brüsseler Hs. Nr. 319 in Folio, die eine im XV. Jahrhundert in Utrecht gefertigte Chronik, mehrere Zeitgedichte von 1296—1409, ein Kalendergedicht, danach Bl. 168 bis 170 den Cis. enthält mit dem Titel: *Pratique om den kalendrier ûp de hant te wetene.* Es ist ein Silben-Cisio-Janus, dessen beide erste Strophen nach Mone lauten:

Laumaent:

Jaers dach, dan Verilt
dertien dach gi dan stillen silt,
kalenden, Antonis, Fabi,
Vincensis, Pauwels, Julien, Valeri.

Sporcle (Spurcalia, Februar):

Bry, licht, Blasis, Aecht, mant,
Sporcle, Aubert volgt te hant
Valentijn, Panche, Julien saen,
Pieter, Mathis moet — er staen.

Der französische, ein Wort-Cisio-Janus des XVI. Jahrh., ist aus einem Pariser Horarium, befindlich auf der Stiftsbibliothek zu Klosterneuburg (Incun. Nr. 1493, gedruckt in Paris bei Guillaume Anabat) abgedruckt im Serapeum 1862 S. 298 von Jos. Maria Wagner.

Die 3 ersten Monate lauten:

Januarius.

En ianvier que les roys venus sont
Glaum' dit fremin mer font.
Anthoin boit le iour vin cet foys.
Palus en sont tous mes dois.

Februarius.

Au chandelier Agathe beut;
mais le vin si fort lesmeut.
Quil (Jul) tua pres d'aussi
Pienes Mathias aussi.

Martius.

Aubin dit que Mars est prilleux.
Lest mon fait Gregoir il est feux
Et tout prest de donner des eaux.
Marie dit: 'il es caux'

Eine böhmische Bearbeitung des Cisio-Janus endlich findet sich in der Wiener Hs. 2875, veröffentlicht von Hanka, Prag 1853.

VI.

Stellen wir nun diesen Cisio-Jani unser heiliges Namenbuch gegenüber, so wird uns, ganz zu schweigen von der lebendigeren, frischeren Art der Darstellung, dem grösseren poetischen, wie sachlichen Werthe des letzteren, sofort auch ein äusserlicher bedeutender Unterschied in die Augen fallen, das Fehlen des charakteristischen Merkmals des Cisio-Janus, eines Entsprechens der Zahl der Tage des Monats oder Jahrs und der Silben-, Wort- oder Verszahl, eines Mittels, durch die Stellung, die der Heiligenname einnimmt, zugleich den Tag seiner Verehrung zu bestimmen. Bei dem Umfang des Namenbuchs könnte man nur an ein Entsprechen der Verszahl und

Zahl der Tage denken, wie es im „Cysianus“ sich findet; aber schon der Januar ist in nur 26, der Februar ebenfalls in 26 Versen behandelt, für den November sind dagegen 40 und eine ganz unverhältnissmässige Zahl, 58, für den December verwendet. Auch die Abstände, in denen die Heiligen aufgezählt werden, stehn in keinem Verhältniss zu denen der Tage ihrer Verehrung. Heilige, deren Verehrung an zwei auf einander folgenden Tagen stattfindet, sind durch mehrere Verse von einander getrennt, solche, die weiter von einander entfernt sind, ganz nahe aneinander gerückt. So stehen zwischen Lichtmess, das am 2. Februar gefeiert wird, und Blasius, 3. Februar, 7 Verse v. 71—77; andrerseits sind die Heiligen von Marcell bis Vincent, vom 16. Januar bis 22. Januar, auf 3 Verse, v. 52 bis 54, zusammengedrängt.

Damit hängt etwas anderes zusammen, dass, während in den Cisio-Jani nur die unbeweglichen, nicht auch die beweglichen Feste aufgezählt werden, was uns nicht, wie Latendorf (Anz. 1871 Sp. 137) befremdlich erscheint, da doch der Cisio-Janus nicht für ein Jahr gedichtet, sondern ein immerwährender Kalender ist, in unserm Namenbuch auch diese eine Stelle finden. So geschieht sowohl des beweglichen Osterfestes und der Karwoche (v. 123—126), wie des Adventsonntags (v. 356) Erwähnung.

Endlich können im Cisio-Janus, selbst im Vers-Cisio-Janus, kaum zwei Heilige, die an demselben Tag verehrt werden, aber kein Paar bilden, genannt werden. Das ist einige Male der Fall im Namenbuch. Als Heiliger für den 25. Juli wird genannt Jacobus, aber auch Christophorus

v. 218—221. *Sant Jacobus, der mere zwelfbot.*
Desselben tages soltu han
Christophorum, den großen man,
der Christum uff sinre achseln treit.

v. 146 und 147 werden alle drei Heiligen für den 1. Mai, Philipp, Jacobus und Walpurgis aufgezählt.

Einen Cisio-Janus dürfen wir also unser Namenbuch nicht nennen. Mit ihm hat es nichts gemein, als den Stoff, die Aufzählung von Heiligennamen nach der Aufeinanderfolge der Tage ihrer Verehrung. Im übrigen ist es, wie ja schon der Zweck ein ganz anderer ist, von ihm verschieden. Während jener die Stelle unsrer heutigen Kalender vertrat, zur leichtern Einprägung der Kalenderheiligen und ihrer Verehrungstage bestimmt war, sollte unser Buch wohl ein Schullesebuch sein, an dessen Lectüre sich vom kundigen Lehrer Besprechungen und Behandlungen aller Art, von Gegenständen aus der Religion, der Martyrologie, der vaterländischen Geschichte, der Naturkunde u. s. w. anknüpfen liessen; während dort die Stelle, an der die Heiligen zu stehn hatten fest bestimmt war, konnten sie hier freier neben einandergestellt, wo sich Gelegenheit bot, ein kleinerer Excurs gemacht, wo nichts zu sagen war, die Heiligen näher aneinander gerückt werden.

Das eben vom Namenbuch gesagte gilt zum Theil auch für die Laurea sanctorum Hugos von Trimberg; auch in diesem Gedicht findet sich kein Entsprechen der Zahl der Monatstage und Worte oder Verse und deshalb nennt man auch dieses mit Unrecht einen Cisio-Janus.

DAS

HEILIGE NAMBUOCH

VON

KONRAD DANGKROTZHEIM.

A = Strassburger Handschrift.
B = Druck.

Jhesus, Marien liebes kint,
dem himel und erde gehorsam sint,
der von dem vatter wart gesant
in die jungfrowe vorgenant
und von dem heilgen geiste enphangen:
in des namen angefangen
habe ich dis büechelin betraht
und jungen kinden das gemaht,
das sü darinne leren,
das sich ir selde werde meren.
Welch knabe zuo disem buoche hat minne,
der vindet ein guldin rössel drinne,
stiff gesattelt und vin gezöimet —
dast ernst und ist mir nit getröimet;
dann es ein luter worheit ist —
und kumet das kindelin Jhesus Crist
mit sime guldinen bredigerstuol
und setzet sich nebent in in die schuol
und bringet im das rössel darin.
Ist aber das kint ein megetin,

---

2. *erdt* B. 4. *jungfröwe* A. So auch 81, 86, 154, 204, 210, 234, 240, 263, 325, 526; *aw* 216; sonst *ow*. 5. *heiligen* B. 7. *büchlin bedraht* A. Anlautendes *t* ist in den Dangkrotzheim'schen Urkunden stets *t*, in A 50 Mal *t*, 25 Mal *d* geschrieben. 8. *kinder* A; flexionsloser Dativ, vgl. *müeter* 306. Beispiele sind zusammengestellt von Martin zur Mörin 643. 11. *Welich* A B. *Buch* A, wie überhaupt stets *u* statt *uo*. 12. *darinne* B. 13. *gezemet* A. 14. *Das ist* B, *geträmet* A. 16. *kummet* B (u. so stets). 17. *sinem* A. *güldin* B. 18. das eine *in* fehlt A. 19. *drin* B.

so bringet des lieben kindes muoter
röcke, mentel und vehe fuoter,
sidene borten mit golde beslagen
und was ein töhterlin sol tragen,
vine huben, berlehte löcke,
fluckenbelge und bouwelröcke
und uff sin houbet ein stiffe cron,
als wolte es zuo dem tanze gon,
und wirt lütselig und wol erkant.
Dis ist das heilig nambuoch genant
und kan den kinden zuo schuolen locken
und simelkuochen in milroum brocken
und in den süeßen hunigseim:
und machte es Cuonrat Dangkrotzheim,
aller kinde patterone,
ein löbliche persone,
ist wol eins fulen eiges wert.
Nu hoer, was dir dis buoch beclert!
Zuo erste tuot es dir offenbor
alle lieben heilgen durch das jor,
wie die noch einander gont
und in den zwölf monetten stont.

Im Jenner wart das kint besnitten,
zuo dem die drie künige ritten,
köstlich erzüget mit irme geschirre,
und oppfertent golt, wirauch und mirre

---

23. *gold* A. 26. *belge* A. *beiltze* B. 27. *houpt* B. 28. *dantze* A, wie überhaupt stets *tz* nach Conson. 29. *herkant* A. und so stets das Präfix *er*. 30. *dis* B] *und* A. *heilige* A. 32. *symelbrot* B. 34. *Danckrotzheim* A. 36. *eine* A. 38. *Nůn hőre* B. *bůchelin* B. 39. *offenbar* A. In den Urkunden ist stets *a* geschrieben; indessen wird nach der Aussprache *o* vorzuziehen sein, das auch in A B meist geschrieben ist; *a* findet sich in A nur noch in *jar* 40, *jares* 246, *babst* 52, 162, 235, 301, *damit* 75, *nach* 41, 108, 161, *brahte* 111, 434, *braht* 248, *gnaden* 113, *begnadet* 55, *stat* 346, *stan* 388, *da* 331, 406, 522, *straffbares* 555. 40. *heiligen* B. 41. *nohenander* B. 42. *zwölff* A, wie stets. Ebenso ist *ff* in *crafft* u. s. w. vereinfacht worden. *monotten* B. Ueber 43. *Der Jenner* B. 43. *In dem* B. 44. *künig* A. 46. *wirrauch* A.

dem kindelin uff den zwölftentag.
Erhart din guot gemeren mag.
Darnoch, so kumet aber balde
Paulus, der erst einsidel im walde.
Der üebte sin leben in großer venie.
Marzolf, der bobst und Sant Anthenie.
Fabianus und Sebastian.
Agnes. Vincent der selig man.
Die alle begnodet sint von gotte.
Und Thimotheus der zwölfbotte
und der cristenheit ein lerer.
Santus Paulus, der bekerer.
Des tages nim war: schint denn die sunne,
das betütet vil frucht und alle wunne;
regent es aber oder vellet ein snee,
so swindet die frucht und geschicht ir we;
wo aber ein nebel des tages uffstot,
das bezeichet der lüte und vihes tot;
lot sich aber ein scharf wint an,
so muoß man kriege und urlüge han.
Doch mag das kint das alles wol gewenden.
Hiemit wil ich den Jenner enden.

So het Hornig in sime besess
Sant Bride, unser frowen lichtmess.
Die oppfert das kindelin in den tempel.
Das was irer klorheit exempel.
Der gereht Simeon forchtsam
das kindelin in sine arme nam
und huob domit an und schree:
'Nunc dimittis domine,

47. *kindlin* A, auch 83. 49. *darnauch* A, und so meist; einmal *nouch* 143. 51. *vbete* B. 52. *Anthonie* B. 55. *got* A. 56. *thymotheus* A, *Timotheus* B. 58. *sanctus* B. 60. *alle* fehlt A. 64. *bezeichent* B. 65. *scharpffer* B. *wind* A. Dangkrotzheim selbst schrieb im Auslaute *t;* in A findet sich *d* noch in *sind* 249, *tusend* 276. 66. *urlüg* A. 68 *Hiemitte* B. Ueber 69 *Der Hornung* B. 69. *hat hornung* B. *sinem* A. 72. fehlt A. 73. *forthesam* B.

das alle junge kint süllen leren.
Blasius das kindelin muost ouch eren
und truog ein licht, das schein vom himel.
Sante Agatha, die brohte ein simel.
Die edele jungfrowe Sant Dorothee,
die brach die rosen under dem snee
und mahte dem kindelin einen kranz.
Scolastica sprang an den tanz.
Der himelfürst Sant Valentin.
Juliana die jungfrowe vin.
Do swang das störkelin sin gevider
und machte sich balde zuo lande herwider.
Sante Peter trumte an die becken,
das er die untier wolte erschrecken.
Do kam der zwölfbotte Sant Mathis;
der lit zuo Trier und brach das is,
und ist dishalb des meres see
in tütschen landen kein zwölfbotte me.
Darnoch kumpt uns die kraft des Merzen.
Der tuot die pfluege wider uffsterzen
und git uns Sant Adrian
und den durchgelerten man,
Sante Gregorium, den lerer,
der heilgen geschrift ein hohen merer.
So sol menglich, wer sü sint,
zuo schuolen setzen ire kint
und pflanzen dann wolsmackende krut.
So kumet die liebe Sant Gertrut,
die do entslief in gottes willen
und stolent die ratten und müse ir spillen
und truogent sü in ir müseloch.
Sante Benedict, der ilete noch

77. *kinde* B. 78. *das junge k.* B. 81. *Dorathe* B. 85. *fürste* B 88. *har wider* B. 89. *trummete* B. 90. *unthier* B, *undrer* A. 91. *Matthis* B. Ueber 95 *Der Mertz* B. 96. *Die* A, *wides* B. 99. *Gregorier* B 100. *heiligen* AB. *hoher* B. 101. *mengelich* B. 103. *pflantzent* B. 105. *entschleff* B. 106. *stůlent* A, *stůlent* B. 107. *trůgent* A. *sy* A. In den Urkunden stets *sü* für alle Genera und Casus; auch in A grösstentheils; bisweilen aber auch *sie*, 229, 264; *si* 259; *sy* noch 190. 108. *Benedicte* B.

mit siner eptigen bengel.
Do kam Gabriel, erzengel
und brohte den himelschen gruoß
und viel Marien do zuo fuoß:
'Ave vol ghoden! got mit dir ist,
du enphohest und gebirst Jhesum Crist.'
Dast unser frowen clibeltag.
Der heiligen sich der Merz vermag.

Nu hörent von dem Abrelle!
Der ist vorabe des loubes geselle
und ist des veldes ein erlühter
und bringet Ambrosium, den bichter
und gar vil würdiger heiligen tage.
Nu merk mich reht, was ich hie sage!
Sin volmonschin nit velen mag,
es bringet uns den Ostertag
und die heiligen tage darvor,
also die Karwoch tuot offenbor,
Thiburcien und Sant Valerien
und den ritter Sant Jergen,
ein edelen helfer in der not.
Sant Marx bitt für den gehen tot,
der evangeliste löbelich.
Nu hör, was ich bescheide dich!
Dem soltu viren uff sinen tag
und tuo zwey eiger in den sack
und kese und brot und ouch ein fladen,
ein flesch mit win mag ouch nit geschaden,
so ander kint dort sitzen und zeren,
das du dich ouch mügest dursts erweren;

---

109. *eptien* B. 110. *der e.* B. 113. *genaden der herr m.* B. 115. *Das ist* B. Ueber 117 *Der Apprelle* B. 120. *Ambros'en* B. 122. *nun mercke* B. 125. *tag* A. 126. *karwoche* B. 127. *Tiburcien* B. *sante* B. *valarien* A. 128. *sante* B. 129. *edeln* B. 130. *sante* A. 131. *evangelist löbenlich* A. *ewangeliste* B (u. s. i.). 132. *höre* B. 133. *virten* A. 134. *sacrg* B. 136. *flesche* B. 137. *dört* A. *kinde* B. 138. *durstes* A.

aber ir alten minne und etten,
ir sullent vasten und sullent betten
und barfuoß mit den crützen gon.
Also hat der Abrell ouch volleton.

Noch dem kumet uns der werde Meige.
So brütelt jeder swalme sin eige,
der rorpfose und der psitacus.
Und kumet Philip und Jacobus
und ist Waltpurg ouch uff der strossen
und sol man die zit oder lossen
und der do wil gen Baden varen,
das heilige crütze wils in nit sparen,
als es zuo Ostern funden wart.
Der koufman machet sich uff die fart;
wann es ist jormerkt zuo Hagenowe.
So kromet denn der kinde lerfrowe
dem knaben ein tesche, der tochter ein hube
und jedem kinde ein turteltube,
gevesselt an ein sidin borten.
Johans vor der latinschen porten.
Pancratius und dennoch wol drie.
Und die jungfrowe Sante Sophie.
Darnoch let sich der sumer an;
den bringet löblich der bobst Urban.
Und gerotet die rebe sich ie bas zieren
und mag darafter nit erfrieren.
Des fröwent sich min gesellen, die buoben,
und kument uns rettich unde ruoben
et cetera rintfleisch in das hus.
Petronella füert den Meigen uß.

Brochmonet bewiset ouch sin glücke
und machet die jungen gense flücke

---

139. *mynnen* B. 142. *het* B. Ueber 143 *Der Mey* B. 143. *mey* B. 144. *ey* B. 146. *Jocobus* B. 149. *geen* B. 153. *wanne* B. *Hagnowe* A. 154. *denne* B. 157. *einen* B. *syden* B. 159. *und not woll drye* A. 160. *Jungfrow* A. 162. *löbelich* B. 163. *reb* A. *ie* fehlt A. 166. *kumet* B. *und* AB. 168. *füret* B. Ueber 169 *Der Brochmont* B. 169. *Brochmont* B.

und antwurtet sü uns an den spiß.
Der heilig marteler Nicomedis.
Quirin. Der heilig Erasmus.
Der bobest Bonifacius.
So machet sich dann ouch uff die fart
der selige man Santus Medehart.
Ist des tages schöne und schint die sunne,
dast wines schutz, als quellender brunne;
regent es aber, so strumet man dran.
Sante Primus und Felician,
die ouch begobet sint von gotte.
Und Sant Barnaba, der zwölfbotte.
Und der heilge herre Sant Vit,
an dem vil trostes und hoffens lit.
Und nimet die sunne den widerker
und kürzet der tag dann als ie mer.
Und gerotent sich dienstmegde uffrüsten
uff Sant Johans den baptisten,
das ist uff den Singehtag.
So kumet die fule, wer sü mag,
und dinget man die rösche wider.
Und lit der nachtgallen gesang dernider
und mag der gouch din nimme gespotten.
So kument erst die hohen zwölfbotten,
Peter Paulus, die zuo Rome rasten.
Sich, den soltu mit oleimuose vasten.
Das ist gebotten in disem gelende.
Und hat Brochmonet hiemit ein ende.

Julius, zuo tütsche Höwmonet genant,
des fröwet man sich durch alle lant

---

172. *marterer* B. 173. *Querin* A. *heilige* B. 175. *den* B. 176. *heilge* B. 177. *schene* A, *schön* B. *schynet* B. 178. *das ist* B; *schütz* B. 182 *sante Barnabe* B. 183. *her sant* A. 185 *sunn* B. *widerkere* A. 188. *sante* B. 189. *Singicht* B. 190. *Es* A. *füle* B. 193. *nym gespotten*. 196. *oleymůß* B. 198. *der br.* B Ueber 199 *Der Höwmonat* B. 199. *höwemonot* B, *howmonet* A (ebenso 224. *howemonat* 203).

und aller menglich sihet in gerne;
dann er bringet uns die erne.
Höwemonet Sant Dieboltz sich vermag
und unser lieben frowen tag,
visitatio in latine genant.
Ulrich sinen visch bringet in der hant.
Der hat über die gelider kraft.
Kilian und sin gesellschaft.
Die sübensleffer und sant Margrede
und die jungfrowe Sante Praxede.
Wie die zwölfbotten wurdent gesant
durch die welt in alle lant.
Und der heilge Sant Arbogast,
den suochet man mit kinden vast.
Darnoch die ußerwelte schöne,
min frow Sante Maria Magdalene;
der vergap ir sünde selbs got.
Sante Jacobus, der mere zwölfbot.
Desselben tages soltu han
Christoferum, den großen man,
der Cristum uff sinre achseln treit.
Wer den ansiht, dem geschiht kein leit,
des tages, so er sin antlit siht.
Also ist Höwmonet ouch ußgericht.

Der Ougste, der hat die ahteste stat
und ist ein monat, der do schat.
Vorabe sol niemans barfuoß gon
oder bloskoppfs an die sunne ston;
wann sü fület, was sü begrift,
wiewol sü lustlich ußerslüft
und ist ir zit von böser art.
Petrus zuo Rome gevangen wart.

201. *mengelich sicht* B. 205. *in* fehlt A. *latin* B. 207. *hant* A. *het* B. *glyder* B. 208. *syne* B. 210. *braxede* B. 213. *heilige* AB. 216. *fraw* A, *frowe* B. 217. *selbes* B. 218. *zwölffbotte* A, *zwölbot* B. 220. *sante Cristoffel* B. 221. *syner* B. Ueber 225 *Der Ougest monet* B. 225. *ougest* B. 227. *nieman* B. 229. *begriffet* B. 230. *vßherschlüffet* B. 231. *ir zit ist* A.

Und wihet man krut den mannen alsdenne.
So südet ein frowe für sich eine henne.
Stephan ein bobst und marteler.
Künig Ohswalt weget die winde dorther.
Bobst Sixtus singet mit nuwem win.
Laurentius der leit füres pin
und hies sich uff dem roste wenden.
Unser frowe ir leben wolte enden
und uff zuo irme kinde varen
und alle cristenheit bewaren.
Thimotheus und Simphorian,
der tuot das füdel früge uffston.
Und endet sich des sumers heil
und kumet des jores dirtes teil,
das der herbest ist genant.
Bartholomeus sin hut broht an der hant.
So sint die bretlin guot vom swin.
Und kumet der lerer Sant Augustin,
an den die heilige kirch geloubet.
Sant Johans baptist, der wart enthoubet.
Adolf zuo Strosburg bischof was.
Also brichet der Ougste ouch sin glas.

Darnoch get es an den September.
So wesche din schoff und schir din lember
und mege omet, dast kelber fuoter.
Die Öigstin ist die rehte muoter:
wann sü zittiget den win
und liset das obes und füeret es in
und seget und tröschet und füllet den sack.
Und bringet uns Sant Gilgentag

---

233. *dem manne* B. 234. *seüdet* B. 235. *martelere* A. 236. *Ohßwalt weiget* B. 237. *wine* B 238. *fure* A. *peine* B. 239. *lies* B. *rost* B 240. *wolte vollenden* B. 241. *uff* fehlt A. *irem* B. 243. *Timotheus und Zymphrion* B. 244. *frūg* B. 247. *herbst* A. 249. *bretelin* B. 251. *kirche gloubet* B. 252. *baptiste* B. *der* fehlt A. *entheubet* A. 253. *Straßburg* B. 254. *ougst auch glas* A. Ueber 255 *Der September* B. 255. *so get* B. 256. *die — die* A. 257. *meige* AB *daß* A. *das ist* B. 258. *ögstin* A. *ist* fehlt B. *recht* A. 260. *fūrt* A. 261. *sag* AB. 262. *sante* B.

und unser lieben frowen zart,
das ist als sü geboren wart.
Prothus mit Jacint, sime gesellen,
die tuont das korn in die erde vellen.
Und wirt das heilge crütze erhaben.
So fröwent uch aber, ir lieben knaben
und heissent uch denn meßtag kromen!
So gerotet aber hernoher komen
Eufemia und Sant Lamprecht.
Und ist tag und naht denn slecht.
Darnoch, so kumet in kurzer frist
Matheus, zwölfbotte und evangelist.
Mauritius nam den undersig;
sechstusent sechs und sechzig
und sechs hundert, die verdurbent
und umb den heiligen glouben sturbent
alle gar uff einen tag.
Sant Wenzelaw groß erbermde pflag.
Der was herzog der statt von Proge.
Sante Michel rihtet uff sin woge
und henket sich der folant dran,
doch schaffet er nit, der swarze man;
wann sin slecken ist umbsus.
Die Öugstin endet Jheronimus.

Der Herbestmonet ist ein sterne,
den alle fürsten sehent gerne,
ritter und knechte, pfaffen und leien.
Ich lobe in für den werden Meigen;
dann er lot uns keinen brost,
er bringet vorabe den edelen most,
des wir durch das jor begeren;

---

263. *liebe* B. 265 *Jacinet (Jacint* B) *mit* A B. *und die* A. 267. *heilige* B. *crutz* A. 268. *üch* B. 269. *den* A. *dan* B. 271. *sante* B. 272. *der tag* B. 273. *kommet* A. 275. *Mauricius* B. 280. *sante* A. 281. *hertzoge* B. 282. *syne* B. 283. *daran* A. 285. *umbesus* B. 286. *oigestin* B. Ueber 287 *Der Herbstmonet* B. 289. *ritter* fehlt A. *k.* *und* *p.* A. 290. *ich* B] *und* A. 291. *brest* A. 292. *edlen* B. 293. *begerent* B.

wer er nunt zittig und vergeren,
das wir das herze labten mit.
Der Herbest uns Sant Remigien git
und den minsamen Sant Francis;
der was des himelrichs gewis
und fuor dafür uff sime wagen.
Dionysien her, das wart erslagen.
Calixtus bobest und marteler.
So kumet dann Sant Aurelie her.
So weschen wir die stuben alle.
So bringet der bihter Sante Galle
sin gallestucke in eime körbel getragen;
das süllent ir uwern müeter sagen.
Wann es des meisters schuolrecht ist.
Santus Lucas, der evangelist.
Die eilfftusent megde zuo Kölle am Rin.
Severinus und Crispin.
Aller lieben heilgen vorvir.
So ist ein warme stuobe gehür
und zwene socken in die schuo.
Also slüß ich ouch den Herbest zuo.

So ist der Wintermonet gehür;
dann trichet man kesten in das für,
ein zuckerschibe, ein regelsbir
und treit dann jedermann herfür
sulmilch, sle, gumpost und was man mag.
Und kumet uns aller heiligen tag
und darnoch alle glöibige selen,
die in dem fegefüre quelen

---

294. *nûnt* B. 295. *labetent* B. 296. *herbste* A. *sante Remygen* B. 297. *mynnesamen sante* B. 300. *das* fehlt B. 302. *dann* fehlt A. 303. *weschent* B. 305. *einem* A. *kerbel* A. 306. *sollent* B. *mütern* B. 308. *sante* B. 309. *meide* B. *Cölle* B. 311. *heiligen vorfüre* B. 313. *schuch* A. 314. *sliß* A. *flüsse* B. *herbst* A. Ueber 315 *Der Wintermonet* B. 315. *gehüre* B. 316. *feüre* B. 317. *bier* A, *byer* B. 318. *driet* A. *herfüer* B. 319. *sulmilich* A, *surmylch* B. *slehegumpost* A. *schlekumpst* B. 321. *glôbige* A, *gloubigen* B. 322. *fegfür* A B.

und warten uff das gemeine gebet.
Eins ist din minne, eins ist din ett,
eins was din frowe, eins was din kint,
so was eins sust din guoter frünt,
din geswüsterde und din zergesellen.
Bit got sins schirmes vor der hellen
und wellest den tag kein almuosen sparen;
wann du muost ouch von hinnen varen.
Do rüste dich vorabe uff die vart.
Der bantlöser Sante Lienhart
und der heilige Sante Florenze,
der do den kinden behüetet ir swenze.
Darnoch die vier gekrönten vin.
Und der milte Sant Martin,
den man beget uff sine naht
mit wines kraft und maniger traht.
Sante Ottmar und sante Elisabeth,
die armen siechen güetlich tet.
Cecilie und der heilge Clement,
die uns das houbet des winters gent.
Und die allerliebste mine,
die würdige küngin Sant Katherine.
Und min genanne, Sant Cuonrat.
Der hielt zuo Costenz sinen stot,
darinne er großer heilikeit pflag.
Derselbe gevastete nie kein tag
und truog ein senften, lihten muot,
also noch menig frumer Cuonzman tuot.
Dann bringet uns uß dem ecker die swin
Andreas der zwölfbotte vin

---

323. *wartent* B. 324. *ette* A. 325. *frōw* A. 327. *geschwisterde* B. 329. *wellist* A. *sparn* A. 331. *Da* A. 332. *sant* B. 333. *herre Fl.* B. *florentz* B. 334. *den* fehlt A. *swentz* B. 336. *m. herre s.* B. 339. *sante* fehlt beidemale A. *Elizabeth* A. 340. *den* B 341. *heilige* AB. 342. *das h. das des* B. 344. *Sante* A. 345. *mine* A. *genan* B. 346. *hielte* B. *Constentz* A. *stot* A. 347. *grosse heiligkeit* B. 349. *einen* A. *bihten* A. 350. *Als* B. *weing* A, *manig* B. *Cuntzeman* B.

und antwurtet sü uns heim ins hus.
Domit get wintermonet uß.

Hartmonets tage uns jerlich gent
vorabe den heiligen advent,
das ist die zuokunft unsers herren.
Die tage sint alle gebotten zuo eren
mit vasten und mit guoten werken.
Sante Barbel mügig ist zuo sterken,
was lütes sich in iren dienst gent,
die sterbent nit ons sacrament.
Darnoch, so sol wir aber eren
sante Niclaus, den bischof und herren;
den begont die schüeler lobelich
und tuont sich an und zierent sich
in engelscher wot und lont sich schowen.
Die enpfengnisse unser lieben frowen,
also sü ir muoter Anna enpfing,
do sü Joachim umbefing.
Sante Utilie und Sant Lucie.
Und der bewerte zwölfbotte frige,
der an dem glouben zwifllen was,
min herre Didimus Thomas,
bitze ers muoste mit den henden tasten.
Dem sol man willicliche vasten
und ouch sin hochgezit löblich viren.
Ich schetze aber doch, das werde sich liren.
Darnoch, so kumet der wihenahtobent,
das erberlüte zuo hantgift gobent,
einig latwerige, einig lebekuochen
und beginnent balde herfürher suochen

---

353. *antwietet* A. *heim* fehlt B. *in das* B. 354. *do mitte* B. *get der wintermonot* B. Ueber 355 *Der Hartmonat* B. 355. *Haartmonots* B, *Hartmonet* A. *herlich* A. 362. *one das* B. 363. *so* fehlt B. *wir aber* B] *man* A. 364. *sante* fehlt A. *Niclaum* A. 367. *lond* A. 371. *sant Vtilige* B. *sante* B. *Lucia* A. 373 *zwifelich* B. 374. *wie h.* A 375. *er m.* A. 376. *williclich* B. 379. *kumett* A. 380. *gebent* A. 381. *einic . . einic* A, *eime . . eime* B.

eime ein par hosen, eime zehen guldin,
ders hernoch mag umb in verschulden,
also sich das wol gefüegen mag.
Darnoch der heilige wihenahttag.
Der erste marteler Sante Stephan,
der sach den himel offen stan,
und wart versteinet uff der strossen.
Sinen tag, den sol man oder lossen,
so es in guotem zeichen ist.
Johans, zwölfbotte und evangelist.
Darnoch der seligen kindelin tag;
darabe die muoter gottes erschrak
und flöhet ir kint in großen nöten,
wann Herodes, der hies töten
alle knebelin, was nit jerig was.
Von Cantelberg bischof Thomas.
Darnoch so kumet die milte Behte,
die noch hat gar ein groß geslehte.
Die stiess zwene broten an ein spiß
und briet und machte einen guoten friß
und geriet in uff die ahsel fassen
und ging mitte behten after der gassen
und truog do uff one alles duren
und luot ir guoten nachgeburen
und ir brüeder und ir swester.
Do kam der heilige bobest Silvester
und broht eine brotwurst in der hende;
mit dem, so nimet das jor ein ende;
und kumet ein ingende guot selig jor,
das hebt vornen an glich eben als vor.

---

383. *eim* A. 384. *Der es vmbe yn m. v.* B. 385. *Als* B. 387. *ertze* A. *steffan* B. 390. *uff s. t. sol* B. 391. *gůten* B. 395. *kindelin* A. 397. *kneblin* B. 400. *nach* A. *het* B. *gslehte* A. 401. *stick* A. *an den sp* A. 402. *briete* AB. 404. *ginge* A. *mit* B. *bethen* B. *den* A. 406. *da* A. *on* A. *truren* B. 408. *heilige* fehlt B. 409. *brochte* B. 411. *kummet* AB. *ingonde* B. *guot* fehlt B. 412. *hebe* A. *vorn* B. *eben* fehlt B. *also* B.

So vindestu uff das kurzest geret,
was heiligen jeder monet het.

Nu rüste dich noch ein wile zuo bliben
und sitze; du muost das usgen schriben,
das ich verspende jores ins hus.
Item zuom ersten gap ich uß
zwölf guldin umb ein fuoder wins.
— Das was gestendig gar ein vins —
und ein unze wuchelich umb brot
— Das muoß man han von barer not —
und ein schilling umb karrich wecken,
one das wir bruchent uß den secken.
Item ein broten durch ein swin
und umb rintfleisch — das dingete ich drin,
das sol man mir noch imbisse wigen. —
Und umb zwene karpen und ein sligen.
Es vergesse mir liht ein pfenning umb besen
und umb ein hechten und ein bresem
und umb ein kluogen, großen olen,
den muoß ich dun am wasser holen.
Dem gesinde umb kressen und umb nasen.
Und eim geburen, der brohte ein hasen.
Do mache ein ickis für ein u.
Ein rückgrot durch ein wilde su
und umb die brust und umb die hammen,
so schrib mir achthalben schilling zusammen.
Und umb vier hennen und umb ein han,
do mache one einen drissig an.
Süben und zwenzig umb ein trappen
und zwo unze umb vier kappen.

---

413. *kürtzeste* B. 414. *monat* B. Nach 414 *Hie enden sich die zwölff monet* B. 416. *vßgeben* B. 417. *ich* fehlt A. 419. *vmbe* B. 422. *muoß* fehlt A. 423. *umbe* B *kan ich wecken* B. 426. *dinget* B. 427. *soll* A B. *nach imbse* B. 428. *vmbe* B. *karppen* A. *en* A. 429. *1. ꝺȝ* A. 430. *vmbe* B. *hechden* A. 431. *umbe* B *einen* A B. 432. *tůn* B. 433. *vmbe* B beide mal. *nahen* A. 434. *ein g.* A *broht* B. 435. *v* A. *x für ein v* B. 436. *suv* B. 438. *das sch. m iiij ß z.* A 439. *und ein* B. 440. *on* B.

Sechs gense schrib an — die wellent wir mesten. —
Und umb einen halben sester kesten!
Item umb dri par junger tuben
und den kinden für zwo huben!
Jo fünf schilling nam din lieber ette;
die verspilte er nehten im brette.
So getar er wol ein pfunt verwalen.
Wer wil es aber hündennoch bezalen?
Item und ein pfunt der ammen
und dri pfenning umb ein korp vol swammen;
zwölf guldin umb ein schöne feder
und vierzehn pfenninge umb limbelleder.
Item sechs pfenning umb ein strel
und dirtenhalben umb habermel.
Wo salz, wo smalz, wo würze, wo pint?
Und swindet das gelt reht als der wint.
Do dem kremer, do dem gewender,
dort dem rebman, hie dem bender,
do dem weber, do dem ferwer,
dort dem schuoster, hie dem gerwer,
do dem scherer, hie dem beder.
Do heischet der trösch, do gip dem meder,
dem tagewoner und jederman.
Einig gibe ich korn, zuo ernen dran,
dem andern gelt, dem dirten speck
und get das ding enzeling enweg.
Do umb wellen, do umb pfrimen,
hie oppfergelt, do messe vrümen,
do zuo kinttouf, do zuo brüten,
hie zuo hoff, dort varenden lüten.

---

443. *Sehs* B. *wöllen* B. 445. *iij* A. 447. *die* A. 448. *verspielt* A. *in dem* B *brehtte* A. 449. *1 lib.* A. 450. *will, hindennach* B. 451. *ij. lib.* A. 452. *iij.* ꝺ A. 453. *schen* A. *vehe fůter* B. 454. *pfennige* A. 455. *sechß* B. *VI* ꝺ A. 456. *dritenhalben umbe* B. 457. *wirze* A. *spint* B. 458. *verschwindet* B. *also* A. 460. *dört* A *hebeman* B. 464. *trösche* B. 465. *tageloner* B. 466. *Einic* A, *Eime* B. 467. *anderen* A. *driten* B. 468. *eintzelingen* B. 470. *frymen* A, *frymmen* B. 471. *kintdöff* A, *küntdöiff* B. 472. *hofe dort zů v. l.* B.

Do kouffe den hengst, do beslach das pfert,
do vege den harnsch, do vege das swert,
do kouffe den stier, hie kouffe das swin,
und was ich habe, das ist nit min,
dann das ichs gibe erbern lüten.
Und ist min seckel von affenhüten
und wil kein barschaft dinne beliben.
Do lo mich schriben und widerschriben.
So muoß ich sin mins guots ein güder.
Do heischet der goldsmid, do der snider.
Uß der buoche kan ich nit kummen.
Mache mirs an zuo einer summen
und schrib summa summarum der
und lange die rechenpfenninge her!
Lo gesehen! Was tuot es ein jor?
Doch gevellet mir bas, wir zeren vor;
dann mir ist noch gar vil vergessen;
wer kan es aber also genowe messen?
Do trag uff den lichten tag,
die wile es die gülte erzügen mag;
Dieselbe loß mit dem seckel kriegen.
Wil dich aber die gülte triegen
und got dir an den zinsen abe,
so gedenk für dich, min lieber knabe
und gip din guot uß milticlich,
wo es zuo eren triffet sich
und spare sust, do man sparen sol.
Wilt nu, so prüefest es wol.
Dann wann ein man das sine vertuot,
so endet sich sin friger muot
und hebet sich gar ein wildes gedenken,
so er sloffet nahts uff herten benken,

---

473 *kouff* B. *hengest* B *dort* A. 474. *harnesch* B. 475. *kouff* B. 477. *das* fehlt B. *gib* A. 479. *will* A. *bliben* B. 480. *loß* B. *gutes* A. 482. *goldschmid* A, *goltschmyt* B. 483. *büeche* A. 486. *rechenpfennig* A. 487. *geschen* A. 488. *bas* A. *zerent* B. 490. *gemessen* B. 493. *los* A. 495. *gat* A. 498. *zůn* B 500. *Wiltu nu so prüffestu* B. 502. *andert* B. 503. *wytes* B. *gedenken* A.

und wem er vor was lieb und wert,
der lühe im nit ein ackerpfert.
Und ist versmehet sinen nehsten fründen
und stecket noch gar vil arges darhünden.
Ich klaffe zuo vil; ich wil uffhören.
Liebes kint mins, du solt vast leren
und solt din herz zuo gotte keren
und allzit vatter und muoter eren,
so wirt din selde und ere sich meren
und mag kein unheil dich verseren
oder kein geschider man vertören
und issest den husen mit dem stören
und pfiffent dir die orgelrören
in des hohen himels speren.
Nu bitten wir Jhesum Crist, den heren,
das er alle ding zuom besten wende
und uns sin gnode und friden sende.
Und hat das buoch domit ein ende,
das geben wart von milder hende,
do man zalt tusent vor,
vier hundert fünf und drissig jor
uff unser frowen clibeltag.
Nu stoß din büechelin in den sack:
Est dolme zit. Wolan, mach dich heim!
So bekumet dir Cuonrat Dangkrotzheim.
Und so du kumest für sin tür,
so wüschet das guldin rössel herfür
und springet kecklich heruß für den stal
und wihert und machet ein groß geschal.
Do mitte heisset es dich wilkum sin.
Und sitze druff und howe drin

---

506. *ime* A. 508. *nach* A *derhinder* A. 510 *soltevast* A. 511. *got* A. 512. *alle zyt B.* 517. *die die* A. 519. *herren* B. 520. *beste* B. 521. *genad* B. 522 *hant* A. *dis b.* B. *damit* A. 527. *bůchlin* B. *say* AB. 528. *Es ist* B. 529 *becumet* A. *conrad danckrotzheim* B. 530. *kummest* A. *türe* A 531. *ressel* A. 532 *keckelich* B. 533. *wihent* B. *geschall* A 535. *So* B. *s. dann dr.* B.

und wirf den arm uff, Jussa, Jo!
so rittestu heim. als wer got do,
und wirt din vatter und muoter fro
und setzent dich oben an den tisch.
Do vindestu wiltpret unde visch.
galreigen, pfeffer, fladen, struben,
dine vasenthenne, dine turteltuben,
din gebrotenes und dine vine sossen
und lutertrankes achtzehn mossen,
din malmasie, dinen welschen win.
Und lebe nunt wol und gedenk ouch min!

Ich wil hie enden alle ding
mit den namen, als ich anefing.
die vornen im buoch geschriben sint,
das ist Jhesus, Marien kint,
das von dem vatter wart gesant.
Alle lieben heiligen vorgenant
und des heiligen geistes flamen
schirment uns vor allem übel! Amen.
Und wer üt stroffbares vindet heran,
der stroffs, der bewiset mir früntschaft dran.

---

536. *würff* B. 537. *also* B. *get* B. 540. *wilpret* B. *u. ein v.* A. 543. *dine* A. 544. *luter drancket actzehen* A. 545. *dine welschen* A. 546. *munt* B. 548. *anfing* B. 549. *vorne* B. *bůche* B. 551. *wart* fehlt A. 553. *flammen* B. 555. *her:in* A. 556. *stroffes* B. Nach 556 *getruckt zů Straßburg* B.

ANMERKUNGEN.

6 und 7. Man hat wohl nicht nöthig, hier die alterthümliche Form des ἀπὸ κοινοῦ anzunehmen, indem man *habe ich dis büechelin* sowohl zum voraufgehenden *angefangen*, wie zu *betraht* zieht. Einfacher ist es, die Worte *in des namen angefangen* als Attribut zu *büechelin* zu fassen. Nichts Auffallendes würde die Construktion haben, wenn diese Worte hinter *büechelin* ständen, *dis büechelin, in (Jesu) namen angefangen, habe ich betraht.*

9. *leren*, lernen, auch 77 und sonst in Elsäss. Denkmälern; so z. B in einem in Stöber's Alsatia 1858, 128 abgedruckten Liede von 1592

Solt man drumb nicht gewinnen
Moltzheim das stättelein,
Das ich nicht glert hab spinnen
Ein dantmehr ist und schein.

In V. 9 haben wir wohl nur 3 Hebungen anzunehmen, im entsprechenden 10. dagegen 4. Von den 86 klingenden Reimparen des Namenbuchs hat nur ein vollständiges, V. 35 und 36, 3, alle andern haben 4 Hebungen.

15. *dann*, denn, weil, ohne Inversion des Subjekts auch 202. 291, 489. In derselben Bedeutung gebraucht der Dichter auch *wann*, mit gerader Wortfolge 153, 229, 259, 285, 330, 396, mit Inversion 307.

16. Durch *und* wird ein neuer Satz angeknüpft, in dem dann Inversion des Subjekts stattfindet, auch 34, 93, 106, 146—148, 163, 166, 185, 186, 187, 191, 192, 193, 198, 231, 233, 245, 250, 267, 272, 283, 318, 320, 329, 411, 468, 478, 479, 503, 508, 514, 522, 538.

17. Die Form *bredigerstuol* findet sich sonst nicht; die gebräuchliche ist *bredigestuol*. Als nach Analogie von *meisterstuol, rihterstuol* gebildet, wird die Form trotzdem wohl aufrecht zu erhalten sein.

23. *mit golde beslagen*, mit Gold besetzt. So auch in Rulands Handlungsbuch S. 1 *item 4 gulden für die fardel zu beslachen.*

25. *berlehte löcke* ist wohl identisch mit unserm Berlocke.

26. *fluckenbelge*, mit Flocken besetztes Pelzwerk. *Flucken* sind Flocken an Schleier und Putz der Frauen. *Ein Netz von bunten Schnüren, Flocken und Quasten.* Goethe 21, 26.

bouwelröcke, baumwollene Röcke.

31—34. Der Beginn dieser 4 aufeinanderfolgenden Verse mit *und* ist kein zufälliger. Unser Dichter liebt es, Sätze und Satztheile, besonders Verse und Halbverse mehrmals hintereinander mit demselben Wort zu beginnen. Besonders oft findet sich in dieser Weise wiederholt die Kopula *und;* 2mal am Anfang aufeinanderfolgender Verse 106, 107; 111, 112; 134, 135; 163, 164; 170, 171; 182, 183; 241, 242; 245, 246; 277, 278; 320, 321; 430, 431; 478, 479; 485, 486; 507, 508; 511, 512; 516, 517; 521, 522; 532, 533; 535, 536; 538, 539; 3mal 119—121; 185—187; 191—193; 4mal 146—149; 6mal 402—407; 4mal am Anfang und 3mal im Innern der Verse 260—263. Ebenso beginnen drei aufeinanderfolgende Verse mit *so* 302—304, mit *do* 473—475. Zu Beginn mehrerer Halbverse ist dasselbe Wort wiederholt 324, 325; 542, 543. Vgl. ferner V. 457 und 459—464.

32. *milroum.* Die gewöhnliche Form ist *milchroum;* aber noch heute nennt man in Strassburg eine Art von Milchrahm und feinem Mehl bereiteten Backwerks *millerumskiechle* (Stöber in Frommann, deutsche Mundarten IV, 474). Deshalb wird die Form *milroum* beizubehalten sein.

37. *eins fulen eiges wert sin,* gar nichts werth sein. Schon *ei* allein dient zur Bezeichnung von etwas ganz Werthlosem; *ein löbliche persone* würde sich der Dichter also ironisch nennen. „Der Vers ist ein altes Volkssprichwort, das Konrad scherzweise auf sich selbst anwendet; jetzt würden wir sagen: Ist wohl einer rothen Bohne werth". Stöber a. a. O. Aehnlich im Altfranzösischen *je n'es pris pas trestous une pume pourie.* Alexanderoman 130, 4.

43. Christi Beschneidungsfest, Circumcisio Domini, 1. Januar.

45. *köstlich erzüget,* herrlich ausgerüstet. So ist das Wort auch gebraucht im diplom. Habsburg. 220. *wol erzügt mit pfärden und harnasch.*

47. *den zwölften tag;* von Weihnachten, der Geburt Christi, an.

48. Erhard, Bischof von Regensburg, verehrt am 8. Januar.

49. Durch *darnoch, so* knüpft der Dichter neue Sätze an auch 273, 363, 379, 399, durch *darnoch* allein 95, 255. Beim Anfügen von Namen ohne Prädikat braucht er *darnoch* 215, 335, 386, 393.

50. Paulus, *der erst einsidel,* verehrt am 10. Januar.

52. Marzolf, Marcellus, 16. Januar. Die Form Marzolf ist eine echt Elsässische. Als Eigenname kommt sie noch heute im Elsass, ausserdem nur noch in wenigen andern Gegenden des Oberrheins vor. Vgl. Mones Anz. 1836, Sp. 61.

Derartiges einfaches Nebeneinanderstellen von Heiligennamen, mit Hinzufügung zuweilen eines Epithetons, aber ohne Prädikat, wie wir es hier antreffen, ist im Namenbuch sehr häufig und zwar ist die Anfügung an das Voraufgehende, wie der Namen untereinander, wenn diese nicht eng zusammengehören, das heisst Namen eines an demselben Tage verehrten Heiligenpares sind, meist, wie hier, eine asyndetische; so 53, 54, 85, 86, 172, 173, 174, 208, 209, 218, 235, 301, 308, 309, 310,

311, 339, 341, 371, 398. Eine Erklärung dieser Erscheinung ist in der Einleitung S 15 gegeben.

Zu vergleichen ist die asyndetische Aneinanderreihung von Sätzen, worüber zu V. 80.

Antonius, 17. Januar.

53. Fabianus und Sebastian, 20. Januar.

54. Agnes, 21. Januar. Vincentius, 22. Januar.

55. *begnoden*, begnadigen. Königshof. Chron. 247, 12; 389, 31.

56. Timotheus, 24. Januar.

58. Der Tag, der 25. Januar, heisst sonst stets Pauli Bekehrung, Conversio Pauli. Hat unser Dichter des Reimes wegen aus *der bekerte* ein *bekerer* gemacht oder hat *bekerer* die Bedeutung bekehrt?

60. *wunne*, Graswuchs. Beliebt ist die Verbindung *wunne* und *weide*.

64. *bezeichen*, bedeuten; so auch Königshofen 385, 15 *es muos etwas bezeichen, das dis kint das ignote geborn ist, sich kan behelfen. lüte* und *vih*. Diese Verbindung auch bei Closener 51, 24 *und verherjete daz gantze welsche lant an guote, an lüten und an vihe.*

66. *urlüge* ist nicht ganz identisch mit Krieg. Bei Closener 144, 3 ist *urlügen* rauben und plündern.

Der Glaube, dass nach der Witterung am Paulstage sich Witterungsregeln für das ganze Jahr aufstellen lassen, ist ein weit verbreiteter. Fast genau dieselben Regeln enthalten die bekannten lateinischen Verse:

Clara dies Pauli bona tempora denotat Anni,
Si fuerint Venti, designant proelia Genti,
Si fuerint Nebulae, pereunt animalia quaeque,
Si Nix, si Pluvia, designant tempora cara.

67. Dreisilbiger Auftakt; sonst nur noch 248.

69. *Hornig*. Die üblichere Form ist *hornung*. Ueber die Ausstossung des *n* vgl. Weinhold, die deutschen Monatsnamen S. 45.

70. *Bride*, Brigitta, 1. Februar.

Lichtmess, 2. Februar.

73. Simeon ist hier nicht als Kalendenheiliger aufgezählt, sondern als bei der Opferung mit thätig. Vgl. Lucas 2, 25 ff.

75. *und* ist wohl zur Ausfüllung der Senkung als *unde* zu lesen; ebenso 166. 540.

78. Blasius, 3. Februar.

80. Agatha, 5. Februar; *die brohte ein simel;* nach der Legende wehrte sie öfters Hungersnoth ab.

Die asyndetische Anfügung von Sätzen ist im Namenbuch sehr beliebt. Wir finden sie noch 84, 108, 180, 206, 232, 236, 237, 238, 240, 243, 248, 252, 253, 258, 265, 275, 280, 282, 300.

Nicht minder beliebt ist die Wiederaufnahme eines Substantivs durch ein unmittelbar darauf folgendes Demonstrativum, wie hier durch *die.*

Diese Redeweise findet sich noch 82, 108, 238, 244, 252, 396. Einmal steht das Subst. im Nominativ, das Demonstrativum dagegen im Casus obliquus 213 *und der heilge Sant Arbogast, den suochet man mit kinden vast.* Auch das Substant. steht im Casus obliquus 390 *sinen tag, den sol man oder lossen*. Hierher gehört auch die Wiederaufnahme eines *darnoch* durch *so* (Vgl. zu V. 49) und die eines Casus obliquus vom Demonstrativpron. ebenfalls durch *so* 410 *mit dem, so nimet das jor ein ende.*

81. Dorothea, 6. Februar.

82. Die Legende, auf die sich dieser Vers bezieht, lautet gewöhnlich so: Als Dorothea zur Winterszeit zum Tod geführt wurde, trat der Statthalter Theophilus mit der spöttischen Frage an sie heran, ob sie ihm nicht einige Aepfel und Rosen senden wolle. Dorothea versprach es. Auf ihr Gebet zu Gott brachte ihr ein Engel ein Körbchen mit Aepfeln und Rosen, das sie dem Theophilus übergab. Dieses Wunder bewirkte die Bekehrung des Theophilus (Vgl. Diemer, kleine Beiträge zur ältern deutschen Sprache II, 6 und 7; die Dorotheenlegende in der Donauesch. Handschr. Nr. 117). Vielleicht existierte eine andere Version, nach der Dorothee die Rosen selbst brach.

84. Scholastica, 10. Februar.

85. Valentin, 14. Februar. *himelfürst*, Heiliger, auch von andern Heiligen gebraucht, vgl. Grimms Wörterb. IV, 1345.

86. Juliana, 16. Februar.

87. *do*, temporal = da, steht im Namenbuch nur in Verbindung mit dem Präteritum; so noch 91, 110, 408. (Andre Bedeutung hat es 440 beim Imperativ) Beim Präsens dagegen steht entweder *so* oder *dann, denn* vgl. zu V. 101.

Die beiden Verse deuten den Anfang des Frühjahrs an, vgl. zu V. 161.

89. Petri Stuhlfeier, 22. Februar.

90. Die Form *undrer* der Handschr. für Geister der Unterwelt, finstre Dämonen, kommt sonst nicht vor und ist deshalb wohl *untier* aus dem Drucke vorzuziehn.

Ueber das Vertreiben der bösen Dämonen an diesem Tage vgl. Nork, Festkalender 171 ff.

Dass der Klang des reinen Erzes von der Macht der finstern Dämone entzaubere, war schon im Alterthum ein verbreiteter Glaube. So heisst es bei Tibull I, 8, 19—22:

Cantus vicinis fruges traducit ab agris,
Cantus et iratae detinet anguis iter,
Cantus et e curru Lunam deducere tentat
Et faceret, si non aera repulsa sonent.

90 u 91. Matthias, 24. Februar. *der lit zu Trier.* Vgl. Herm v. Fritzlar, der heiligen lebine, 95. Danach wurde der Leichnam des in einem Orte Samarias erschlagenen Matthias nach Rom, von da durch Helena, die Mutter von Constantinus, nach Trier, ihrem Geburtsorte

geschafft. *Dô furte si in gên Trire mit vil heiltumes und mit grôzen êren, wan sancte Helena wart zu Trire geborn. Und dô lit dirre apostele in tûtschem lande und dikeiner mêre.*

und brach das is. Ein in Süddeutschland weit verbreiteter Reim, der auch im Strassburger Kalender von 1878 zu lesen ist, lautet: *Mattheis brichts Eis; hat er keins, so macht er eins.*

93. *des meres see,* eine auffallende Verbindung.

95. *kraft des Merzen,* wie 338 *wines kraft,* eine vielleicht dem griechischen und lateinischen nachgeahmte Umschreibung, die bei mittelhochd. Dichtern sich nicht selten findet. In Grimms Wörterbuch V, 1942 ist nur ein unsicheres Beispiel zum Beweis dafür angeführt, dass sich diese Redeweise ins 14. und 15. Jahrh. fortgesetzt hat. Unsre Stellen bieten einen sicheren Beweis hierfür. Eine ähnliche Umschreibung durch *heil* V. 245 *des sumers heil.*

96. *die pflüege wider uffsterzen.* Ein alter, in mehreren ältern Kalendarien, auch als Ueberschrift des März in dem Einl. S. 66 ff. besprochenen Cysianus sich findender Spruch lautet:

Ich bin geheissen Mertze,
die pflügg wil ich uffstertzen.

97. Adrian, 4. März.

99. Gregorius, 12. März.

101. *so,* in temporalem Sinne = *jetzt, dann,* im Namenbuch sehr häufig und zwar stets mit dem Präsens verbunden; so allein 104, 144, 154, 175, 190, 194, 234, 249, 256, 268, 270, 303, 304, 315, 529, mit *darnoch* 49, 273, 363, 379, 399; *mit dem, so* 410. Ausser *so* steht beim Präsens einige Mal *dann* oder *denn,* 185, 316, 351, *so — dann* 175, 302. Für die Vergangenheit braucht der Dichter nur *do,* vgl. zu 87.

102. Vgl. Lasicz, Haupts Zeitschr. I, 144 *Alii vero Gregorium quasi Mercurium colunt ac huius die festo primum suos natos in scholam mittunt.*

104. Gertrud, 17. März. Ueber ihren Namen und ihr Wesen vgl. Simrock, Handbuch der deutschen Mythologie 373 und 374. Sie wird abgebildet mit einer Maus an Stab und Rocken, die den Faden vom Rocken abbeisst. Dies, wie an unsrer Stelle das Stehlen des Rockens durch die Mäuse, deutet an, dass mit dem Tage ihres Festes nicht mehr gesponnen wird, indem nun die Arbeit ausser dem Hause beginnt, wie es der Spruch *Gertraut lauft die maus go Feld aus* (Quitzmann 124) besagt.

108. Benedict, 21. März.

110. Gabriel, 24. März.

115. Clibeltag, Fest Mariä Verkündigung 25. März. Ueber die Ableitung des Worts vgl. Grimm, Wörterb. V, 1066, Scheffer-Haltaus, Jahrzeitbuch der Deutschen 96.

116. *sich vermügen,* besitzen, auch 203.

118. *vorabe,* ist wohl ein elsässisches Wort; Lexer kennt es nur aus einer Stelle, Grimms Weisth. 1, 730 *es sig dan vorabe mit in*

uberkommen umb versessene zinsen, wo es = *vorher, im voraus* ist; im Namenbuch hat es nur einmal diese Bedeutung, 331; sonst heisst es: *zunächst, besonders*. Es scheint ein Lieblingswort Dangkrotzheims gewesen zu sein; in unserm Gedicht gebraucht er es 5 mal, 227, 292, 331, 356. Nach Stöber a. a. O ist es noch jetzt im Sundgau gebräuchlich.

120. Ambrosius, Bischof von Mailand, 4. April.

123 u. 124. Sein Vollmondschein verfehlt nicht uns den Ostertag zu bringen vgl. Closener 17, 8 (Viktor von Afrika) *der satte, daz man noch dem vollen monen des abrellenschines an dem nehesten sunnentag den ostertag solte began.*

es = *sin volmonschin*; *schin* wäre also als Neutrum gebraucht; sonst ist es stets Masculinum; oder haben wir vielleicht einen Schreibfehler anzunehmen und *es* in *er* zu verändern?

125 und 126. „die heiligen Tage vorher, wie sie die Charwoche zeigt."

127. Tiburcius und Valerian, 14. April.

128. Georg, 23. April.

Die Accusative *Thiburcien, Valerien, Jergen* sind grammatisch abhängig von *es bringet*; der Dichter hatte wohl vergessen, dass er vom *volmonschin* spreche, nicht aber vom April; denn dieser, nicht der Vollmondschein, bringt diese Festtage.

130. *Marx*, Marcus, 25. April. *Marcus mortem repentinam avertit* (Lasicz); vgl. Clos. 20, 31 (Greogorius) *der satte uf den krutzegang an sancte Markes tag für den gehen dot.* Vgl. Anm. hierzu.

133. Hs. *virten*, was man deuten könnte als *ürten*, zehren. *ürte* ist Wirtsrechnung, Zeche (vgl. Schmeller, bair. Wörterb. I, 152), dann Mahlzeit, so Cod. Germ. Monac. 311 f. 36ª *ürten an dem morgen, an dem anbyß, des Obentz und des Nachts und das schloffdrüncklen.* In einem Elsäss. Gedicht von 1592 (Stöbers Alsatia 1858, 107) heisst es *irten: ob er schon etwan borget ein irten, zwo und drey.* In der Schweiz ist das Wort noch heute gebräuchlich. Ein Verbum *ürten* oder *irten* dagegen lässt sich in keinem Wörterbuche finden. Daher ist wohl das *viren* des Druckes vorzuziehn.

136. *flesche*, Elsäss. Form für *flasche*, wie *tesche* 155, *wesche* 256, 303. Diese Formen *flesch, teschen* finden sich auch in einer Elsäss. Urk. von 1530, Inventarium der fahrenden habe auf Schloss Hohenkönigsburg (Stöbers Alsatia 1858, 326 und 329.)

139. *minne*, auch 324 = Mutter; der Kindersprache entnommen; ebenso wie *ette*, Vater. „Beide Ausdrücke gebraucht auch Geiler; er sagt jedoch, es zieme sich nicht, dass die Kinder ihre Eltern also benennen (Postille)" Stöber.

142. *volletuon*, vollenden. Das Partic. *volleton* auch Wackernagel ad. Pred. VI, 50 *unde volletaniu bihte;* XI, 28 *volletane bihte.* An unsrer Stelle hat *volletuon* wohl die Bedeutung ein Ende nehmen.

144. *brüteln*, noch im heutigen Elsäss. = brüten.

145. *rorpfose.* Man weiss nicht, welcher Vogel gemeint ist. Lexer denkt an den Storch.

psitacus; Papagey, vgl. Dieffenbach Gloss. med. et inf. aet. S. 470 und Konrad von Megenberg Buch der Natur 221, 28, wo er auch *sitich* heisst. *Psitacus haizt ain sitich, daz ist ain vogel in Inden lant, sam Jacobus und Solinus sprechent, und ist grüener varb, aber sein halskraiz ist rôtvar und vil nâhent goltvar.*

146 und 147. Philipp und Jacobus 1. Mai. Walpurgis fällt in einigen Gegenden mit jenen beiden zusammen auf den 1. Mai; so auch im Elsass, vgl. Els. Kop. Kal. und Closener. *Sant Philipp und St. Jacobstag oder Sant Walpurgtag — das ist alles ein Tag.*

149. *gen baden varen.* Im Mittelalter war die Sitte, im Sommer Bäder zu besuchen, weit verbreiteter, als heutzutage; besonders im Mai. Hier denkt Dangkr. vielleicht an ein bestimmtes Bad, Baden-Baden, das sowohl das zunächst gelegene, wie das besuchteste Schwarzwaldbad war. Vielleicht ist deshalb *Baden* zu schreiben.

150. *sparen iem. etwas,* wahrscheinlich = erlassen. *etwas sparen* heisst sonst etwas aufschieben. So in einem Brief eines Elsäss. Adeligen aus dem 15. Jh. (Alsatia 1854 S. 131): *wir fürsehent uns aber, du werdest es sparen, untz die heilig zit furkumet.*

153. *wann,* vgl. zu 15.

155. *tesche,* wie 136 *flesche. desche* Königshofen 430, 2.

158. *Johannes ante portam latinam,* 6. Mai.

159. Pancratius, 12. Mai. *und dennoch wol drie:* die drei folgenden Tage.

160. Sophie, 15. Mai.

161 u. 162. Urban, 25. Mai. Der St. Urbanstag gilt neben dem des St. Nicolaus, Medardus und Barnabas als Weinzeichen. „Unsern Elsässischen Rebleuten heisst er ein Weinheld und wenn der ihm geltende Spruch:

Hat Urbanstag schön Sonnenschein,
gibt es viel und guten Wein.

eintrifft, so sind sie beinahe standeshalber verpflichtet, sich dem Heiligen zu Ehren ein Räuschchen anzutrinken. (Stöber in Fromm. Mundarten VI, 8).

Ueber die Festlichkeiten an St. Urbanstag in Weingegenden vgl. Anz. f. K. d. d. V. 1855, 174. Nork 365. Flemming, vollkommener deutscher Jäger III, 230 ff.

Die Anfänge der Jahreszeiten, wie sie im Namenbuch angegeben werden, sind die im Mittelalter allgemein angenommenen, also der des Sommers an Urbanstag, 25. Mai, des Herbstes an Bartholomäus, 24. Aug., vgl. V. 245—47, des Winters an St. Clemens, 23. Nov., vgl. V. 342. Der Frühlingsanfang an St. Peterstag, 22. Febr., wird bei uns wohl angedeutet durch die Verse 87 u. 88. *do swang das störkelin sin gevider und mahte sich balde zuo lande herwider.*

Zu vergleichen sind die Verse im Kalender von Luthers Betbüchlein (1542).

S. Clemen uns den winter bringt,
S. Peter Stul den Lentz herbringt,
Den Sommer bringt S. Urban,
Der Herbst facht mit Bartholmei an.

163. *geroten*, beginnen, Lieblingswort von Dangkrotzheim, mit *sich* auch 187, einfach *geroten* 270, 403. Auch bei Closener und Königshofen öfters.

168. Petronella, 31. Mai.

169. *Brochmonet*, Brachmond, gemeindeutscher Name des Juni. Vgl. Weinhold, deutsche Monatsnamen S. 8.

171. *antwurten*, auch 353 = übergeben; so auch Closener 66, 2; Beil. z. Strassb Chron. 990, 22, 32; *entwürten* Closener 86, 4, Königsh. 333, 20; 417, 26.

172. Nicomedes, 1. Juni.

173. Quirin, 4. Juni. Erasmus, 2. Juni. Eine Umstellung hat der Dichter wohl nur des Reimes wegen eintreten lassen.

174. Bonifacius, 5. Juni.

176. Medardus, 8. Juni, ein Weinheiliger; vgl. zu V. 161.

178. *schutz* = Schuss, wie Königsh. 916, 26 *die* (Schützen *soltent zuo beden siten in die Franzosen schiessen, ir ieglicher nüt me denne drige schütze.* Der Sinn der Verse ist also: „Ist es des Tags schön und scheint die Sonne, so schiesst der Wein heraus, wie ein quellender Brunnen.“

179. Wenns am St. Medardustag regnet, so regnet es 40 Tage und 40 Nächte in einem fort. Die Sündfluth soll nämlich an diesem Tage ihren Anfang genommen haben. (Alsatia 1852, 140).

strumen findet sich noch bei Altswert 77, 18 *von welher riht ich wer komen, daran begund ich strommen*, in der Mörin 5764 *in strumens wis* und wie bei uns mit dem Gen. verbunden Altswert 67, 18 *Min trost des soltu nit strumen.* In der Bedeutung verzweifeln, die es an diesen Stellen doch nur haben kann, ist es wohl auch hier zu nehmen. „Regnet es aber, so verzweifelt man dran“ (am Wein, günstigen Ausfall der Weinerndte).

Im Westerwald ist *strumen* nach Schmidt, Westerwäld. Idiotikum = sich beengt fühlen; im Holländischen lautet das Wort *stremmen* = hemmen.

180. Primus und Felician, 9. Juni.

181. *begoben*, ausstatten. Königshofen 414, 19. Vielleicht ist zu lesen *begnodet*, wie V. 55.

182. Barnabas, 11. Juni.

183. Veit, 15. Juni.

184. Dieser Vers bezieht sich darauf, dass Veit Schutzpatron der mit Veitstanz, der fallenden Sucht Behafteten ist. Dieser Veitstanz hatte ja nicht gar lange vorher, in den Jahren 1417 und 1418, im Elsass, besonders in Strassburg, gewüthet und war gewiss noch in Aller Gedächtniss. Vgl. Einl. S. 8.

185. *kürzen*, kürzer werden, nicht, wie sonst = kürzer machen.

188. Johannes der Täufer, 24. Juni.

189. *Singehtag*, der Tag der Sommersonnenwende, auch *Singichten, Singiten, Sungehten, Sunigehtag*. Bei Closener und Könighofen *sungiht, sünegiht, sünigiht*. Vgl. Scheffer-Haltaus, Jahrzeitb. S. 54.

190 und 191. Stöber a. a. O. fasst *kumen* = überkommen. nehmen, in welchem Sinne es indessen nicht vorkommt. Wir werden deshalb die Verse übersetzen: „Es kommt die faule (Magd), wenn sie Jemand mag, und man dingt die flinke wieder.“ *rösch* auch Königsh. 463, 9; *gar frechen röschen maidel* Megenberg. 183, 13.

Johanni ist noch heute in vielen Gegenden ein Termin, an dem man den Dienstboten Lohn auszahlt, sie entlässt und neue miethet.

195. Peter und Paulus, 29. Juni. *rasten*, im Grabe ruhen, wird namentlich von Heiligen gebraucht Lohengr. 5959 *dâ sant Peter rastet in sîns münsters trôn*. Vgl. Lexer II, 345.

196. *oleimus*, Oelspeise, vielleicht Fisch.

den kann man fassen als *denn, dann*, wie 185. Besser nimmt man das Wort wohl als Dativ, denen, nämlich Petrus und Paulus. Man sagt sowohl *jemandem*, wie *jemanden vasten*. Vgl. Grimms Wörterb. III, 1353.

197. *gelende*, Landstrich, vgl. Schmeller I, 1483, *geländ*, tractus regionis, Landstrich; auch in der Schweiz üblich und der Aufnahme in die Schriftsprache würdig, um in mehreren Fällen das fremde *Terrain* zu ersetzen. *Dis gelende*, wohl der Sprengel der Abtei Weissenburg, deren Patrone Peter und Paulus waren.

203. Diebolt, Theobald, 1 Juli.

204. Heimsuchung Mariä, 3. Juli.

206. Ulrich, 4. Juli. Der Vers bezieht sich auf Ulrichs Schutzpatronat über Gichtbrüchige. Was der Fisch, den ihn der Dichter in der Hand tragen lässt, bedeutet, habe ich nicht ermitteln können. Nach Nork, Festkalender 456, pflegte man vor der Reformation in England vor Ulrichs Altar Fische zu opfern.

208. *Kilian und sin gesellschaft*, Kilian und seine Genossen, mit denen er auf Anstiften der Gisela meuchlings ermordet wurde. Sein Tag ist der 8. Juli.

209. *sibensleffer*. Dangkrotzheim verwechselt hier Siebenschläfer und die sieben Brüder; letztere werden am 10. Juli, erstere dagegen am 27. Juni verehrt.

Margarethe, früher am 12, dann am 13. Juli verehrt.

210. Praxedis, gewöhnlich am 21. Juli verehrt; für diesen Tag hat aber D. schon einen Heiligen, Arbogast bestimmt; er stellt deshalb die Praxedis auf einen andern Platz, den 14. Juli (Margarethe 13., Apostelthеilung 15. Juli).

213. Arbogast, der 6. Bischof von Strassburg, im Elsass am 21. Juli verehrt. Er sass auf dem Bischofstuhl 27 Jahre lang, von 641 bis 668, vgl. Wimpfelingii catalogus episcoporum Argentinensium, 1508 fol. VII und Hertzog, Edelsässische Chronik, IV, 67 (der die Nach-

richten über die Strassburger Bischöfe meist aus Wimpfelings catalogus entnommen hat). Letzterer berichtet über ihn:

„S. Arbogastus auch auß Aquitanien bürtig oder, wie etliche schreiben, auß Irland oder Hybernien, der kam inn das Schweitzerland unnd von wegen seiner übertrefflichen tugenden und Christlichen leben, kam er inn grosse hulde unnd heimlichkeit bey obgenantem König Dagaberto, also das er offt seines rhats pflegte, darumb er jhnen zu einem Bischoff zu Straßburg machte, da er vil jar Gottseliglichen lebte und die Kirche wol erbawete unn auffrichte“ u. s. w.

Er wurde begraben auf S. Michaels-Bühel *„und er lag in derselben Capellen 20. jar, darnach wurde das Kloster S. Arbogast und der stifft Surburg gebawen und gestifft, ihn zu ehren unnd wurde sein leib unnd bein genommen und an dise zwey örtern geführt.“* Vgl. Beilagen zu den Strassb. Chron. S. 1052.

216. Maria Magdalena, 25. Juli.

217. Vgl. Einl. S. 17. Ueber die Form *selbs* vgl. Weinhold A. G. § 320.

218. Jacobus, 25. Juli.

Der mere zwölfbotte, Jacobus der ältere vgl. Königsh. 338, 7 wo er Jakobus *der mere* genannt wird: *Dirre Herodes Agrippa was der der do sant Jocop den meren dötete und sant Peter in den kerker warf.*

219. Christophorus, 25. Juli.

222 u. 223. Der Glaube, dass an dem Tage, an dem Jemand des Christophorus Antlitz schaut, ihm kein Unglück widerfahren kann, ist ein weit verbreiteter. So heisst es in Sanct Christoffel, vom leben, raisen, wanderschaften und zuständ des grossen S. Christoffels von Nicod. Frischlin, ed. Friedrich Strauss S. 198.

des tages da man S. Christoff siht,
keinem der todt kan schaden nit.

und in Molanus, de sacris picturis S. 27:

Christophori sancti speciem quicunque tuetur,
ista nempe die non morte mala morietur.

Dazu vgl. Stöber a. a. O. „Die Stelle spielt auf eine allgemein im Volke verbreitete Meinung an, der zufolge man oft gefährliche Kranke in die Kirche trug, um sie das riesenmässige Bild des Heiligen anblicken zu lassen. Solcher Bilder gab es in vielen Kirchen. Im Strassburger Münster, links von der künstlichen Uhr, ist noch ein grosses den hl. Christophorus darstellendes Glasgemälde vorhanden u. s. w.“

224. *ußgericht*, beendigt oder berichtet.

225. *achtest*, eine auf niederländischen Einfluss zurückzuführende superlative Nebenform, die nur im 14. und 15. Jahrh. nachweisbar ist, sich auch bei andern allemann. Schriftstellern findet, ebenso wie *sübenst*. Weinhold A. G. S. 309. mhd. Gr. § 321, 8.

227. *niemans*. Noch heute im Elsass *niemes*, A. G. S. 448.

228. *bloskoppfs;* sonst nirgends; bei Closener 31, 28 *barhoubet*.

229. *fülen*, faul machen. *begriffen*, ergreifen, vgl. Königshof. Chron. 347, 20 *begriffen mit einem sichtagen*.

230. *schliefen*, ahd. *sliofan*, part. *gisloffan*.

Auch im Bairischen, Schmeller II, 510. Das Part. *verschloffen* in einem Elsäss. Gedicht von 1592. (Warnung des Rohraffen zu Strassburg. Alsatia 1858, 102).

232. Petri Kettenfeier, *vincula Petri*, 1. August.

233. Der Peterstag heisst öfters der Kräuterstag. In einer Strassburger Hs. *dominica ante Festum Petri, so man das Cruet wyhet*. Ueber diese Kraut- und Würzweihe vgl. Scheffer-Haltaus S. 120 ff, 125. *mannen* können hier wohl nur die Heiligen sein, denen man nach Haltaus die Kräuter opfert. Sonst kommt freilich *mannen* in diesem Sinne nicht vor.

234. Worauf sich dieser Vers bezieht, habe ich nicht ermitteln können. [Vielleicht ist ein ähnlicher Gegensatz zwischen der Frugalität der Männer und der Leckerei der Frauen gemeint, wie bei S. Helbling 1, 940. Auch hier isst der Mann Kraut, das Weib ein Hühnchen. Martin.]

235. Stephan, 2. August.

236. Oswald, 5. August. *weget die winde dorther*. Diese Verbindung von *wegen* (mhd. *wæjen*) mit dem Acc. *die winde* ist auffallend.

237. Sixtus, 6. August.

238. Laurentius, 10. August.

239. Laurentius wurde nackt in ein eisernes Bett gelegt, das die Gestalt eines Rostes hatte; dann ein Kohlenfeuer unter ihm angeschürt. Als er auf der einen Seite gebraten war, sprach er zu Decius, der zugegen war: Assatum est jam, versa et manduca. (Nork 516.)

240. Mariä Himmelfahrt, 15. August.

243. Timotheus und Simphorian bilden kein Paar. Simphorian wird früher, am 22. August, Timotheus mit Apollinaris zusammen am 23. August verehrt.

244. *füdel*, puella. Vgl. die Lesart *füde* im Druck zu 190.

245. *heil* ist wohl umschreibend, wie einige Mal *kraft*; vgl. zu 95. Ueber Herbstanfang am 24 August vgl zu 161.

246. *dirles*, auch 467 *dirten*. Vgl. Weinh. A. Gr. § 197.

248. Bartholomäus, 24. August. Er wurde geschunden. Nork 239 bemerkt, dass in Michel Angelos Darstellung des jüngsten Gerichts Bartholomäus dem Heiland seine Haut entgegenhält.

250. Augustin, 28. August.

252. Johannes des Täufers Enthauptung, Decollatio Johannis, 29. August.

253. Adolph, Aulidulfus, 24. Bischof von Strassburg. Ueber ihn sagt Wimpfeling nur *Aulidulfus magna et preclara doctrina preditus fuit. Sedit annis decem;* (von 780—790) Hertzog, IV, 71 berichtet über ihn *Aulidulfus — ist disem hochlöblichen stifft für gestanden zehen jar, was Arnolphi vom grossen Hausz, Pfaltzgraff zu Trier, Hertzog inn Baiern unnd der Maß, Sohn.*

Der St. Adolphestag, 29. August, der Tag der Einweihung des Strassburger Münsters, war für den ganzen Sprengel des Bisthums ein hohes Fest, insbesondere für das Landvolk. Wir besitzen mehrere Urkunden, in denen allen Friede verheissen wird, die an diesem Tage oder *den 4 hochgeziten unser Frowen* in die Stadt kamen, um Ablass im Münster zu erlangen. (Ausführlich spricht hierüber Schneegans, Alsatia 1852, S. 197 ff.).

254. *sin glas brechen,* zu Ende gehn; ein wohl vom Stundenglas entnommenes Bild.

256. *weschen,* vgl. zu 136.

lember lautet der Plural von *lamp, lam,* auch Strassb. Chron. 1016, 29.

257 *omet* Vgl. Grimms Gramm. II, 785.

258. *oigstin* wird der September sonst nicht genannt; zuweilen *der ander ougst.* Vgl. Weinholds Monatsnamen.

260. *segen,* mhd *saejet,* vgl. *wegen* 236.

262. Gilg, Aegidius, 1. September; in den Urkunden Gilgen, Giligen, Ilgentag.

263. Mariä Geburt, nativitas Mariae, 8. September.

265. Protus und Hyacinthus, 11. September.

268. Kreuzerhöhung, exaltatio crucis, 14. Semptember.

271. Euphemia, 16. September. Lampertus, 17. September.

272. *und ist tag und naht den sleht.* Gemeint ist wohl Tag und Nachtgleiche, die nach dem Gregor. Kalender im 15. Jahrh. etwa in die Mitte des September fiel.

274. Matthäus, 21. September.

275. Mauricius, 22. September.

undersig, Niederlage; sonst nicht belegt.

276—279. Mauricius war Soldat der aus 6666 Mann bestehenden thebäischen Legion, die der Bischof von Jerusalem bekehrt hatte, als sie noch im Orient stationiert war. In Savoyen, wohin sie Kaiser Maximian zur Unterdrückung eines Aufstands gesandt hatte, wollte man sie zu einem Götzenopfer zwingen. Ihrer Weigerung halber wurden sie erst decimiert, dann alle niedergehauen.

280. Wenceslaus, 28. September. Eine 1830 in Petersburg aufgefundene Legende berichtet über ihn: Er erfüllte die Werke des Glaubens, indem er Arme speiste, Wittwen beschützte, gefangene Priester loskaufte, gegen Fremde Gastfreundschaft übte und gleich liebevoll gegen Hohe und Niedere war. [Er ist der erste christliche Herzog von Böhmen, von seinem Bruder Boleslaw ermordet den 28. September 935. M.]

282. Michael, 29. September. Der heilige Erzengel war der gewaltigste Bekämpfer der abgefallenen Geister, der Seelenwieger. Ausführlicher hierüber Nork 560—565. Wolf, Beiträge I, 32—38. II, 97 bis 100.

284. *nit schaffen,* nichts ausrichten.

285. *slecken*, Naschen.

286. Hieronymus, 30. September.

287—293. Vgl. *Siben bücher* von dem Feldbau von Carolus Stephanus, Strassburg, Jobin 1579 S. 59: *Disen Monat halt man inn etlichen landen für die beste zeit zu herbsten: und welcher alsdann zum Ersten liset der macht am mehesten Weins Der ander macht am besten Der Dritt macht den lustigsten und lieblichsten.*

294. *vergeren. vergern*, ausgähren, wovon das Part. Prät. *vergorn*, Nürnberg. Polizeiord. 267 und *vergern*. So in einem bairischen Bierbraurecept von 1409 (A. f. K. d. d. V. 1876, 44) *bis daz ez in der potigen gar vergern hat. Veriärn* Nürnb. Pol. 260.

296. *Herbst*, Herbstmonat. Remigius, 1. Oktober.

297. Franciscus, 4. Oktober.

298. Dem heil. Franciscus wurde durch Träume und Stigmata verheissen, dass er dem Herrn gleichförmig werden solle. Vgl. Herm. v. Fritzlar 214: *Eines mâles dô kniete sanctus Franciscus vor daz krûze und dankete gote siner marter und sines tôdes, und das krûze sprach zu ime: 'Francisce, mache mir mîn hûs' und sagete ime, daz ime got alle sine sunde vorgeben hete.*

300. Dionysius Areopagita, 9. Oktober.

301. Calixtus, 14. Oktober.

302. Aurelie, 15. Oktober, Elsäss. Heilige, vgl. Einl. S. 5. Königshofen 732 berichtet über sie: *Sant Aurelie was eine heilige juncfrowe under den eilf tusent megeden. die fuorent von Basel den Ryn herabe gein Kölle. do starp sant Aurelie underwegen in Strosburg und wart do begraben noch gotz gebürte 237 jor. die andern wurdent donoch am sehsten tage zuo Kölle gemartelt. do wart donoch über 60 jor sant Mauricius und sine gesellen gemartelt von dem keyser Diocleciano. do wurdent die von Strosburg wider heyden, also dovor ist geseit. und do sü wider cristen wurdent, do buwetent sü sant Mauricien und sant Aurelien zuo eren an der stat do sant Aurelien begraben was, ir kirche, noch gotz gebürte uf sehstehalphundert jor.* Die Legende der Heiligen gibt Grandidier, histoire de l'eglise de Strasbourg I, 146. Nach Wolf, Beitr. II, 175 wurde sie in Beziehung zu den sogenannten drei Jungfrauen oder Stifterinnen gebracht. 'In Strassburg erscheint nun neben ihr (der einen der drei Jungfrauen, Ainbeth) und ihren Schwestern gar eine vierte mit dem jedenfalls spätern Namen Aurelia, der zum Trost und zur Unterstützung die heil. Ursula die 3 Jungfrauen Einbetta, Worbetta und Wilbetta zurückgelassen haben soll.'

304. Gallus, 16. Oktober.

Er bringt sein Gallestück getragen, wohl das Stück, welches man an St. Galli als Geschenk darbietet; in Prag ist dieser Tag jetzt noch ein Termin für den Wohnungswechsel. Vielleicht hat man an ihm dem Lehrer das vierteljährliche Schulgeld bezahlt. *stücke* = Geschenk in *Hochzeitsstück* u. s. w. noch heute.

308. Lucas, 18. Oktober.

309. Ursula und die 11000 Jungfrauen, 21. Oktober.

Kölle. Bei Closener stets *Kolle*.

310. Severinus, 23. Oktober.

Crispin und Crispinian, 28. Oktober.

311. *vorvir* hat hier nicht die im mhd. gewöhnliche Bedeutung „Tag vor dem Feste," so dass hier der 31. Oktober gemeint wäre, sondern es ist Vorfeier und *der Tag aller Heiligen vorvir* war wenigstens im Elsass ein bestimmter Festtag. Das geht hervor aus einer Elsäss. Urkunde von 1523: *beispiele von der art die jahreszeiten zu begehen*, aus dem Register des Gotteshauses der Gürtler (Alsatia 1858—61, 247): *Item junckfrouwe Guetelin Hans Ribels seligen dochter von Offenburg und jers' vatters und muter und aller ier fordern jarzit mitteinander sol man zuo den Barfussen begon an dem nehsten tag noch aller heiligen vorfier sant Symon und Judas tag*. Danach fiele Allerheiligenvorfeier auf den 27. Oktober. Dieser Tag wird auch in einigen Hs. von Königsh. Chron. erwähnt vgl. S. 745, 2 *das ist von aller heilgen vorfyr untz an sant Katherinen tag*. L, A, B; diese Worte sind als Erklärung hinzugefügt zu *und solte die messe weren vier wuchen, 14 tage vor sant Martins naht und 14 tage dernoch*, wonach wiederum das Fest auf den 27. Oktober fällt.

312. *gehür*, angenehm, auch 315.

315. *wintermonet*, gemeindeutscher Name für den November.

316. *trehen*, schieben.

317. *zuckerschibe*, wohl Pfefferscheibe, sonst nirgends.

regelsbir, wie statt des ungehörigen *regels bier* zu schreiben ist, ist eine Art Königsbirne. Die gewöhnliche Form des Worts ist *regelbir*. *regelbirn* nach Schmeller II, 70 noch heute in Baiern; ebenso in Weinsbergs Ausgabebuch 95 *item ij gulden vür qwiten und vür reygelbyrn*.

318. *sulmilch*, saure Milch. Weder diese, noch die Form *surmilch* findet sich sonst. Ueber den Uebergang von *r* zu *l* vgl. A. G. S. 162.

Eine andere, vielleicht richtigere Erklärung gibt Stöber: '*Sulmilich*, wenn es kein Schreibfehler für *surmilich* ist, mag wohl eine scherzhafte Bennenung des Weines sein; wie man jetzt noch Oktoberthee sagt. *Sul* heisst ein hölzerner Pfahl, hier also Rebpfahl.'

gumpost, eingemachtes Kraut; so auch bei Fischart; bei Murner *gumpst*, in einer Elsäss. Urkunde von 1531 *gumpist*, in der Schweiz *gumpisch, gumpist*. (Stöbers Alsatia 1858—61, 326).

320. Allerheiligentag, 1. November.

321. Allerseelentag, 2. November.

323. *das gemeine gebett*, publicae preces 2. Macc. 8, 39 *und sie hielten ein gemein gebet* Flesch. Chron. 53, 11. *in dem das man mess gehalten und das gemein gebet fur sie gethan*.

327. *geswüsterde*, Geschwister; *zergesellen*, Tischgenossen. So auch bei Königshofen 461, 16 und 636, 19.

332. *Lienhard*, Leonhard 6. November Er war Patron der Ge-

fangenen; *compedes vinctorum rumpit* (Lasicz). Bei seinem Grabe sind unzählige Ketten aufgehängt, wie auch in den ihm geweihten Kirchen. Simrock, Mythol. 180. 514.

333. Florentius, 7. November, der 7. Bischof von Strassburg. Hertzog IV, 68: *Florentius auß Schotten, von adelichen Eltern geborn, ist S. Arbogasto inn dem Bistumb nachgefolgt, gleich wie er auch bey seim leben sein Mitlehrer in fürtragung Göttlicher lehr gewesen und geschahe solchs under Keiser Constante zu Rom und König Dagoberten zu Franckreich und Teutschland* u. s. w. Nach Wimpfeling *sedit annis duodecim,* starb aber 676, was nicht stimmt, da sein Vorgänger Arbogast 668 starb.

Er that viele Wunder, heilte Kranke, löschte Feuersbrünste u. s. w. *et usque in hodiernum diem multicalculo et hernia laborantes sese meritis suis adiutos et levatos esse crediderunt.* (Wimpfeling.) Vgl. Beil. zu Strassb. Chron. 1052.

begon, feiern; Clos. 17, 1 u. s. w.

336. St. Martin, 11. Oktober.

337. Ueber die Festlichkeiten an Martinstag im Elsass handelt Schneegans in Stöbers Alsatia 1851, 65 ff.

338. *traht,* Speise, Gericht.

339. Ottmar, Abt von St. Gallen, 16. November. Elisabeth, 19. November.

341. Caecilie, 22. November. Clemens 23. November.

342. Wintersanfang, vgl. zu 161.

343. Katharina, 25. November. *die allerliebste mine* = meine Schutzpatronin; S. Einleitung S. 8.

houbet, Anfang, Beginn; in dieser Bedeutung wohl selten; sonst kommt es öfters in übertragener Bedeutung vor, der hervorragende Führer, Landschaft, Stadt u. s. w.

345. *genanne,* Namensgenosse.

Konrad, 26. November.

346. *Costenz;* Conrad war eigentlich Bischof von Coutance in Frankreich; aber auch andre nennen ihn als Bischof von Constanz, so Herrmann von Sachsenheim in der Mörin 3551 als Stifter von Constanz; dann heisst es in St. Ulrichsleben, ed. Schmeller V. 456 *daz von Kostenze bisschof Cuonrat.*

350 *Cuonzman,* nach Grimm. Wörterb. V, 2747 Deminutiv zu *Kuontz;* im Aargau als 'Sohn des Konrad;' die gewöhnliche Form ist *Kuntzelmann.*

351. *ecker,* die Eckern. Das Wort kommt als Mascul. (nach Grimm in Sebiz Feldbuch 546 *grosze förste und wälde, darin der ecker wachset),* wie als Fem. vor. Nach Lexer auch als Neutr. in d. Nürnb. Pol. 302 *und swenne ecker wirt, so soll der vorstmaister* u. s. w. Das Treiben der Schweine in die Eckern wird öfters erwähnt, so in derselben Polizeiordnung 302 *der mac seine swein, die er in sinem hause biderben wil, wol in die aicheln treiben.*

352. Andreas, 30. November.

360—362. Barbara, 4. Dezember. Vgl. S. 17.

361. *was lûtes sich in iren dienst gent* kann man wohl als ἀπὸ κοινοῦ zu *sterken*, wie zum folgenden *die sterbent nit ons sacrament* ziehen.

364. Nicolaus, 6. Dezember, ist Patron der Kinder. worüber ausführlich Wolf, Beiträge II, 103 spricht.

sich antuon, sich anziehen, verkleiden; auch Königsh. Chron. 731, 6 *do wart bi dem selben turne gemaht eine nuwe sacristyge, do inne sich die vicarien aneduont.*

368. Mariä Empfängniss, 8. Dezember.

371. Ottilie und Lucie, 13. Dezember.

372. *bewert*, erprobt, wie Königsh. 363, 27. *zwene wise bewerte heiden*. 877, 2 *bewerte büecher*. Closener 118, 26 *bewerter bosewihte*.

373. *zwiflen was*. Ueber *sin* mit dem Inf. vgl. Kehrein, Gramm. des 15.—17. Jahrhunderts, III, 8.

374. *didimus*, Zweifler, vgl. Dieffenbach, gloss. Thomas, 21. Dez.

378. *sich liren*, sich leiern; vielleicht = es wird nichts daraus werden.

380. *das*, so dass. *erberlûte*, ehrbare Leute, auch 477. (Bei Königsh. hat das Wort sowohl die Bedeutung ehrbar, wie angesehen und zum reichen Bürgerstand gehörig); wahrscheinlich die Handwerksleute, wie auch in Hertzogs Edelsäss. Chronik IX, 150.

381. *einig*, Adverbium; so auch 466.

latwerige, ein dicker Saft und *lebekuochen* auch Chron. 1016, 27.

384. *verschulden umb einen* = seine Schuld abtragen, vgl. Iwein 7985 *ê ich die grôzen minne ze rehte umb iuch verschulden müge*. Das gewöhnliche ist *verschulden gegen* oder *wider einen*.

387. Stephan, der erste Märtyrer, 26. Dezember.

389. *versteinen*, steinigen; auch Königshof. 274, 17.

392. Johannes der Evangelist, 27. Dezember.

393. Das Fest der unschuldigen Kindlein, 28. December, zum Gedächtniss des Bethlehemitischen Kindermords gefeiert.

395. *flöhet*, flüchtet, bringt in Sicherheit.

397 *jerig*, annuus, ein Jahr alt.

398. Thomas von Canterbury, 29. December; in den Urkunden fast stets Thomas von Kandelberg.

399. *behte* ist im Elsass und der nördlichen Schweiz ein fröhlicher Umzug durch das Land zu Ende oder zu Beginn des Jahres. Ueber ihn handelt ausführlich Stöber, Alsatia 1852, 147—150.

Danach ist *Bechte* = *Berchta*, die in den oberdeutschen Gegenden dasselbe Wesen ist, wie in Mitteldeutschland Frau Holle, die leuchtende, glänzende, Hehre; nur herrscht in den Erzählungen von Frau Berchta die böse Bedeutung vor, wie in denen von Frau Holle die gute, (meines Wissens tritt auch bei dieser die böse Bedeutung mehr hervor, als die gute). Nach Grimm, Wörterb. I, 1214 ist unser

Dichter der erste, der dieser heidnischen Göttin und ihrer Umzüge gedenkt.

Dass im Elsass der Berchtetag oder Bechtentag mit besondern Gastereien begangen wurde, geht aus manchen Zeugnissen hervor, aus denen zugleich ersichtlich ist, wie *bechten* zu einer andern Bedeutung kam. So heisst es in den Statuten der Strassburger Schifferzunft fol. 46 (Scherz, Glossar fol. 108) *alsdann die hantwerckeknecht oder knaben nach alter gewonheit in den wynachtfüertagen gebechtet und von einer stuben zu der andern, ouch frummen luiten in ir huisere gelouffen sint, gutzen und noysen, das sol ouch nit me sin, sondern welhe hantwerksknecht oder knaben bechten wöllent, die mögent louffen uff die stuben und in der meister huisere ins hantwercks und nit witer by der pene XXX β. pf.* Geiler von Kaisersberg wendet den Ausdruck *bechten* auf die in Strassburg an Pfingsten gebräuchlichen Vermummungen an. Hier heisst es auch vor oder in den Häusern Gaben sammeln. Möglicherweise kommt daher der Ausdruck fechten.

mitte behten 404 ist wohl in der Bedeutung „einsammelnd" zu fassen.

402. *vriß*, Mahlzeit. Das Wort findet sich noch in Langensteins Martina *wir sîn gewis alle hie des tôdes fris*, wir müssen alle sterben.

Es bestand in einigen Gegenden des Elsass die Sitte, an einem bestimmten Tag in die Küchen der Leute sich zu schleichen und die Speisen, deren man habhaft werden konnte, mitzunehmen, dann eine Gasterei davon zu veranstalten.

405. *ufftragen*, Speisen auftragen, auch 491.

one alles duren, ohne alles Bedauern, Mitleid; dann heisst es *sine parsimonia*, reichlich; so bei Maaler, die *teutsch* sprach 886[b] *on alles dauren und sparen* (Grimms Wörterb. II, 843.)

408. Silvester, 31. December.

410. *mit dem, so* vgl. zu 80.

411. *ingen* vom Jahre = beginnen, findet sich öfters; so bei Logau 2, 174, B

heute geht ein altes abe,
gehet ein ein neues iahr.

dann im Elsässer Kalender d. Kopenhag. Hs. d. 14. Jhrh. (Zeitschr. VI, 350) beim 1. Januar *daz ingande jar daz got besnitten wart.*

Andre Beispiele in Grimms Wörterbuch.

415. ff. Jetzt wendet sich der Dichter wohl an seine Schuljugend, indem er sie auffordert nun einmal zusammenzurechnen, welche Bedürfnisse er das Jahr über habe und danach ihre Gaben einzurichten. Es sind das natürlich nicht genau die Ausgaben, die er gehabt, sondern es werden nur die in einem Haushalt, wie der seinige, nöthigen zusammengestellt und dies zu einem launigen Ausfall auf die Verschwendung bürgerlicher Haushaltungen benutzt.

Einen Anstoss erregt 447—450 *ein schilling nam din lieber ette, die verspielt er nehten im brette ff.* Spricht er vielleicht scherzhaft von sich selbst, indem er sich an einen Enkel von sich wendet? (Nach Stöber an seinen, wahrscheinlich ältesten Sohn, an den nach ihm überhaupt die ganze Stelle gerichtet ist.)

Ueber das Elsäss. Münzwesen der Zeit vgl. Beilage V zu den Strassburger Chroniken.

417. *verspenden*, kommt nur noch vor in dem wohl Elsässischen Gedicht *der geistliche streit* in Pfeiffers ad. Uebungsbuch 146 V. 442:

er sprach frowe ir hant nüt wisen muot
das ir verspendent uwer gůd nothaften lůten.

423. *karrichwecken*, wohl eine Art Backwerk; an „einen Wagen Wecke" ist nicht zu denken; dies müsste *ein karrichwecken* heissen. In der Zusammenstellung Elsässischen Backwerks in Frommann, deutsche Mundarten IV, 473, 474, ist dieses Gebäck allerdings nicht mit erwähnt.

424. Zu *bruchen* ist vielleicht zu vergleichen aus einem Brief des 15. Jahrh. (Alsatia 1854, 173) *wir hand aber, von gotz genaden win und korn und leber gennog zu bruchen und hand doch alldag vyl menschen zuo disch gon.*

425. *durch* = von; so auch 436.

428. *slige*, Schleihe. *bresem*, ein Fisch, wohl derselbe, der nach Schmeller I, 344 in Baiern *brächsen, brassen* heisst, *cyprinus brama;* im Inventar der fahrenden Habe des Schlosses Hohenkönigsberg von 1530 (Alsatia 1858–1861 S. 327): *prochzen. ol, Aal; kresse*, Gründling; *nase*, Näsling. Die ältesten deutschen Hexameter im Ruodlieb XIII, 14 enthalten eine Aufzählung von Fischen, von denen vier, Brasse, Karpfen, Nase, Aal auch bei uns vorkommen:

Prahsina, lahs, charpho, tinco, barbatulus orvo
Alet Naso qui bini nimis intus sunt acerso.

435. *ein ickis für ein u machen*, eine X für V machen, doppelt anschreiben; weshalb das hier geschehen soll, ist nicht recht ersichtlich.

440. *one einen drissig* = 29.

442. *kappe*, Kapaun, Königshof. 676, 2, Beilage zu den Strassb. Chr. 1011, 32. 1016, 28.

444. *sester*, ein Getraidemaass, vgl. Schmeller, II, 233 und Weigand II, 703. Danach ist es in Baden $^1/_{10}$ Malter (15 Liter); ehedem auch im Elsass und der Schweiz als Maass für Flüssigkeit 7,45 Liter. Bei Königsh. *sehster* und *sester*.

448. *brett*, Brettspiel.

449. *verwalen*, im Spiel verlieren.

453. *feder* kann man fassen als kostbare Feder, vielleicht Straussenfeder, die als Sonnenschirme gebraucht wurden. Sonst ist *vedere* = flaumiges Pelzwerk (Dietr. 658. Licht. 348, 4. Troj. Kr. 3004: *diu veder ûz dem tuoche bar ir blanken und ir brûnen glast.*

454. *limbelleder*, Leder zum Ausbessern der Schuhe. *limbel* = Schuhfleck; unsre Zusammensetzung findet sich sonst nirgends.

455. *strel*, Kamm.

457. *pint* wird wohl verstümmelt sein aus *pigmentum*, welches nach Dieffenbach auch die Bedeutung hat: *zesamen gestossen specerey; vil specerey*.

459. *gewender*, Tuchwaaren — Kleiderhändler vgl. Weinsbergs Ausgabebuch S. 29, 19 *duchgewender*. (Stöber: dem Flurschützen von *gewand, gewände)*.

464. *meder*, Mäher, Königsh. 827, 14.

465. *tagewoner*, Taglöhner, von *tagwon* = Taglohn, Königsh. 745, A. 2 *das dotent vormols die vaszieher mit armen knehten und mit seylen, den geschach do ein übel tagewon, daz in der nutz enging!*

468. *das ding*, hier das Geld, Hab und Gut. So nach Grimm II, 1161 bei H. Sachs 4. 3. 92.

die fraw west nichts von seinen dingen (von dem versteckten Geld des verstorbenen Mannes).

liesz in begraben und besingen und Fischart, Garg. 90ᵃ.

So will ich dir auch bringen
ein gut einkumm
nur glaub mir drumm,
kämst noch zu groszen dingen.

enzeling, einzeln; nach Schmeller I, 89 kommt auch in Baiern diese Form neben *einzilig, ainzling* vor; *eintzellich* Weinsbergs Ausgabebuch S. 16.

469. *wellen*, Wellen, Holz.

pfrime, Schuhmacherpfrieme?

470. *messe vrümen*, Stiften einer Messe. In einer Elsäss. Schrift von 1523, Register des Gotteshauses der Gürteler, Alsatia 1858, 248. *und sol ein swester zuo yeder selmesz 1 ₰ frummen* u. s. w.

471. *brüte*, Hochzeit, vgl. Grimm Wörterb. II. 333, *bräute, nuptiae;* mhd. *briute;* zu einer Braut oder Bräute laden, gehn, sich einfinden. Oberlin 192 *uf allen hochzeiten, brüten, kilchweihin*. Königsh. 511, 2 *daz ist am sunnentage, so men das alleluya hinleit und brüte verbütet.*

472. *varende lüte*, umherziehende Sänger, Spielleute u. s. w. Königsh. 431, 13; 482, 16.

478. *min seckel ist von affenhüten* = mein Seckel vermag das Geld nicht zu halten. *affenhut* hat sonst die Bedeutung Thorenhaut; so in einem Colmarer Meistergesang, (Bartsch CXIX. 28) *wan ez sint tören giegen narren in ir affenhiuten.*

481. *güder*, Vergeuder, Schlemmer.

483. Hs. *buoche*, wohl = Schuldbuch, in dieser Form allerdings sonst nicht belegt.

485. *der* = *dar*, dahin.

486. *rechenpfennige*, hier wohl nicht Rechenmarke, sondern Geld. Diese allgemeinere Bedeutung hat bei Closener *pfennig* 74, 8 *do noment sü mit in, was sü in baren pfenningen hettent.*

491. Da trage (Speisen) auf den Tag, so lange es hell ist; oder so lange das Einkommen ausreicht' (?).

500. Willst du nur, so bringst du es wohl zu Stande.

502. *frigermuot*, freier Sinn: die Schulden haben ihm allen freien, frischen Muth benommen, stets ist er in Sorgen.

503. *wildes gedenken*, wohl = wilde, unruhige Träume.

509. *claffe*, schwatze, in üblem Sinne. So auch Oberl. bihtebuch 32 *die vierde (houbetsinde) ist kleffen* oder *kleffiger krieg*.

515. *geschid*, hier verschmitzt, betrügerisch.

vertören, bethören; Clos. 45, 16.

516. *den husen mit dem stören essen*, du kannst Hausen und Störe essen; wohlauf und reichlich leben.

517. [Hörst himmlische Musik d. h. lässt es dir wohl sein, bist frohen Muthes; vgl. der Himmel hängt einem voller Bassgeigen· Martin].

528. *Est*, es ist, wie 14. 115. 257 *dast* = das ist.

dolme, adv. jetzt, heute. Nach Grimms Wörterb. II, 698 unter *daling* ist die ursprüngliche Form *tagelanc*, gekürzt *tâlanc, tâlâ* (Neidhart); *dalme, doleme, dolme;* eigentlich heisst es *den tag über*. Unsre Bedeutung hat es bei Murner, Schelmenzunfts: *deins rüfens wär doch dolme gnug*.

529. *bekumen*, begegnen; das passt hier nicht recht, da der Angeredete aus Dangkrotzheims Haus kommend gedacht wird.

541. *struben*, eine Art Backwerk.

544. *lutertrank*, vgl. Wackernagel, kleine Schriften I, 86. (Haupts Zeitschr. VI, 261.) Beil. zu Strassb. Chron. 1016, 28.

moß, es gab grosse und kleine Maass; erstere = $^1/_{24}$ Ohm = 1,92, letzteres $^1/_{30}$ Ohm = 1,53 Liter, (Nelkenbrecher, Taschenbuch der Münz, Maass- und Gewichtskunde.)

555. *üt*, etwas; kommt auch vor in einer von Dangkrotzheim ausgestellten Urkunde von 1410.

556. *frünlschaft bewisen*, einen Gefallen thun. So auch in einem Brief des 15. Jahrh. an den Edleu Wilh. von Rappelstein (Alsatia 1854, 171): *doch so bitten wir dich gar fruntlich in swesterlicher liebe, daz du uns in dieser fast dine fruntschaft bewisest und unsern wirdigen convent ein mol wellest begoben mit fischen.*

REGISTER ZUM NAMENBUCH.

(Die Zahlen bezeichnen die Verse des Namenbuchs).

A.

B.

C.

D.

E.

F. vgl. V.

G.

L.

M.

N.

O.

P.

Q.

R.

S.

T.

U.

V und F.

BERICHTIGUNGEN.

S. 1 Z. 22 lies 34 statt 311.
„ 4 „ 18 lies *heilge* statt *heilige*.
„ „ „ 1 von unten lies *Sante Florenze* statt *Sant Florentz*.
„ 5 „ 6 lies *so kumet dann* statt *do kumet*.
„ 21 „ 17 lies *verehre* statt *verehrte*.

ELSÄSSISCHE

LITTERATURDENKMÄLER

AUS DEM

XIV—XVII. JAHRHUNDERT.

HERAUSGEGEBEN

VON

ERNST MARTIN UND ERICH SCHMIDT.

II. BAND.
JOSEPH VON THIEBOLD GART.

MIT UNTERSTÜTZUNG DER LANDESVERWALTUNG VON ELSASS-LOTHRINGEN.

STRASSBURG.
KARL J. TRÜBNER.

LONDON.
TRÜBNER & COMP.
1880.

JOSEPH.

BIBLISCHE KOMÖDIE

VON

THIEBOLD GART.

1540.

STRASSBURG.
KARL J. TRÜBNER.

LONDON.
TRÜBNER & COMP.
1880.

Buchdruckerei von G. Otto in Darmstadt.

EINLEITUNG.

Aeussere Gründe vereitelten in vorgerückter Stunde unseren Wunsch als zweiten Theil dieser Sammlung Moscheroschs *Insomnis cura parentum* folgen zu lassen, ein Werk, dem seine culturgeschichtliche Bedeutung und der schlichte herzliche Ton auch in weiteren Kreisen eine gute Aufnahme versprechen. So tritt jetzt der für einen späteren Band in Aussicht genommene Joseph des Thiebold Gart in die Lücke, freilich in leichterer Rüstung. Doch es scheint überhaupt an der Zeit die Erforschung der ausgedehnten und schwer zugänglichen dramatischen Litteratur des sechzehnten Jahrhunderts durch rasche Mittheilung hervorragender Stücke, einfache kritische Neudrucke nach Art der Hallenser, zu fördern.

Den poetischen Werth unserer biblischen Komödie hat zuerst Scherer gewürdigt und sie zu den „bedeutendsten und einflussreichsten deutschen Spielen" der Zeit gestellt; Geschichte des Elsasses S. 295 f., Allgemeine deutsche Biographie Art. „Gart". Für die vielfach in weiter Verzweigung abhängigen Dramen jener Periode, die *dramata sacra* zumal, ist eine Betrachtung nach Stoffen geboten; auch Garts Werk nur das Glied einer langen Kette, selbst angeregt durch vorausgegangene Versuche, dann seinerseits schwächer oder stärker massgebend für die Zukunft. Eine eingehende Darlegung dieser Filiation dürfen wir von Scherer erwarten, der einige vorläufige Andeutungen a. a. O. und besonders im Anschluss an Greffs und Majors „Jacob und seine Söhne" Deutsche Studien 3, 29 gegeben hat.

Garts „Joseph“ ist am Sonntag nach Ostern 1540 von Schlettstädter Mitbürgern aufgeführt worden, allem Anscheine nach das erste und einzige Werk des Verfassers, über dessen Verhältnisse das Archiv seiner Vaterstadt leider keinerlei Auskunft bietet. Gart war Protestant und besass classische Bildung. Ovid war ihm ebenso geläufig wie die heilige Schrift.

Die Geschichte Josephs in Aegypten wird seit der Mitte der dreissiger Jahre ein Lieblingsgegenstand des zu neuer Blüthe gediehenen geistlichen Schauspiels. Die Niederlande, Magdeburg, die Schweiz gehen voran. Als grundlegend muss ein uns verlorenes oder bisher verborgenes Stück angesehen werden (Scherer D. St. 3, 37). Bemerkenswerth scheint mir, dass neben anderen Spielen auch eines „vom Ertzvatter Jacob, vndt seim son Joseph“, wol nur skizzierte Scenen, 1494 in Löwen aufgeführt wurde (Archiv für Litteraturgeschichte 9, 29).

Da die zu erschliessende erste Vorlage nicht bekannt ist, muss eine spätere lateinische Komödie aus den Niederlanden den Ausgangspunkt bilden. Der Jesuit C. *Crocus liess 1535 seinen Joseph in Amsterdam von Schülern darstellen und 1536 im Druck erscheinen. Er strebt deutlich nach Concentration und Einheitlichkeit: *neque tamen totam beati Joseph vitam sumpsimus tractandam, nec enim ea unius comoediae res foret, sed a tentatione duntaxat herae, usque ad liberationem eius e carcere.* Er führt uns sofort in das Haus Potiphars und füllt seine beiden ersten Acte — abgesehen von einigen Dienerscenen und Betrachtungen über das heutige Gesinde, mit denen Potiphar an glücklich gewählter Stelle einen Bericht über Josephs Schicksale verbindet — durch den Handel zwischen Joseph und der Herrin Sephirach aus. Pädagogische Zurückhaltung gebot ihm den letzten thätlichen Angriff auf die Keuschheit des schönen Dieners hinter die Scene zu verlegen. Geschick in der Steigerung und in der ablehnenden Resignation Josephs beim Verhör ist nicht zu verkennen, die Vorführung des sinnlichen Begehrens aber zu breit rhetorisch, matt, leidenschaftslos, mitunter sentenziös zugespitzt. Langsam, ja träg vollzieht sich während des dritten und vierten Actes Josephs Vernehmung und Einkerkerung. Hingegen wird im fünften, der etliche Jahre später spielt, die Befreiung kunstlos übers Knie gebrochen: Hanno, der Schenk, holt Joseph, der ihm einst seinen Traum gedeutet hat, aus dem Kerker zu Pharao. Einen dramatischeren Abschluss hätte die Hinzufügung einer neuen letzten Scene geliefert: Pharao erzählt seine beunruhigenden Gesichte, Joseph erklärt sie, Joseph wird zum Statthalter erhoben. Als dramatisch dankbarstes Motiv hat schon Crocus die Begierde der Frau nach verbotenem Liebesgenuss erkannt. Die damaligen Terenzianer und Plautiner vermochten, und zum Theil in genialer Weise, einen liederlichen Jüngling und eine verführerische Lais zu schildern, die biblischen Stücke zeigten tugendhafte kalte Liebes- und Ehepaare — hier war Gelegenheit einen stürmischen Conflict zwischen Neigung und Pflicht, Liebesleidenschaft und Frauenehre zu veranschaulichen.

Das historisch hoch anzuschlagende Auswahlverfahren des Crocus konnte es nur zu einem Fragment bringen, wofür die Vertrautheit der Zuschauer mit der Patriarchengeschichte nur eine sehr unzulängliche Entschuldigung gibt. Greff und Major drängen die gesammten Ereignisse von Josephs stolzem Traum an bis zu Jacobs und der Brüder endlicher Uebersiedlung nach Gosen in fünf Acte zusammen. Für Gart verstand sich eine Ergänzung von selbst, da er ebenso wie Jörg Wickram als Elsässer den nachbarlichen Schweizern eine halbepische Technik abgesehen hatte. Aber er erhob sich über das rohe rein stoffliche Interesse, das dem Volkstheater des sechzehnten Jahrhunderts anhaftet, hinaus zur Analyse der Affecte. Scherers Werthschätzung Garts, namentlich der „psychologischen Entwicklung“, beruht in erster Linie auf den leidenschaftlichen Monologen der Sophora im zweiten Acte, die ich gleich nachzulesen und für meine folgende Erörterung stets vor Augen zu halten bitte. Unsere Bewunderung für die pathetische Wiedergabe streitender Gefühle und des Sieges einer übermächtigen Empfindung schwindet nicht, wenn wir die „nach damaligem Masstab ausgezeichneten“ Reden als Entlehnungen erkennen. Während andere in plumper Weise schon durch die Namengebung nur die geile *Moecha* vorführten, wollte Gart das von einer unwiderstehlichen Leidenschaft bemeisterte Weib charakterisieren und lehnte sich kühn an Ovid an. Kühn war es in eine geistliche Dichtung lange Abschnitte aus dem in der Darstellung der Liebe virtuosen Römer einzuflechten, kühn überhaupt eine Nachahmung des Ovid gerade im Elsass, wo die Geringschätzung der unsittlichen heidnischen Poeten seit Wimphelings Tagen wol gemildert, aber nicht aufgehoben worden war. Strenge Christen neigten noch immer zu catonischer Verpönung und Gerhard Lorich von Hadamar hatte in der „Zuschreibung" zu Wickrams Metamorphosen Mühe das Wagnis mit der etwas gezwungenen Beweisführung zu beschönigen, dass darin *die vntugent verdeckter weiß gestrafft wirdt.*

Metam. 9, 449 ff. wird die Geschichte der schliesslich in eine Quelle verwandelten Byblis erzählt: *Byblis in exemplo est, ut ament concessa puellae.* Sie nährt eine verbrecherische Liebe zu ihrem Zwillingsbruder Caunus. Im Halbschlummer gaukelt ihr ein berückender Traum inbrünstigen Genuss vor. Erwachend hält sie einen langen, wie alle ovidischen höchst dramatischen Monolog, v. 473—515. Die grössere erste Hälfte konnte Gart nicht brauchen, da Byblis zunächst die erträumte Lust nachkostet und dann mit kecker Dialectik das unselige Hindernis der Blutsgemeinschaft wegräumen will. Liegt nicht genaueres anderswoher zu Grunde, wie ich vermuthe, so gab v. 481 *Pro Venus, et tenera volucer cum matre Cupido* den Anstoss zu Garts bewegter Einleitung. Sehr geschickt sind dann einige Verse aus dem Monolog der Medea über ihre plötzlich erwachte Liebe zu dem Fremdling Jason verwerthet worden, indem v. 634 *Treib auß deim keüschen hertzen treib* bis v. 644 *Nach disem Hebreischen knecht* genau Metam. 7,17 ff. entsprechen:

> *Excute virgineo conceptas pectore flammas,*
> *si potes infelix. Si possem sanior essem.*
> *Sed trahit invitam nova vis; aliudque cupido,*
> *mens aliud suadet. Video meliora, proboque*
> *deteriora sequor. Quid in hospite, regia virgo,*
> *ureris . . . . .*

Den folgenden Gedanken dass der Knecht Joseph so tief

unter ihr stehe — man vergleiche, wie Hoffmannswaldaus Emma das Motiv in der Heroide an Eginhard auspresst — wenden andere dahin, dass der Diener sich durch die Neigung der Herrin geschmeichelt fühlen müsse; so Diether 4, 2 *habes adolescens foeminam, seruusque heram matronam nobilem,* Hunnius 3, 1 *benignitatem herilem quis seruos datam non amplectatur cupide?* u. s. w., Schlayss (Zyrl) I 4, 3 *vnd wie kanstu eins Fürsten weib so verschmehen mit deinem leib?*

Nun setzt Gart v. 646 f. *Wa kumm ich hin, was foch ich an? Du schändtlichs fewr, weich weit hindan* mit Anleihen aus dem ersten Byblismonologe ein: Metam. 9, 508 *Quo feror? Obscoenae procul hinc discedite flammae.* Die Verse *Solt mich erbitten — han erdacht* (648 ff.) = 9, 512 ff.

Ergo ego, quae fueram non rejectura petentem,
ipsa petam? Poterisne loqui? poterisne fateri?
Coget amor, potero: vel si pudor ora tenebit,
littera celatos arcana fatebitur ignes.
Hoc placet; haec dubiam vincit sententia mentem.

So erfahren wir auch, warum Gart seine Heldin plötzlich den Beschluss eines schriftlichen Geständnisses fassen lässt, ohne jeden praktischen Fortgang, wie ihn doch der Anschlag des Vorbildes bei Ovid nimmt. Aber Gart erzielt mit vollem Bewusstsein eine grosse Wirkung: Sophora kann nicht reden, sie will schreiben, da erscheint — so verlangt es der überlieferte Schematismus dieser Scenen, an den Monolog der Medea ist nicht weiter zu denken — Joseph; ein Schrei *Er kumpt!* Vergessen wird im Strome anschwellender Sehnsucht das eben Geplante und eine pathetische Anrede folgt: *Er ists, ich wags;* wie bei Ovid die *audacia* der armen Schwester geschildert wird. Das Bekenntnis völliger Abhängigkeit erinnert an v. 528 *quam, nisi tu dederis, non est habitura salutem, hanc tibi mittit amans* u. s. f. Wer alle Ritzen auf solche Weise schliessen kann, ist kein gewöhnlicher Borger oder Contaminator.

660—679 *Das zeygt dir an meins leibs gestalt* bis zum Schluss *Liebhabends weib, liebhaben dich* ist dem Briefe der Byblis vortrefflich entnommen 534 ff.:

Esse quidem laesi poterat tibi pectoris index
et color, et macies, et vultus, et humida saepe
lumina, nec caussa suspiria mota patenti.

537 f. unbrauchbar, wird ersetzt. Ovid:

et crebri amplexus; et quae si forte notasti,
oscula sentiri non esse sororia possent;

Gart: *Dich trag ich stets in meinem synn*
Ich ghe, stee oder wa ich bynn.

Dann weiter, kunstvoll zusammenziehend, frei nach Ovid:

Ipsa tamen, quamvis animo grave vulnus habebam,
quamvis intus erat furor igneus, omnia feci
(sunt mihi di testes) ut tandem sanior essem:
pugnavique diu violenta Cupidinis arma
effugere infelix; et plus, quam ferre puellam
posse putes, ego dura tuli. Superata fateri
cogor, opemque tuam timidis exposcere votis.
Tu servare potes, tu perdere solus amantem.
Elige utrum facias.

Caunus weist in furchtbarer Bestürzung den Boten ab, Joseph gibt in moralisierender Form der Herrin einen Korb. Sophora, allein, überlegt v. 696 *Da gsche mir armen frawen recht* bis v. 712 *das ich nit kummen mag zů land* gleich der Byblis, deren zweiter Monolog beginnt v. 584 ff.:

Et merito: quid enim temeraria vulneris huius
indicium feci? quid quae celanda fuerunt,
tam cito commisi properatis verba tabellis?
Ante erat ambiguis animi sententia dictis
praetentanda mihi. Ne non sequeretur euntem
parte aliqua veli, qualis foret aura, notare
debueram; tutoque mari decurrere; quae nunc
non exploratis implevi lintea ventis.
Nunc feror in scopulos igitur, submersaque toto
obruor Oceano; nec habent mea vela recursus.

Byblis bekennt weiter das Verfehlte und Unüberlegte ihres Beginnens: sie hätte reden, nicht schreiben müssen. Gart überspringt natürlich diese Stelle. Indem er nur die Worte *Mein ellend ist mir wol bekandt* einfügt, fährt er dann bis zum Schlusse fort mit Ovid v. 612 ff.:

*Haec nocuere mihi. *Neque enim de tigride natus;*
nec rigidos silices solidumve in pectore ferrum

---

* Unabhängig wol Crocus 1, 4 Sephirach: *Itan' solido ex ada-*

aut adamanta gerit, nec lac bibit ille leaenae.
Vincetur. Repetendus erit: nec taedia coepti
ulla mei capiam; dum spiritus iste manebit.
Nam primum, si facta mihi revocare liceret,
non coepisse fuit: coepta expugnare, secundum est.
Quippe nec ille potest, ut jam mea vota relinquam,
non tamen ausorum semper memor esse meorum:
et, quia desierim, leviter voluisse videbor,
622. *aut etiam tentasse illum, insidiisque petisse:* . . . .
625. *Denique jam nequeo nil commisisse nefandum.*
Et scripsi, et petii: temerata est nostra voluntas
Ut nihil adiiciam, non possum innoxia dici.
Quod superest, multum est in vota, in crimina parvum.

Die Bedeutung der Gartschen Sophorascenen, sind sie auch nur eine Nachdichtung, steigt vor unseren Augen, wenn wir einen vergleichenden Blick auf die parallelen Reden bei den Vorgängern und Nachfolgern werfen. Crocus und Andere ermüden uns besonders durch die trockenen Gegenreden des Tugendhelden Joseph. S. Birk ist immer farblos, Diether schildert die sinnliche Kokette, verliert sich aber dabei in endloser Rhetorik, sowol in schwülstiger Schilderung körperlicher Reize, als in sentenziöser, sophistischer Dialectik, die auch der frostigen Beredsamkeit der Hunniusschen Buhlerin nicht

---

mante pectus est tibi? Diether aber benutzte wahrscheinlich ausser Gart auch den Ovid (vgl. Metam. 7, 32 f. *Hoc ego si patiar, tunc me de tigride natam, tunc ferrum et scopulos gestare in corde fatebor)*; Sephirah sagt 3, 1 zu Joseph *Silices habes, et durum ferrum in pectore. Te lapis, et montes, innataque te robora Rupibus altis, te saevae genuerunt ferae. Duris te genuit perfide horrens cautibus Caucasus, et tigres admouerunt ubera*, sowie Josephs Moralrede ebenda *In vetitum nitimur quidem, et negata nos Cupimus* den Amores III 4, 17 *nitimur in vetitum semper, cupimusque negata* entspricht, und 1, 4 die gehäufte Schilderung Jacobs von seinem Bangen *Obstupuit animus, gelidusque tremor mihi nimis Currit per ossa, gelidus formidine coit Sanguis, stantque comae horrore, et haeret faucibus Vox jam* eine Erweiterung des vergilischen Verses Aen. 2, 774 oder 3, 48 ist: *obstupui, steteruntque comae, et vox faucibus haesit.* Wie viel entlehntes mag sich noch in derlei Werken verbergen! Die Nachahmung, oft Ausplünderung von Plautus und Terenz liegt am klarsten zu Tage. Hunnius borgt sogar an einer in mehreren Josephdramen stereotypen Stelle einen Vers von Aristophanes; 5, 1 Carcerarius: *Quis sic centaurice Pulsauit ostium* = Ran. 18 f. τίς τὴν θύραν ἐπάταξεν; ὡς κενταυρικῶς ἐνήλαθ᾽ ὅστις.

fehlt. Spätere wie Zyrl und im Anschluss an ihn und Hunnius Schlayss verballhornen die Explosionen der Leidenschaft bei Gart. So lässt der letztgenannte die Potiphera anheben 4, 1:

O Jupiter, wo ist dein gwalt?
O Venus, dein lieblich gestalt?
O Cupido, mit deinem strol,
Hast mich verwundet vberal,
Mein hertz vnd gmüt, tolt, wüt vnd brint,
Also bin ich in lieb entzündt,
Also brenn ich in liebes flamm
O Glück, hilff vns beiden zusamm,

später aber in burleske Roheit fallen:

Komm sitz zu mir auff meinen Rock
Wie stelstu dich, du wilder Bock.

Garts Bedeutung steigt ferner im Gegensatz zu Jörg Wickrams* Bearbeitung der Metamorphosen, für den die Unkenntnis des Lateinischen und die Modernisierung Albrechts von Halberstadt doch keine volle Entschuldigung seiner ungelenken, holprigen Wiedergabe ist. Man vergleiche Bl. XCVI:

. . ach mir ist recht geschehen
Soll ich mein schand also verjehen
Vnd offtlich an eyn Taffel schreiben
Das, das do solt verborgen bleiben
We mir das ich so onuerschampt
Mein lieb hab entdeckt alsampt
Vnd wie mein wil gegen jm stundt
Welcher vff des Meeres vnd
Sein Segel also weit vff lot
Das er den windt gentzlich empfhot
Vnd hatt sich nicht versichert eh
Auch gachtet wo der windt hergeh
Der treibt leichtlich vff eynen steyn . . . .
Ich versuchs noch vergangnem zorn
Er ist von keim Tiger geborn
So hat er nit steinenen můt
Ist als wol als ich fleisch vnd blůt
Von eynem weib ist er erzogen
Er hat nit Lewen Milch gesogen.

---

* In meinen „Beiträgen zur Geschichte der deutschen Litteratur im Elsass“ habe ich gesagt (Archiv für Litteraturgeschichte 8, 334):

Je empfindlicher uns das sechzehnte Jahrhundert hindurch die Unfähigkeit der deutschen Sprache mit dem durchgebildeten Stile der Alten und der Neulateiner zu wetteifern berührt — man gedenke nur der Uebertragungen Huttens, der Uebersetzungen aus Naogeorg oder Frischlin —, um so werthvoller erscheint die Leistung Garts.

Sie bildet nicht den alleinigen Vorzug seiner Komödie. Auf anderes Treffliche hat schon Scherer hingewiesen. Ausgezeichnet exponiert Simeons erste Rede v. 126 ff. Situation und Stimmung: die Ueberhebung des Träumers, die Vorliebe des Alten, die Misgunst der Brüder. Ironisch höhnt Sebulon v. 339 ff. den König, den sie eben in die tiefe Grube werfen: *wir wölln vns bucken aller ding.* Und noch zuletzt regt sich in einzelnen der Neid: Simeon v. 2030 *vnd vnser eim nit me dann eins,* wegen der ausserordentlichen Beschenkung Benjamins. Juda aber kann 1, 4 nach der Unthat keinen Bissen lustig essen; ihm ist so thörlich und so bang. alle Zeit und Weil ist ihm zu lang, nachdem vor Josephs Eintreffen eine idyllische Pastoralscene begonnen hatte. Im Ausdrucke drängender Unruhe und Aufregung, die sich in rhetorischen Fragen, Ausrufen und Wiederholungen entlädt, ist Gart seiner Zeit ein Meister; vgl. v. 453 ff., 503 ff., 529 ff., 774 f. *(Er kumpt, er ists, er ists, er ists, O Joseph, kumm, du bists, du bists),* 1696 f. 1906 f. 1800 ff. Oder in der erregten Erzählung 827 ff. Dem verurtheilten Becken On dagegen versagt die Stimme v. 1011. Selten wird die Rede breit, oft erfreut die knapp zusammenfassende Prägnanz (v. 848 ff.). Selbst Jacobs Gebet v. 215 ff. oder die bei anderen recht trocken gerathene Scene 4, 2 gewinnen hier lebendige Frische.

Aber Gart theilt noch mit manchen Zeitgenossen die kindliche Technik doppelter Berichte: zweimal erzählt Pharao

---

„Aus irgend einem halbphilologischen Werke stammt das Erscheinen des Morpheus in Ameliens Gestalt, sowie der schwülstige Excurs über den Gott des Schlafs und seine nüblige Heimat Kimmerien Nachb. 80[2]“; Wickram fusst vielmehr auf den Metam. 9, 592 ff., Bl. CXVII seiner Bearbeitung.

ausführlich seine Träume (was z. B. Diether und Hunnius vermieden haben), oder Juda erörtert v. 1860 ff. vor Zaphnat wieder, was den Zuhörern bereits vollkommen bekannt ist, ebenso Ruben v. 2050 ff. vor Jacob die Einladung nach Gosen. Sehr naiv lautet auch die Aufforderung Josephs an seinen Vater v. 2142 ff. die Länge des Weges durch ein Gespräch zu kürzen, was zudem neue Recapitulationen herbeiführt. Eine hemmende Episode ist Jacobs Opfer unterwegs, während wir uns den unnöthigen Dialog Josephs mit Beria seinem gemüthlichen Tone zu Liebe gern gefallen lassen.

Die Acte werden meist wirksam beschlossen. Mit weiser Berechung lässt Gart nach dem tragisch gefärbten Ausgang des ersten den zweiten mit einer feinkomischen Scene beginnen, die uns zugleich zwanglos über die neuen Verhältnisse orientiert. Eine allgemeine Anregung gab wol Crocus 1, 1. Phna verwahrt sich gegen den allgemeinen Vorwurf weiblicher Geschwätzigkeit und Umständlichkeit, aber gerade die Form ihres Protestes zeigt sie selbst als wortreiche, mittheilsame Magd. Necho ironisiert sie. Später erweckt es der alten Jungfer ein besonderes Grauen, dass Sophora andeutend etwas *von eynem mann geseyt* v. 802 f. Während die höhere Sentenz nur sparsam angebracht wird (vgl. v. 1341), stellt sich öfters eine gute volksthümliche Wendung ein: schwatzend die Zeit vertrödeln heisst 'die Scheere schleifen' v. 604, 928. Nath vergleicht die gefangenen Würdenträger, die aus dem Kerkerfenster schauen, mit der Maus in der Falle v. 991 ff. Edler ist Josephs Vergleich v. 2234 f. Drastisch nennt sogar einer der hohen Unterredner, David, den Judas einen losen Hund v. 426. Vortrefflich ist die naive Mahlscene 5, 3, das Nöthigen und die Bemerkung, die Gäste seien scheuer als Fische. Oder man halte den launig herzlichen Ton der Hinrichtungsscene v. 1030 ff. gegen die rohen Auftritte bei Ayrer und Genossen. Ueberall weiss Gart hübsche kleine Züge anzubringen; so wenn Joseph, zum König beschieden, erst ein wenig Toilette machen will v. 1155. Den Pharao lässt Gart häufig im stolz befehlerischen Herrschertone sprechen (besonders 3, 1); er bekräftigt seine Anordnungen durch kategorische Drohungen, fragt aber den Patriarchen Jacob wolwollend v. 2214 f. *Mein alter, sag mir fründtlich her, Wie allt bistu wol ongeuer?*

Gart wollte durch sein Stück nicht nur ergetzen, sondern zugleich belehren und zur Gottesfurcht anleiten. Er tritt bescheiden auf, während es im sechzehnten und siebzehnten Jahrhundert geradezu Mode ist mit geheuchelter Unterordnung die Zoilos abzuwehren. Er wendet sich weniger an die, welche *Comoedias verstan,* die *hoch Doctorn,* sondern an lerneifrige Zuschauer aus dem Volk. Er warnt davor Anreizungen zum Argen aus seinem Spiel zu klauben; man hat an die Sophorascenen zu denken. Da er nun dem dramatischen Fortgang zu Liebe einsichtig die Reden seiner Personen von dem damals üblichen didactischen Moralballast befreite, musste er einen Ersatz schaffen. Um also die Allegorie, welche der Titel verspricht und die Vorrede bereits ausdeutet, anzubringen führt er als eine Art Chor, als ideale Zuschauer und Interpreten, Jesus sammt Aposteln und Propheten ein. Ich weiss nicht, ob diese Manier sich mehrfach belegen lässt; etwas ganz verschiedenes ist es ja um das Eingreifen der Himmlischen in den grossen Processstücken, oder in Wickrams Tobias, oder um die Engelerscheinung in Diethers Joseph. Dagegen glossieren häufiger höllische Geister die Handlung, freuen sich über Abwege der Menschen, fluchen über eine Wendung zum Besseren. Ich verweise nur auf des Macropedius Rebelles und den Schlaysschen* Joseph. Am nächsten liegt der Eingang von Naogeorgs Pammachius, wo Christus, Paulus und Petrus ein mit Bibelcitaten geschmücktes Gespräch halten. Die Apostel fragen naiv: wo steht das in der Schrift? Damit solche Verlegenheit hier nicht entstehe, lässt Gart mit grösserer Naivetät (z. B. v. 388 ff.) jeden genau Buch und Kapitel bezeichnen. Gart hat keine Mysterienbühne, sondern die hohen Redner stehen im Hintergrund der Bühne seitwärts v. 111. Die uns fremd-

* Dass im Eingang ein Teufel einen Brief Lucifers vorliest, worin dieser seinen Aerger über das geistliche Spiel zu Tübingen kund gibt, erinnert an Wickrams Tobias.

artig berührende Allegorisation ist im ganzen nicht allzu gezwungen. Crocus, der erste, zieht keine Parallele, wol aber Greff und Major im Epilog (Scherer a. a. O. S. 29). Nehme ich hinzu, was mir eben zur Hand ist, so contrastiert Diethers Freund Delius in dem vorn abgedruckten Gedicht *Jn laudem Joseph* Adam und Joseph; Diether selbst sagt im Prolog *simul in hac Hystoria Christus nobis quam scitissime Depictus est per Joseph* und führt den Vergleich in mehreren Punkten aus. Sein Titel lautet *Historia sacra Joseph, Quae nobis praeclarum diuinae prouidentiae, et passionis Christi redemptoris, castitatisque Joseph pudicissimi adolescentis Exemplar demonstrat, iam denuo ex Biblijs in formam Comoediae redacta et aedita per Andream Diether Augustanum.* (Schon der Titel bezeugt einige leicht im einzelnen zu erweisende Abhängigkeit von Gart. Diether hat in Strassburg studiert und sein Stück 1544 in Augsburg abgeschlossen, wo zwei Jahre vorher ein Nachdruck des Gartschen Joseph erschienen war). Im „Beschluss" des Tübinger Stückes wird gelehrt: *Hie habt jhr ein schön Figur, Ein vorbild vnd Contrafactur, Vnsers HErrn Jesu Christi.* Noch in Grimmelshausens Roman 'Joseph' heisst der Held „das Vorbild unseres Heylandes und Welterlösers".

Ich habe oben bemerkt, wie nach Crocus allgemein eine Erweiterung der Fabel durch Heranziehung der übrigen Elemente des alttestamentlichen Berichtes eintrat. Wenigen eignete Garts gedrungene Fassung stofflicher Fülle. Des Crocus Wort dass die ganze Geschichte Josephs mehr als éin Drama fordere, veranlasste Hunnius zu einer Zweitheilung. Andere folgen. Frischlin beginnt eine Trilogie. Episodisches drängt sich oft bis zum Uebermass ein. Die übrigen Gewaltthaten der Brüder, der Untergang der Dina werden weitläufig erzählt; die ismaelitischen Kaufleute schwatzen über Handel und Wandel; Simeon schachert mit ihnen. Neue Gesindescenen, ausgesponnene Bauernepisoden, eine weitschichtige Intrigue der Gattin Potiphars, Josephs Verlobung lassen manche Dramen monströs auswachsen. Frischlin steht mit seiner Profanation biblischer Gegenstände keineswegs allein. Ein später Nachzügler ist Christian Weises „Joseph"

(1689). Von Ausländern nenne ich nur Lope (vgl. Schack Gesch. der dram. Litt. in Spanien 2, 321).

Schon Diether macht einen schwachen Versuch mit Gelehrsamkeit zu prunken. Dies poesiefeindliche Bestreben beherrscht den Kunstroman des siebzehnten Jahrhunderts. Nicht so sehr Grimmelshausens ödes Werk, worin wiederum der Frau Selicha eine grosse Rolle zufällt, als die „Assenat“ Zesens, dessen Art leider heute unter uns eine fröhliche Urstend feiert. Ich lasse die italienischen u. s. w. Josephdichtungen und nicht minder Zesens alte Quellen, die aus dem Orient fliessen, bei Seite; auch Zesens Auskramen ägyptologischer Weisheit und die Verherrlichung der staatsmännischen Thätigkeit Josephs berührt uns hier nicht. Bei Grimmelshausen agieren Selicha und Asenath neben einander; bei Zesen kämpft Sefira, alle Phasen der Leidenschaft allmählich durchlaufend, ihren zehnjährigen Liebeskampf, und erst im fünften Buch kommt Josephs Verhältnis zu Assenat in Gang.

Joseph ist noch im achtzehnten Jahrhundert Gegenstand der Poesie. Auch bei Frau Rowe-Singer, der frommen Engländerin, „die Joseph und den, welchen sie liebte, besang“ steht neben schlichter Paraphrase des alten Testaments sehr viel fremdes. Die Bewerbungen der Sabrina werden im sechsten Buche mit zarter Discretion geschildert. Episch noch Bitaube, Bodmer, Hennig u. s. w., Genests Drama 1752 verdeutscht.

Uns Modernen ist abgesehen von dem widerwärtigen Spiel, das der Emporkömmling im weiteren Verlauf mit seiner Familie treibt, die Unbrauchbarkeit des Stoffes für ein geschlossenes Kunstdrama klar. Gleichwol ist er lockender, als zahlreiche andere, welche die Bibel den älteren Dramatikern leihen musste. Eine Reihe fruchtbarer Situationen bietet sich sofort. Aber gerade was den Helden ziert, macht auch den Stoff spröde und beeinträchtigt das Anziehendste: die Sophoraepisode. Die eherne Keuschheit des Jünglings ist und bleibt undramatisch. Fielding im „Joseph Andrews“ kann darüber nur spötteln. Ferner wird die Episode nur einseitig ausgetragen, für Sophora aber einfach abgebrochen. Und es ist nicht einmal eine Verbesserung, wenn gelegentlich im Drama Pharao später den voreiligen Oberrichter Potiphar abkanzelt oder im Roman die verbuhlte junge Frau des alten Obersten durch eine peinliche Untersuchung blossgestellt wird.

Garts nicht selten ungefüge, ja verworrene Syntax mit ihren Anakoluthen, Aposiopesen, Constructionen *ἀπὸ κοινοῦ* muss zwingenden Gründen zufolge einer späteren genauen Untersuchung vorbehalten bleiben.

Garts Verskunst (vgl. die Andeutung bei Palm Beiträge S. 97, Höpfner Reformbestrebungen S. 14) steht in der Reihe der damaligen Versuche die verwahrloste Metrik zu bessern nicht zuletzt, obgleich Rebhun ihn durch reichere und correctere Masse übertrifft und auch einzelne Schweizer kunstvollere Sapphica statt einfacher Psalmen und Vaterunser vor ihm voraus haben. Dass sich der Einfluss der sogenannten Rebhunschen Schule von Zwickau bis nach Schlettstadt erstreckt habe muss ich bezweifeln.

Garts Verse und Reime wollen gehört, nicht gelesen sein. Vieles ist nur für das Auge nicht für das Ohr incorrect.

Die Synkope wird für jene Zeit, die den Vers zum Prokrustesbett gemacht hatte, sparsam und nicht zu gewaltsam angewandt. Ein *gmelt, bsehen, bschriben, ewger* u. s. w., auch das härtere *gpeut,* das *Fleicht* für *villeicht* 414 vermeidet Gart nicht. Leicht sind die Fälle, wo schwaches *e* der Endsilbe vor vocalischem Anlaut oder auch vor *h* ausgestossen wird. Also v. 64 *Judn und,* 1444 *lebn also,* 2242 *himml herab,* 2299 *erbietn.* Zahllos *küng.* 448 *meins kauffs,* 1887 *deins knechts.* Doppelt einige Male 32 und 2281 *(ewger küng),* 1041, 1557, 2286. 87 Verstümmlung des proklitischen Artikels, wie öfters, und Synkope: *d Propheten . . . . eingfürt;* ähnlich 676 Verschmelzung der Präposition und Synkope: *zerwerben . . deinr.* Aber dieser Fall gehört bereits unter den Gesichtspunkt der zweisilbigen Senkung.

Diese wird ja durch Schreibungen wie 287 *meinr schallmeyen,* 344 *übn wir,* 1015 *Deinr sünd,* 1125 *meinr sünd,* 1124 *deinr weiß vnd gbérd,* 1291 *Nachm geyst,* 1497 *komn die,* 2219 *Meinr walfart* nur scheinbar vermieden. 1096. Andererseits ist zweisilbige Senkung leicht durch Synkope oder Verschleifung wegzuschaffen. Also sprich: 118 *gstalt,* 159 *soltstu,* 171 *küng,* 249 *gsehen,* 1339 *eh* (Apokope). 1385 *glieber,* 1837 *günstgen,* 2084 *lieb váttr und,* 2086 *ewger,* 2262 *günstgen.* 1250 und 1260 Verschleifung, oder synkopiert: *mengklich, gebnein.*

Fehlende Senkung. Ist 611 als trochaischer Dimeter zu lesen *Für Phna Néchon sélbs hinéin* oder, was wahrscheinlicher, auch hier die Nebenform *Phua* anzunehmen? 862 wurde natürlich *Pharao,* 863 *deine,* 1153 *hergefiert* gesprochen. 761 bedarf der Emendation. 705 s. u. So bliebe nur 1258 *Zaphnat Paenea mit nammn* als trochaisch übrig, wenn man nicht *Paëneá* lesen will; *Zaphnat* mit schwebender Betonung. Und 2050 *Dír laßt Jóseph áls dein sún.*

Wort- und Versaccent sind für jene Zeit in gutem Einklang. Schwebende und versetzte Betonung nicht selten, aber meist ohne besondere Härte. Beispiele: 108 *Christus,* 118 *Leiblicher,* 228 *Außgschritten,* 586 *Botten,* 1133 *Potiphars,* 1366 *Lea,* 1528 *Joseph,* 1529 *Simeon,* 1542, 1577, 1824 *Oder,* 1844 *Gaben,* 1964 *Joséph* .. *Zaphnát* .., 1937 *Joseph vatter,* 2107 *Abram Isack,* 2092 *Ruben,* 2117 *Sterben,* 2135 *Vichhürten,* 2203 *Vatter,* 2304 *Fleyschlicher,* 2308 *Sonder.* Im inneren: 11 *annám,* 62 *ertzvätter,* 164 *ewige,* 218 *angfángen,* 228 *abfáll,* 312 *Abácuc,* 405 *Judá,* 435 *kummén,* 703 *weitschweyffigem* (1280 *heyligen,* 1485 *schuldigen,* 1606 *állmechtige,* 2162 *állmáchtige),* 1183 *Joséph* u. ö., ebenso *Jacób* (zwiefach 2108), 1207 *amptleüt ordné,* 1391 *fallént,* 1410 *dolmétschers,* 1439 *warhéyt,* 1483 *schöpffúng,* 1549 *hinein góhn* mit seltenem Zurücktreten des Accents (dafür sonst *einhin gon* 2010), 1656 *vnwissend,* 1705 *Leui,* 1714 *Égyptén,* 1824 *odér,* 1859 *sagtén,* 1867 *angsicht,* 2029 *feyrkléydern,* 2082 *Rubén,* 2083 *anbétten,* 2084 *vattér* (öfters), 2109 *Gosén,* 2125 *Isráels,* 2148 *gésant,* 2209 *vbér.* Im Reim 548 *Hébreér* (vgl. *Hébreischen* 644): *waher,* 697 *lautprécht: recht,* 1680 *herwértz : hertz,* 2137 *vnser váttér : hér.* Man sieht, die fremden Namen spielen dabei eine Hauptrolle. Gart misst *Beniamin* immer als zwei Jamben (auch 1385?), lässt *Pharao* nach Bedarf mit *Pháro* oder *Pharó* (*Pharónis* Genetiv u. s. w.), *Phna* gelegentlich mit *Phua* wechseln (eine Magd *Pfua* im Tübinger „Joseph“ 4, 5. Dieser ist metrisch sehr interessant).

Garts strenges Gesetz ist: stumpfe Reimpaare zu vier Hebungen, Achtsilbler. Zur Vermeidung von hyperkatalektischen klingenden Zeilen wird das schwache *e* elidirt. S. u. Ein blosses Versehen bietet 609. Stehen geblieben ist das *e* 269 f., 275 f., 804 f. So finden wir stumpfe Reime nach mhd. Norm, wie *sagn : klagn,* während *singn : klingn* u. s. w. nur ein äusserliches Abfinden der mit Regel bedeuten.

Selten unreiner Reim. Lang und kurz z. B. *staat : hat, seer : her,* 77 f. *in : sîn,* 149 f. *hoch : doch,* 259 f. *lan : mann,* 573 f. *ich : glîch,* 2288 f. *klar : dar.* — 9 f. und 1201 f. *leüt : zeit* (gesprochen *lit : zit*), 29 f. *weißt : beschleüßt,* 115 f. *seind : freünd,* 127 *verleügt : zweigt,* 417 f. *hór : gewehr,* 571 f. *gehór : eer,* 662 f. *feücht : entweicht,* 860 f. *versündt : hoffgesindt,* 956 f. *mir : für* (1302, 1374, 1636, 2094, 2244), 976 f. *ding : küng,* 1110 f. *künd : sind,* 1162 f. *stünd : synd,* 2046 f. *sûn : obenhin.* — 1630 f. *Chanaan : schon,* 2168 f. *nun : sûn.* — Consonantische Incongruenz nur 269 f. *entgelten : melcken,* 945 f. *pliet : schmiegt,* (1280).

Sind schon diese Unreinheiten leichter Natur und durch die anzunehmende stark dialectische Recitation verwischbar, so fällt die Hauptmasse der scheinbar unreinen Reime eben durch die mundartliche Aussprache ganz fort: 266, 279, 305, 341, 398, 596, 642 f., 689, 840 ff., 1018, 1107 f. 1156, 1306, 1321, 1387, 1442, 1564, 1601, 1644, 1662, 1698, 1738, 1746, 1797, 1835, 1899, 1914, 1956 f., 2037, 2114, 2163, 2178 f. 2258, 2260, 2275 *(gitt),* 2282, 2286, 2315.

Reicher Reim nur im gestatteten Fall, wie *hell (tartarus) : hell (clarus), hoff (aula) : hoff (spero).* 169 f., 1528 f., 846 f. und 1638 f., 2175 f., 2268 f., 2289 f. Innerer Reim wol zufällig 261 f.

Ein dritter Reim zum Abschluss 613. Dann folgt nämlich die grosse Scene der Sophora.

Der nachstehende Text ist der des ersten Druckes in getreuer Reproduction. Einem Text des sechzehnten Jahrhunderts gegenüber ist ein normierendes Verfahren, wie es die Kritik für ein mhd. Werk einschlagen kann und muss, schlechtweg unmöglich. Die Sprache hier schwankend zwischen Mundart und Schriftsprache, die Schreibung abhängig von der grenzenlosen Willkür der Setzer. Will man die buntscheckige Orthographie reformieren, so bringt man es doch nur zu Halbheiten. Ich habo daher nicht nur alle dialectisch möglichen Formen belassen, sondern auch die gesammte Orthographie nicht angetastet, der Ansicht folgend, welche J. Grimm in einem Brief an Meusebach (Fischartstudien ed. Wendeler S. 307) darlegt. Der Laie wird sich bald hineinlesen, besonders wenn er sich das oft seltsame zu Gehör bringt. Worterklärungen anzubringen schien mir nur in wenigen Fällen nöthig. Durch Conjectur habe ich ein paar Mal nachgeholfen, Druckfehler wie Kuben u. s. w. wiederholt verbessert. Auch die Interpunction ist beibehalten, so unsinnig das fast nie fehlende Komma am Ende jedes Verses oft auftritt. Ernstliche Schwierigkeiten treten dadurch dem Verständnis immerhin selten in den Weg. Z. B. 1591 ff. wäre richtig zu interpungieren:

Dann wa wir hetten nit mit zwang
So lang verzogen, weren wir
Wol zweimol wider kommen schier.

während der Druck nur nach *zwang* und *wir* Kommata setzt. Diese überreiche Interpunction ist ebenso ein äusserlicher Brauch, wie die gleichzeitige unmässig sparsame. Man darf sie schwerlich in Verbindung mit der damaligen langsam gemessenen Declamation bringen, welche der Tübinger „Joseph“ durch zahllose *pausando* bezeichnet.

Von Garts „Joseph“ sind fünf Drucke bekannt.[1] 1) Der Strassburger von 1540 (= O) kl. 8⁰ K 3 mit stattlichen grossen Typen gedruckt, auch die Holzschnitte leidlich. 2) Der Augsburger von 1542 (= A) kl. 8⁰, dieselbe Paginierung, dieselben Typen, abweichende geringere Illustrationen. 3) Der 1. Strassburger Nachdruck von 1546 (= S^1) kl. 8⁰ H 4, schöner Druck, kleinere Typen, keine Illustrationen ausser auf dem Titelblatt und zwei Heroldbilder. 4) Der 2. Strassburger von 1559 (= S^2) kl. 8⁰, G, kleinere Typen, compresserer Druck; über die Holzschnitte vgl. den kritischen Apparat. S hat vor dem Namen jeder Person das bekannte alte Paragraphenzeichen, O nur vor den Argumenten. S^2 druckt die Psalmen u. s. w. mit grösseren Lettern, OA im Gegentheil petit. S^1 petit oder wie das übrige. S setzt im Anfang der Scene den Namen des Sprechers über die erste Rede, während eine solche Bezeichnung in OA meist als unnöthig fehlt, da der betreffende immer das jeweilige Personenverzeichnis eröffnet. 5) Der undatierte Nürnberger (= N), s. Goedeke Grdr. 325 „Joseph, *Ein schöne vnnd fruchtbare Comedi, auß heiliger Biblischer Schrifft in Reymen bracht, Mit anzeygung jrer Allegory vnd Geistliche bedeutung, Inn welcher vil Christlicher zucht vnd Gotsforcht gelernet wirdt. Durch Thiebolt Gart, Burger zu Schletstat, geordnet vnd zu samen bracht.* Am Schl.: *Gedruckt zu Nürnberg, durch Valentin Neuber.* 54 Bl. 8. (Klosterbibl. in Zwetl.)“.

Die Seitenzahlen und Custoden von OA habe ich in Klammern neben die betreffende Schlusszeile der vorausgehenden Seite gesetzt, während sie im Druck darunter in der Ecke rechts stehen. Leere Klammern bedeuten den Ausfall von Custoden.

Von O und A konnte ich die Exemplare der Münchener Hof- und Staatsbibliothek, von S^2 das der Königl. Bibliothek zu Berlin benutzen, wofür ich den Herren v. Halm, Laubmann und Lepsius meinen wiederholten Dank abstatte. In Zwettl erwies ich mir nach freundlicher Vermittlung des Herrn Prof. O. Lorenz Herr Archivar Dr. Janauschek sehr gefällig, aber seine und des Herrn Bibliothekars sorgfältige Nachforschungen führten leider nur zu dem Ergebnis, dass jener Nürnberger Druck wahrscheinlich „in der Zeit zwischen 1814 und den fünfziger Jahren angeschafft und verschleppt worden ist“. Das Gefühl der Verpflichtung für die gütige Hilfe ist deshalb in mir nicht geringer. N konnte demnach leider nicht herangezogen werden. S^1 tauchte erst auf, als mein Ms. schon über zwei Monate in der Druckerei lag, und ist jetzt im Besitz der Strassburger Univ. und Landesbibliothek. Glücklicher Weise konnte ich die Einleitung und den Apparat noch umschreiben. S bezeichnet hier die Gruppe S^1 und S^2.

Indem ich bemerke, dass A und S[1] unabhängig aus O, S[2] aus S[1] geflossen und auch frappantere Uebereinstimmungen von A und S nur zufällige oder einer ähnlichen Tendenz der Besserung entsprungen sind, dass ferner A dieselbe Interpunction wie O, S dagegen die Kommata am Versende in sehr bescheidenem Masse, vereinzelt im Innern ein Komma mehr anwendet, versuche ich die Varianten der Ausgabe zu rubricieren, namentlich diejenigen, welche die Metrik berühren. Der Fall, dass ein Neudruck die kunstvolle reine Verskunst des Originales plump zerstört, wie etwa der Wormser von Rebhuns Susanna, ist hier nicht eingetreten.

Absolut giltige Grundsätze lassen sich nirgends feststellen. Ueberall Ausnahmen, Widersprüche, Zufälligkeiten. Von vollständiger Mittheilung orthographischer Abweichungen habe ich selbstverständlich abgesehen. Für neuere Litteraturdenkmäler kann das in einzelnen Fällen eine textgeschichtliche Bedeutung haben, ob aber eine gänzlich ausser Rand und Band gerathene Setzerorthographie *vnd, vndt, vnndt* u. s. w. oder *v.* 901 *roht, A rott, S rhot* schreibt, ist schlechthin gleichgiltig.

Im Allgemeinen behält A die Orthographie von O viel treuer bei. Es mindert die Doppelconsonanten, also: *gotsforcht, selgen, gedeutet,* liebt aber *nn* besonders am Ende. AS mindern — doch S[2] mehr als S[1] – die Schlussdopplungen — aber all das ohne sichere Consequenz: *dort* für *dortt, sand* für *sandt.* A vermeidet *rh : reimen; rat* für *rhadt.* A liebt *ai* für *ei* oder *ey* (auch *ay* 143 *wayd,* seltener *ei* für *ay*): *klain, zaigt, hail* u. s. w. O nur 360 *maint,* 369 *main.* S nie.

AS[2] verwischen gern die mundartliche Färbung von O. Oft *son* für *sun* (auch S[1], das aber nicht so oft wie S[2] *sůn* mit *sôn* und *kônig* mit *kůnig* vertauscht). AS *überantwort, antwort* für *antwurt. auff* für *vff* AS[2] 365, AS 1178, *darauff* für *daruff* AS 1297. Aber S[1] *vff* gegen *auff* in O 351, 1241, 1791. AS 369 *sey* für *sy,* 789 *bey* für *by.* AS[2] 228 *feind* für *find.* AS 2, 4 (so bezeichne ich die Argumente der einzelnen Scenen) *zeucht — zůcht* (dagegen S[1] 1984). AS[2] 1268 *theürer — thürer* (aber S[2] 829 *küchen* — OAS[1] *keüchen*). A 180 *knye — kney.* AS 1039 *wir — mir,* AS[2] ebenso 4,

5 (Vater unser). Mehrfach AS² *letzt* für *lest*. S² 143, 1572 *nicht* für *nit*. S 78 *sein*, 368 *röcklein*, S¹ 286 *liedlein*, S² 1346 *weil* gegen *sin* u. s. w. Aber S² immer *Eselin*, S¹ nur 5, 3.

ü für *ie* (274 OAS *griene*). 944 AS *plüt* — *pliet*. 1150 AS *gefürt*, 2298 A *rümen* S *rhümen*. S 238 *grüß*. S² 2141 *müh* — *mie*. *ü* für *i*: 1078 AS *dünn* — *tinn*.

Gegen dialectisches *o* für *a*. Im Titel AS¹ *nach (post)* für *noch* (dagegen 1843 AS² *noch* — *nach* = *adhuc*.) AS 140 *spat*, 1017 *zwar*, 1081 *bracht*, 1202 *mal* (ebenso AS² 1593, A 920 *mal* = *cena*), 2204 AS¹ *stat* S² *staht* — *stoht*; 1684 A *stadt* S² *staht* — *stodt*, 2147 und 2241 S² *staht*; 1855 AS² *baldt*; 1996 S *maß*; 2299 S² *schmach*.

Dazu 1154 A *nur* — *nor*. Schwankend 1795 A *anspruch* S *ansprach* — *ansproch*.

Andere Wörter: A 254 sinnentstellend, 1803, 1812, 3025. Auslassungen A 933, 1815, I Psalm 1. Str. S 1761; S² 1480, 1827 und der ganze v. 1842. S schiebt 4, 5 *jn* ein. S² 1875 *ich*.

S mindert noch mehr die ungehörigen Doppelconsonanten: nicht *annt*, *ettwas*, *ettwann*, *jenner*, *sollcher*, *gůtter*, *rahdt*, *verråtter* u. s. w. Besonders S²: aber *bekennt*, *erfüllt*, *wollt*, *sollt*, *vollbracht*. Sogar *schat* für *schatt (schadt, schadet)*. S² hat, was S¹ nur andeutet, eine entschiedene Vorliebe für Dehnungszeichen: *ohne, stehts, haab, staht*. Dagegen *erschinen* oder *verschinen* S 53, 2163. S² 2021, 2097. Vgl. A 1372. S², wieder consequenter als S¹, gern *eh* für *ee*: *ehr, sehr, mehr* (doch auch *meren*) u. s. w. *Thal* für *tal* 1345, aber nie *ghon, sthon, ghet, sthe,* was S¹ doch mehrfach beibehält, sondern durchweg *gohn* oder *gon* u. s. w.

Ich schliesse gleich an: seltener *nhein* (1277, A *nein*), dafür *hnein, hneyn,* doch 1573 *rhumb* — OA *hrumb*.

Gern schärfere Spiranten: *ss* für *s*, *ssz* besonders in S¹ für *ß (dissz, hassz, fleisszig, dreisszig)*; *schs* für *s* 1797; S² *tz* für *ts* 571 *gegenwertz* (aber S 105 *trotz*). S² — S¹ schwankt — *ß* für *s* *kuß*: *verdruß* 1956 f., *fürbaß, laß, weiß (scio)*, aber *bös* und nie *weiß (sapiens)* vgl. z. B. 573.

f für *v* (aber *voll* für *foll* 1734): *folgen, falle* 993, 2268. Im Inlaut für *u befelhen,* 2032 *befalh* für *beual, geferd, gefer.*

Media für Tenuis im Anlaut (dagegen S² 2089 *Tödst* für *Dôtst*). *blůt* 326. 364. 368 und mit A 500, 508, 891. 623 *blinder.* Immer *bottenleuffer* (2043 AS¹ *bottenbrot,* S² *bottenbrod,* O *pottenbrott*). 905 AS *bleib.* 921 A *bietten* S *bieten.* 1477 AS *bürg.* 1729 S² *blatten.* 1938 AS *bracht (splendor).* 2009 AS *breyt.* A 622 *blöde* 1075 *blück* 1491, 1653 *back* 2038 *blan.* S *dörffen* 1715. S² *dritt, drett* u. s. w. *(vade, vadit, vadite)* z. B. 1152. S immer *deuten* für *teütten.* 963 AS *deutung.* AS *drey* u. s. w. 944. 966 ff. AS 1078 *dünn.* — S im Inlaut 1878 *hübsche,* vor *t habt, gehabt* z. B. 816, 1658 (hier auch A) 3, 5 *hebt* 1371 AS *globte.* 1667 und 1960 AS *landtuogt* für *landtuockt.* — Auslaut: S² *gern hand, seyd, (ex quo),* 366 *grad (proficiat).*

Zum Vocalismus (s. o.) noch *e* für *ä: erzelet, schendtlich,* aber auch gegentheilig *käß.* *i* für *ü* (1, 3 *zügenbock* geblieben), während A im Titel gegen O *gespült* schreibt. 238 *bidermann,* 752 *vergiß,* 853 *verwircket* (aber 849), 866 S² *vnbewißt,* 867 *vergißt,* 1120 f. S² *wirts stirb hilff erwirb* (S¹ nur *hilff; würt* in S¹ beliebt), 1826 *mißthat,* 2087 S² *hilffst,* 2091 S² *Hilff,* 2135 ff. S² *hirten.* — *j* für *y* im Anlaut, fast durchweg *jn, jm, jr* u. s. w. Im Auslaut: *sy* fast immer zu *sye,* besonders in S². Im Inlaut zahllose *y* für *i: sych, spyl, fryd* u. s. w. *gemeyn* u. s. w. S¹ liebt die Schreibung *byn.* — *u* für *o: kummen* u. s. w., *besunder, vnverdienet* (aber 94 *onbekant*). — *ôu* für *âw, ew (trôum), au* für *aw (traum), eu* für *âu (leuffer).*

Einzelnes. S² 369 *besudelt,* I Psalm *georgelt,* 763 *zimbeln,* 4. 3 *handelt* (ebenso hier S¹). *andern, vnsern* (S¹ nur 1715 *vnserm,* A mehrfach. aber 1520, 1604) gegen *besudlet* u. s. w. Vgl. noch 1516. S gern *seind* für *sint,* S² auch für *seit* (vgl. 1420 und 1422). Consequenter *wôlln* u. s. w. für *wolln* u. s. w. Immer *wo* für *wa* ausser 453 f., 547 *(waher),* 1440, 1443. 1591, 1894, 2108. *do* für *da* 246, 1795, 1841 (aber 1141 *da* für *do*). *war-* und *dar-* für *wa-* und *da-*: 338 *warmit, darzu* 341, 409, 894, 1149, 1418, S² 1604; *dardurch* 1583, S² 1481. Immer in S². ausser 1880, *nun* für *nu* (S[1] hat *nu* nur 787, 979, 987, 1120, 1355, 1861, 1876, 1880, 1882, 2116, 2120, 2132, 2172, A 152, 987, 1013, 1569, 1624, 1827, 1861. S[2] *nur* für *nu* 1122, 2084.

S ist gegen die Verschmelzung des Verbums (2. Sing.) mit dem zugehörigen Personalpronomen. Für *soltestu, sòltu, bistu, denckstu* u. s. w.: *soltest du* u. s. w. So 159, 195, 197, 244 S[2], 503, 546. 620, 908, 1005, 1055, 1375 und 1379 S[2], 1721 und 1916 S[2], 2076. Imperativ 1031 *rüst du* für *rüstu*.

S[2] 87 *Prophetcn* für *dPropheten*. Aber proklitisch für 1650 (ebenso A) *ind herbery: ind herberg*. Vgl. A 1441. Dagegen 1731 *ind pratne*.

S liebt die Zerlegung von Compositis. *all gemeyn, nimmer mehr, zu vor, hin fürter* S[2] 119 (1615 S[2] *fürt hin*), *dort niden, dort hînden, zwei mal* u. s. w. *all zu mol*, 1710 *hye unden*, 2247 *oben hin*, 1167 *über auß*, 1495 *all erst*, 1120 *all tag*, 667 *zu weilen*, 1590 *leben lang*, 1783 *ander hand*, 1794 *der gleichen*, *zu hauß* für *zehaus* z. B. 1446, *zu fuß* z. B. 1391, 4, 3 *pfandts weiß; vil geliebt* u. s. w., 1068 *wol gestalt*, 1265 *hoch geborn*, 1416 *ob erzalt*, 1779 *ob berürt;* 97 *zu rauch*, 104 *zu langk*, 263 *zu weit*, 983 *zu schwer; zu thun, zu wissen, zu warten* u. s. w., 541 S[2] *zu holen* für *zeholen; vnder lan, an nam, auff bunden, auff wachsen, mit theylst, hin tragen, übcr bleib* u. s. w. oft; 909 *koch gesind*, 922 S[1] *seyten spil*, 1943 S[2] *kinds kind*, 2081 S[2] *botten brot*, 2100 S[2] *Egypten land*. S[1] noch 103 *rhum süchtigen*, sogar 995 *zů kunfft*. Durch Zerlegung ergibt sich eine andere Construction 1397 (auch A), I Psalm 19. Dagegen 1471 S[2]. Mehrfach componiert aber S gegen O: so *wiewol, nachdem, dafür*, 1505 *dieweil, damit, hiemit*, 485 S[2] *vorhanden*, 834 S[2] *vmbsunst*, 976 S[2] *aller ding*, 1055 S[2] *wieuil* (aber 1883), 1994 *fürwar*, 1695 und 1804 S[2] *mitnander*, 116 *auffgefaren*, 1651 *auffthun*, 5, 3 *nacheyl*. A hat wenig Composita vor O voraus (1919 *hieher*).

S[1] zeigt eine schwache Neigung zu grossen Anfangsbuchstaben: zuweilen *Bruder*, 425 *Geyst*, 1061 *Weysen, Böttlin, Zauberer;* viel weiter geht S[2]: *König, Herr, Bruder*,

Son, Vatter, Weib, Magt, Person, Trabant, Schenck, Reich, Bisthumb, Bund, Prophecey, Glory u. s. w.

Metrische Aenderungen. A und S, namentlich S² gemeinsam (besonders häufig, wo *küng* in A zu *künig,* in S² zu *König* wird).

1. Reim. Die Auffassung der Unreinheit ist dieselbe wie oben. a) Besserung 1156. (Aufhebung der Synkope des *e* AS² 327 f., 1020 f.). b) Verderbnis (mehrmals *thun* u. s. w.: *son*) 213, 824, 944, 1017, 1150, 1843, 1855; AS² 1457, 1936, 2024. AS¹ 1057, 1220.

2. Scansion. a) — b) Verderbnis. 798 AS² s. o. Durch Synkope AS² 786, 1288. Zweisilbige Senkung durch Aufhebung der Synkope, volle Flexion u. s. w. 40, 789, 855, 996, 1392, 1421, 2073, 2242; AS¹ 605; AS²: 332, 344, 809, 967, 1012, 1024, 1212, 1268, 1846, 2177, 2223, 2299. Doppelt AS² 32 und 2281 *ewiger künig* (S¹ nur 32 *ewiger*).

A. 1. Reim. a) Besserung 87, 643, 930, 2259. (290 f). b) Verderbnis 31, 187, 243, 286, 383, 424, 482, 562, 641, 756, II Plalm 11, 920, 1048.

2. Scansion. a) Besserung durch Synkope 159, 1837 (?). b) Verderbnis *α* durch Synkope, Apokope, Ausfall u. dgl. 3 (*Herrn* 45, 1896, 2262, 2271), 594, 620, 753, 1185, 1340, 1599, 1878, 1926, 2274. *β* Aufhebung derselben u. s. w. 36, 132, 175, 392, 605, 632, 705, 740, 771, 910, 966, 1002, 1015, 1041, 1051, 1091, 1096, 1220, 1406, 1413, 1423, 1532, 1537, IV Vaterunser 9, 1557, 1571, 1578, 1641, 1786, 1867, 2134, 2315; doppelt 1049.

S. 1. a) 591, 707, 841, 1414, 1493, 1797, 1841, 2037, 2315; S² 305, 610, 701, IV Vaterunser 7, 1503, 1662. S² fast consequent gegen die Reime *singn : klingn* etc. (S¹ 2272 f. vgl. 287, 1096) 287 f., 290 ff., 375 f., 760 f., 995, 1096 f., 1258 f., 1448 f., 2272 f. b) mehrfach durch Vermeidung des Mundartlichen. 66, 92, 166, 361, 456, 516, 574, 885, 1009, 1098, 1111, 1141, 1163, 1644, 1713, 1755, 1874, 1996, 2208, 2225, 2253. S¹ 530, 867, (1023), 1441, 1768,

2199. S² 78, 262, 1337, 1346, 1348, 1728, 1861, 2141, 2241, 2299.

2. a) 171, 1250; 862 f. S¹ 118. b) α 179; 261. II Psalm 18. S¹ 1500. S² 826, 1387, 1653, 2309 f. β 9, 216, 539, 743, 1062, 1274, 1444, 1598, 2086, 2090, 2117, 2227, 2280; 2070. S¹ 491. 1045. S² 78, 229, 279, 414, 478, 593, 1187, 1393, 1413, 1485, 1962, 1990, 2061, 2265, 2283; 70. 680. Durch ein Ersatzwort S¹ 336, durch Veränderung des Sinnes mittelst anderer Form S² 1191, Zusatz S² 1875. Fein sind die Aenderungen und Besserungen 771, S² 87, wolüberlegt AS 947, S² 2185.

Man beachte ferner besonders die Varianten 216, 1096, 1150, 1283, 1815.

Strassburg i. E., Juli und November 1879.

E. S.

Joseph.

Ein schöne vñ fruchtbare Co
media, auß heyliger Biblischer schrifft
in rheimen bracht. mit anzeygung jrer Al-
legori vn geistliche bedeüttung, In welcher
vil Christlicher Zucht vnnd Gottsforcht gelernet wirt.
Durch Thiebolt Gart, burger zů Schletstat geordnet
vnd zůsamen bracht, auch daselbst auff Sontag
noch Ostern mit einer Ersamen burger-
schafft offentlich gespilt. Im
Jar. 1. 5. 40.

Holzschnitt:
Ein Mann und ein Weib, nackt und zottig, halten ein Adlerwappen; an jeder Seite eine Säule, darüber ein Früchtekranz, den zwei auf den Säulen sitzende Amoretten befestigen.

A Diebolt. *Der Holzschnitt stellt die Einsenkung Josephs in die Cisterne dar, wie nach* v. *356.* – AS[1] nach Ostern.

S[1] *Holzschnitt: Sophora zerrt am Mantel des fortstrebenden Joseph.*

S[2] *fehlt* auff Sontag noch Ostern *und* jm Jar *1. 5. 40. Ueber und unter dem Haupttitel Leisten. Der Holzschnitt illustriert die Eingangsscene: Feld, im Hintergrund ein Haus, links sieben, rechts drei Söhne mit Hirtenstäben, in der Mitte Jacob, dicht neben ihm der kleine Benjamin, rechts von ihm der Knabe Joseph, alle lebhaft redend und gesticulierend; am Firmament Sonne, Mondsichel, neun kleinere Sterne und ein grosser.*

Die Personen so in dieser
Comedi vnd Spil eingefürt werden, hastu hie nach einander
verzeychnet, vnd seind an
der zal Dreissig vnd
Sechs.

Christus.	Jacob.
Petrus.	Ruben.
Paulus.	Juda.
Jesaias.	Simeon.
Zacharias.	Sebulon.
Abacuc.	Dan.
Jonas.	Beniamin.
Daniel.	Joseph.
Dauid.	Beria.
Salamon.	Ismael. [ ]

Pharao.		Künig.
Potiphar.		Oberster.
Necho.		Trabant Pharaonis.
Genubat.		Trabant Potipharis.
Sophora.		Eheweib Potiphars.
Phna.		Magt Sophore.
Sissa.		Scherg.
Nath.		Scherg.
Hophora.	ist der	Pottenläuffer
Paenea.		Kerckermeister.
Phiton.		Schenck.
On.		Beck.
Nezar.		Warsager.
Ramasses.		Trummetter.
Zaphnat.		Joseph Landuogt.
Tachpenes.		Dolmetsch. [A ij]

S *statt der Ueberschrift:* Personen dis Spyls (S^2 disz Spyls); *alles auf einer Seite, der Rückseite des Titelblatts.*

AS: Salomon. A: *die Namen* Pharao *bis* Tachpenes *mit lateinischen Lettern* S^2: *fehlt* ist der *zu* Hophora, *dafür zu* Pharao *und* ist das *zu* Sophora. OAS *verdruckt:* Zaphat. Josephs Landuogt. *Zu erklären: Joseph als Landvogt, wenn nicht etwa* Pharaos Landuogt *zu lesen ist.*

Herolt.

Holzschnitt: ein stattlich agierender Herold mit Stab, Kette, Brustwappen, Federbarett, auf einer Wiese.

Vorred.

VOn Gott dem vatter gnad vnd frid,
  Sei eüch zuuor, mein gůts damit. [Mein]
Mein günstig Herren allgemein
  Reich, arm, gewaltig, groß vnd klein,
Durch Jesum Christ sein ewigs wort,
  Der weg zum vatter vnd die port,
Welchs er auß vorbedachtem rhadt,
  Nach Adams fall verheissen hat,
Zů sellgen vns arm sündig leüt,
  Daran sich hielten zů der Zeit
All frůmmen, biß jm Gott annam,
  Ein bsunder volck auß Abraham.
Dem zeygt er allerst klårlich an,
  Wie diß erlôsung solt besthan,
Allein im glauben an seim wort,
  Wiewol vnd er hieß opffern dortt,
Den er doch vor ein volck genent,
  Ward Abrams glaub doch nit gewendt.
Darauff jm dann der Herr geneygt,

S^2 Vorrede. 3 A Herrn. 9 S seligen. 13 S den, S^2 aller, S^2 klårlichst. 14 AS^2 die. 15 A sein.

Den Widder in der hecken zeygt,
Welchs vnser heyligs opffer ist,
Gedeüttet auff Herr Jesum Christ,
Der ist der Widder vnd das heyl,
Das opffer vnd der beste theyl,
Wie Paulus den Corinthern schreibt,
Der Ersten in das fünfft geleibt. [Aiij Durchs]
Nun widerholts der Herr gar schon,
Durchs dritten Patriarchen son.
In dem er vns figurlich weißt,
Das leiden Christi drein beschleüßt,
Auch wie er solt vom todt erston.
Ein ewger küng verklåret schon,
Zů welches zůkunfft solten frei,
Sich biegen aller menschen kney.
Dem wir zů lob vnd ehr bereyt,
Zů gfallen vnser Oberkeyt. [Vnd]
Und dir zů frůmmen gmeyner mann,
Seind hie zů gegen auff der ban,
Zů wider der verstockten mund,
Beyd, Judn vnd falscher Christen schlund,
Von welchen ist vor langer zeit,
Zů sollchem vrtheyl propheceit,
So Gott verleügnen manchem ortt,
Den Herren Christ vnd ewigs wort,
Mit mund vnd that, wie man ietzt sicht,
Darauff das spil wirt angericht,
Auß lieb vnd eiffer, frummer Christ,
Nichts låcherlichs zuwarten ist.
Nu kummen wir auffs Argument,
Welchs manchem frummen mann bekent
Im bůch beschriben Genesis,
Am fünff vnd dreissigsten, da liß. [ ]

---

22 S^1 Bedeütet. 28 O *Druckfehler* Aij. — 26 *corrumpiert?* geleibt = *Kapitel?* 31 A erstan. 32 S^1 ewiger AS^2 ewiger Künig. 36 A zůgefallen. 40 AS Juden. 41 A welchem. 43 S verlügnen. 44 A Herrn.

Argumentum.

GOtt ist erschienen one fel,
Jacob. den er nant Israel,
Dem dritten Patriarchen gůt,
Sein samen benedeien thůt,
Vnd will jn meeren wie den sandt,
Solt doch frembdt sein in ferrem land,
Nit minder dann vierhundert jar,
Das ward jn über all zůwar.
Nu hatt Jacob zwölff sůn geborn,
Die zwölff Ertzuätter ausserkorn,
Die hant jrn hass auff Joseph ghaufft,
Ins land Egipten jn verkaufft,
Gott rett jn aber in der nott,
Macht jn Pharonis höchsten rodt.
In des gab sich ein theüre zeit,
Das alle völcker kamen weit
Vmb frucht, ins ietzt gemelte land.
Da das Jacob der alt befand
Sant er hin vnser våtter auch,
Gen jn da stelt sich Joseph rauch,
Nach dem er sie erkennet hat
In jrer bitt, hinzů jn trat, [Aiiij Band]
Band Simeon mit stricken hart,
Biß zů der andren widerfart.
Da gab er sich zů kennen jn,
Pharoni, auch die brůder sin.
Darnach sant er sie wider auß,
Nach Jacob vnd seim gantzen hauß.
Als nu der alte Israel,
Die bottschafft hort. erquickt sein seel,
Brach eilent auff mit hab vnd rath,
Egypten zů, das ist die that.
Daneben aber lieben Herrn,

---

54 S[1] Israhel *auch sonst.* 55 S Den. 60 A war. 66 S rhat. 70 S[2] alte. 72 A jm. 76 S andern. 78 S[2] Pharaoni, S sein.

Das wir im dienst eüch nützer wern,
Hant wir dPropheten hie eingfürt,
Auch was hiemit sunst Concordiert,
Obs gleich nahm besten vrtheil nit,
Als gnûg erwegen, volgt doch mit,
Wie sie im schein zûstimmen doch,
Welch gleichung dann macht scherpffer och
Vnd so vil gwisser den verstand,
So vil er on sie vnbekant.
Noch wôlln wir hie gebetten han,
All die Comoedias verstan,
Das sie im vrtheyl nit zurauch,
Weil ich so vil personen brauch, [Wir]
Wir handt den nutz der spectatorn
Fürs lob gesucht der hoch doctorn,
So fürderts auch die ware that,
Die sunst doch vil personen hat,
Drumb hôrt on rhûmsüchtigen zanck,
Lasst eüch die zeit nit sein zulangk,
Vnd merckt mit still on neid vnd trotzs,
Daneben das geheymnuß Gotts.
Die schrifft zeygt ye die windlen zart,
Darinn Christus verwicklet wart.

End des Arguments.

Actus primi Prima Scaena.

Christus sampt ettlichen Aposteln vnd Propheten, die Histori zudeütten thût sich herfür. Item, Josephs brûder melden yren hass gegen im, Joseph erzâlt ihn seinen traum, darauß sie fast verbitteret wurden. Jacob schickt sie gen Sichem das vich zû weyden.

---

87 S^2 Propheten, A hieein gfiert, S^1 einfürt. 92 S auch. 98 A weil sie. 105 S trotz. 107 S^2 zeygt an. 108 *Danach fehlt in* S End des Arguments. S^1 *hat nie die chiastische Ankündigung sondern consequent* Actus Primi Scena I. u. s. w. A *schreibt* Scena, *welches Wort in* A *immer eine Zeile*

CHRISTUS, PETRUS, SIMEON, SEBULON, JACOB, JOSEPH. [A v Kumpt.]

Christus.

Holzschnitt: Christus, in der Linken eine Fahne, die Rechte zum Segen erhoben, rechts Petrus mit den Schlüsseln, links Paulus mit dem Schwert.

KVmpt her jr vilgeliebten mein,
Aposteln vnd Propheten fein, [Laßt]
Laßt vns her in ein winckel sthan,
Vnd schawen was hie für wôll gan,
Das vnser niemant innen werd,
Seit wir so vnwerdt seind auff erd,
Doch seit wir abgescheyden seind,
Vnd auff gefaren liebste freünd,
Hant vns keyn menschlich augen nie,
Leiblicher gestalt gesehen ye,
Vnd soll hinfürter also sein,
Biß zů der letsten zůkunfft mein.

Petrus.

Sich Herr, wir volgen war du wilt,
Du bist ye vnser burg vnd schildt.

Simeon.

Ich will gahn weilandt ausser sthon,
Kumm mit mir brůder Sebulon.

---

für sich einnimmt, ausser 3, 4 f., 5, 1 f., 5, 6. S^1 *hat nicht weniger als 13 Variationen: chiastisch und nicht chiastisch,* Scaena *und* Scena, *grosse und kleine Buchstaben, Ziffern oder ausgeschrieben u. s. w. Die Form* Actus Primi Scena I *noch 2, 3. 3, 5. 4, 2. 4, 3. 5, 2. Die Abtheilung der Zeilen in den Inhaltsangaben weicht in* S *immer stark, in* A *minder, oft gar nicht ab. Dasselbe gilt von den Psalmen und dergleichen.* S verbittert. *Zu* A *hier und sonst zur Vertretung dieses Holzschnitts eine grobe Illustration: die Scene in Emaus, Thomas legt seine Hand in Jesu Seitenwunde; andere Jünger rundum* 114 A sind. 118 S^1 gstalt. 121 A wo. 123 S gehn.

Sebulon.

Die andern brůder kummen auch,

Simeon.

Schatt nit, wann nur nit kumpt der gauch
  Der traumer, der vns stets verleügt [Beim]
Beim vatter, der jn darzů zweigt,
Wa vnser eyner ettwas thůt.
  Schickt er Josephen auff die hůt,
Dem glaubt er seiner red so wol,
  Liebt jn meer dann vns allzůmol,
Und mutzt jn auff recht wie ein dock.
  Hat jm gemacht ein bundtenrock,
Dass ich vor grossem neid vnd zorn,
  Auff jn schier würd zum zibeldorn,

Sebulon.

Still, still, sie kummen on gefer,
  Der vatter vnd Joseph daher.

Jacob.

Ir knaben merckt was ich eüch sag,
  Es ist nu hoch und spot am tag,
Geht auß dahin ich eüch bescheyd
  Zům vich gen Sichem auff die weyd.

Joseph.

Ey vatter eilt nit also seer,
  Ich wolt eüch sagen ettwas meer, [Was]
Was mir getraumpt, lieb brůder mein
  Hôrt zů, ich war entschlaffen fein,
Da daucht mich wie wir auff dem feld,
  Auffbunden garben (als ich meld)

---

128 zweien *oder* zweigen *hier in der Bedeutung: trennen, aufsessig machen, hetzen.* 132 A alle zůmol. 133 mutzen: *putzen (verächtlich),* dock: *Puppe.* 136 zibel: *Zwiebel.* 140 AS spat. 143 S^2 nicht. 146 A ward.

Die meinen stunden auffrecht hoch,
Die ewern aber neygten doch,
Mit macht sich gegen meinen dieff,
Als ich nu wider eins entschlieff,
Sach ich im schlaff ein andern traum,
Kan michs genůg verwundern kaum.
Mich daucht, wie Son vnd auch der Mon,
Mit sampt eylff sternen gneyget hon
Gehn mir, da wüßt ich auff mit macht,
Da war es nur ein traum der nacht.

Simeon.

Soltestu dann vnser künig sein?
O lieben brůder secht darein,
Wie ers in seinem raht so schon
Beschlossen, das wir sollen gohn,
In seinem dienst ewige knecht,
Damit er sich zům künig måcht.
Wollauff wollauff vnd laßt vns gohn,
Wir wôln den sachen anders thon. [Chri-]

Christus.

Fürwar, fürwar sag ich eüch das,
Es ist erfült der våtter hass,
Nach dem sie überantwurt hant
Des menschen sůn, Pilati handt,
Das er sich hat ein künig genant,
Vnd waren Gottes sůn bekant,
Schrien mit grimmer stimm gemein,
Der Keyser vnser küng allein.

Jesaias.

O heyliger Christ wie stund so schon,
Josephen traum auff Gottes son,

---

157 A wüscht S wust. wischen *oder* wüschen (*praet.* wischte, wuschte, wüste) *wie noch heute unser wischen intrans.: sich schnell bewegen*. 158 O Druckfehler nach. 159 A soltstu S soltest du. 166 A wôllen. S anderst thůn. 171 S gnant. 173 S schreyen. 174 A künig. 175 A stond.

Dauon ich hab vorlanger zeit,
Meins bůchs Isye propheceit,
Am fünff vnd viertzigisten zwar,
Mir sollen alle kney fürwar,
Gebeüget werden, sprach der Herr.
Vnd alle zungen nah vnd ferr,
Bekennen Gott von hertzen frei,
Das meint Joseph gewiss hiebei.

Christus. [On]

On zweiffel sagt er wie du weyßt
Mich hat gedeüttet nach dem geyst.

Actus primi Secunda Scaena.

JACOB, JOSEPH, BERIA.

Jacob strafft Josephen des erzälten traums halben, schickt ihn hin seine brůder zusůchen, findet jhn ein mann irr gohn, weiset ihn die straß.

Jacob.

JOseph Joseph, kumm her mein sůn,
Kumm her, ich will dich senden thůn,
Zů deinen brůdern auff die weyd,
Das du mir dannen bringst bescheid.

Joseph.

Sich vatter sich, ich bin doch hie,
Dein willen zů volbringen ye. [Ja-]

Jacob.

Sag an, was ist das für ein traum?
Den du erzälet, dich nit saum.

Joseph.

Mein vatter, denckstu noch daran?
Was soll ich dir doch sagen an?

---

178 S¹ Jsaye S² Jsaie. 179 S viertzigsten. 180 A knye. 187 A son.

Bistu dann auch bekümmert mit?
Wôllst mir verzeihen ist mein bit,
Seit ichs in argem nit geredt,
Ist mir getraumet auff dem bett.

Jacob.

Wie kan es Joseph mir gefalln?
Das ich sampt deinen brůdern alln,
Für dir mich bucken solt zur erd
Nach deinem traum, wer mir ein bschwerd
Was solt ich durch die Sonn vnd Mon,
Dann mich vnd dein můtter verston,
Darzů eilff sternen volgen mit,
Seind das dann deine brůder nit?

Joseph. [Ich]

Ich hab michs vatter nit bedacht,
Drumb denckt nit das ich eüch veracht.

Jacob.

Wolan, laß yetzund also sein,
Zeüch hin zů jenen brůdern dein.

Joseph.

Sich da ich bin bereyt vnd ghee,
Gott spar dich vatter gsund ade.

Jacob.

Geleyt dich meiner vätter Gott,
O Heylger herr Herr Sebaott,
Du wôllst vollfüren deinen glast,
So du yn vns angfangen hast,
Dein wunder seind so manigfalt,
Die vns hat diser traum erzalt,
Auß dem ich nit wol kommen kan,

201 O Joseph. 204 O wir. 211 O Walan. 213 AS gehe. 216 A O Heyliger Herr Sebaot. S^1 O Heyliger Herr Herr Sebaott. S^2 O Heyliger Herr, Herr Sebaot. 217 glast: *Glanz*. 220 S^1 erzal. 221 S kant.

Will jn doch nit von hertzen lan,
Seit du vns ye verheyssen hast,
Wollst vns nit lan in keynem last,
Hast deinen bund mit vns gemacht.
Mit ernst nach vnserm heyl getracht, [B Das]
Das selb botstu vns selber an,
Da wir dein find, ab rechter ban,
Außgschritten gar, vnd in abfall,
Der schlangen radt ergeben all,
Den trost hastu nu Herr ernewt,
Mein våttern deinen bund vertråwt,
Darumb wir nu in ewigkeit,
Dich preisen hie vnd jenner zeit,
Will recht mit friden wider nein,
Des traums doch onuergessen sein,

Joseph.

Ich meyn ich gang ab rechter ban,
Gott grieß eüch lieber büderman.

Beria.

Gott danck dir lieber jüngeling,
Was hastu můt, wo hin so ring?

Joseph.

Zürn nit mien Herr, gang ich noch recht
Auff Sichem? oder weis mich schlecht.

Beria.

O nein du yrrest lieber sůn,
Was wolltestu zů Sichem thůn? [Zů]

Joseph.

Zů meinen brůdern hab ich bscheyd,
Die sollen faren da zů weyd.

---

228 AS² feind (*ebenso* 241 mein; *im Reim wird manchmal* min, sin *verwandt*). 229 S² Auß geschritten. 237 S² auff. 238 S grüß, AS biderman. 240 ring: *eilig (340), sonst: gering z. B. 441.* 243 A son. 246 S do.

Beria.

Wer seind sie, oder wie vil doch?

Joseph.

Nit minder weder zehen noch.

Beria.

Fürwar ich hab sie gesehen all,
Fürziehen hie auß disem tal,
Sprachen dabei mit heller stimm,
Wir wôllen hin gen Dothaim,
So geh zůr rechten ab zů tal,
Laß ligen ander strassen all,
Du würst sie bald ereilet han,
Sich, wa sie noch dortniden ghan.

Joseph.

Sie seinds fürwar on allen spott,
Vergelt dirs meiner vâtter Gott.
Wils auch nit onuerdienet lan,
Wa sichs begibt, lieb bidermann. [Bij Act-]

Actus primi Tertia Scaena.

Hie kummen die brůder gen Dothan, riemen die weid, ersehen Josephen, werffen yn inn den Zisternen stechen ein zügenbock den rock Josephs zů besudlen, schicken in dem vatter heym.

RUBEN, JUDA, SIMEON, SEBULON, ABACUC, CHRISTUS, JONAS, DANIEL, PAULUS, JOSEPH.

Oo der wunder besten weyd
Sie bringt eym sunder lust vnd freyd.

---

250 A die auß. 254 A an der. 259 S vnuerdienet. 261 S O. 262 S[2] freůd.

Juda.

Dan, las die schaff nit gen zuweit,
Dem wasser ist zů trawen neit,
Wehr Asser, wehr auch Neptali,
Eins wer darein gefallen bei,

Simeon. [Heu]

Heu, laßt sy an dem schatten stan,
Wurt vns sunst wie zum nechsten gan,
Das wir der grossen hitz entgelten,
Zu nacht vergeben müssen melcken,
Sie hand an weyd doch keinen brust,
So mōgens trincken wan sy lust,
Kumpt jr hie her vnd seit nit lass,
Laßt vns da in das griene grass,
Zů samen sitzen vnd auch singen
Schalmeyen, pfeiffen einher klingen.

Sebulon.

Du bist zů loben Simeon,
Bei meinem eyd, für ander schon,
Des soll man dir des bilcher auch.
(Herzů jr brůder all hernach)
Gefolgen, so du one spott,
Allweg kanst gen den besten rhodt.

Ruben.

Ich will wol zů eüch sitzen her,
On singen, pfeiffen ist mir schwer.

Simeon. [B iij So]

So stimm du zů mir Sebulon,
Was wōln wir für ein liedlin hon.

---

263 S[1] Dann laß *misverständlich*, S[2] *geht weiter* Denn. 267 S[2] laß, AS[2] den. 271 brust: *Mangel.* 279 S[2] billicher. *Sprich* och : hernoch

Sebulon.

Ich wolt du hetst dein bommert gnomn,
Will ich mit meinr schallmeien kommn,
Vnd dapffer zû dir concordiern,
Doch das wir rechter zeit pausiern.

Juda.

Auff auff, ich weyß nit wen ich sich,
Geht lieben brûder flucks zum vich.

Ruben.

Wer ists? es ist Joseph fürwar,

Sebulon.

Er kumpt recht, laßt jn kummen har.
Rath Simeon, was dunckt dich gût?

Simeon.

Es soll jn kosten heüt sein blût,
Vnd werfft jn in die grûben tieff,
Da ettwann ein das wasser lieff, [Ein]
Ein alt Cisternen in der wûstn,
Darnach wir alle sagen mûstn,
Yn hab ein wildes thier zerrißn,
Als denn würt yedermann zûwißn,
Was jm sein trâwmen nutz hab bracht,
Damit er sich zûm Künnig macht.

Sebulon.

Still still, redt alle menschen neit,
Mir ist ich hab gespüret leut.

Abacuc.

Dein geist Herr Christe thet mir kundt,
Der spôtter last vor mancher stund,

---

286 S[1] liedlein, A han. 287 f. S[2] gnommen : kommen. bommert (bomhart): *tieftönige Flöte*. 290 S[2] pausieren. 299 f. AS[2] wûsten: mûsten. 301 f. S[2] zerrissen: zû wissen. 305 S[2] neüt.

Welchs ich yn nit verhelen wolt,
Vermant, schalt, strafft sy als ich solt,
Im ersten meiner prophecey,
Meins bûchs Abacuc, rufft vnd schrey
Dich an, vnd lûg o Israel,
Die Heyden vnd dein wunder zel,
Denn ich thû yetz zû ewer zeit,
Ein werck, daran jr glauben neit,
Ja wans euch schon würt angezeigt,
Das hant sy auch an Joseph geigt.

Simeon. [Biiij]

Was secht jr nur eyn ander an,
Es ist kein mensch auff diser ban,
Der vns môg jrren seyt nur frisch,
Mich lust das ich jn flucks erwisch.

Ruben.

O lieben brûder das sey ferr,
Das vnser eyner mords beger,
Vnd das wir tôdten hie ein seel,
Sein plût vergiessen auch mit quel,
Wir wôllen aber doch den bûbn,
Wie gmelt ist, werffen in die grûbn,
Vnd vnser hând behalten reyn,
An seinem blût vnschuldig sein.

Juda.

Secht auff jr brûder er ist da.

Joseph.

Lieb brûder wie bin ich so fro,
Das ich die find zû den ich gsant,
Vom vatter, Gad beüt mir dein hant. [Si-]

---

318 (1185) eigen: *haben, besitzen.* 322 A fluchs, *ebenso* 352. 326 S blût. 327 f. AS^2 bûben:grûben. 332 AS^3 Lieben, S^1 Liebn.

Simeon.

Greifft zů Gad, Asser, Isaschar,
Der ein beim hals, vnd der beim har.

Joseph.

Nit lieben brůder nit also.
Wamit hab ichs verschuldet do.

Sebulon.

Wir wőlln vns bucken aller ding,
Für dir nach deinen worten ring,
Dazů dich selber hast erwőlt,
Ich mein es solt dir han gefelt,
Drumb greyff in dapffer an mit macht
An jm ůbn wir all vnser bracht,

Joseph.

Ich hab verkündet das mir Gott,
Im schlaff geoffenbaret hat,
So bin ich ietzt zumal gesant,
Nit von mir selber her gerant,
Was schlechstu mich dann one schuldt? [B v Si-]

Simeon.

Wir hand dich lang genůg geduldt,
Schweig stil, ich schlag dich auff den trock
Gib her mir flucks dein bundten rock.
Nempt hin du Gad vnd Neptaly,
Isaschar, Asser, vnd Leui,
Hinweg mit jm, jr wißt bescheyd,
Flucks, flucks, sei jm lieb oder leyd,

Holzschnitt: Joseph wird von zwei Brüdern am Strick in die Cisterne hinabgelassen, die anderen sehen zu. [Werfft]

336 S[2] hals, der ander. 344 AS[2] ůben. 351 trock: troc, Trog, *burleske Bezeichnung für Kopf oder Bauch?* 351 S[1] vff.

Werfft jn mit ernst, hie ist kein feyr,
In jene grůben vngeheyr,
Was will Ruben dortnyden thun?
Ich maint wir wolten essen nun.

Sebulon.

Ich will eüch gen ein gůten rhodt,
Merckt auff jr gseln es dunckt mich not,
Wir wöllen stechen disen bock,
Vnd tuncken in das plůt den rock,
Vff abentheür vnd frey feinantz,
Damit vns sicher grat die schantz,
Er hats, brauch dich lieb Simeon,
Das plůt wol auff das recklin gon.

Simeon.

Ich main er sy besudlet recht,
So ferr es dir will gfallen echt.

Sebulon.

Secht da, es will von nötten sein,
Das wir neit vnuersucht lan bein,
Nym du Juda mit sampt dem Dan,
Den rock vnd sagt dem vatter an, [Ir habt]
Ir hapt ihn funden auff der straßn
So wůßt vnd pluttig one maßn.

Juda.

Es ist mit Dan alleyn genůg,
Nim hin, versichs nach allem fůg.

Sebulon.

Nun wölln wir essen kompt herbey,
So wir seind aller sorgen frey,

---

361 S rhat. 365 AS^2 Auff, A fynantz. feinantz: *Finanz, listiger Anschlag.* 366 *damit es uns glückt, gelingt; Gegensatz* die schantz versehen 1005. 368 S röcklein. 369 S^3 besudelt. 370 A recht. 372 S^2 nit. 374 S^2 sag. 375 f. strassen: massen.

Nim war, die kommen wider och,
Er ligt merck ich wol in dem loch.

Christus.

Was dunckt dich Jona trewer fründ,
Das man hiebey gedencken künd.

Jonas.

Mein geist bey der figuren denckt,
Wie ich Herr ward ins meer gesenckt,
Vnd was noch mer beschriben sey,
Am andern meiner prophecey.

Daniel. [ ]

So denk ich wie in meinem bůch.
Am dritten Danielis sůch,
Mich werfen ließ in ofen heyß
Selb dritt, der küng zu Babel weyß.

Paulus.

So kan ich Herr nicht vnderlon,
Sunder was ich fiel, zeygen an,
Dunckt mich nach meines geystes maß,
Dein gråbnuß hab vns deüttet das.

Actus primi Quarta Scaena.

Joseph wirt wider auß der gruben gezogen vnd den Ismaeliten verkaufft, Rubęn dessen vnwissend, kumpt zur grůben vnd find sie leer, klagt derhalben seer weynende, zerreißt seine kleyder.

JUDA, SEBULON, SIMEON, PETRUS, DAUID, ISMAEL, RUBEN, CHRISTUS, SALOMON. [Juda]

Juda.

ICh mag bei Adonay nit,
Ein bissen lustig essen heüt,

381 S[1] kommend S[2] kummend. 383 O dunck, A freünd. 384 S[2] dabey. 386 O Hrr. 392 A künig.

Mir ist so törlich vnd so bang,
Allzeit vnd weil, ist mir zulang,
Mich dunckt die sach ye nit so schlecht,
Das wir jn tödten ist nit recht,
Er ist ye vnser fleysch vnd blůt,
Drumb lůgen eben was jr thůt.

Sebulon.

Fürwar Juda es ist keyn schertz,
Dein wort zerschneiden mir mein hertz,
Dieweil er vnser brůder ist,
Vnd jm noch nichts am leben brist,
So gib vns deinen radt dazů,
Wie man ihm aber weitter thů.

Simeon.

Kein bessern radt man geben kan,
Dann das wir jn verkauffen than,
Da reit ein hauffen kauffleüt her,
Fleicht kauffen sie ihn also mer, [Bringt]
Bringt mir yn flucks mit schneller eil,
Ich will gon, yn yn bieten feil.

Petrus.

Jetzt ist mir wie ich Judam hör,
Mit stangen, spießen vnd gewehr,
Der dich Herr Christ verkauffet hat,
Wie er zum hohen priester trat,
Was gebt jr Juden mir zů lon?
Ich soln eüch übergeben schon,
On alle far vnd on rumor,
Das hat Lucas beschriben zwor.

Dauid.

Der heylig geist aus meinem mund,
Sang auch von disem losen hund.

---

413 S^1 Da. 414 S^2 Vileicht. 423 S^2 gfar. 424 A zwar.

Sein warnung öd vnd wüst soll sein,
Sein bisthumb nemm ein andrer ein,
Im acht vnd hundertsten gesang,
Meins Psalmenbůchs, vor zeiten lang,

Simeon.

Mein Herren, lieben kaufleüt gůt,
Nit nement auff zů argem můt,
Das ewer knecht euch auffenthalt,
Ich wißt gern ewer reiß gestalt. [Ismael]

Ismael.

Von Midian kummen wir har
Mit Balsam, wurtz vnd andrer gwar.
Vnd ziehen ietzt zů nechst hinab
Egypten zů, mit vnser hab.

Simeon.

Zürn nit mein Herr, hör noch ein wort,
Ich hab ein knecht, den bringt man dort,
Den kaufft jr vmb ein ringes gelt,
Besecht ihn wie er eüch gefält.

Ismael.

Ists diser da on rock vnd hůt,
So wol beschmert mit dreck vnd blůt.

Simeon.

Er ist geschickt, auch weiß vnd klůg,
Verstadt sich aller ding genůg.

Ismael.

Nimhin da zweintzig silberling,
Meins kauffs mach ich gern kurtz geding. [Si-]

---

427 *lies* wonung? *oder bedeutet* warnung *hier: Besitz, Habe (Lexer 3, 695: Zurüstung).* 436 S^2 ander. 443 S^2 Ist. 444 AS beschmiert. 447 S zwentzig.

Simeon.

Ich bin für war auch des gesitt,
Wolan, es ist genug damit.

Ismael.

Du müst erlauffen was ich reit,
Da hilfft kein hyndersehen neit.

Ruben.

Wa soll ich hin was soll ich thůn?
Wahin soll ich mich keren nůn?
Meins vatters son ist nimme da,
Nit hie noch dort, noch anderswa,
Heu, heu die grůb die grůb ist ler,
Ach Gott wie leit es mir so schwer,
Ich will von yn des wissen han,
Wa hin sy yn ja haben than.

Christus.

Hôr Salamon mein trewer knecht,
Was teüttet dises weynen echt.

Salamo. [C Es]

Es stimpt mit meinem hohen lied,
Am dritten, wie ichs vnderschied.
Ich hab gesucht mit grossem ernst,
Den ich wolt haben aller gernst,
Vnd hab yn doch gefunden nit,
War soll ich wenden meinen trit?

Petrus.

Das hat des Herren geist zemol,
Auff Mariam geteüttet wol,
Die Magdalena würt genant,
Als sy kam zů vns dar gerant,

---

452 OA hynderschen. 456 S[1] anders wo S[2] anderswo. 461 S Salomon, *ebenso in der nächsten Ueberschrift.*

Sy hant den Herren auß dem grab,
Genommen hin, das mich vorab
Bekümmert, das wir wissen nit,
Wahin sy seien kommen mit,
Dann wir verstunden nit die schrifft,
Die Herr dein heylge vrstend trifft,

Ruben.

Was geht jr vmb, was wôlt jr thun?
Sag an, wa ist doch Joseph nûn? [Sebulon]

Sebulon.

Nit kümmer dich, die sach sthet wol.
Wir wôllen heymgon ietz zemol,
Ich glaub yn hab ein thier verschluckt,
Denn da ich in die grûben guckt,
Da war er nit vor handen meer,
Laßt vns seim vatter klagen seer,
So ist das vich auch wol bewart,
Dôrfft jr nitt sorgen auff der fart.

Ruben.

O das ich nie geboren wer,
O mort der vil leidigen mer.

Actus primi Quinta Scaena.

Dan bringt Jacob seim vatter das blûttig rôcklin Josephs, Jacob erkents, zerreißt sein gewandt, Es kummen auch die andern brûder ihn zuklagen.

DAN, JACOB, SEBULON, RUBEN. [Cij Ge-]

GEgrüßet seystu vatter mein,

---

478 S^2 heylige. 482 S heym gehn, A zumal. 489 S nit. 491 S^1 seyestu.

Jacob.

Hab danck, biß mir willkomm herein,
Wie kompst allein, was ists, was thůts?
Es annt mich warlich nit vil gůts,
Ist Joseph nit bey eüch gesein?

Dan.

Nein lieber vatter o we nein,
Drumb hant die brůder mich gesant,
Da wir dis rôcklin funden hant,
In massen wie es yetzen ist,
Am weg mit plůt vnd kat vermist,
Das ich dirs solte zeygen frey,
Ob es nit vnsers Josephs sey.

Jacob.

O mort was bringstu bôser mer,
Ach das er heymen bliben wer,
Das ist meins Josephs recklin zwar,
Meins Josephs rock, ist leider war,
Ein bôses thier hat yn zerzert
Ein thier hat Josephs plůt verrert. [Sebulon]

Sebulon.

Ghet lieben brůder dapffer her,
Ich sich dort schon on all gefer,
Den vatter vor dem hauße stan,
Ruben der erst soll zů jm gahn,
Darnach wie sich ym prauch gezimpt,
Der åltist ye zůuor bestimpt,
Symeon, Leui, ist das best,
Juda, Dan, Neptali zů lest,
Gad, Asser vnd der Isaschar,
Zů lest werd ich auch kommen zwar.

---

494 S ant. 499 S yetzund. 508 verrêren: *verschütten, vergiessen, zerstreuen*. 513 S brauch. 516 S^2 letst. 518 AS^2 letst.

Ruben.

Eya trutz lieber vatter mein,
Du solt vatter gegrůsset sein,
O vatter mein ich bitt Gott geb,
Das dein seel jm vnd ewig leb,
Eya trutz lieber vatter mein,
Stand auff vergiss nit selber dein,
Sich, da sind wir doch all dein kynd,
Ker doch dein traurigs hertz geschwynd,
Zů vns, die wir ja mit dir beyd,
Bedencken dein vnd vnser leid. [Ciij Jacob]

Jacob.

Neit neit, ghet von mir weit hindan,
Mich armen sollt jr faren lan,
Mit gantz ellendem hertzen schwer,
Mit heülen, trawren, weynen seer,
Zů meinem lieben sůn hynab,
Mit schmertzen yn der hellen grab.

Hie mag gesungen, gepfiffen oder georglet werden diß nachuolgende oder anders.
Volgt der 2. Psalm Dauids yn der weiß Capitan. Hergott vatter mein.

DEr heylig geyst auß Dauids mund strafft hie gůt rund, was wider Gott sich setzet hart. Vnd seim gesalbten zů der stund, stoßt gar zůgrund, das volck vnnd auch die künig nit spart.
Was grümt das volck die Fürsten gmein, mit ein, wider den gsalbten Gotts. Laßt uns jr band, zerreißen zhand, In schand, die [strick] strick jrs falschen rhats, hin von vns werffen wie ein schnots.

525 S seind. 530 S^1 lon. (1) S^2 georgelt. (5) S Herr Gott. (13) O jr hand. (15) A *fehlt* wie ein schnots.

Er spott yr der ym himmel wont, yr nit verschont, erschreckt sy hart in seinem zorn. Auff Zyon sitzt mein künig gekront, da niemant wont, du bist mein son der heütgeborn. So heysch von mir ich wil dir gen, als denn die Heyden erbens weis, dem besitz der gantzen erden kreis mit fleiß, regiers mit eißner rût brichs wie man haffners gschirren thût.

Actus secundi Prima Scaena.

Phna, Sophore Potipharis weibs magt, öffnet Nechon Pharonis trabanten wie Joseph yn Egypten verkaufft zey, durch die Ismaeliten yrem Herren Pothiphar, Necho rûfft Potiphar zûm Künig.

NECHO, PHNA, SOPHORA. [Ciiij Ein]

Necho.

Holzschnitt: Necho stattlich gekleidet, mit hohem Turban, in Rednerpositur vor der einfacheren Phna.

EYn gûtten tag sey dir gesagt,
Lieb Phna, mein du vil werde magt,

Phna. [Hab]

Hab danck traut lieber Necho mein,
Was mag dir angelegen sein?

Necho.

Sich da, ich bin von Pharo gsandt,
Den Herren (Pottiphar genandt)
Zû jm zeholen on verzuck,
Drumb liebe, ist er drinnen guck.

---

(17) S Vff. 539 S gesandt. 540 S *corrigiert meist Schreibungen wie* Salamo, Pothiphar, Pottiphar. 541 S² zû holen.

Phna.

Er ist daheym, es hat nit not,
Mit Joseph sich ettwas berot,
So bald er dann würt müssig sein,
Gehstu wol selber zů jm nhein.

Necho.

Wer ist der Joseph, vnd waher?

Phna.

Er ist sein knecht, ein Hebreer,
Den halt er also hoch vnd schon,
Hat jm sein gůt als vnderthon.

Necho.

Warumb eim Juden nimpt mich frembd?
Ich meynt er het sich sein beschembd. [C v Phna]

Phna.

Da wer noch lang zů sagen von,
Wann ich so vil möcht weilen hon,
Weyst wie er kommen sey hereyn.

Necho.

Kein wort,

Phna.

Ich will dirs sagen fein.
Wie wol ich nit wol hab der weil,
So will ichs ye doch thůn mit eil,
Auch kan ich sunst nit vil geschwetz,
Wie wol mans vns offt keret letz,
Spricht, das wir weiber schwetzen vil,
Ja ob ich auch schon langer wil,
Kein stumme fraw gesehen hab,
Bin ich doch nit also vorab,

---

551 S ein. 555 S² hinein (S¹ *Druckf.* heyeyn) 560: *wiewol man uns oft diese Beleidigung* (letze: *Schädigung, Verletzung) zuwendet.* 562 A weil.

Mein red ist gantz schlecht ja vnd nein,
Gezierter vmbschweiff, kan ich kein.

Necho. [Ich]

Ich kenn dich wol von alter her,
Ein fromme magt doch selten ler,

Phna.

Was brumstu mit dir selb allein?

Necho.

Ich redt mit mir das lobe dein,
Scheücht hie dein gegenwerts gehôr?
Zů preißen laut dein lob vnd eer.

Phna.

Bist aber weißer weder ich,
Was ich gedenck, das red ich glich.

Necho.

Das lon wir faren, far du fort?
Von Joseph, widerhol die wort.

Phna.

Du kenst wol hie den Ismael,
Der bracht Joseph von Israel,
Mit kauffmanschatz vnd solcher war,
Aus ferren landen mit ym har.

Necho. [Was]

Was ist das Phna für ein fäl,
Das du jn nennest Israel?

Phna.

Sein vatter würt also genant,
Vnd auch Jacob, hat er bekant,

---

574 S gleich. 581 Phua? *Ueber* 583 ff. *steht in* OAS[1] Sophora.

Als sie jn brachten, wie gemelt,
Botten jn feyl vmb ettlich gelt,
Da kaufft jn Pottiphar mein Herr,
Nu merck, wie es gieng weitter mer,
Er sah auff ihn mit grossem fleiß,
Da fand er ihn so gschickt vnd weiß,
In allen dingen träw vnd frůmb,
In summa, glück was vmb vnd vmb,
Zů hauß vnd feld was er anfieng,
Als glücklich durch jn abegieng,
So, das mans klärlich sehen mocht,
Das ers nit on ein Gott volbracht,
Hierumb sich meines Herren gůt,
An vich vnd hab zůnemmen thůt,
Darumb ist er so groß geschetzt,
Ob meines herren hauß gesetzt.
Was kracht die thür? schaw lieber schaw,
Wer kumpt? es ist fürwar mein fraw. [Sopho-]

Sophora.

Was sthet jr da, was ist die mer?
Sich, mein magt Phna schleüffet die scher.

Phna.

Mich fragt des Küngs trabant so gnaw
Nach Joseph, das ich liebe fraw,
Nit weichen kan ich sag jm dan,
Wie er vns worden wer, vnd wann.

Necho.

Fraw Sophora, wolt jr geweren
Den Künig, so schickt jm ewern herrn.

Sophora.

Für Phna, Nechon selbs hinein,
So hört er dan den Herren mein.

---

592 S^1 *Druckf.* gluck. 593 S^2 anefieng. 594 A abgieng. 604 S^1 schleyfft S^2 schleifft. 605 AS^1 künigs. 610 S^2 Herren. 611 Phua? Vgl. 581.

Phna.

So volg mir Necho nach hierein.

Actus Secundi Secunda Scaena.

[ ]

Sophora des hoffmeisters Potiphars weib, beklagt sich der vnordenlichen liebe gegen Josephen bey yr selbs vor dem hauß allein, Declariert der büler sorgfältige trawrige gemütter, würbt vmb Josephen, so von seim Herrn zů hoff gesant was vnder wegen, welcher doch nit hören noch ihr gehorchen wolte hierinn.

SOPHORA, JOSEPH.

O wee mein höchster Jupiter,
Cupido du gewaltigster,
O Venus, dein gestrenges kind,
Durchtringt mein traurigs hertz geschwind,
Mit scharpffen pfeilen heysser lieb,
Du brünnens fewr, der ehren dieb,
Was bringstu für ein preiß daruon?
Wann du ein weib bezwingest schon,
Ein plede creatuer seer,
Du plinder schütz, wa ist dein ehr?
Mir kam doch in mein keüsches hertz,
Nie semlich vngehörter schmertz,
Als seit der zeit so Joseph kam,
In vnser hauß der heysse flamm,
So bitt ich edle Venus mein,
Gib jm das auch dagegen ein,
Vnd aber nim du bald hinweg, [Das]
Das du mir gabst, das groß geklåg,
Heu soll ich mir ein sollchen mann,
So hertzlich lassen ligen an,

2, 2 S vnordelichen, wolt. 617 O durchtrignt. 619 S^1 brinnends S^2 brennends. 622 A blöde S plöde, A Creatur S Creature. 632 A sollichenn.

Treib auß deim keüschen hertzen treib,
Die schandtlich lieb, o leydigs weib,
So fast du magst, ja wann ich môcht?
So wer ich auch geschickter lecht,
Mich zwingt vn̈willig newe macht,
Ein anders hat mein hertz betracht,
Ein anders radt mir liebes brunst,
Ich kenn das recht vnd lobs vmb sunst,
Denn ich folg nur dem bôsen nach,
Du arme, was ist dir so goch?
Nach disem Hebreischen knecht,
Er ist der thewren frawen zschlecht,
Wa komm ich hin, was foch ich an?
Du schändtlichs fewr, weich weit hindan
Solt mich erbitten liebes lust,
Eim dem mein lieb noch vnbewußt,
Wie môcht ichs jmmer vndersthon?
Schamm würd mein mund beschliessen than.
Jetzt weyß ich mir ein freien fund,
Brieff brieff, die müssens machen kundt,
Keyn bessers môcht ich han erdacht,
Er kumpt, O wee die thür die kracht, [Er]
Er ists, ich wags vnd solt ich schon,
Eya meins hertzen hôchste kron,
Du bists nach dem mein hertz verlangt,
An dir mein leib vnd leben hangt,

Holzschnitt: Sophora geputzt, mit grossem Federhut, die Hände gespreizt, monologisiert; hinten Joseph; im Hintergrund Mauer und Thürme. [Das]

Das zeygt dir an meins leibs gestalt,
Meins antlits farb so manigfalt,
Mein leib falt ab, mein augen feücht,
Kein seüfftz dem andern wol entweicht,

---

641 A sonst. 642 S^2 den bôsen. 643 A gach. 645 OAS gschlecht (*würde auch = mhd.* geslaht *nicht in die Construction und den Sinn passen*). 646 A fach. 658 S^2 bist.

Dich trag ich stets in meinem synn,
Ich ghe, stee, oder wa ich bynn,
Wie wol mein brünnents hertz verwund,
Zůweilen krefftig widerstund,
Den starcken waffen deiner lieb,
Das ich mich jren überhieb,
Vnd mer dann einem armen weib,
Gebürt, ein hartes leben treib,
Nun werd ich vberwundne fraw,
Bezwungen, darumb denck vnd schaw,
Was ich dir hie bekenn vorab,
Darnach ein hertzlich bitten hab,
Zerwerben mit deinr hülff und gunst,
Es stat allein yn deiner kunst,
Erhalten und verderben mich
Liebhabends weib, liebhaben dich.

Joseph.

O Sophora traut frawe mein,
Das wer mir nit ein kleine pein, [D Vnd]
Vnd das mein frawe sollt durch mich,
In vnfall kummen lästerlich,
Seh deinen grossen nammen an,
Schon deines manns, meins Herren dran,
Der mir sein leib vnd gůt vertrawt,
Fast mir ab deinen worten grawt, [Er]
Er hat jm nichts behalten vor,
Das er mich ließ nit wissen zwar,
Dann deinen werden leib alleyn,
Hat er jm vorbehalten reyn,
So schlag auß deinen widermůt,
Vnd nimm, bit dich, mein red für gůt,
Er hat mich hin zů hoff gesant,
Ady, Gott bhůt dich fraw vor schandt.

---

679 liebhaben *(vgl. 830) am Schl.* Getruck *vgl. Weinhold S. 140.*
680 S² traute. 684 S Secht ewern. 687 S² Des mir. 689 S nit *vor* ließ.

Actus Secundi Tertia Scaena.

Sophore rewet ihr enteckte lieb so sie gegen dem Joseph gehabt vnd offenbart hatt fast seer, dieweil sie keyn fürgang hat haben wöllen, leret sölliche fliehen, raht vnd antwurt ihr selbs, vnd beschleüßt mit ihr, gewalt an ihn zulegen vnd zû üben.

[Sopho-]

Sophora.

DA gsche mir armen frawen recht,
Das ich so frefflich hab lautprecht
Gemacht, meins hertzen tieffe wund,
Da mir so grosse far auffstund,
Warumb hab ich so bald geschnelt?
Das ich verborgen haben sölt?
Warumb hab ich nit vor erkund?
Sein hertz, mit weitschweyffigem mund,
Ich solt vorhin han wol erwegen,
Wie dschiffleüt auff dem möhr pflegen,
Ob gûtter wind am himmel wer,
So fûhr ich sicher über mör.
Nun aber ist mit bösem wind,
Erfült mein segel so geschwind,
Am felßen würt mein schiff bewegt,
Mit möres wellen überdeckt,
Das ich nit kummen mag zû land,
Mein ellend ist mir wol bekandt,
Das ists das mir den schaden thût,
Er kumpt ye nit von Tyger plût,
So hat er auch on allen schertz,
Keyn steynern oder eisen hertz,
Keyn Adamanten tregt er mit,
Hat lewen milch getruncken nit, [Dij Er]
Er würt sich vberwinden lan,
Ich will nichts vnersûchet han,

---

697 lautprecht (*mhd.* lûtbreht): *offenbar*. 699 S[2] gfar (S[1] fahr). 700 A geschnölt. geschnelt: *übereilt (Bild vom Pfeil?)*. 701 OAS[1] solt. 705 A die schifleüt. 707 S[1] meer S[2] Meer. 710 S[2] schimpff.

Wie wol es ist, wann ichs vermöcht,
Das kromme wider machen schlecht,
Wer dis der erst vnd beste rhat,
Das ichs nie angefangen hat.
Zům andern ist neit bessers mee,
Dann das mein anschlag für sich gee,
Es ist auch nit yn seim gewalt
Das er mein anschlag hinderschalt,
Vnd ob ichs schon yetz vnderließ,
Ein leichte fraw ich dannoch hieß,
Als die yn wolte an dem flůg,
Versůchen, reitzen mit betrůg,
So kan ich nichts vneerlichs mer,
Anrichten, weil all mein beger,
Endecket vnd eröffnet ist,
Allein das werck des yrthumbs brist,
Vnschuldig kan ich nimmer sein,
Ob schon verfelt der wille mein,
Das größt leit alls am bößen můt,
Das werck des yrthumbs gwenigst thůt
Will recht jm wider eynen gon,
Einr gůtten stund in hoffnung ston. [Actus]

Actus Secundi Quarta Scaena.

Potiphar zůcht zů hoff mit seim trabanten, begeget ym sein weib Sophora vor dem hauß gantz traurig, welchs sy mit liegen verquant.

POTHIPHAR, SOPHORA.

WAs ist mein thewrer gmahel dir?
Das du so trawrig stost vor mir?

Sophora.

Mich bschwert Potiphar lieber herr,
Nichts dann dein abscheid nur so seer.

---

726 S^2 nit. 729 S^2 anschleg. hinderschalt: *zurückdränge*. 736 S entdecket. 740 A alles S als. 743 S^2 Einer. 2, 4 AS zeůcht. verquanten: *vertuschen*. 744 S trewer. 745 A staßt S^2 ståhst.

Pothiphar

Ich will nit weiters denn zů hoff,
Mit meim trabanten, darumb hoff,
Auff vnser schnelle widerfart,
Mein abscheyd nim nit vff so hart.

Sophora [Diij Vergüß]

Vergüß mein nit mit dem geding,
O kem die weil der jüngeling.

Actus Secundi Quinta Scaena.

Joseph keret wyder heim, begeget ym seins Herren weib Sophora, bitt yn vmb bůlschafft, bitt sy Joseph ab zůsthon, vnderstoht yn das weib zů heben, laßt yr den mantel, vnd fleücht daruon, Sophora verklagt yn vor dem Herren, er hab sy wolt zwingen darumb yn sein Herr, zů vil glåubig dem weib, gefangen legt.

JOSEPH, SOPHORA, PHUA, POTHIPHAR, GENUBATH.

WOlan ich hab das mein gethon,
Will yetzund wider heyme ghon,
Mich wundert was Pharo gedenck,
Wa hin die gros rüstung sich lenck,
Vnd was sein wôl dauon man sagt,
Sy seyen alle schon vertagt, [Zů]
Zů rennen, stechen, vnd turniern,
Zů fechten, lermen vnd hoffiern,
Mit harpffen, lauten, geigen vil,
Mit zimblen, orglen, ander spil,

---

751 AS auff. 753 A jüngling. 2,5 S² begegnet, A gwôlt S¹ wôlln S² wôllen, S gfangen. AS² *immer* Phna, *Gart ändert aber 2,5 mehrfach des Verses wegen* Phna *in* Phua; S¹ Phua *in* 798. 756 A gedenckt. 759 vertagt: *bestellt*. 760 f. S² turnieren:hofieren. 761 OA lern die S lernen die. hoffiern *hier: Ständchen bringen, musicieren*. 763 S² zimbeln.

Als pfeiffen, trummen vnd gesång,
In summa, ser ein groß gebreng
Wiewol es nit gar one ist,
Sein jartag würt in kurtzer frist,
Acht ich das er yn wöll beghen,
Mit solchem prachtischen gethön,
Doch will ich michs nit jrren lon,
Will lůgn was ich zů schaffen hon.

Sophora.

O das ich sech der mich erloßt,
Herkommen, Joseph meinen trost,
Er kompt, er ists, er ists, er ists,
O Joseph kumm, du bists, du bists,
Der du allein bhaltst mich allein,
Du bist mein wunsch sunst anders kein,
Ach lieb du kenst mein krankes hertz,
Günn mir der lieb früntliches schertz,
Ach schlaff by mir freüntlicher held,
Komm her mein hoffnung außerweldt, [Diij Joseph]

Joseph.

Holzschnitt: Sophora, nackt auf dem Bett sitzend, zerrt dem empört fortstrebenden Joseph den Mantel ab.

O fraw das woll Gott nimmer mee,
Was gibstu raum dem bößen we? [Sophora]

Sophora.

Ich laß dich nit du gwerst mich dan,
Möcht dir wol sunst ans leben gan.

Joseph.

Sich da du bist meins herren weib,
Wie solt ich nu durch meinen leib,

---

766 S[1] *Druckf.* dar. 771 AS lůgen, S zschaffen. 779 AS[1] freüntliches S[2] freündtliches. 780 OAS schaff *(cf. zu 2246)*. *Bei Hunnius 4,2 sagt Misraia* veni ocyus mecumque dormi. AS bey. 782 S wöll. 783 A gebstu. 786 A Herrn S[2] herrn.

Ein sollich grosses übel thůn,
Vnd mich by Gott versündgen nůn

Sophora.

O mortlichs mort o Genubat,
Lauff Phna lauff, hôr die schnôde that,
Wa ist mein Herr vnd sein trabant,
Ich mein es hab mich vor geant,
Als er hyn ging batt ich jn seer,
Er wolt von mir nit weichen fer.

Phua.

O Fraw mein hertze liebe fraw,
Was ists was ists, schaw wunder schaw.

Sophora. [Dv O Phua]

O Phua trautte Phua mein,
Wie wollt es mir ergangen sein?
Hôr zů mit fleiß vernim mich recht,
Der bôßwicht, der Hebreisch knecht.

Phua.

O fraw, mir grawet auff mein eyd,
Seitt jr von einem mann geseyt,

Sophora.

Ja mir môcht yetz wol grawen schon,
Denn all mein har zů berge gon,
Vnd nemlich so ichs sagen soll,
Da magstu Phua dencken wol,
Er meynt er wollt on allen span,
Sein willn an mir begangen han,
Nůn ich ym aber wider stund,
Mit gwalt er mich bezwingen gund,

---

789 AS bey, AS versündigen. 790 S[2] Genubath. 794 AS gieng. 795 fer: *weit.* *Nach* 797 O [Dv O pna]. 798 AS[2] Phna, Phna. 805 OAS[1] Dern. 806 S ich. 808 on allen span, 2155 on alle spen: *ohne Widerstreit, Widerrede.* 809 AS[2] willen, S[2] begengen.

Da schrey ich laut mit heller stimm,
Was gleich der schreck vnd dflůcht in ym
Ließ da den mantel neben mir,
Vnd sprang dahyn, da růfft ich dir,

Phua. [Trut]

Traut liebe fraw gehapt eüch wol,
Da kompt schon vnser her zemol,
Dem wolln wirs vngesagt nit lon,
Nit weynt, lons ym vns sagen an.

Potiphar.

Horch zů, was ist das für ein gscholl?

Genubath.

Weyß nit Herr, was ich dencken soll,

Potiphar.

Was richt jr da für lermen an?

Sophora

Thůt alles vnser hübscher man,
Sagt ich dir nit mein Herr vorhein,
Du soltest nit lang aussen seyn.

Potiphar.

Wer hat dir than? bescheid mich recht.

Sophora

Joseph dein Hebreischer knecht,
Des gibt sein mantel zeugnuß klar, [Mein]
Mein keüchen, mein zerstrewtes haar,
Mein klopffens hertz, mein stechens miltz,
So rüst mich zů der grobe filtz,

---

813 AS vnd flucht. *Nach* 815 A [Traut]. 818 AS wölln 820 S^2 Horcht. gscholl (gescholle): *Lärm, Streit.* 822 S lerman. 823 A hüpscher. 824 AS vorhin. 826 S thon, S^2 bscheyd. 829 S^2 küchen.

Wie åschen laub, zittern mein beyn,
Mein arm seind schweror dann ein steyn
Wiewol mein schweren war vmb sunst,
Schreien was da die beste kunst,
Der wicht, wolt mich bezwungen han,
Als er mich sah alleynig sthan,
Da ließ ich so ein lautten gall,
Das es im gantzen hauß erschall,
Da sprang er eilend bald daruon,
Sein mantel hat er ligen lan,
Zum zeügnuß über sich in todt,
Darzů gib Herr, auch deinen radt.

Potiphar.

Das will ich dich geweren nun,
Er sols ja dir noch keyner thůn.

Genubat

Er steht dorthinden, lieber Herr,
Ich will jn zůhin fůren her,

Potiphar [Gehe]

Geeh hin, er hat das leben sein
Verwürckt, dem ich trawt all das mein,
Vergolten gůts mit bősem lon,
Soll sehen weder Sonn nach Mon.

Joseph

Sich da mein Herr, ich bin allhie,
Kein bőß hab ich verwürcket nie.

Potiphar.

Flucks, flucks, jn von meinen augen hin,
Ins küngs gefäncknüß leg mir jn.

---

838 A grall. gall: *Schrei.* 841 S lon. 845: *weder dir noch irgend einer.* 848 A Gehe. 851 AS noch *(vgl. S. 20).* 855 A künigs S Künigs.

Genubat

Her her, es gfall dir wie es woll,
Du hőrst wol was geschehen soll.

Volgend mag gesungen werden diser nachgeschribner Psalm Dauids in der melodei. Begnad mich Herr ewiger Gott.

Nun sollen alle personen in ihr gemach gohn.

Psalm.

HEr vnser Gott wie ist so groß, dein namm on moß, im himmel vnd auff erden rund.

Du magst mit gwalt zů schanden bloß, dein feind Gottloß, durch saugend iunger kinder mund. [Wann]

Wann ich dein werck an schawen soll, Mon, Stern zůmol, so mag ich dann, zů yederman, sprechen was bist du mensch das Gott dein eindenck ist?

Du hast beraubt des menschen sůn, der Engel schon ein kleine weil můß mangel hon,

In glory würt er auffersthon, der ehren kron, dein werck ym alle vnderthon,

Schaff, ochßen, summa alles vich, visch, vőgel sich, vnder sein fůß auch neygen můß, was in dem meer, darüber ist er gsetzt ein Herr.

Actus Tertij Prima Scaena.

Pharao laßt sein obersten schencken Phiton sampt seim obersten becken On, ins hoffmeisters Potipharis kercker setzen, darin Joseph lag, findt Joseph gnad vor dem kerckermeister, das er yn ließ ledig aus vnd ein gon, den andern zů dienen.

---

(2) S^2 nach geschriben, A melodi. (8) machst? (11) A zůmal. (18) AS^2 fůß. A *fehlt* auch. (19) S gesetzt. 3,1 *letzte Zeile* S *fehlt* zů.

PHARAO, PHITHON, SISSA, POTIPHAR, GENUBAT, PAENEA, JOSEPH. [Pharao]

Pharao.

Holzschnitt: Pharao, im reichen Kostüm eines Sultans, mit dem Scepter, auf dem Thron sitzend, redet die vorgeführten Gebundenen an.

IR schälck, ich wills bey meiner kron,
An eüch nit vngerochen lon,
Das jr eüch habt so seer versündt,
An meinem armen hoffgesindt. [Phiton]

Phiton.

Dein zorn ergrimm, Herr Pharo,
Nit über dein knecht also,
Laß vns Herr finden gnad für dir,
Das bitten künig Pharo wir,
Dazů bin ich mir vnbewůßt,
Warumb mein Herr doch mein vergüßt,

Pharao.

Ich bin der sach genůg bericht,
Nit sorg, das dir hie vnrecht gschicht,
Ir schergen, greifft sie nur recht an,
Ir dorfft nit vil kramantzes han,
Für mirs ins hauß Potipharis,
Des stocks vnd eißens nit vergiss,
Sparstu nu Sissa ettwas dran,
So soll es dir ans leben gahn.

Sissa.

Mein Herr, es soll geschehen frei,
Da ist keyn sorg nach zweifel bei,

3,1 *im Personenverzeichnis fehlt in* S Joseph. 862 S Pharao. 863 S deine. 866 f. S^2 vnbewißt: vergißt. 867 S^1 vergißt. 871 kramantz: *Possen, Faxen.* 877 AS noch.

Her her, es sei nutz oder schad,
Bei vns ist freilich wenig gnad. [Poti-]

Potiphar.

Wer kompt vns da, was wurt es sein?
Man will sy gfencklich setzen ein.

Genubat.

Es seind fürwar die ich gedenck,
Des Künigs Pfister vnd der Schenck.

Potiphar.

Ja bey dem eyd, stand in ein eck,
Biß sy für vberghan hinweck.

Sissa.

Hoscha wo sind jr, hoschaho.

Paenea.

Wer klopfft so hart, sich wer ist dó?

Sissa.

Thů auff, ich bin selb vierd gefaßt,
Der beck vnd schenck wôlln sein dein gast
So denck das du sy habst in hůt,
Es wurt sunst kosten vnser plůt.

Paenea.

Schaw schaw, das ist mir auff mein eyd,
Mein lieben herren, also leyd,
Das es euch kommen ist dazů,
Wolan, setzt ewer hertz zů rûw, [E Geht]
Ghet hnein, es würt lecht nit so bôß,
Komm das ich dir dein band vfflôß,

---

883 Pfister (pistor): *Bäcker*. 885 S[1] vber gehn hinweck S[2] über gehn hinweg. 886 S seind. 888 O salb. 895 S rhů. 896 A hinein. 897 AS aufflôß.

Joseph du trewer jüngling mein,
Du sollt nun diser pfleger sein,
Was yn würt yetz vnd fürter noht,
In summa, thů yn allen roht,
So doch das du seyst eingedenck,
Das ich dich nit gar ledig schenck,
Gang auß vnd ein, wann es dich lust,
Das nur pleib vor dem Herrn vertust.

Joseph.

Gott wöll dir auch genedig sein,
Für solche grosse wolthat dein.

Actus Tertij Secunda Scaena.

Potiphar hoffmeister, vnnd Hoffora bottenläuffer kommen zusammen vor des Künigs hoff, diser mit seim trabanten, der mit vil Köchen, zeygt an wie Pharo sein iartag wöll halten, redt die lesten wort mit ym selb.

POTIPHAR. HOPHORA.

Wo kompstu böttlin her so gschwind,
Mit so eim hauffen kochgesind.

Hophora.

Geht hnein jr Köch, vnd rüsten zů,
Hie würt sein weder rast noch rhů,
Ich hab sy kaum zů wegen bracht,
Im gantzen land mit aller macht,
Das glaub mir sicher Potiphar,
Mit worheyt ich wol das thůn dar,
Ich halt dich aber auff, mein Herr,
Ghe vor, ich gang ernoch so mer,
Noch kan ich das nit vnderlan,
So offt ich nur gedenck daran,

[Wo]

905 vertust: *vertuscht*. 3,2 S Hophora, AS letsten. 910 A hinein. 915 S warheyt. 917 S hernach.

Das Pharo so ein kostlich mol,
Seim gantzen hoffgsind pieten woll,
Was ist nur seitenspils gerüst,
Der gattung nit zů sagen ist,
Item, was man soll han zů tisch,
Als vôgel, wilpret, fleisch vnd fisch,
Ein gantzer ochß můß an den spiß,
Das tranck würt allmen, ist gewiß,
So stand ich hie vnd schleiff die scher,
Gleich als nichts drin zůschaffen wer, [Eij Actus]

Actus Tertij Tertia Scaena.

Joseph teüttet den gfangnen yren trawm jm kercker, Pharo beschicket sy, laßt den schencken wider ledig an sein ampt, beuilcht den becken zů hencken.

JOSEPH, PHITON, ON, PHARAO, SISSA, NATH.

EIn gůten tag mein lieben frind,
Wie kompts das jr so trawrig sind,
Was bkümmert eüch so sere heüt?
Dann gestern vnd die vorig zeit.

Phiton.

Es hat vns heinacht beyden tråümpt,
So hand wir niemant ders uns råümpt,
Nach seiner deüttung als es ghôrt,
Derhalb sich vnser trawren mehrt.

Joseph.

Ghôrt nit dem Herren zů die ehr?
Zů deütten tråum vnd anders mer, [Erzålt]

---

920 A mal. 921 S bieten A bietten. 927 *Corruptel? Oder* sein *(vorhanden sein) dgl. zu ergänzen,* allmen = albe, alme *allewege? Weinhold Alem. Gramm. S. 241.* . 3, 3 S² gefangnen, S beschickt. 930 A freind S freünd. 933 A *fehlt* die.

Erzålt mirs doch nach ordnung recht,
Wer weyß, was Gott verhengen môcht.

Phiton.

Mich daucht wie ich ein weinstock sech,
Vor meinen augen grůn vnd frech,
Mit treien reben, wůchss vnd pliet,
Zun reiffen trauben ich mich schmiegt.
Truckt sie in bôcher mit der handt
Gab jn dem Küng, Pharo genant.

Joseph.

Drey reben, teütten vns drei tag,
Dann würt Pharo nach deiner sag,
Dein haupt erheben, vnd mit sampt
Dein ehrn, dich setzen an dein ampt,
Das du jm gebst on alle schand,
Den bôcher wie vor, in die hand,
Als du nach warst sein werder schenck,
Du aber biß mein eingedenck,
So dirs wol ghet beweiß an mir,
Barmhertzigkeit, trag Pharo für,
Das er mich für auß disem hauß,
Von Cana bin ich ye herauß,
Heymlich gestolen vnd doch nie,
Keyn übels than, das ich leig hie, [Eiij On]

On.

Mir gfalt Joseph fürwar zemol,
Dein teüttung, auß der massen wol,
Sich, da mir tråumt merck eben ab,
Auff meinem haupt ich tragen hab,
Trey gflochten kôrb mit sitten leiß,
Dem Küng Pharo mit bachner speiß,

944 A dreien S dreyen, AS plüt. 945 A Zum S Zům. 946 S båcher (953 becher). 947 AS^1 Künig S^2 König, AS^1 gnant S^2 gnannt. 951 A ehern. 954 AS^2 noch. 961 AS^2 lig S^1 lyg. 964 A tråwmmt S^1 treumpt S^2 trôumpt (999 traumpt). 966 A geflochten. 967 A Künig S^2 König.

Vnd sich die vôgel stürmten her,
Vnd assen auß dem korbe seer.

Joseph.

Trey kôrb, trey tag als wirt dir dan,
Dein haupt Pharo erheben lan,
Vnd dich an galgen hencken zwar,
Dein fleisch die vôgel fressen gar.

On.

Ghe von vns weg mit deiner sag,
Gott straff dich selb mit diser plag.

Pharao.

Mein jartag ist yetz aller ding,
Auffs best, wie sich gezimpt eim Küng,
Nach aller ordnung angericht,
Nun denck ich eins das zimpt sich nicht,
Das wir die gfangnen ligen lan,
Auffs fest, vnd die da âmpter han, [Ghe]
Ghe Sissa, bring sy für mich her,
Saumstu dich lang würt dirs zuschwer

Sissa.

Ich will mich Pharo saumen nit,
Gsell Nath, du mûst auch volgen mit,
Du hôrst wol was der Künig trewt,
So denck nu nicht das er vns brewt,
Wa wir zû lang würden auß sein,
Würd er vns gwißlich setzen ein.

Nath.

Ich will lieb Sissa, thûn das best,
Schaw schaw ich sich wol vnßer gest,
Sy lûgen aus dem kercker raus,
Wie in der vallen thût ein maus.

---

983 S^2 würts dirs. 987 *dass wir ihm leid thun werden.*

Sissa.

Ein gůten tag jr lieben gselln,
Laßt eüch wol vnser zůkunfft gfelln,
Kompt her, yr seit vom Küng besandt,
Saumpt eüch nur nit, kumpt her zehandt.

Phiton.

Nim war, yetz ist der dritte tag,
Da trawmt mir, wie dein red vermag,
Ich würd am dritten tag erlößt,
Vnd sich yetz ist mein trawm emplößt. [Eiiij Nath]

Nath.

Ghet lieben gsellen dapffer her,
Das Pharo nit ergrimm noch mer,
Du weyßt wol Sissa dein bescheid,
Versichstu dschantz, so würt dirs leid,

Sissa.

Frisch her, wir sind da heymen schier,
Lieb Nath, ich weyß wol sein manier.

Phiton.

Ich sich wol lieben schergen yn,
Dort sitzen, auff dem richtstůl syn.

On.

Lieb Phiton, supplicier für mich,
Vor schrecken kan nit reden ich.

Phiton.

O Küng, ich bit vnd das Gott geb,
Das Pharo nu vnd ewig leb.

Pharao.

Sich Phiton du mein trewer schenck,
Deinr sünd ich hinfür nim gedenck.

995 R^2 gfellen. 997 A zůhand. 1002 A Gehet. 1009 S sein. 1012 A Künig S^2 König. 1015 A Deiner.

Ghe néin in gleicher würd als vor,
Dein ampt versich mit eeren zwor.

Phiton. [Das]

Das will ich zů verdienen han,
Mit pflichtiger gehorsam schon.

Pharao.

Ir schergen, merckt mit fleiß danebn,
Den becken richt zum tod vom lebn,
So doch, das er am stranck erwürg,
Am galgen faul, da hilfft kein bürg.

On.

O Küng, o Pharo grosser herr,
Ach nein, das wöll Gott nimmermer,
O wee ich mags erleiden nit,
Wa hab ichs doch verschuldet mit?

Pharao.

Ir schergen, yr habt den sententz
Gehört, es hilfft kein penitentz.

Actus Tertij Quarta Scaena.

Sissa der scherg, sampt seim gesellen Nath, henckt den On obersten becken an galgen.

SISSA. ON. [E v Her]

HEr her, hie ist kein ander gnad,
Ghe Nath, rüstu vns zů das bad,
Strick, leyttern, hamer darzů auch,
Was man bedarff zů dem gebrauch,

1016 A Gehe, S^1 hneyn S^2 hnein. 1017 O eheren S ehren, AS zwar. 1020 f. AS^2 daneben: leben. 1021 S^1 leben. 1023 S^1 *Druckf.* börg. 1024 A Künig S^2 König. 3, 4 A On *fehlt im Inhalt und Personenverzeichnis.*

So schick dich On mit willen drein,
Es mag ye anders nit gesein,
Zeuch ab den rock, du darffst sein nimm,
Heb auf zům volck lieb beck dein stimm,
Gesegne vor dein gsellen gůt,
So wôlln mir dann mit leichten můt,
Auff vnser fart auß disem thall.

On

Seit gsegnet lieben gsellen all.

Sissa.

Das wer ein mann, laß dapffer gon,
So kommen wir dest ee daruon.

Hie mag gesungen, gepfiffen, oder georglet werden.

Actus Tertij Quinta Scaena.

[Pharo]

Pharo erzâlt den weißen seinen trawm, den kunten sy nit teütten, gedenckt Phiton Josephs, erinneret yn seiner gnad trewm zů teütten, beschickt yn Pharao dem teüttet er den trawm, darumb hept yn Pharo hoch, macht yn zů eim landtvogt yn Egypten.

HOPHORA, NECHO, PHARAO, NEZAR, POTIPHAR, PHITON, JOSEPH, KAM, ASSES ZAPHNAT, ISAIAS, DANIEL, PAULUS, ZACHARIAS JONAS, CHRISTUS.

WIe hat sichs glück so bald verwent,
Es sind noch kaum zwey jar vollent

1036 S^1 darfft. 1039 AS wir S leichtem. 1041 A gesegnet. 3, 5 S^2 Pharao, AS^2 erinnert, S machet. 1045 S^1 zweye,

Da wir so frölich spilten hauß,
Mit harpffen, geygen in dem sauß,
In dem sein jartag thet begohn,
Der Küng, yetz ist es alls gethon,
Yetz ist es als in trawren kert,
Der Küng mit sampt seim gsynd beschwert
Sych Necho kumpt, Pharo trabant
Necho, wa ist der Herr ym land?

Necho.

Sich böttlin bis mir willkomm her,
Wie vil bringstu der zauberer? [Hophora]

Hophora.

So vil ich hab im land vermocht,
Die hab ich alle mit mir brocht,
Sich Pharo kompt, ich bit Gott geb,
Das Pharo nun vnd ewig leb,
Mein herr hat seinen knecht gesand,
Die weißen in dem gantzen land,
Schwartz künstner, Zaubrer vnd Caldeer
Zů holen, sich die bring ich her.

Pharao.

Ir weißen wie yr seit genant,
Secht zů darumb yr seind besant,
Mir trawmt ich stund am wasser her,
Daraus seind siben rinder schwer,
Gestigen fett vnd wolgestalt,
Das gras auff gůter weyd sy halt.
Nach yn sach ich ein ander tracht,
So heschlich dirr vnd gar veracht,
Rauß steigen, alls ich gsehen ye,
Mit wissen in Egypten nie,

1048 A began. 1049 A Künig, alles. 1051 A Künig. 1055 S Wieuil. 1057 AS[1] bracht. 1062 S künstler, Zauberer. 1070 (1129) tracht: *Portion.* 1071 AS heßlich.

Vnd sich die siben magre stück,
Verschluckten in eim augen plück,
Die siben feyßten rinder schwer,
Vnd waren doch gleich wol so leer, [So]
So tinn vnd vngestalt als vor,
Wacht auff, schlieff wider, vnd nim war,
Ich sach auffwachßen voll vnd gůt,
Ja siben aher, brocht ein růt,
Darnach sach ich auch siben kleyn,
Dirr, dinn, versignet, fraßen eyn
Die siben vollen aher gůt,
So jr mirs nu außlegen thůt,
Will ich eüch vnbegabt nit lon,
Das solt jr ynnen werden schon.

Nezar.

Ich bitt o Künig das Gott geb,
Das Pharo nu vnd ewig leb,
Daneben auch on allen zanck,
Vmb des ein kurtzen kleinen bdanck.

Pharao.

Es sey eüch lieben, wol erlaubt,
So doch, das jr mich nit bedaubt.
Was dunckt dich lieber Pottiphar?
Ob sy vns werden sagen war.

Potiphar.

Gott geb meinem Künig langes lebn,
Ich halt sy werdens treffen ebn, [Weil]
Weil es so hochgelerte sind,
Wie hant sy sich bedacht so gschwind,
Nim war, sy kommen wider her,
Ich sorg die sach sey yn zeschwer,

1078 AS dünn. 1081 A åher *(und so immer)*. aher: *Aehre*, rut: *Halm*. AS bracht. 1083 versignet. versinget: versenget *(Weinhold S. 94;* 1181 versegnet). 1091 A bedanck. bdanck: *Bedenkzeit*. 1093 (1527) betouben: *betäuben, erzürnen, vernichten*. 1094 A leber. 1096 A langs, S leben: eben. 1098 S seind. 1101 A zůschwer.

Nezar.

Dein knecht o Pharo wünschen dir,
Vil freud vnd glück beuelhen wir,
Ich soll meim Herren sagen an,
Sein knecht wôlln yn gebetten han,
Mein Herr wôll zů vngnaden nit,
Auffnemen yren willen heüt,
Seit diser handel ist so schwer,
Das vnder vns nit einer wer,
Der meinem Herren deütten künd,
Darumb wir nů berůffen sind,
Nu sprechen wir dein knecht also,
Es würt yn keiner Pharao
Außlegen, on die Gott allein,
Vnd welchem sy es geben ein,
Darumb ist vnser fleissig bitt,
Mein Herr, laß hin sein knecht vns quit.

Pharao.

Des hab ich warlich sorg gehan,
Wolan, eüch sey erlaubt hindan, [Nu]
Nu würts geschehen das ich stürb,
Alltag, weil ich nit hülff erwürb.

Phiton.

Meins Herren hertz verzag' nu nicht,
Dein hertz las nit von dem gesicht,
Erschrecken, sampt deinr weiß vnd gberd,
Ich denck meinr sünd on all geuerd,
Da mich mein Herr setzt gfencklich ein,
In kercker sampt dem becken sein,
Trawmt vns da beyden einer nacht,
Eim yeden sein besonder tracht,
Des teüttung yeden selb betraff,
Alls wir erwachten aus dem schlaff,

1111 S seind. 1118 S Das. 1120 f. S^2 stirb : erwirb. 1122 S^2 nur. 1125 A meiner.

War da bey vns on vngefell,
Potiphars knecht ein junger gsell,
Der deüt vns beyde tråwm zehand
Recht, wie sich volgens auch befand,
Denn ich bin wider an dem ampt,
So ist der beck an galgen gstampt.

Pharao.

Eyl Necho, bring yn für vns heer,
Auffs fürderlichst, nit saum dich seer.

Necho.

Ich will mich fleissen Pharao,
Schaw, wie so bald ich sein will do. [ ]

Phiton.

Ich denck in meinem hertzen schlechts
Noch Küng, des yetz gemelten knechts,
Da er vns hat die tråum getheüt,
Sprach er, ich bitt dich lauter heüt,
So dirs wolgeht, lieb Phiton mein,
Als den wolst mein auch eindenck sein,
Dann ich hab nie kein übels than,
Dazů bin ich aus Canaan,
Heymlich gestoln vnd hergfiert,
Das will ich Küng yetz han taxiert.

Necho.

Lieb Joseph tritt geflissen her,
Das nit verlang mein Herren ser.

Joseph.

Es hat nit not, ich will doch nor,
Mein rock ein wenig wandlen vor,

1134 AS zůhand. 1137 gstampt: *an den Stamm des Galgens geschlagen; oder: gestampft?* 1141 S da. 1147 S dann wôlst. 1150 A gestolen vnd hergefürt, S her gefürt. 1154 A nur.

Pharao.

Sich da er kompt, trit her mein sůn,
Mein sůn, mir ist zů wissen thon,
Du habst zů teütten vil verstandt,
Verborgen schåtz so tråwm genant.

Joseph. [Gott]

Gott würt Pharo meim Herren sich,
Glück sagen lan, auch wol on mich.

Pharao.

Mir trawmt, wie ich am vfer stünd
Beym wasser, darauß gstigen synd,
Ja siben feyßten rinder schwer,
Die giengen an der weyden her,
Dergleichen stigen auch herauß,
Auch siben magre überauß,
Alls ich sy nit gesehen hab,
In gantz Egypten auff vnd ab,
Vnd sich, die siben magre thier,
Verschlungen dsiben feyßten schier,
Noch kund man an yn mercken nit,
Ob sy auch håtten gessen yt,
So vngstalt bliben sie bei jn,
Da wacht ich, vnd schlieff wider hin,
Vnd sich, mich daucht zum andren mol,
Auff wachßen siben aher voll,
Vff einem halmen fett vnd gůt,
Darnach sach ich in meinem můt,
Auffwachßen siben aher dirr,
Dinn vnd versegnet, frassen mir
Die siben vollen aher ein,
Das ist Joseph der trawme mein, [F Hab]
Hab ich den weißen angezeygt,
Des deüttung keiner hat geeigt.

1156 AS[1] son S[2] Son. 1161 S[2] lon. 1163 S seind. 1171 S[2] feyßte. 1173 yt: *etwas*. 1178 AS Auff. 1181 S Dünn. 1185 A geigt.

Joseph.

Die beyden tråwm seind einerley,
Von Gott, Pharo ein prophecey,
Die siben gůtten rinder zwar,
Seind siben gůtte volle jar,
Dergleich die siben aher gůtt,
Ist ein ding, mercken was Gott thůt,
Die siben rinder vngestalt,
Die dirren aher in sich halt,
Ein grosse theürung Gottes růt,
Der Pharo zeyget was er thůt,
Sich, siben jar mit grosser vδlln,
In gantz Egypten kommen sδlln,
Darnach die andren siben jar,
Mit solcher thewrung, das man gar,
Vergessen würt der vollen zeit,
So gar verzert sich land vnd leüt,
Das aber Pharo zweimol hat,
Getrawmt, beteüt Gots schnellen rhat,
Nun seh sich Pharo fleissig vmb,
Das er ein weißen mann bekumb,
Vnd setz yn ob Egypten land, [Das]
Das er amptleüt ordne zů hand,
Vnd nem im land den fünfften ein,
Die reichen jar, vnd samle fein,
All kasten voll, in Pharo gwalt,
Das mans zur narung hinderhalt,
Zur zeit der künfftgen hungers not,
Das nit das land sterb hungers todt,
So hat mein Herr gewißlich war,
Seins trawms außlegung gantz vnd gar

Pharao

Wie mδchten wir ein solchen mann,
(Mein werder diener) kommen an,

1187 S² Pharao. 1188 S² gůter. 1191 S² merck. 1198 S² andern. 1202 A zweimal S zwey mal. 1204 S sech. 1212 AS¹ künfftigen. 1216 A mδcht.

In dem da seie Gottes geyst,
Vnd der das gheimnuß Gottes weyßt.

Phiton.

Die red gefalt vns alln zemol,
O grosser Pharo, sere wol.

Pharao.

Weil dich Joseph, mein lieber son,
Gott solchs hat wôllen wissen lon,
Ist keiner so verstendig nit,
Als du, so weiß vnd klůg damit,
Du solt sein ob mein gantzes hauß,
Nach deinem wort soll sich dorauß, [Fij Mein]
Mein volck ernehren all gemein,
Des küniglichen stůls allein.
Will ich mer sein den du mein son,
Nim war, ich hab dich gsetzet schon,
Regenten ob Egypten land,
Nim hin den ring aus meiner hand,
An deinem finger solt yn han
Vnd leg die weisse schauben an,
Seh da die ketten an dein hals,
Würst auff dem andren wagen als,
Ein oberster nach mir gefůrt,
Ramasses, hôr was dir gebürt,
Blaß auff dein horn mit lautem schall,
Verkünd sein macht, růff überal,
Das man für Joseph bieg die kney,
Mit auffgesetzter peen dabey.

Ramasses.

Hôrt zů, mein Herr herr Pharao,
Gebeüttet hie vnd anderswo,
Das man für Joseph bieg die kney,
Mit grosser reuerentz dabey,

1220 A allen, AS[1] zůmal S[2] zů mol. 1227 AS darauß. 1230 S[2] dann. 1235 schaube: *Ueberkleid.* 1240 S[1] vff. 1243 peen (poena): *Strafe.*

Als den er hab mit grossem pracht,
Ein landuogt in Egypten gmacht. [Darnach]
Darnach sich menigklich yetzt zemol,
Auffs best zů halten wissen soll.

Pharao.

Sich Joseph, ich bin Pharao,
On deinen willen solte do,
Kein mensch in gantz Egypten land,
Sein fůß nit regen oder hand,
Noch dencken wider dich zuthun,
Solt auff Egyptisch heyssen nun
Zaphnat Paenea, mit nammn,
Darzů will ich dir auß dem stammn
Zů On des priesters, geben ein weib,
Assnath, geborn von seinem leib.

Zaphnat.

Das will ich Herr nit vnderlan,
Mit willen zů verdienen han,
Doch seit ich bin darzů erkorn,
Von dir, o Künig hochgeborn,
Nach deinem traum zum gmelten ampt,
Bitt ich vmb vrlaub vnuerschampt,
Mein thürer Küng, o Pharao,
Gib zů, das ich mich rüst also,
Zů bsehen gantz Egypten land,
Vnd wie es mit getreyde stand. [Fiij Pha-]

Pharao.

Mit willen Zaphnat one zorn,
Sag vor wie alt du seist geborn.

Zaphnat.

Ich hab auff mir Pharo für war,
Wie ich hie stand, schon dreissig jar.

1250 S mengklich. 1253 A Odeinen. 1258 A Zaphant Paena, S^2 nammen : stammen. *Nach* 1261 A Zephnat. 1268 AS^2 theürer, A Künig S^2 König. 1274 S Pharao.

Pharao.

Wolan, traut lieber Zaphnat mein,
Wir wöllen mit einander nhein.

Jesaias.

Wer kan des Herren weißen rhat,
Verschweigen, der ym offen stat?
Er sprach zů seim heyligen Christ,
Dem ich sein rechte hand erwischst,
Da mit ich jm gehorsam mächt,
Die Küng vnd das Heydisch geschlecht,
Ich will in summa mit dir sein,
Heymliche schätz dir geben ein,
Sampt dem verborgnen kleinod hel,
Das du den Gott kenst Israel,
Am fünff vnd viertzigisten sůch,
Isias ist genent das bůch.

Daniel. [Gott]

Gott wolt vns zeygen klar vnd pur,
Sein Christ nachm geyst in der figur,
Wie auch durch mich im Daniel,
Am andern bschriben one fel.

Paulus.

Du můst Herr Christ also erston,
Nach dem dein leib begraben fron,
Laut aller schrifft vnd Prophecei,
Daruff ich gründt mein predig frei,
Der ersten zun Corinthern klar,
Vnd zů don Colossensern zwar,
Des wollt ich mich berůffen han,
Auff Zachari den frommen man.

Zacharias.

Das gstünd ich brůder Paule dir,
Mit meinem bůch da halff neit für,

Nach 1277 A Isaias. 1279 A jn. 1281 S² erwischt. 1283 AS² Künig, A gschlecht. 1288 AS² viertzigsten. 1289 AS Isaias. 1295 fron: *heilig.* 1297 AS darauff.

Nach dem ich werd vom tod ersthon,
Als denn will ich eüch vore ghon,
In Galilea mercken frey,
Am dreitzehenden Zachary.

Jonas.

Der Herr wolts auch an mir nit sparn,
Da ich bin in den fisch gefarn, [Fiiij In]
In dem ich sass drei tag vnd nacht,
Spewt er mich auß auffs land mit macht.

Christus.

In O *und* A *die zu 1, 1 beschriebenen Holzschnitte.*

Du hast es Jona wol gedeut,
Ich hab auch daß bericht die leüt, [Am]
Am zwölfften, wie Mattheus zeügt,
Durch Gottes geyst, der nimmer leügt.

Hie mag gesungen werden das nachgeschribne Christ ist erstanden, in der weiß vnd Melodei, In dulci Jubilo ꝛc.

CHrist ist erstanden schon, todts band tregt er daruon, bringt das ewig leben, setzt vns ins himmels thron, sein geyst will er vns geben, das wir in warheyt bsthon, tregt des himmels kron, tregt des himmels kron.
Er ist das ewig brot, vnd nehrt vns in der noth, das wir nit verderben, nit sterben hungers todt, thet narung erwerben, mit seim blůt so roth, sei gelobet Gott, sei gelobet Gott.

Actus Quarti Prima Scaena.

Jacob schicket seine sůn in Egypten vmb frucht, behält dieweil Beniamin daheym.

1305 S² dann. 1313 A baß S des. (1) S¹ nach geschriben S² nachgeschriben. (3) OA dulce.

JACOB. RUBEN.

SIch da, mein sůn sthon da beieyn,
Frid sei eüch lieben sůn gemeyn, [Fv Was]
Was secht jr zů der tewren zeit?
Nempt war, der Gott der herlichkeit,
Hat seinem volck behalten vor,
Sein narung in Egypten zwar,
Da ist vil frücht on alles nein,
Ziecht auch hinab vnd kaufft vns ein,
Das wir nit Gott versůchen schwer,
Der vns hilfft auß des hungers gfer.

Ruben.

Sich vatter lieber vatter mein,
Du sichst die grosse hungers pein,
Ists nu dein will, seind wir bereyt,
Hinab zů reyßen vmb getreyt,
Solln wir nu mit einander hin?
Lieb vatter, sampt Beniamin?

Jacob.

Beniamin soll hin mit nicht,
Josephen brůdern, das jm ycht,
Args auff der reyß nit widerfar,
Ir zehen aber ziehen dar.

Ruben.

So kompt her lieben brůder mein,
Laßt gürten vnser Eselein,
Vnd laßt vns rüsten vnser seck,
Damit wir kommen ehe hinweck. [ ]

Jacob.

Lůgt das jr auch mit nemmen gelt,
On welchs jr neit seit bey der welt.

1316 AS bey ein. 1328 S^2 Ist. 1332 S^2 solt. 1333 ycht: *etwas*. 1337 S^2 Eselin. 1339 S eh. 1340 A *fehlt* mit.

Ruben.

Ade, nu spar dich Gott gesundt.

Jacob.

Frid sey eüch nu vnd alle stundt.

Actus Quarti Secunda Scaena.

Jacob zeygt in dieser Scaenen, wie ym die zwölff sün geboren seien, vnd welcher gestalt Joseph vnd Beniamin ym die liebsten warn.

BENIAMIN. JACOB.

MEin vatter sich, mein brůder all,
Mit freüden reyßen hin gehn tal,
Vnd ich allein mit langer wil,
Soll bleiben hie beschwert mich vil

Jacob. [Dich]

Dich soll nit bschweren lieber sůn,
Was mir gefalt, so merck mich nůn,
Dein můtter hat mit grosser pein,
Dich vnd Joseph den brůder dein,
In meinem alter mir geborn,
Darumb ich eüch hat vßerkorn,
So sagt man deinen brůder todt,
Für dich hab ich nu sorg vnd not.

Beniamin.

Nit zürn traut lieber vatter mein,
Wie solln dan die mein brůder sein?

Jacob.

Ich wont zMesopotamiam
Allda ich mein beyd weiber nam,

Vor 1342 O Kuben. 1343 S^2 nun euch. 4, 2 S waren. 1346 S^2 weil. 1348 S^2 Son. 1353 OS^1 Harumb A Herumb AS^2 außerkorn. 1355 A trag. 1358 OA zMesopotaniam.

Die erst Lea, sechs sûn gebar,
Den Ruben, Leui, Isaschar,
Auch Judam, vnd den Sebulon,
Der sechste heyßet Simeon,
Ir magt Sylpa geboren hat,
Noch zwen den Asser vnd den Gad,
Die andern zwen seind Bescha sûn,
Dan, Neptali, wie wol ich bin,
Der vatter ewer all gemein,
Soln all mein sûn genennet sein, [Dem]
Dem vnser Gott herr Sebaot,
Das glopte land verheyssen hat,
Als er mir auff der reiß erschien,
Von gmelter lantschafft wider hien,
Gesegnet mich vnd sprach zû mir,
Israel heystu nun hinfür,
Dein same mehr sich ewigklich,
Vil vôlcker will ich machen dich,
Es soln auch Künig auß dir gon,
Das globte land das soltu han,
Dazû dein reicher samm nach dir,
Hiemit schied da der Herr von mir,
Dem wollen wir mit hertzen reyn,
Stet ewig dienen nur alleyn,
So laß vns wider einer gon,
Beniamin mein gelieber sûn.

Beniamin.

Ghe vatter vor, so will ich doch,
Gemehelichen ghon ernach.

1361 O Kuben. 1371 AS globte. 1372 A erschin : hin. 1380 A Darzû. 1384 AS einher. 1385 AS geliebter, S^2 Son. *Hier ist* Beniamin *dreisilbig zu lesen, oder* glieber. 1387 OA gehmehelichen S^1 gemechelichen S^2 gemechlichen, A hernach.

Actus Quarti Tertia Scaena.

[Die]

Die zehen brůder flehen für dem Joseph yrem brůder (den sie doch nit kandten wiewol er sie erkant hat) vmb frucht, Joseph stelt sich frembd gegen yhn durch seinen Dolmetschen, handlet sie übel, bindet zů letst den Simeon yren brůder pfandtsweiß bei ym zůbehalten, biß sie Beniamin den jüngern auch bringen, befilcht daneben yn yre Esel mit frucht zuladen.

RUBEN, TACHPENES, SEBÚLON, JUDA.

MEin thewrer Herr, wir deine knecht,
Vil frid vnd freüd meim herren sprecht,
Mit sampt erbietung vnsers gruß,
Vmbsuchent gůtts, fallent zufůß,
Meim herrn dem Landtuogt hie zů land,
Mit ernster bitt, seinr gnad beistand.

Tachpenes.

Ir månner mein, was ist der merr,
Was wolt yr, vnd wa kumpt yr her?

Ruben.

Vns deine knecht treibt hungers bandt,
Von Canaan herauß dem landt,
Bist du nu zů verkauffen Herr,
So bitten wir, vns auch gewer, [Gib]

Holzschnitt: links vor der Pforte Tachpenes, die Hand gebieterisch bewegend, hinter ihm Joseph im Hause, draussen knien die Brüder, rechts vorn beugt sich Ruben tief; im Hintergrund Bäume, beladene Maulthiere.

Gib vns ein wenig frucht vmbs gelt,
Das wir dem hunger obgemelt,
Entziehen vns vnd vnser kind,
Sampt andrem armen haußgesind,

4, 3 S[2] für Joseph. S handelt, S[1] fruchte; O Kuben. 1392 A herren. 1393 S[2] seiner. 1397 AS her auß.

Tachpenes.

Ich bin keyn herr, bin nur ein knecht,
Meins herren dolmetsch, den yr secht,
An meiner grechten oben sthan,
Dem seind im land all vnderthan, [ ]
Reich, arm, gewaltig, groß vnd klein,
Er ist im land Regent allein,
Der spricht durch mich dolmetschers gstalt
Ir seit verråtter als er halt,
Seit kommen mit betriegerei,
Zů bsehen wa sland offen sei.

Ruben.

O nein, mein Herr, dein knecht seind fromb
Seind kommen nur allein darumb,
Zů kauffen speiß wie oberzalt,
All eins manns sůn, da für vns halt,
Da zů seind wir die knechte dein,
Mein tag doch nie kuntschaffter gsein.

Tachpenes.

Nein, sonder yr seit kommen her,
Zů bsehen wa sland offen wer.

Sebulon.

Wir sind zwôlff brůder merck mich recht,
Hand einen vatter fromm vnd grecht,
Zů Canaan, der hat bey jm,
Den jüngsten Sůn mich recht vernimm,
Sich da mein Herr, der ist der ôlfft,
Verloren aber ist der zwôlfft. [Tach-]

Tachpenes.

So spricht mein Herr, merck eben ab,
Das ists das ich gesaget hab,

1406 A gerechten. 1413 S^3 besehen, OS^1 dland *(aber 1421* sland), A das land. 1414 S frumb. 1420 S^2 seind (1422). 1423 A gerecht.

Verrătter seyt jr all gemein,
Daran will eüch průfen fein
Dan bey Pharonis leben schon,
Sollt jr nit kommen hie daruon,
Es komm dann ewer brůder her,
Der jüngst, schickt einen on geuer,
Der jn hol, jr sollt aber sein
Gefangen, also will ich fein,
Erkunden ewer gmeine red,
Ob jr mit der warheyt vmbghet,
Wa nit, so seit jr aller dings
Verrătter, bey dem leben sKüngs,
Doch spricht mein Herr er fůrchte Gott,
Wa jr seit redlich mit der that,
So thůt (wolt jr recht lebn) also,
Laßt ewer einen binden do,
Ir aber fůrt zehaus die speiß,
Vnd bringt den jüngsten her mit fleiß,
So will ich eüch dan glauben gebn,
Das jr nit sterbt vnd bleibet lebn.

Juda. [G Wir]

Wir hant an vnßrem brůder das
Verschuldigt, da wir jn aus haß,
Nit hőren wollten in der not,
Da er vns flecht, drumb gibt vns Gott,
In dise angst vnd grosse gfar.

Ruben.

Sagt ichs eüch nit jr brůder zwar?
Da ich sprach, nit versündigt eüch,
Da wolt jr all nit hőren gleich,
Nu wirt seins blůts schuldige rach,
Gefordert hie, mit vngemach.

1441 A lebens Küngs S[1] sKünigs. 1444 S leben. 1446 A zůhauß S zů hauß. 1448 S den, geben: 1449 leben. 1450 AS[2] vnserm. 1455 S[1] brüdr *gesperrt*. 1457 O *Druckf*. gleüch.

Tachpenes.

Ghet jr dem Herren nach hinein,
Zů laden ewer Eselein,
So kompt jr wider auff die fart,
Dich můß ich aber binden hart,
Trit her zů mir, beůdt mir dein hånd,
Komm her, wir wollen an ein end,
In meines Herren hauß hinein,
Biß wider komn die brůder dein.

Actus Quarti Quarta Scaena.

[Jacob]

Jacob verlangt nach seinen sůnen, trőstet sich doch durch seinen glauben an die verheissung des Her ren, Juda zeygt sein brůdern an, wie er sein gelt oben im sack hab funden.

JACOB. JUDA. RUBEN.

MIch wundert ser vnd ist mir bang,
Das meine sůn seind also lang,
Ich weis nit obs jn wol ergoht,
Doch ist mein schutz Herr Sebaott,
Du bist mein zůflucht vnd mein schilt,
Der du mich fort erhalten wilt,
Warumb solt mir dan grawen ser?
In diser ringen hungers gfer,
Ja wann schon auch die erden rund,
Zerschültzt, das pürg sich stürtzen gund
Hin in der tieffen hellen flůt,
Vnd auff das aller grewlichst thůt,
So ist dein hilff doch auff der ban,
Dadurch dein volck würt rettung han,
Du selb bist dise schilt vnd macht,
Vor aller welt schőpffung betracht.

1467 S^2 kommn. 1471 S^2 schutzherr. 1476 S^2 auch schon. 1477 S^2 zerschültz. zerschültzt *von* zerschelzen (*Lexer* verschelzen): *zerschellen*. *Vgl.* si fractus illabatur orbis. 1480 S^2 *fehlt* doch. 1482 S selbst, vnser schilt.

Juda.

Es soll eüch lieben brůder mein,
Was mir bgegt nit verschwigen sein, [Gij Als]
Alls wir nåcht in der herberg warn,
Vnd ich mein fůter nit wolt sparn,
Thet auff mein sack, so war ich leb,
Das ich meim Esel fůter geb,
So find ich fein in meinem sack,
Das geltlin oben in dem pack,
Wie ichs mit mir hinab gefürt,
Noch fein vnd weydlich vnberiert.

Ruben

Was sagstu da, das ist nit gůt,
Das nimpt mir allerst freyd vnd můt,
Schaw vnser vatter kompt daher,
Ach das nur das nit gschehen wer.

Actus Quarti Quinta Scaena.

Jacob empfacht sein sůn, Ruben zeigt ym an wie es gangen sey, Juda sagt, ein yeder hab sein gelt wider mit bracht, derhalben Jacob sich hefftig bekümmert vnd fast weynet.

JACOB. RUBEN. JUDA. [Seit]

SEit mirs wilkommen lieben kind.

Ruben.

Dir vatter danckt dein arm gesind.

Jacob.

Wie ist es gangen auff der fart?

1485 S^2 begegt. 1486 nåcht: *vergangene Nacht.* 1493 S vnberürt. 4, 5 S es jn gangen. *Vor* 1499 O Kuben. 1500 S^1 ists.

Ruben.

O vatter leyder gar zů hart.
Ir brůder ziehen jr hinein,
Entladen ewer Eselein,
Vnd leren auch behend die såck,
Die weil vnd ich die sach endeck,
Der mann der in dem land ein Herr,
Schalt vns verråter alle seer,
Alls wir mit antwort sprachen nein,
Wir seind kuntschaffter nie gesein,
Zwölff brůder vnsers vatters sůn,
Der ein ist leyder schon dahin,
So ist der jüngst noch heüt bei tag,
Bei seinem vatter, wie ich sag,
Sprach er, da will ich mercken bei,
Ob es nit sei verråtterei,
Laßt ewrer brůder einen hie,
Ir aber, můßt von dannen ye, [Giij Vnd]
Vnd bringt mir ewer jüngsten her,
Das ich erfar die rechte mehr,
So will ich ewern brůder dann,
Eüch geben vnd bewerben lan.

Juda.

Nim war wir haben außgeschüt,
Die såck, vnd finden all damit,
Sein gelt ein yeder in seim sack,
Des ich von hertzen ser erschrack.

Jacob.

Ir habt mich meiner kind beraubt,
Mich armen alten seer betaubt,
Joseph der ist vorhanden nim,
Simeon ligt (als ich vernimm)
In harter gfängknuß, tödtlich inn,
So wolt jr auch Beniamin,

1503 S^2 Eselin. 1516 S ewer. 1520 A ewren. 1521 A bewerem. 1529 S^1 *die Zeile nicht eingerückt*, S^2 *die Klammer vor* ligt.

Hin von mir füren ellendklich,
Ach Gott, es geht als über mich.

Ruben.

Wann ich dir jn nit wider bring,
So würg mein zwen sůn aller ding.
Gib jn mir vatter in mein hand,
Ich willn dir wider bringen zland, [Jacob]

Jacob.

Mein sůn soll nit mit eüch hinab,
Sein brůder ligt ye inn dem grab,
Er ist alleyn der überbleib,
Wann jm nu ettwas an dem leib,
Vnfålligs, auff dem weg begeigt,
(Dem ich bin so von hertzen geneygt)
So trüben jr mein grawe haar,
Mit schmertzen, in der hellen gfar.

Ruben.

Wollan, mein vatter hôrt mich nit,
Es ist vmb sunst mein sorg vnd bit,
Will recht des orts zů friden sthon,
Zů meinen brůdern hinein gohn.

Hie mag gesungen werden diß nachfolgend beschriben Vatter vnser. In dem thon, Mag ich vnglück nit wider ston, můß vngnad han ꝛc.

HErr vnser vatter der du bist, zů aller frist, hoch in des himmels throne. Erhôr dein kind, gib das vns brist, wie Jesus Christ, vns hat gelernt dein sůne. Dein

1532 A ellendigklich. 1537 A zůland. 1543 OAS Dann. *Die Emendation* Dem *scheint mir der matten Erklärung „denn das ist meine Ansicht, Befürchtung“ vorzuziehen.* A gnaigt S^1 gneigt S^2 gneygt. 1544 S treiben. (6) S was. (7) A glernet S gelert, S^2 Sone.

heyliger namm, werd lobesan, zů kumm dein Reich, vns al-
len gleich, dein will gschech allzeit frone. [Giiij Gib]
Gib vns heüt vnser tåglich brot, in hungers noth
wölst vnser seelen weyden.
Vergib vns Herr auch vnser schuldt, wie mir mit
huldt, das wir von dir nit scheyden.
Nit wölst vns Herr, versůchen schwer, vom übel
bitt, vns machen quitt, laß vns dein wort nit leyden.

Actus Quinti Prima Scaena.

Jacob schickt zum andern mal seine sůn mit sampt
Beniamin in Egypten, befilcht geschenck für
Joseph zubringen.

JACOB. JUDA. RUBEN.

SIch da, wir hand vns gar verzehrt
Beyd, såck vnd auch die kasten glert,
So ziehen wider lieben sůn
Vmb frucht, dort in Egypten hin.

Juda.

Der mann im land, lieb vatter mein,
Band vns so hart mit worten ein, [Der]
Der nechsten reyß vns tråwet schwer,
Sein angsicht soltn wir nimmermer
Anschawen, es kåm dann herab,
Der brůder, vnser jüngster knab,
Ists nu, das du jn mit vns sendst,
So ziehen wir, wa nit, so wendst,
Das wir nit tretten für den mann,
Der vns so hart ließ sagen an,
Wir solten für die augen sein,
Nim kummen on Beniamin,

---

(9) A gescheh. (12) AS^3 wir. (14) S^2 von (S^1 vō). 5, 1 S^2 Actus Primi Scena V. 1557 A solten.

Jacob.

Warumb habt jr so übel than?
Das jr jm ye gesaget han,
Wie jr noch hapt ein brůder jung,
Nu bringt jr mich in peinigung.

Ruben.

Der mann forscht vatter so genaw,
Nach vnserm gschlecht, bey meiner traw
Das nit mocht ja verschwigen sein,
Kam hrumb, mit solchen worten fein,
Lebt ewer vatter? habt jr doch,
Auch yetzund einen brůder noch, [G v Da]
Da sagten wir jm wie er fragt,
Vnwissend, das er sollt gesagt
Han, oder vns getrewt vorab,
Zů bringen jn mit vns hinab.

Juda.

Ich bit dich hertzger vatter mein,
Vertraw den knaben mir allein,
Das wir vns machen auff die fart,
Dadurch das leben werd bewart,
Beyd vns, vnd vnsern kindlin klein,
So will ich für jn bürge sein,
Heysch jn von mir mit dem geding,
Wann ich jn dir nit wider bring,
Vnd stell für deine augen dar,
Will ich die schuld alleinig gar,
Hintragen all mein lebenlang,
Dann wa wir hetten nit mit zwang,
So lang verzogen weren wir,
Wol zweimol wider kommen schier.

Jacob.

Ey můß es dann ja also sein,
So thůts, vnd nempt mit eüch wol fein,

1571 *in* S[1] *nicht eingerückt,* A vnseren. 1572 S[2] nicht. 1578 A getrewet. 1593 A zweimal S[2] zwey mal.

Der besten frucht in ewer säck.
Vnd bringt dem mann geschenck, seind keck,
[Nempt]
Nempt Balsam, Mirren, hong vnd wurtz
Nempt dattlen, mandlen, machets kurtz
Nempt gelt zům andren, das zuuor,
In ewren secken oben war,
Villeicht ist da ein irthumb gschehn,
Als jr wol werden lechters sehn,
Dazů nempt ewern brůder mit,
Tret für den mann vnd saumpt eüch nit,
Der ewig allmechtige Gott,
Geb eüch barmhertzigkeit, genod,
Das eüch der mann geb wider loß,
Den andern brůder mit genoß,
Vnd auch damit Beniamin,
Ich aber gar verlassen bin,
Můß sein wie der zů aller frist,
Der seiner kind beraubet ist.

Actus Quinti Secunda Scaena.

TACHPENES. ZAPHNAT. RUBEN. JUDA.

[Dach-]

Dachphenes Dolmetsch zeygt die grosse hungers noth an in Egypten, wie die Histori etlicher mass wei set, in des sihet Zaphnat, das ist Joseph, seine brůder von ferrem, heyßt sie heym zů gast einfůren, geht er hie zwischen zů hoff, keret doch bald wider zů hauß, emphahet das geschenck.

MEin Herr, das volck beklagt sich seer,
Hab nit das es sich fürthin neehr,
Ob du sie dan wolst sterben lan,
Darumb das sie keyn gelt mehr han.

1598 S honig. 1599 A machts. 1601 S ewern. 1604 A ewren. 5, 1 S *hat die gewöhnliche Ordnung von Inhalt und Personen. Die nachlässige Schreibung* Dachphenes *nur in* O.

Zaphnat.

Dieweil sie seind on gelt, so sprich,
Das sie mir bringen her jr vich,
So will ich sie nit sterben lan,
Dieweil ich korn im kasten han.

Tachpenes.

Ir ettlich han kein vich noch gelt,

Zaphnat.

Den will ich geben auff jr feld.

Tachpenes.

Vnd wann sie nu han als verthon,
Beyd, vich vnd feld, des gelts seind on,
Wie will mein Herr sie nehren dann? [Zaph]

Zaphnat.

So nimm ich sie zů knechten an,
An Pharo dienst, mit leib vnd gůt,
Schaw lieber, wer dort kummen thůt,
Es seind die mann auß Chanaan,
Irn jüngsten brůder sich ich schon,
Fůr mir sie Tachphenes zů hauß,
Richt zů auffs best gantz überauß,
Sie solln den ymmbiß bei mir han,

Tachpenes.

Mein Herr, ich wils versehen gan.
Her her, jr månner kumpt mit mir,
In meines Herren hauß herfür.

Ruben.

Vil freüd geb dir Gott lieber Herr,
Dein knecht erscheinen wider her.
Das würt es lieben brůder sein,
Darumb wir werden gfürt hierein,

1630 S Canaan. 1632 S Tachpenes. 1641 A gefůrt.

Vmbs gelt das wir gefunden hant,
In vnsern secken eüch bekant,
Das er vns hie der that bewiß,
Sein vrtheyl fell auff vns gar leiß, [Ja]
Ja das er vns zû knechten mach,
Laßt vns am mann erfaren dsach.
Mein Herr, wir zogen vor herab,
Das wir dir narung kaufften ab,
Als wir ind herberg kamen nun,
Vnd wolten vnser såck auff thûn,
Da war eins jeden gelt im sack,
Mit vollem gwicht in seinem pack,
Das hant wir wider mit vns bracht,
Auch ander gelt zûsamen gmacht,
Zû kauffen speiß, vnwissend noch,
Wer vns das hab drein gstecket doch.

Tachpenes.

Gehapt eüch wol es hat kein not,
Der Herre ewer våtter Gott,
Hat eüch ein schatz leicht zûgestelt,
Mir ist ye worden ewer gelt,
Halt still, ich will heraußer lan,
Trit zû vns ausser Simeon.

Juda.

Mein Herr, hand wir genad vor dir,
So ledig vnsern brûder mir.

Ruben.

Laßt vns bereyten das geschenck,
Biß sich der Landuockt heyme lenck. [Zaph]

Zaphnat.

Nach dem vnd ich nach meinem staht,
Pharonis gschefft verwaltet hat,

1644 S beweiß. 1650 AS[2] in dherberg. 1653 S[2] vollm. 1662 S lon.

Will ich mich fügen heym zuhauß,
Vnd schawen das man leb im sauß,
Weil ich bey mir beschlossen hab,
Mich meinen brůdern heüt vorab,
Gen zů erkennen offentlich,
Dann sy todt meinen lengest mich.

Ruben.

Dis ist der mann der da her kompt,
Secht wie er mit jm selber brompt,
Vor schrecken klopffet mir mein hertz,
Nempt jr das gschenck vnd ghet herwertz
Mein Herr, dein gunst nit von vns wenck,
Verschmach nit deiner knecht geschenck
Es seind der frücht auß vnsrem land,
Meim Herren frembd vnd vnbekant.

Zaphnat.

Stodt auff mein sůn, vnd seit gegrůßt,
Zů ymbiß mit mir essen můßt,
Wie ghet es ewrem vatter doch?
Was thůt er, vnd wie lebt er noch?

Ruben. [Es]

Derselbe Holzschnitt wie in 4, 3.

Es geht deim knecht meim vatter wol,
Nit weiß ich anders yetzt zumal,
Wiewol er alt vnd sere schwach,
Lebt doch in sollchem vngemach.

Zaphnat.

Ist diß der jüngste brůder dein,
Des jr bei mir seit eindenck gsein,
Gott sei dir gnådig du mein son,
Geht flucks mit nander einhin schon, [Heu]

1675 S^2 langest. 1682 AS vnserm. 1684 A stadt S^2 staht. 1685 A *fehlt* mit.

Heu heu, mir brennt meins hertzen grund,
Ah das ich mich erhalten kund,
Heyß Tachpenes aufflegen brot,
Auch das man anricht andren rot.

Actus Quinti Tertia Scaena.

Joseph Zaphnat genant, halt sein brůder zů gast, heyßt jre Eselein laden mit frucht, yedes gelt oben in sein sack zethůn, dem iüngsten sein silbern bůcher, mit dem gelt, das man yn nach eyl vnd den gestolen bůcher von ym forder, Keren die brůder all vmb mit grosser forcht für Joseph, Joseph gibt sich ynen zů erkennen mit vil weynen vnd grossem zittern.

ZAPHNAT, TACHPENES, SIMEON, RUBEN, JUDA, PETRUS, BENIAMIN.

SEtz Tachpenes die gåst zů tisch,
Sy sein vil scheiher dann ein fisch,

Tachpenes. [H Wolan]

Wolan jr månner secht ich kum,
Her her vnd sitzen all herumb,
Beniamin zum hôchsten an,
Soll Ruben zur gerechten han,
Zůr lincken Juda vnd Leui,
Sitz du herüber Neptali,
Gad, Asser, hab zůr lincken hand,
Dan, Isaschar, sitzt an die want,
Hieunden sitzt wol Simeon,
Mit seinem brůder Sebulon,
Nun bringt dem Herren sonderlich,
Das essen, vnd des selben glich,
Denn Egypten besonders auch,
Sie türffen ye nach vnßrem brauch,

1697 S Ach. 1699 rot: *Vorrath.* 5, 3 S Eselin. 1702 A komb. 1712 S den. 1713 S gleich. 1714 S den. 1715 S dôrffen, AS vnserm.

Nit mit den Juden essen brott,
Sennacherib, thů du jn roth
Deßgleichen du Senabellat,
Sich fleyßig auff nach deinen staat,
Mit schencken ob dem essen ein,
Des jüngsten soltu eindenck sein,
Dem soll man fünffmal geben mer
Dann seinen brůdern, will der Herr,
Da kumpt das essen, mercken drauff,
Ir gåst, nu reißt den kappen auff. [Zaph.]

Zaphnat.

Merck Tachphenes darauff mit fleiß,
Wann zeit erfordert ander speiß.

Tachpenes.

Sennacherib, bring ettwas mehn,
Was solln die platten ler hie stehn?
Da fallen ein vnd brennt eüch nit,
In dpratne ganß, wie hie ist sitt.
Ir månner, seit nit also stumb,
Laßt ettwann gohn den båcher vmb.

Simeon.

Wir kündens nit mit follen halß,
Ein yeder wolts gern essen als.

Tachpenes.

Ir månner, habt jr nichtzet mer?
Ghe hin, bring vns den keß auch her.

Zaphnat.

Weyßt Tachpen, was du hast zuthun,
Die gåst die haben gessen schon,

1719 AS deinem. 1725 kappe: *Kapaun (oder besser, zusammenhängend mit* kapfen *in der ursprünglichen Bedeutung* hiare, *ein burlesker Ausdruck für: Mund?* kappe *f.: Kopf).* 1726 AS Tachpenes. 1728 S^2 bring her ettwas mehr. 1731 S^2 Ind pratne, OAS^1 dpratte. 1734 S vollem. 1738 S zethůn.

Weil wir noch sitzen an dem tisch,
So lauff bald auß, still wie ein fisch. [Hij Vnd]
Vnd fül den månnern sondrem fleiß,
Ir såck mit treyd vnd sollcher speiß,
So vil sy fůren môgen gmein,
Thů jedem wider oben drein,
Sein gelt, mein silbern båcher stôck,
Dem jüngsten oben in sein såck.
Sitzt still jr gåst, es thůt nit not,
Man füllt eüch erst die såck mit rhot.

Ruben.

Mein Herr heysch von vns was er wôll
Zů jrrten, geben werden sôll.

Zaphnat.

Secht ewer Esel kommen her,
Nach notdurfft wol geladen schwer,
Nempt so für gůt vnd faren hin,
Volg Tachpen du mir nach hierin.

Simeon.

Ho ho wir sind gewunnen schon,
Eilt lieben brůder frisch daruon.

Zaphnat.

Auff Tachpen auff vnd jag jn nach,
Sy ziehen hin, eil mit der rach, [Wann]
Wann du sy nu ergreyffst, so sprich,
Warumb habt jr betrogen mich?
Vmb gůts so bôß, ists nit das gschirr,
Darauß mein Herr trinckt, haben jr,
Vnd da er mit weissagen pflegt,
Ist vnrecht das eüch ietz begegt.

1744 S môgen fůren. 1746 S steck. *Vor* 1750 O Kuben. 1751 jrrte: *Zeche (Zahlung).* 1755 S^1 hereyn S^2 herein. 1756 S seind. 1761 S *fehlt* jr. 1764 S^1 gflegt.

Tachpenes.

Mein Herr schweig nu, ich hab sein gnůg,
Ich will den nechsten auff die lůg.
Nim war sy seind noch in der neh,
Was schrei ich nit mit worten schmeh?
Halt still jr mânner haltet still,
Merckt was ich mit eüch reden will,
Was habt jr bôß vmb gůtts gethon?
Warumb habt jr nit ligen lon?
Das eüch nit zůgehôrt mit recht,
Meins herren trinckgschirr habt jr schlecht

Ruben.

Ach warumb redt doch solchs mein Herr?
Das sey von deinen knechten ferr,
Sich da, wir hant herab gefůrt,
Das gfunden gelt wie oberůrt,
Auß vnser landtschafft Canaan,
Wie solten wir den gstolen han? [Hiij Auß]
Auß deines Herren hauß in schand,
Gold, silber, oder anderhand,
Bey welchem er ja funden würt,
Der werd schlecht zů dem todt gefůrt,
Darzů wôlln wir auch allgemein,
Meins Herren ewig diener sein.

Tachpenes.

Es sei ja wie du hast geredt,
Bei wem sichs findt das er jn hett,
Der sei mein knecht, jr aber quitt
Sůcht flucks, knüpfft auff vnd saumpt eüch nit.

Ruben.

Du findst bei Adonay neit,
Bei mir mein Herr, drumb fürbas schreit.

1768 S^1 nech. 1769 A schmech. 1775 S^1 *nicht eingerückt.* 1779 AS^1 obberürt S ob berůrt. 1781 AS^2 dann. 1786 A wôllen. 1791 *und* 1793 S^1 *nicht eingerückt.* 1791 S^1 vff, A fluchs.

Simeon.

Bei mir dergleichen lieber Herr,
Sich da, was hastu ansproch mer?

Juda.

Mein herr, was můhßt dich nur vmb sust,
Wir haben dir nichts außgewuschst.

Tachpenes. [Ich]

Ich hab eüch all ersuchet fein,
Jetzt würt es an dem jüngsten sein,
Hie hie hie, findt sichs wer jr seit
Ins jungen sack, jr frůmmen leüt.

Juda.

O mortlichs mort, o hôchster Gott,
O we, o we, der grôsten nott,
Wollauff mit nander in die statt,
O we, der grôsten missethat.

Beniamin.

So war mein brůder lebt, ja Herr,
Weyß ich nit von dem handel schwer,
Hab auch im gantzen leben mein,
Vor diebstal, mich gehůtet rein,
Wie ist nu on mein wissen gar,
Der bâcher, zů mir kummen har.

Juda.

Mein brůder, laßt vns eilen seer,
Es steht noch vor dem hauß der Herr,
Er hat vns wol zuhôren můß,
Wir wôlln jm fallen all zůfůß.

1795 A anspruch S ansprach. 1797 außgewuschst *vgl. zu 157, hier trans.: schnell wegstipitzen.* 1797 S außgewust. 1798 A alle. 1803 A grossen. 1812 A brůder laß, S² brůder. 1815 A wôllen, *fehlt* all.

Zaphnat. [Hiiij Sich]

Sich da, mein vôlcklin dritt daher,
Ir mânner, was ist nu der mer?
Was ist das für ein hüpsche sach?
Die jr volbracht, mit vngemach,
Wüßt jr nit das ein sôllcher mann?
(Wie ich) die ding erratten kan.

Juda.

Was soln mein Herren sagen mir?
Was soln wir reden hie vor dir?
Oder was solten wir doch hie?
Fürwenden thûn wann oder wie,
Gott hat die müßthat deiner knecht,
Gefunden, nu so merck mich recht,
Wir vnd bey dem da funden ist,
Der bâcher, seind zû diser frist,
Meins Herren knecht all in gemein.

Zaphnat.

Das sey ferr von mir, o we nein,
Bey dem der bâcher funden ist,
Der sey mein knecht, du aber bist,
Mit deinen brûdern ledig loß,
Ziecht hin mit friden auff die straß.

Juda. [Mein]

Mein Herr, hôr deinen knecht des orts,
Mit günstigen ohren noch eins worts,
Mein Herr, dein zorn ergrimm mit nicht,
Als über deine knecht auß pflicht,
Dann du bist gleich wie Pharao,
Als wir nu vor dir stunden da,
Fragt vns sein knecht, mein Herr vnd sprach
Habt jr vatter vnd brûder nach,

1827 S^1 *fehlt* so. 1837 A orn. 1841 S do. 1842 *fehlt in* S^2, *wo der Vers eine neue Seite eröffnen müsste, trotz* Fv, Fragt. 1843 AS^2 noch.

Gaben wir antwurt, wie jm war,
Ein alten vatter hand wir zwar,
Dem seind zwen sůn im alter gborn,
Dauon hat er den ein verlorn,
Den andern, hat er seer in hůt,
So überblib, meim vatter gůt,
Da sprachstu, bringt jn her, mein sůn,
Das ich mein augen werff auff jn,
Da sagten wir, er kan mit nicht,
Von seinem vatter kummen leicht,
Vnd wa er von jm kummen solt,
So můßt sein vatter sterben boldt,
Da sprach mein Herr, er kumm dann her,
Solt jr mich sehen nimmermer,
Da zogen wir gen Chanaan,
Zů deinem knecht, sagten jm an, [H v Meins]
Meins herren red, dem vatter mein,
Als er nu sprach, zicht wider hein,
Vnd kaufft vns zessen, sprachen wir,
Wir kündens nit, glaub vatter mir,
Es sei dann, das du mit vns sendst,
Den jüngsten brůder, anders wendst,
Das wir nit ziehen, dann wir ye,
Des manns angsicht nit sehen (wie
Du weyßt) sei dann mit vns vorab
Mein brůder, vnser jüngster knab.
Spricht vnser vatter da dein knecht,
Mir seind geboren, lieber secht,
Vom letsten weib im alter zwen, [Der]
Der ein thet von mir aussen gehn,
Den sagt man mir zerrissen sin,
Biß her, hab nit gesehen jn,
Fürt nu jr disen auch daruon,
Vnd jm ein vnfall würt zůston,

1844 AS antwort. 1846 A geborn. 1849 S mein. 1850 A bring, sun. 1855 AS^{2} baldt. 1858 OS^{1} Chanaam S^{2} Canaan. 1861 A ziecht S zeicht, A nein S hyn. 1867 A angesicht. 1872 S^{1} lesten. 1874 S sein. 1875 S^{2} *hat nach* her *kein Komma, schiebt nach* hab *ein* ich *ein.*

So fůrten jr mein grawe haar,
Mit jamer in der hellen gfar,
Vnd nu so ich zum vatter kem,
Vnd nit den knaben mit mir nem,
Weil nu sein seel an disem hangt,
Souil seins vatters hertz belangt, [Ge-]
Geschichts, das er mit schwerer bürd
Stirbt, wann er jn nit sehen würd,
Dann würden wir die knechte dein,
Deins knechts graw haar, des vatter meïn,
Mit jamer vnd mit vngefell,
Hinunder bringen in die hell,
Dann ich dein knecht, bürg worden bin,
Für disen mein Beniamin,
Gen meinem vatter mich versprach,
Ich wölt die schuldt vnd vngemach,
Mein lebtag tragen, wa ich nit
In, bring dir wider loß vnd quitt,
So will nun ich meins Herren knecht,
Ans knaben statt, hie bleiben recht,
Vnd laß nun wider ziehen hin,
Den knaben, mit den brůdern sein,
Dann wie soll ich zům vatter gohn?
On disen sein geliebsten son,
Ich můßt mit augen sehen klar,
Meins vatters jamer jmmerdar.

Zaphnat.

Wie kan ich mich erhalten mer?
Ghet all jr diener von mir fer, [Hau]
Hau hau, ich můß bekennen frei,
Mein brůdern klårlich, wer ich sei,
Bin Joseph, lebt mein vatter noch,
Sich da ich bins, drett zů mir doch.

1878 A graw. 1887 S vatters. 1892 A vorsprach. 1896 A herrn.

Petrus.

In O und A wieder die Holzschnitte aus 1, 1. [Mich]

Mich dunckt bei disen worten Christ,
Ich sech yetzt wie du gtretten bist,
In vnser mitten, da wir all,
All eylff versamlet warn zumal,
Gedachten deiner vrstånd da,
Pax vobis, was schreckt eüch also?
Sprachstu Herr Christ, secht fůß vnd hånd
Ich bins, sthet Luce an dem end.

Zaphnat.

Ich bin Joseph den jr verkaufft
Hie her, darumb nit von mir laufft,
Bin ewer brůder, denckt nun nicht,
Das zorn sei über gmelter gschicht,
Dann Gott hat mich für eüch gesant,
Von wegen ewers lebens bstant,
Diß ist der thewrungs ander jar,
In fünffen würt kein ernde gar,
Noch pflug, drumb mich Gott wie gemelt,
Zurhalten eüch hieher gestelt,
Vnd durch ein groß erretten das,
Nit jr, sprich ich, habt mich dermas
Gsant, sonder Gott hat mich gesetzt,
Zům vatter Pharo vnuerletzt, [Seim]
Seim gantzen hauß zur oberhand,
Zům Fürsten in Egypten land,
Eilt nu vnd ziecht gen Canaan,
Zů meinem vatter, sagt jm an,
Da laßt dir dein verlorner sůn
Joseph, vatter zuwissen thůn,
Das jn Gott hat mit grossem pracht,
Ein Herrn in gantz Egipten gmacht.

1912 S² vnsern. 1926 A gmelt. 1927 A zur halten. 1936 A son S² Son.

Entpeüt dir, das du kommen wolst,
Hinab zû jm, dann merck du sollst,
Im land zû Gosen bei jm sein,
Sampt kind, kindskind, das vihe dein,
Da wôll er dich versorgen zwar,
Es folgen noch fünff theüre jar,
Sich ewer augen sehen klar,
Mit sampt Beniamin fürwar,
Wie ich eüch mündtlich selb bescheyd,
Meim vatter sagt mein herrligkeyt,
Was ihr hie habt gesehen mer,
Eilt nu, vnd bringt jn zû mir her,
Komm her mein lieb Beniamin,
Vmbfahen dich staht mir mein sinn,
Heu, heu, mein hertzger brûder mein,
Mein brûder, kummen all hierein, [Laßt]
Laßt vns vereinen mit dem kus,
Volgt mir nach einher on verdrus.

Actus Quinti Quarta Scaena.

Pharo befilcht nach dem ym angesagt ward, wie Josephs brûder kommen wern, sein vatter sampt seim gantzen gesind hinab zû bringen, ziehen die brûder hin.

TACHPENES, PHARAO, ZAPHNAT.

GOtt wôll das Pharo ewig leb,
Vnd das er mir mit willen geb,
Meins herrn des Landtuockt newe freyd,
Für jn zebringen mit bescheydt.

Pharao.

Was bringstu news mein gûter man?
Was freyden ist ietz vff der ban?

1941 OAS[1] soltst. 1943 O kinskind. 1955 S[1] hereyn S[2] herein. 5, 4 S[2] Actus Quarti Scena V. 1962 S[2] newes. 1963 AS[2] auff.

Tachpenes.

Joseph mein herr Zaphnat genant,
Meim hern dem Künig macht bekant, [Mit]
Mit worten laßt dir sagen an,
Sein brůder seind aus Canaan,
Zů jm heraber kommen all,
On gferd in diser thewrung qual,
Als seim getrewsten Herren schon,
Wolt ers nit vneröffnet lon.

Pharao.

Das hör ich gern ist es also,
Er kompt, ich wills wol hören dꝰ.
Seind deine brůder Zaphnat hie?
Wann seind sy kommen oder wie?

Zaphnat.

Gott geb meim Herren gůtte zeit,
Ja Herr, dein knecht seind kommen heüt,
Vmb korn vnd narung für jr hauß,
Die thewrung truckt sy vberauß,
Ghe Tachpenes du wider nhein,
Vnd heyß sy weylend warten mein.

Pharao.

So sag dein brůdern, thůt also,
Beladet ewer Esel do,
Zücht wider heym in ewer land,
Vnd bringt her ewern vatter bsand, [Mit]
Mit all seim gsind herab zů mir,
Ich will jm geben hie darfür,
Der gůtter in Egypten land,
Das er soll essen one schand,
Das marck im land, so gpeüt im nun,
Das sy nach meinem willen thun,

1984 A Zeücht S^2 Ziecht. 1990 S^2 gepeüt. in ?

Nempt wagen hie für ewer hab,
Vnd schont nit ewers haußrots drab,
Dann es solln ewer sein für war,
Die gůtter in Egypten gar.

Zaphnat.

Ich halt dich billich one moß,
Für ander Künig, Pharo groß,
Sich hant nach deinem willen grat,
Dein knecht gehalten frů vnd spat,
Mein Herr, erlaub mir zů jn frei,
Dein Maiestat gesegt hiebei.

Tachpenes.

Sich da mein herr kompt eben recht,
Sy wôllen Herr, nim bleiben schlecht,
Ghe zu jn nhein sy seind gerüst,
Ich mein das nie meer gschehen ist, [J Der]
Dergleichen wunders in der welt,
Seit sy Gott hat im anfang gstelt,
Würt auch dauon in ewigkeyt,
Geredt in landen weit vnd preyt,
Nim war sy ziehen schon daruon,
Will recht nun wider einhin gon.

Actus Quinti Quinta Scaena.

Hie ziehen die brůder mit freyden wider heym, sagen yrem vatter an, wie Joseph leb, vnd ein Herr in Egypten sey, welchs er nit glaubt biß er die Egyptischen wågen sach, macht sich auff vnd zoch eylend daruon.

SIMEON, SEBULON, RUBEN, JACOB.

FVrwar ich hat das nit geschetzt,
Das ich solt wider vngeletzt,

1996 S maß. 5, 5 S freüden, sahe, zohe.

Hin dise straß gefaren sein,
Hat mich verwegen lebens mein, [Da]
Da jr verzogen also lang,
Zů kommen, wie was mir so bang.

Sebulon.

Wir weron ee gewessen hie,
Wolt vns der vatter lassen ye,
Beniamin her fůren nit,
Da ist die zeit verschienen mit,
Hui lieben brůder treyben seer,
Das vnser vatter entlich hőr.
Die gůtte bottschafft von seim sůn.
Durch den wir mőgen leben nun,
Vnd der vns hat so hoch begobt,
Beniamin jn billich lobt,
Dem er dreihundert silberling,
Sampt fünff feyrkleidern nit gering.

Simeon.

Vnd vnser eim nit me dann eins.

Ruben.

Wir hand vmb jn verdienet keins,
Ists das nu das er vns beual?
Wir solten gar nit vberall, [Jij Mit]
Mit worten vns bezancken fast,
Auff vnser reyß in keynen last.

Sebulon.

Laßt also sein, was hat es noth,
Secht, wer vor vnser thüren stath.

Jacob.

Ich will mich machen auff den plan,
Meim sůn zuwarten, hieher stan.

2018 S^2 ehe, AS^2 gewesen. 2021 AS^2 verschinen. 2024 AS^1 son S^2 Son. 2032 S^1 befalh. 2037 A statt S stoht. 2039 A Mein son S^2 Mein Sůn.

Ruben.

Es ist der vatter Sebulon,
Ich kans nit vnderwegen lon,
Erlaubt mir, das ich sei der bott,
Gib vatter mir das pottenbrott,
Dein Joseph lebt in grossen eehrn,
Gott hat ihn gmacht ein reichen herrn.

Jacob.

Seit mirs wilkummen lieben sůn,
Die bottschaft frewt mich obenhin.

Ruben. [Er]

Er lebt fürwar, on allen spott,
Hőr vatter, was er dir entpott,
Dir laßt Joseph als dein sůn,
Ein herr im land, zuwissen thůn,
Ich bin im land Herr vnd Regent,
Kumm zů mir vatter her gerent,
Dein wonung soll zů Gosen sein,
Nach bei mir, mit den kinden dein,
Dein kindskind, darzů all dein vich,
Was dein ist, will versorgen ich,
Es folgen noch fůnff theüre jar,
Auff das du nit verderbest gar,
Zů vrkund des, vnd sichrung mer,
Hat er den wagen gsåndet her,
Dazů die zehen Esel gůtt,
Mit frucht beladen, schicken thůt,
Auch zehen Eselin mit brott,
Das wir zů reysen haben rott.

Jacob.

Ich hab genůg das Joseph lebt,
Ich will ihn sehen weil er webt,

2044 A grossenn eehren. 2052 O Kegent. 2061 S² gesendet.

Helfft mir flucks auff den wagen schnell,
Treibts vich hernach, thůt auff die ståll [Jüj Fart]
Fart hin fart hin schnell on verzuck,
Laßt ligen Canaan zů ruck.

Actus Quinti Sexta Scaena.

Joseph zeücht seim vatter entgegen biß gen Gosen, Jacob opffert zů Bersaba, erôffnet wie yn der Herr im gsicht der reiß getrôstet hab sampt aller verheissung, findet Joseph, weynen sere mit einander, fůrt sie Joseph zů Pharo, der gibt ym macht im land zů wonen.

ZAPHNAT, JACOB, RUBEN, PAULUS, PHARAO, DAUID, CHRISTUS.

SPant an mein wagen flucks vnd balt,
Zů bgegnen meinem vatter alt.

Jacob.

Ist dis nit da wir faren hin?
Hie Bersaba, mein lieben sůn. [Ruben]

Ruben.

Es ists, woltstu da keren ein?

Jacob.

Ja gern, môcht es mit willen sein,
Ich hab ein widder auff dem wagn,
Den wôlln wir hin zum altar tragn,
Vnd opffern vnser våtter Gott,
Ein opffer für das bottenbrot,
Zünd du Ruben das opffer an,
Will ich die weil anbetten gan.

2068 A fluchs. 2070 S schnelle. 2071 S^1 Canaam. 5, 6 AS^2 gesicht S^1 gesycht, A seer. 2073 AS begegnen. *Nach* 2075 *fehlen im Münchener Exemplar von* A *zwei Blätter (v. 2076—2127).*

Ruben.

Hab frid vatter vnd sorg nu nicht,
Ich wills bald haben außgericht.

Jacob.

Allmåchtger vatter ewiger Gott,
Du hülffst allein auß aller not,
Der du vns schlegst vnd wider heylst,
Dôtst vnd das leben auch mit theylst, [Jiiij Fürst]
Fůrst in die hell vnd widr herauß,
Hülff das ich meinen sůn erknauß.

Holzschnitt: Jacob kniet mit ausgestreckten Händen vor dem Altar, auf dem der Widder verbrennt; neben Jacob liegt sein Reisehut. Bäume, Berge im Hindergrund.

Ruben, wir wôllen hie daruon,
Hilff mir doch auff den wagen schon,
Wollan ich sitz, fahr frôhlich für,
Noch will ich eins nit bergen dir, [ ]
Der Herr ist mir zů Bersaba,
Erschienen, als ich opffert da,
Jacob, Jacob, hie bin ich Herr,
Ich bin deins vatters Gott, sprach er,
Fôrcht dich nit vor Egiptenland,
Dann ich will dich mit starcker hand,
Zům grossen volck da machen seer,
Will mit dir hin vnd wider her,
Vnd Joseph soll die hånde sein,
Dir legen auff die augen dein.

Ruben.

Das sey gelobt herr Sebaott,
Abram, Isac, vnd vnser Gott.

2084 S^2 nur. 2086 S Allmåchtiger. 2090 S wider. 2091 erknauß *verstehe ich nicht recht. Lautlich möglich ist die Erklärung „heftig umarme“ „ans Herz drücke“.*

Jacob.

Wa sint wir aber jetz im landt?

Ruben.

Die gegent ist Gosen genandt,
Da wir soln vnser wonung han,
Ich sich wol dort Josephen sthan.

Jacob. [Iv Ist]

Ist das Joseph so bleib ich nit,
Heb still biß ich vom wagen trit,
O Joseph aller liebster sûn.

Zaphnat.

O vatter trauter vatter schon.

Jacob.

Nu will ich Joseph gern vorab,
Sterben, so ich dich gsehen hab.

Paulus.

Auff dise weiß hat auch geret,
Herr, Simeon in seim gebett,
Nu laß mich Herr im friden dein,
Hinfaren, seit die augen mein,
Dein heyl gesehen vnd den glast,
So du den vôlckern breytet hast,
Die Heyden zû erleüchten klar,
Zum preiß Israels deiner schar.

Zaphnat.

Nit weyn traut lieber vatter mein,
Merck was nu will von nôtten sein, [Wir]
Wir wôlln gemelich abhin ghon,
Vnd jr fünff brûder zû Pharon,
Das ich jm ewer zûkunfft sag,

2108 S seind. 2117 S gesehen. 2128 S gemechlich.

Vnd was noch mehr sey ewer btrag,
Wann er eüch nu berůffen thůt,
Vnd fragt nach ewrem gwerb vnd gůt,
So sagt, dein knecht seint sollich leüt,
Vichhürten, künnen anders neüt,
Von vnser juget auff biß her,
Beyd wir vnd all vnser våtter,
Auff das jr wonen mögt im land,
Dann hürten hålt man hie für schand,
Ir aber sollen warten hie,
Auff weittern bscheyd an zorn vnd mie,
Vnd das wir aber auff dem weg,
Zů ghon vatter nit werden treg,
So laß ein gspråch vns heben an,
Seit wir sein lang gemanglet han.

Jacob.

Mein sůn sag an, mach mir bekant,
Dein stoht, vnd wer dich her gesant.

Zaphnat. [Got]

Gott hat mich gesant für eüch her,
Da forscht nit vatter weitter meer,
Auff das er eüch durch mich erhielt,
Sein volck, das er selbs hat gezielt,
Vnd nit on mercklich wunderwerck,
Hat mir auß lauttern gnaden sterck,
Dermassen gnad für Pharo gen,
Das er mich macht on alle spen,
Ein herrn im land, das ist mein staat,
Ein weib im land mir geben hat,
Hat mir zwen sůn, mich recht vernimm
Geborn, Manassen, Epffraim.

Jacob.

Nimm war mein sůn auffs aller best,
Du solt das glauben mechtig fest,

2134 A solliche. 2136 A jugent. 2141 S^2 müh. 2147 S^2 staht. 2159 AS Ephraim.

Das mir der Allmâchtige Gott,
Im Chaner land erschienen hat,
Zů Chus, gesegnet mich vnd sprach,
Ich will dich grôßlich meern hernach,
Zum grossen volck ja machen dich,
Diß land deim samen ewigklich,
Zů eygen gen, so merck mich nun,
Mein sollen sein, dein beide sůn, [So]
So dir allhie geboren sind,
Mich erben wie mein leiblich kind,
Die andren, so du nu gebürst,
Die selben, selber haben würst.

Zaphnat.

Mein vatter, du hast alles macht,
Wa wir jetzt aber seind, das acht,
Sich dort, diß ist meins Herren hoff,
Des küngs Pharonis, den ich hoff,
Auffnemen můß mit gnad vnd gunst,
Nimm war er kumpt, wie ich jn wunscht,
Der ists, vmb den trabanten sthon,
Bleibt jr nur hie, so will ich ghon,
Für eüch an jn thůn suppliciern,
Ee ich eüch růff mit procediern.
Gott wôll, das mein Herr künig leb,
An welchs genad allein ich kleb,
Sich da mein Herr, was ich dir sag,
Dein knecht mit all jrem betrag,
Mein vatter, brůder, vnd jr vich,
Mit kind, kindskinden sammetlich,
Seind kummen auß Chananschem land,
Welchs sie nu als, zů Gosen hand, [Kumpt]
Kompt her mein brůder bald gering,
Mit zůchten trettet für den Küng.

2162 S^1 *Druckf.* Allmâchtigige. 2172 S^2 andern. 2177 A künigs S^2 Künigs. 2183 S^2 Ehe. 2185 S^2 welches gnad. 2193 S^2 tretten.

Pharao.

Was ist jr månner ewer gwerb?

Ruben.

Gott geb das Pharo nimmer sterb,
Dein knecht seind hirten all gemein,
So dise thewrung treibt hierein,
Bei eüch zewonen in dem land,
Dann wir fürs vich kein fůter hand,
So laß mein herr doch seine knecht,
Im land zů Gosen wonen recht.

Pharao.

Sich da Zaphnat, es seind dir zwar,
Vatter vnd brůder kommen har,
Das land dir offen stoht hin fort,
Laß wonen sy am besten ort,
Zů Gosen nemlich in dem land,
Vnd so sy gschickt leüt bey jn hand,
So dichtig vnd geflissen sind,
Setz sy vber mein vich geschwind. [Zaph-]

Zaphnat.

Trit vatter auch für Pharao,
Diß ist o Küng, mein vatter do.

Jacob.

Der Herr gesegne Pharo dich,
Sampt deinem hauße ewigklich.

Pharao.

Mein alter, sag mir freüntlich her,
Wie allt bistu wol ongeuer.

Jacob.

Meinr walfart zeit zů diser frist,
Dreissig vnd hundert jare ist,

2199 S[1] han. 2204 AS[1] stat S[2] staht. 2208 S seind. 2215 S vngefer. 2216 S[2] Mein.

Bůß vnd gar wenig ist die zeit,
Meinr walfart welche langet weit,
Nit an die zeit der våtter mein,
So seind in jrer walfart gsein,
Vnd nu der Herr gesegne dich,
O Küng behůt dich ewigklich,
Der Herre laß sein angesicht,
Das es sich vber dich erlicht, [Vnd]
Vnd sei dir gnådig Pharao,
Der Herre erheb sein angsicht do,
Ja über dich, vnd geb dir frid,
Des Herren geyst geleyt dein trit.

Zaphnat.

Geht mir nach all hierein gemein,
Beyd, vatter vnd jr brůder mein,
Den nechsten in das bstimpste land
Wie jr vom Küng vernummen hand,
Da will ich eüch versorgen roth,
Wie man pflegt junge kind mit brott.

Dauid.

Damit stimpt mein gesang Herr Christ,
Darinn du Herr vermeynet bist,
Er hat den armen außgestreyt,
Begabet in gerechtigkeyt.

Christus.

Das thůt mein fleysch das ware brot,
Johans am Sechsten bschriben stot.
Ich bin das brot vom himml herab,
Wer glaubt an mich das er jm hab, [Das]
Das ewig leben, bleibt in mir,
Vnd ich in jm nun fort hinfür,

2223 AS^3 Künig. 2227 S^1 angesycht S^2 angesicht O angsich. 2230 A Gehe. 2241 S^2 Johanns, staht. 2242 A himmel S Hymmel.

Ob schon sein leib zůr růw entschlafft,
Schmeckt er doch nit des todes krafft,

Holzschnitte in O *und* A *wie 1, 1 u s. w.*

[K Durch]

Durch dise speiß im geyst ans wort,
On welchs in jm kein leben fort,
Dem schon kein schleck mag hie entgan,
Würt doch sein seel groß mangel han,
Darinn sy stets stirbt hungers todt,
Sein hell also den anfang hot,
Biß zů der letsten zůkunfft mein,
Alls denn würts als vollendet fein,
Die aber glauben mir erweißt,
Mein blůt getrenckt, mein fleysch sy gspeißt
Werd fůren in meins vatters reich,
In ewig leben selligklich,
So volgt mir wider liebsten nach,
Von hinnen in die wolcken hoch.

Nun volget der beschluss diser
vorgonder Commedia, würt
also durch den Herolt
zů den zůhörern ge
redt vnd auß-
gerůffet. [ ]

2246 S rhůwe, O entschafft A entschlaft. 2250 schleck: *Leckerei.* 2253 S hat. 2254 = 120. 2255 AS^2 sein. 2256 S^2 glaubend. 2257 O *nicht eingerückt.* 2259 A seligkleich. S^2 *hat eine kunstvoll verschlungene Schlussarabeske.*

Holzschnitt: der Herold, wie im Eingang.

Conclusio.

GRoß günstigen lieben herren mein,
Sampt sonders beide groß vnd kleyn [Kij Was]
Was wesens, stands, vnd wer jr seit,
So vnßrem fleiß gedient die zeit,
Erbieten wir mit grossem danck,
Das zů erwidren one zwanck,
In massen doch das in dem vall,
Der will eüch für die werck gefall,
Seit wirs im besten han gedicht,
Zur eer des Herren angericht,
Vnd nit zů bschweren jemand denckn,
In keinen weg als vmb geschenckn,
Noch jemand zů stumpfieren mit,
Alleyn wie auch die vorred gibt,
Zů bweissen mit der gschicht geschrifft,
Wie sy den Christ des herren trifft,

In S *über dem Holzschnitt*: Heroldt *darunter* Beschlussz (S^2 Beschlusz). 2262 A herrn. 2265 A vnserm, S^2 gedienet. 2267 A erwidern. 2270 A bestem. 2271 A Herrn. 2272 f. S dencken : geschencken. 2274 A stumpfiern. stumpfieren : *schädigen, beleidigen.* 2277 A herrn.

Das er ins fleysch geboren sey,
Verkaufft, getôdt, erstanden frey
Gen himmel gfarn, sitzt in der Chur,
Ein ewger Küng richt nach der schnur,
Kânt keyn person im vrtheyl sein,
Des wir einmündig preißen jn,
Nun vnd in ewigkeyt on end,
Sey jm all eer vnd glori bkendt,
Noch ferrer aber lieber Christ, [Dis]
Dis vnser hertzlich bitten ist,
Nach dem du hast erlernet klar,
Das man keyn andren warten dar,
Der vns erlôßt vom tod vnd hell,
Dann diser Jesus der so hell,
Durch alle schrifft geteüttet ist,
So, das an allem nichts gebrist,
Beyd, in dem leiden vnd daruor,
Auch wie er würd verneinet gar,
Von Juden vnd auch ander leüt,
Da ist er mit auffs gwißt bedeüt,
Dann die sich riemen Christen hoch,
Erbietn jm schier die grôste schmoch,
Das lan wir stan, es leit am tag,
So neyg dein ohr, merck was ich sag,
Nim dich eins newen wandels an,
Fleyschlicher lüst sollt widerstan,
Als der vom Teüfel bist erkaufft,
Wa man nit wider zû jm laufft,
Noch eins bit, klaub nit auß dem spil,
Was dich zûm argen reytzen will,
Sonder was Gôttlich vnd was schlecht,
Als Josephs leben, bsehets recht, [Kiij Vnd]
Vnd tragets mit eüch heim zehauß,
Verbessert ewer leben drauß,

2280 S gefarn. 2281 AS^2 ewiger, A künig S^1 Künig. 2298 A rümen S rhûmen. 2299 AS erbieten, S schmach. 2303 S^2 list. 2309 S^2 bsehts. 2310 S tragts, zû hauß.

Gott gsegn eüch all ohn vnderscheyt,
Sei Christo preiß in ewigkeyt.
Personen tret her auff den plan,
Wir wölln hie mit von dannen gohn.

Amen.

Getruck zů Straßburg bei
Sigmund Bund ꝛc.

Im Jar M. D. XL.

2315 A wöllen. Amen *fehlt in* S. A: Getruckt zů Augspurg bey Hainrich | Stayner, imm Jar | M. D. XLII. — S^1: Getruckt zů Straßburg, bey Jacob | Frölich. Im Jar, M. D. XLVI. — S^2: Getruckt zů Straßburg am Korn- | marckt, bey Christian Müller. | Im Jar, M. D. LIX. *Leiste.*

BEMERKUNG:

Die Personenverzeichnisse sind in den alten Drucken nicht mit grossen Buchstaben gegeben; ich konnte die Aenderung bei der Correctur nicht mehr tilgen. Dagegen fielen mir erst bei der Correctur ein paar Fehler meiner Abschrift auf, so dass die Verzeichnisse der Einleitung in einigen wenigen Fällen nicht genau zum Text und Apparat stimmen.

ELSÄSSISCHE

LITTERATURDENKMÄLER

AUS DEM

XIV—XVII JAHRHUNDERT.

HERAUSGEGEBEN

VON

ERNST MARTIN UND ERICH SCHMIDT.

III. BAND.

DAS GOLDENE SPIEL VON MEISTER INGOLD.

MIT UNTERSTÜTZUNG DER LANDESVERWALTUNG VON ELSASS-LOTHRINGEN.

STRASSBURG.
KARL J. TRÜBNER.

LONDON.
TRÜBNER & COMP.
1882.

DAS

GOLDENE SPIEL

VON

MEISTER INGOLD.

HERAUSGEGEBEN

VON

EDWARD SCHRÖDER.

STRASSBURG.
KARL J. TRÜBNER.

LONDON,
TRÜBNER & COMP.
1882.

Buchdruckerei von G. Otto in Darmstadt.

INHALT.

Die Ausgabe des Goldenen Spiels für die Elsässischen Litteratur-Denkmäler wurde von Herrn Professor Martin gewünscht, dessen fördernde Theilnahme mir bei den Vorarbeiten dazu im Strassburger Seminar nicht gefehlt hat. Das Werk ist nicht seines innern Werthes halber ausgewählt worden, sondern weil es, weniger umfangreich, wol geeignet ist, eine breite Litteraturgattung des ausgehenden Mittelalters zu veranschaulichen, deren übrige Repräsentanten endlos lang und fast ungeniessbar, auch den meisten gänzlich unzugänglich sind. Dazu hoffe ich in der Einleitung doch einiges beigebracht zu haben, was zur Kenntnis dieser Periode und besonders der elsässischen Litteratur wichtig ist. Für das historische Verständnis einer ihrer hervorragendsten Erscheinungen, Geilers von Kaisersberg, ist auch das Goldene Spiel nicht ohne Bedeutung. Seine Persönlichkeit und seine Leistungen werden durch eine bessere Kenntnis der Strassburger Predigt vor ihm richtiger und doch nicht geringschätziger beurtheilt werden können.

Meine Arbeit habe ich mir nicht ganz leicht gemacht und bin mir doch bewusst, namentlich in dem Text und in den Anmerkungen hinter dem erstrebten Ziele weit zurückgeblieben zu sein. Aber ich hoffe, dass man an einen Anfänger, der das fast unbekannte Litteraturgebiet dieser Zeit betritt, nicht die schwere Anforderung stellen wird, einen solchen Autor durchaus zum Mittelpunkt seiner Studien zu machen, wenn ernstere und dringendere Aufgaben die Zeit einschränken. Dass ich im einzelnen den Werken von Gödeke, Lexer, van der Linde und Zarncke manchen werthvollen Hinweis verdanke, erwähne ich gern ausdrücklich. Mein besonderer Dank aber gebührt den Bibliotheken von Strassburg, Berlin, München, Giessen, Heidelberg und Zürich.

KAPITEL I.

DIE ÜBERLIEFERUNG.

1. Handschriften und Drucke.

Von dem Goldenen Spiel sind mir folgende Handschriften und Drucke bekannt geworden:

1. G, die Giessener Hs. Nr. 813, Papier, folio, 289 Bll. mit alter Paginierung, vorher 9 Bll., die z. Th. ein ausführliches Register enthalten, am Schluss 4 leere Bll. Inhalt der Hs.: Bl. 1—166a Ottos von Passau Buch von den 24 Alten; Bl. 168a—208a das Goldene Spiel; Bl. 209a—289b drei Tractate: von den zehn Geboten, vom Auszug der Kinder Israel aus Aegypten, Beschreibung des heiligen Landes. Die Handschrift hat eine grössere Anzahl Bilder, von denen 12 auf das Goldene Spiel kommen, sie ist zweispaltig und von éinem Schreiber (doch s. S. VII) geschrieben, der sich mehrmals am Schlusse der einzelnen Werke nennt; dass er in Augsburg schrieb, erfahren wir Bl. 166a, am Ende des G. Sp. meldet er: *aber ich jorg mülich han ditz bůch geschribñ vnd volbrach 1405 an sant marx tag (25. April), got behůt vns vor dem gehen tod. Amen.* — Adrian Cat. Codd. Mss. Bibl. Acad. Gissensis S. 245.

2. Z, die Züricher Hs. C. 28, Papier, folio, 405 Bll., die bis auf ein paar Zwischenblätter sämmtlich beschrieben sind. Die reichhaltige und interessante Sammelhs. ist zuletzt von Suchier Germ. 17, 355 besprochen worden, das dort (nach Mittheilungen Gröbers) gegebene Inhaltsverzeichnis wird durch das nachfolgende in einigen Punkten berichtigt. Bl. 1a—47a Prosaroman von Karl d. Gr. Die von Mone Quellen und Forschungen S. 177 und nach ihm von Wackernagel ausgesprochene Vermuthung, es liege eine französische Quelle zu Grunde, ist irrig. Ausser andern deutschen Gedichten ist des Strickers Karl benutzt, dessen Verse

oft noch dutzendweise durchschimmern; Bl. 49a—101b Wilhelm in Prosa, s. Suchier a. a. O.; Bl. 107a—212b die Sieben weisen Meister erweitert durch die Gesta Romanorum; Bl. 215a—221b Buch von den sieben Laden, ein mystischer Tractat nach bekannter Schablone; Bl. 228a—254b Prosa von S. Georg; Bl. 259a—261b Prosa von der Königin Hester; Bl. 261b—264b Prosa von König Albrecht von Hispanien und seiner Gattin Anastasia; Bl. 265a—269b das Goldene Spiel; Bl. 299a—402a Konrads von Ammenhausen Schachzabelbuch; Bl. 402b—405a Schluss des Evangelium Nicodemi in deutscher Prosa. — Das Manuscript scheint erst nachträglich zusammengestellt zu sein, obwol es in gleicher Weise von drei verschiedenen Schreibern: Georg Hohenmût von Werd, Ulrich Heidenreich und Klewi Keller zu Zürich geschrieben ward. Das erste und zweite Stück sind 1475, das dritte 1478, die drei letzten schon 1474 geschrieben; bei den andern fehlt das Datum. Das Goldene Spiel schliesst Bl. 296b:

Also das bůch ein ent hat
das ůlrich heidenrich geschriben hat
nach cristus geburt vierzechen hundert jar
vnd vier und sybenczige das ist war.

3. D, der Augsburger Druck Günther Zeiners von 1472, kl. folio, 48 unpaginierte Blätter (48b leer); s. Panzer I 65. 12 Bilder, welche denen in G entsprechen auf Bl. 1a, 8b, 12b, 16a, 19b, 22a, 28a, 31a, 35b, 40a, 43a, 45a. Statt eines Titelblatts findet sich auf Bl. 1a eine längere Ueberschrift; am Schlusse steht:

Getrúckt von ginthero zeiner geborn auß reutlingen an dem achten tag sant Jacobs des merern als man zalt von der geburt cristi M°. CCCC°. LXXII°. iar.

Exemplare dieses Druckes befinden sich in München, in Augsburg, im Britischen Museum, im Berliner Kupferstichkabinet. Ich benutzte dasjenige der Münchener Hof- und Staatsbibliothek.

Die Angabe eines zweiten Druckes, Frankfurt Egenolff 1536, in der Zeitschr. f. d. Alt. 14, 189 beruht auf einer Verwechselung mit der dritten Ausgabe von Jac. Mennels

Schachgedicht, wie schon van der Linde Geschichte und Litteratur des Schachspiels I 307 erkannt hat.

4. Die Münchener Hs., cgm. 311, Papier, folio, 6 + 155 zweispaltig beschriebene Blätter, das Goldene Spiel (Bl. 1—72a) Albrechts von Eyb Ehebüchlein und die Griseldis enthaltend. Als Schreiber nennt sich Jac. Walck von Buchen 1474. Die Eintragungen des ersten Besitzers (Hauschronik, Recepte und Gebete), beginnend mit dem Jahre 1476, berühren zum Theil Angelegenheiten der Taubergegend, in der auch Buchen liegt, und zeigen genau denselben Dialekt wie die Hs. selbst.

5. Die Raudnitzer Hs., von Petters im Anz. f. Kde. d. d. Vorz. N. F. 4, 7 ff. u. 77 ff. beschrieben. Papier, folio, 261 Bll. Das G. Sp. steht auf Bl. 69—126, als Schreiber nennt sich Leonardus Niess. Jahreszahlen finden sich mehrfach, so 1464 und 1467, aber nicht beim Ingold.

6. Die bei Lambeccius II 720 beschriebene Wiener Hs. 246, philos. 12, jetzt 3049, aus dem Jahre 1479, welche hinter dem lateinischen und deutschen Jacobus de Cessolis das Goldene Spiel enthält. Schreiber Gabriel Sattler von Pfullendorf.

Nr. 4 erweist sich als eine wörtliche Abschrift des Druckes, ja der gesammte Inhalt dieser 1474 hergestellten Hs. besteht aus Zeinerschen Verlagsartikeln des Jahres 1472. Im G. Sp. scheint der Schreiber selbständig nichts geändert zu haben, als 37, 19 *pfister* in *becker*. — Auch Nr. 6 kann nach den mir von Joseph Seemüller mitgetheilten Proben nur eine solche Abschrift sein. Warum ich das gleiche schliesslich auch für Nr. 5, die Raudnitzer Hs., annehme, sage ich S. IX f.

Wir haben mithin nur die Handschriften G und Z und den Druck (D) eingehend zu besprechen. Diese Gruppe scheidet sich wiederum leicht, denn D ist weiter nichts als ein Abdruck von G. Die nahe Verwandtschaft beider ergibt sich schon aus zahlreichen Fehlern, die sie gemeinsam haben, ich verweise nur auf die Lesarten zu 2, 29. 3, 7, 17, 28. 4, 6. 5, 7. 6, 1. 7, 6, 9, 32 f. 8, 22, 33. 11, 4. 12, 25, 27. 13, 5. 14, 20. 15, 34. 16, 21. 17, 30. 20, 14. 21, 28 f.. 29. 22, 29. 23, 13. 24, 29 u. s. w. Aber der Setzer hat nicht nur die unsinnigsten Schnitzer des Manuscripts G in seinen Druck hinübergenommen, er hat ihnen noch eine Reihe weiterer Fehler und Flüchtigkeiten hinzugefügt, die sich zum Theil nur aus der äussern Beschaffenheit der Vorlage erklären lassen. So hat er wiederholt übersehen, dass Wörter im Mscr. durchstrichen waren. 33, 26 schrieb G *gar veind*, durchstrich dann *veind* und schrieb *gar gefár* daneben, D setzte *gar veind vnd gar gefár*. 51, 34 hat D ein *der*, 62, 13 *karten*, das in G am Rande nachgetragen ist, übersehen. 67, 25 hat D nur deshalb eine abweichende Ueberschrift, weil es die in G über der Seite stehende übersah, 78, 15 fällt sie in D aus dem gleichen Grunde ganz aus. 81, 11 erklärt sich eine Auslassung in D einfach aus dem Ueberspringen einer ganzen Zeile von G.

Nur in einem kurzen Abschnitt scheint das Verhältniss von G und D ein anderes zu sein. Bl. 195 und 196 der Giessener Hs. (56, 6 *Zů dem* — 60, 29 *im*) nämlich sind von einem andern Schreiber als das übrige geschrieben, der sich nicht nur durch andere Tinte und Buchstabenformen, sondern auch durch eine abweichende Orthographie kenntlich macht. Weil hier D mehrfach von G abweicht und Z näher stehend eine bessere Lesart bietet (so besonders 59, 15), auch von der barocken Orthographie dieses zweiten Schreibers nicht beeinflusst ist, so vermuthe ich, dass die beiden Blätter in der ursprünglichern Fassung des Schreibers Jorg Můlich zur Zeit des Druckes noch vorhanden waren, später verloren oder verdorben wurden und einen Ersatz erhielten, dem eine andere nahestehende Hs. zu Grunde lag. Wenn nicht der Druck selbst hier etwas ungenau benutzt wurde.

Die Handschrift G nun, die im übrigen die Grundlage des gedruckten Textes bildet, ist, wie schon angedeutet wurde, nichts weniger als zuverlässig. Um ihre Fehler zu überwachen, haben wir leider nur éine unabhängige Handschrift, die Züricher (Z). Und diese ist für die textkritische Benutzung von sehr zweifelhaftem Werthe, denn die Nachlässigkeit ihres Schreibers ist eine solche, dass sie sich kaum beschreiben lässt. Hin und wieder glaubt man, dass ihm der Inhalt des geschriebenen durchaus gleichgültig gewesen sein müsse: lange wolgefügte Sätze hat er in ein wüstes Wortconglomerat aufgelöst, ja ich möchte mir die Vermuthung erlauben, dass er zeitweise bei seiner Arbeit nicht ganz nüchtern gewesen sei. Dass Herr Ulrich Heidenreich ein lustiger Bruder gewesen, scheint mir schon der Zecherspruch zu beweisen, den er sich nicht scheut, gerade an den Schluss einer ernsten Strafpredigt gegen das Trinken anzuhängen: 52, 24 *trinck tranck vnd gilt tranck óder gang da die ganß trank.* Ihm verdanken wir ferner auch ein interessantes Verzeichnis grösserer Quanta zum Vorkommen: 49, 20 *den gantzen, die kloffter vnd die spertrüncke.*

Bei dieser Beschaffenheit der Züricher Hs. ist die Möglichkeit, einen kritischen Text herzustellen, ausgeschlossen. Ein vollständiges Verzeichnis ihrer Lesarten zu geben, würde eine arge Raumverschwendung sein. Ich habe mich also darauf beschränkt, eine Auswahl der beachtenswerthern Varianten unter den Text zu setzen und in diesen selbst alle Besserungen einzutragen, die sich aus Z mit absoluter Sicherheit ergeben. Die Grundlage dieses Textes bildet naturgemäss G, das als Vorlage des Druckes von zahlreichen Fehlern noch frei ist, die allein der Setzer verschuldet hat, und ausserdem den Vorzug einer weit consequentern Orthographie und Interpunktion besitzt. Die Notierung der Abweichungen des Druckes rechtfertigt sich durch die Verbreitung, welche dieser dem Werke gegeben hat, sie wird es jedem ermöglichen, neu auftauchende Hss. an richtiger Stelle einzuordnen.

Ich verhehle mir durchaus nicht, dass das Ziel dieser Ausgabe recht niedrig gesteckt ist, ein höheres zu erreichen war indessen schon darum unmöglich, weil auch Z eine Anzahl Verderbnisse mit G gemeinsam hat, und an vielen Stellen, wo wir unsere Zuflucht bei dieser Hs. suchen, der Leichtsinn des Schreibers uns in Stich setzt. Die nächste Vorlage von Z freilich kann mit keiner Vorstufe von G identisch gewesen sein: 73, 11 fehlt in Z in einer Aufzählung zwischen dem 9ten und 11ten der 10te Gang, und der Schreiber, der dafür eine Zeile frei lässt, bemerkt am Rande ausdrücklich, dass er ihn in seiner Vorlage nicht gefunden habe (s.

die Lesarten). Die Art, wie er 30, 18 u. 26 lateinische Glossen *(râches-vindicte, kindkasttzan-mandibulum)* in den Text setzt, scheint auf gedankenlose Eintragung von Randglossen seiner Vorlage hinzudeuten.

Dagegen habe ich in den Anmerkungen wiederholt auf Stellen hingewiesen, wo mit dem vorhandenen Material nicht auszukommen ist, so 3, 6, so 6, 30. Die Vorlage von G nahm hier einen Vordersatz, dem der Nachsatz fehlte, aus X gedankenlos auf, die von Z liess ihn ganz fort; 10, 30: X enthielt einen Fehler, den Z nachschrieb: *weißhayt*, während G ihn erkannte und dann das richtige *warhayt* noch daneben setzte (D fällt in den Fehler von X zurück); sonderbar ist 19, 10 *ersach sich* statt *erstach sich* in GDZ; verderbt sind ferner 20, 27 ff. 26, 12 f. 34, 15, 74. 7.; 78, 26. — 35, 5 und 47, 6 fehlen in GZ die Ueberschriften, was gewiss nicht im Originál der Fall war.

In dem Texte, den ich den Lesern vorlege, glaube ich nicht mehr zu bieten als die von den gröbsten Fehlern befreite Hs. G, die später durch den Druck die verbreitetste Version ward. Denn es ist nicht zu leugnen, dass sich selbst aus den Lesarten von Z, die ich unter dem Texte gebe, noch mehr hätte in diesen selbst übertragen lassen, als ich gewagt habe. Was mich zu dieser Zurückhaltung bewogen hat, war hauptsächlich die Unmöglichkeit, das Goldene Spiel in dem Dialekte zu geben, in dem es geschrieben ist, im elsässischen. Musste ich bei dem Stande der Ueberlieferung auf diese Aussicht verzichten, so war mit einer versuchsweisen Entfernung von den sichersten Grundlagen der Kritik wenig gewonnen. Der Schreiber von G hat seine Vorlage wol nirgends erweitert, aber er hat sie mehrfach gekürzt; das beweisen eine ganze Reihe Stellen in Z, die aus dem Grunde schon nicht von dem Schreiber dieser Hs. herrühren können, weil sie bereits stark verderbt sind. Man findet sie bei mir in den Lesarten; und zwar habe ich zur bessern Hervorhebung die sonst nicht verwertheten eckigen Klammern benutzt:] bedeutet einen folgenden, [einen vorausgehenden Zusatz.

Dass ich die Raudnitzer Hs. nicht weiter berücksichtigt

habe, muss ich damit rechtfertigen, dass dieselbe das erst in D hinzugekommene Titel-Vorwort enthält, mithin nicht älter als der Druck und wahrscheinlich eine Abschrift desselben ist. Es führen freilich einzelne Stücke dieser Hs. die Jahreszahlen 1464 und 1467, aber erstens scheint mir die letztere Jahreszahl schon an und für sich für Eybs Ehebüchlein verdächtig, und zweitens könnten jene Stücke immerhin später angebunden sein, wie es ähnlich mit der Züricher Hs. steht.

2. Die Bilder.

Ich habe bisher nur obenhin der Bilder Erwähnung gethan, die sich in D wie in G finden. Dass es schon früher illustrierte Hss. des G. Sp. gab, ersieht man aus der unten zu erwähnenden Anzeige des Hagenauer Schreibers Diebold Lauber, der die Hs. dieses Werkes ausdrücklich als 'gemalt' bezeichnet. Es sind ihrer 12, zu jedem Tractat eines. Die Malerei in G und die colorierten Holzschnitte in D stimmen in allen Hauptpunkten, ja oft selbst in den Gewandfarben und in Einzelheiten des Hintergrundes überein, nur hat der Holzschneider hier und da eine Figur gespart, in Nr. 9 eine zugesetzt, und mehrfach ist im Abdruck die Anordnung der Gruppe verschoben, weil er beim Uebertragen der Zeichnung auf den Holzstock darauf nicht Rücksicht nahm. Im allgemeinen kann man sagen, dass in den Illustrationen der Hs. bereits neben der conventionellen Art der ältern Miniaturen (besonders Nr. 4) und der ausdruckslosen Flachheit der spätmittelalterlichen Handschriftenillustration ein Zug genrehafter Auffassung durchbricht. Es ist charakteristisch, dass gerade die Bilder dieser letztern Art, besonders Nr. 8 und 9, im Holzschnitt noch gewonnen haben, während diejenigen, für welche man ältere Miniaturen als Vorbilder voraussetzen darf, plumper geworden sind. Da ich eine fruchtbare Vergleichung der beiden Fassungen den Kunsthistorikern von Fach überlassen zu müssen glaube, so gebe ich im Nachfolgenden lediglich ein Verzeichnis der dargestellten Scenen und Figuren.

1. Mann und Frau Schach spielend in einem Zimmer; dabei ein in D fehlender Diener. In G ein volles Blatt, in D kaum ein halbes, wie die übrigen.

2. Die Königin, welcher Frauen folgen, überreicht dem König eine Blume. Hinter dem König Schwertträger. Die Bedeutung ist unklar, das Bild wol entlehnt.

3. Zwei alte Männer (mit Papierrollen G), im Hintergrunde ein Thurm.

4. Zwei Ritter in heller Rüstung mit Lanzenfähnlein, ohne Helm; zwischen ihnen ein Baum.

5. Der König auf dem Thron, vor ihm die Königin gefesselt und von Leuten umgeben. Auch dies Bild passt zu keiner Geschichte des G. Sp. und muss anderswoher herübergenommen sein.

6. Zwei entgegenkommende Gruppen, der Führer einer jeden trägt einen Becher in der Hand. Wie 2 und 5.

7. Zwei Brettspieler, einer eben würfelnd. Ein dritter, der zuschaut, fehlt in D.

8. Würfelspieler um einen runden Tisch; dies Bild in G und D am meisten verschieden.

9. Kartenspieler an einem viereckigen Tisch, in G 3, in D 4 Personen.

10. Der Tanz ums goldene Kalb, das wie in einem andern Bild der Giessener Hs. hoch auf einer Säule steht.

11. Bild zu der 75, 28 ff. erzählten Geschichte: die drei Söhne vor dem Leichnam, neben ihnen der König.

12. Die im Eingange des letzten Tractats geschilderte Scene: Davids Empfang durch die Frauen Israels.

3. Der Dialekt.

Der bis auf einige Kleinigkeiten in G und D völlig gleiche Dialekt ist der schwäbische der Stadt Augsburg, wie er ebenso derb auch in vielen Drucken anderer Werke vorliegt. Die Umschreibung aus der elsässischen in diese Mundart ist eine so gründliche gewesen, dass wir keine Eigenthümlichkeit erhalten finden, die sich nur oder doch vorzugsweise aus der ursprünglichen Sprachform des Werkes erklären liesse. Ich stelle im nachfolgenden die wichtigsten und interessantesten Erscheinungen der Hs. G zusammen, ohne den Leser mit zu viel Beispielen zu quälen, die sich ihm ohnehin auf jeder Seite des Textes darbieten.

Die Diphthongierung von *î* zu *ei*, von *û* zu *au* ist vollständig durchgeführt; s. Weinhold Alem. Gramm. § 90 und § 93. Widerstand scheint der erstern nur in den Ableitungssilben *-în, -lîn, -lîch,* und im Compositum *ertrich* geleistet, wo eine theilweise Verkürzung eingetreten ist. Der alte und der neue Diphthong sind als *ai (ay)* und *ei (ey)* ziemlich consequent unterschieden; vielleicht hätte ich die Scheidung vollständig durchführen sollen. — *û* findet sich noch hin und wieder in Stammsilben erhalten, so *tusend* 8, 31. 70, 17. *mulmilich* 10, 15. *truter* 54, 29. Altes *iu* erscheint noch meist als *ü (u),* weit seltener kommt *eu* vor, besonders in *feur* 7, 2, 27 u. ö.; neben *fründ* und *freund* haben wir *fraind* 26, 19. *fraintschaft* 12, 29 u. ö.; ebenso neben *crütz* und *creutz* auch *creitz.* Weinhold Alem. Gramm. § 103 scheint über schwäb. *iu* anders zu urtheilen.

Für *â* finden wir fast durchgehends *au,* also *gaube, strauff, schlauff, außen, fraugen, staun, haun, plaust* u. s. w., s. Alem. Gramm. § 96. Die Ausbreitung dieses Lautes in der Augsburger Stadtsprache lässt sich sehr hübsch in den Urkunden verfolgen, welche Chr. Meyer seiner Ausgabe des Stadtbuchs (Augsburg 1872) beigegeben hat. Sie wird am grössten kurz vor der Mitte des 15. Jhs.

Die Schreibung *o* für *â* ist weit seltener, sie findet sich in *noch* 16, 8, *nomen* 25, 15. 38, 17 u. ö. *spot* 54, 28.

Altes *ou* ist in einer Reihe von Fällen über *au* zu *â* monophthongiert worden, s. Alem. Gramm. § 87. Beispiele *weyrach* 29, 5. *rab* 27, 19. *gelaffen* 43, 30. *laft* 72, 18. *bestabent* 67, 8. — Dem entsprechend lautet der Umlaut *öu* jetzt *å (e),* so in *ungelåblich* 25, 20, 30. *ungelebig* 22, 20. *låffel* 37, 26. *tåppelweib* 63, 33.

uo ist in der Schreibung *ů* noch durchweg erhalten, nur in schwachen Silben wie *reichtum* gekürzt.

üe wird oft *ie* geschrieben: *fiert* 6, 18. *gietig* 59, 11.

kienlich 27, 17. *mied* 55, 6. *riemer* 59, 9. *kriegen* 43, 21. *biessen* 66, 20.

Aehnlich hat *ö* vereinzelt die Schreibung *e*: *nasleeher* 12, 22. *recken* 67, 30; *ü* häufig die Schreibung *i*: *king* 7, 21. 42, 19 u. ö., *kingin* 47, 1. 69, 6, *spring* 46, 8, *winde* 60, 29, *first* 43, 3, *glikrad* 13, 9. *wirffel* 58, 30. — Umgekehrt dann auch *schauffhürt* 5, 30. *stürnen* 72, 4. Aehnlich *wappenklaüd* neben *wappenklayd* 29, 27 u. 26.

Die merkwürdigste Erscheinung in unserer Hs. ist aber die Vertauschung von *ô* und *ai*. *frain* für *frôn* 52, 8. *tayrhayt* für *tôrheit* 54, 20. *raych* für *rôch (rou)* 63, 2., und umgekehrt *frodig* für *fraidig* 71, 30, ja sogar *geleichot* für *geleichayt* 15, 10, wo ich es nicht in den Text zu setzen wagte. Weinhold Alem. Gramm. § 49 belegt *ai* für *o* nur in wenigen Beispielen bei einem der vier Schreiber der Constanzer Chronik (1459. 1464), aus dem Schwäbischen gar nicht. Für das Bairische dagegen ist *ei* für *ô (æ)* im Suffix *ôti* charakteristisch (Bair. Gramm. § 80).

Im Consonantismus ist das anlautende *p* fast Regel: *pin, prust, pain, pret, pogen,* s. Alem. Gramm. S. 114. *st* und *scht* wechseln im Silbenauslaut, *sw* und *schw* im Silbenanlaut: *schweren, schwert* neben *sweren, swert*; *anderschwa* 58, 23; *mischt* neben *mist* (40, 29), umgekehrt Part. *gemist* (mixtus) 52, 12. *verluscht* 50, 25; ja *ersch* = *er ez* 53, 33. *dirsch* = *dir ez* 68, 23. — In dem Worte *schachzabel* wechselt das *ch* mit *f*, das *b* mit *w* und *g*, sodass letztlich die Volksetymologie „Schafschwanz" statt „Königstafel" herauskommt.

In der Flexion haben die Superlativa sowie die schwachen Verba im Praes. und Part. Praet. das *o* bewahrt: *reichost, getrüost, hoflichost; betrachtost, -ot* (3, 26. 4, 21), *machot, schweigot, tobot; geordnot, verdampnot, gewitzgot* u. s. w. S. Alem. Gramm. § 284 u. § 357.

In der 3. Pers. Plur. ist bereits eine starke Verwirrung eingetreten: das *t* des Ind. Praes. wird nicht durchweg mehr gebraucht und kann auch an das Praet., ja selbst an den Conj. antreten. — So scheint es auch, jedesfalls in der Orthographie unseres Schreibers, mit der Endung des Adj. im Nom. S. Fem. zu stehen, die ebenso nach dem bestimmten wie nach dem unbestimmten Artikel als *u* erscheint. Ich habe dieses *u*, das alte *iu*, durchweg als *ü* wiedergegeben, weil die Bezeichnung des Umlauts überhaupt eine recht schwankende ist und selbst da meist fehlt, wo er durch die sporadische hellere Schreibung *i* garantiert wird. Andere Unregelmässigkeiten der Flexion übergehe ich.

Der Lechgegend besonders eigenthümlich ist das Collectivsuffix *-lach* in der Function des Plurals zum Deminutivum *-lîn*: *scheiblach* 1,14. 3,20 u. ö. *glŏglach* 6,23. *hůtlach* 30,30. *kåplach* 67,29. *schůchlach* 72,21. S. Weinhold Mhd. Gramm. § 262, Al. Gramm. § 263 (S. 227 f.), Bair. Gramm. § 245.

Die Züricher Hs. zeigt einen durchaus andern Dialekt, den ihres Entstehungs- und Aufbewahrungsortes. *î* und *û* sind erhalten, auch *iu* (als *ú*) noch mehr als in G, statt des *o* der Ableitung und Flexion findet sich *a* (*lachati, gelernat*). *au* statt *â* ist auch hier sehr verbreitet (vgl. Alem. Gramm. § 52), aber man trifft doch viele Beispiele für *o*.

In der Ausgabe des G. Sp. habe ich die gute Orthographie der Hs. G. ziemlich genau beibehalten und nur die Abkürzungen aufgelöst und eine regelmässigere Bezeichnung des Umlauts, in deren Wahl ich mich aber gleichfalls der Hs. anschloss, durchgeführt, ferner Trennung und Zusammenschreibung in der Weise geregelt, wie man es bei mhd. Denkmälern zu thun pflegt. Vereinfacht wurde ferner die öfter vorkommende Doppelung *ſſch* und *ſß*. Die grosse Schreibung der Hauptwörter und der Satzanfänge ist gleichfalls consequenter geworden, die Interpunktion der Hs. beizubehalten war nicht möglich, ich habe mich jedoch im Princip durchaus nach ihr gerichtet, und man möge damit manche Abweichungen von unserer nhd. Gewohnheit erklären. —

KAPITEL II.

DER VERFASSER.

Als Verfasser des Goldenen Spiels nennt sich am Schlusse von G (D) *ain priester prediger ordens hieß mayster Ingold.*

In Z fehlt der letzte Absatz des Werkes und damit auch der Autorname; wir werden mithin auch dem, was der Verfasser in der Einleitung von G über sich mittheilt, mehr Glauben schenken, als dem, was in Z an dieser Stelle steht, zumal die Fassung von G eine entschieden individuellere Farbe trägt. Der Geistliche erzählt hier, dass er als 'Beichtiger und Seelwärter' bei einer 'Herschaft' gewesen sei, die seine Predigten fleissig nachgeschrieben habe: da habe er denn den Entschluss gefasst, zu Ehren Gottes, Marias und der Heiligen und seiner Herschaft zu einem geistlichen Dienst dies Büchlein zu schreiben, d. h. wol eine Reihe von Predigten in Tractatform zu einem einheitlichen Buche zusammenzustellen, wie das damals vielfach geschah. In Z spricht er nur von seiner Thätigkeit als 'Lesemeister' im Orden, und es scheint, als ob der Schreiber der nächsten Vorlage von Z diese Darstellung eingesetzt und am Schlusse den Namen Ingold ausgemerzt habe, um selbst als der Autor zu erscheinen. Dem Schreiber von Z selbst, wie ich ihn oben charakterisiert habe, traue ich eine solche Selbständigkeit gar nicht zu.

Über seine Heimath sagt Ingold uns nichts, und wir würden nach der Sprache der Handschriften gewiss nicht auf das Elsass schliessen, wenn uns nicht andere Anzeigen dahin wiesen. Die jetzt nicht mehr vorhandene Strassburger Hs. B 146 enthielt auf Bl. 57b eine Predigt über Matth. 22,42 mit der Ueberschrift: *Dis noch gonde materie hat gebrediet meister Ingolt brediger ordens*, die nach Wackernagel Litt.-Gesch. § 90 Anm. 74 'ähnliche Haltung' wie das Goldene Spiel zeigte. Es war dies offenbar dieselbe Predigt, welche uns in der Berliner Hs. Ms. germ. 4⁰ Nr. 35 theilweise erhalten ist. Ueber diese Sammelhandschrift welche lauter Stücke der Strassburger Prediger Behtolt Filinger, Heinrich von Offenburg, Hugo von Ehenheim, und Meister Ingold, Oswald, Leutpriester zum Münster enthält, hat Cruel in seinem schönen Buche Geschichte der deutschen Predigt im Mittelalter S. 523—529 ausführlich gehandelt, über Ingold S. 526. Rechnen wir das Bruchstück einer vielleicht taulerischen Predigt das der Hs. vorgeheftet ist, nicht mit, so entfallen auf Ingold Nr. 3 und Nr. 5 der Sammlung, Bl. 22a—36b und Bl. 45b—58a (eigener Zählung, die Hs. ist nicht paginiert). Die erste Predigt, *Diz het gebrediget meister jngolt jn der krůtze woche jn dem XXXV jor* überschrieben, knüpft, eine Homilie Bedas benutzend, an Luc. 11,5—13 an und gipfelt in einer Erörterung über drei Arten der Liebe: zwischen Vater und Kind, zwischen Eheleuten, zwischen Leib und Seele; daran schliesst sich eine ganze Kette der üblichen Betrachtungen. Die zweite (Bl. 45b), *Dis het gebrediget meister jngolt*, handelt über Matth. 22,42, geht aber schon auf Bl. 47b in eine Predigt von den 10 Jungfrauen über. Dass diese letztere dem Tauler gehöre, ist wol ein Irrthum Cruels, sie hat nicht nur mit der Predigt Taulers über dasselbe Thema (Ausgabe von 1521 S. 231b) gar nichts gemein, sondern weist überhaupt nichts von dem Stile dieses grossen Predigers auf.

Auf den wenigen Blättern der Berliner Hs. finden sich nun so viele Stellen, die an das Goldene Spiel erinnern, dass man an der Identität des Verfassers nicht zweifeln kann. Wie G. Sp. 19, 27 und 46,2 wird auch in der ersten Predigt Dina als warnendes Beispiel angeführt. Apoc. 6,2 wird Bl. 31b und G. Sp. 76, 24 ff. gedeutet. Bl. 36a ist von den *merwundern* die Rede, vgl. die Sirenen G. Sp. 80,20. Die sieben Bitten und die sieben Worte am Kreuz stellt der Prediger wie der Tractatschreiber 82,31 ff. gegenüber; und zu G. Sp. 63,21 ff. *Der bŏß gayst lebt noch, er fiert den menschen ze dem ersten an ainem seiden faden, dar nach so wirt dar auß ain starcks sayl* stelle ich Bl. 33a *die füret der bŏse geist an einem siden vaden vnd nement sy des nüt war do würt ein karchseil dar vß.*

Ausser der Apokalypse wird Bl. 47a noch *das bůch der minnenden selen*, das Hohelied angeführt, vgl. G. Sp. 73,20. Auch die in den Predigten Ingolds citierten Patres: Augustin, Gregor, Beda, Johannes Damascenus, Albertus Magnus treffen wir bis aus Beda im Goldenen Spiel wieder.

In der Kreuzwoche des Jahres 1435 ist der Berliner Hs. zufolge die Predigt über Matth. 22,42 gehalten worden. Das Goldene Spiel pflegt man auf Grund der in GD

(s. Lesarten zu 8,31 und 68,1) enthaltenen Angaben ins Jahr 1450 zu setzen (so J. Grimm, Hoffmann von Fallersleben, Massmann, Wackernagel, van der Linde). Die Züricher Hs. bietet an der letzteren Stelle gar keine Zahl, an der ersteren die Zahl 1432. Nun ist die Hs. G frühstens im März 1450 (s. La. zu 33,4) begonnen, am 25. April bereits vollendet worden, und zwar in Augsburg. Das Werk müsste sonach, falls es in demselben Jahr in Strassburg geschrieben sein soll, dort im Januar oder Februar verfasst und unmittelbar nachher von da nach Augsburg gesandt sein. Der Annahme einer Abschrift nach dem Original widerspricht aber die oben mit Nothwendigkeit erschlossene Ueberlieferung durch mindestens éine stark fehlerhafte Zwischenhandschrift. Wir werden also der Hs. Z in ihrer Zeitangabe 1432 um so mehr Glauben schenken, als der Schreiber, der sie im Jahre 1474 anfertigte, zur Fälschung keinen ersichtlichen Grund gehabt hätte. Dazu treten aber noch zwei weitere Kriterien. Der bekannte Hagenauer Lehrer, Schreiber und Buchhändler Diebold Lauber (s. Sommer, Flore S. XXXVI, Zeitschr. f. d. Alt. 3,191) führt in einem seiner Bücherverzeichnisse, das die Heidelberger Hs. 314 enthält (s. Wilken, Geschichte und Beschreibung der Heidelberger Büchersammlung S. 406) neben Flore, Morolf, Gesta Romanorum, Parzival, Tristram, Graurock, Wilhelm von Orlens u. s. w. auch auf *Item daz guldin spil vnd von allen spilen gemalt*. Da nun das letzte Gedicht dieser Hs. 1447 geschrieben ist, so müssen schon in diesem Jahre Bilderhandschriften des G. Sp. existiert haben, und die vornehme Umgebung und elegante Ausstattung, in der das Werk hier erscheint, lässt mit einiger Bestimmtheit schon eine etwas längere Tradition auf Grund dieser Beliebtheit vermuthen. Ferner spricht gegen das Jahr 1450 noch eine Stelle in dem Tractat über das Würfelspiel 57,8. Von einem geistlichen Würfeln mit dem Christuskind heisst es dort: *und das ist uns yetz zů den weihenáchten erlaupt*. Ich schliesse daraus, dass der Tractat oder die zu Grunde liegende Predigt in der Weihnachtszeit verfasst wurde, und zwar um so eher, als auch Nr. 12 unter den Sermones discipuli des Johannes

Herolt von Basel eine Weihnachtspredigt gegen das Würfelspiel ist.

Ich setze mithin die Entstehung des Goldenen Spiels auf die Grenze der Jahre 1432/33. Ist jene Predigt nur 2¼ Jahre später entstanden, so sind die zahlreichen Uebereinstimmungen auf so engem Raume leicht begreiflich. Bei einem Zwischenraum von 15 Jahren würden sie selbst bei einem Autor von der geringen Begabung und dem engen Gesichtskreis des unsrigen auffallend sein. Denn Ingold unterscheidet sich sehr wenig von der grossen Schaar unbedeutender scholastischer Prediger, welche das ausgehende Mittelalter hervorgebracht hat. Das Interesse, das uns sein Werk erregt, wird hauptsächlich durch die Wahl des Stoffes und der Quellen sowie durch seine Stellung speciell innerhalb der elsässischen Litteratur veranlasst, die ich im nächsten Kapitel beleuchten werde. Der Autor selbst thut sich viel auf seine Belesenheit zu Gute, er citiert viel und gern und berichtet (24.8) mit Behagen, wie er einen alten Ritter abgetrumpft habe, der ihm gegenüber den Nutzen seiner grossen Büchersammlung bezweifelte. Es war damals nicht selten, dass einzelstehende Kleriker über eine grössere Bibliothek verfügten. So vermachte ein zeitgenössischer Prediger, der Dominikaner Peter von Gengenbach, von dem sich eine Predigt aus dem Jahre 1436 in jener Strassburger Hs. B. 146 vor der Predigt Ingolds befand, schon im Jahre 1420 dem Kloster alle seine Bücher, *qui sunt in presenti numero centum et ultra* (Revue d'Alsace 1876 S. 453).

Der Name Ingold ist als Familienname im Elsass verbreitet: im 17 Jh. gab es einen Strassburger Professor Fr. Rud. Ingold († 1642), und noch heute sind Träger dieses Namens diesseits und jenseits der Vogesen schriftstellerisch thätig. Von unserm Autor vermag ich nur vermuthungsweise einen urkundlichen Nachweis beizubringen, und zwar sein Todesjahr. In Bernhard Hertzogs Edelsasser Chronik Buch III S. 61 findet sich unter den Epitaphien des Stiftes Surburg (zwischen Hagenau und Weissenburg) das folgende:

Anno Domini 1465. 8. Idus Iulii obiit Honorabilis vir Dominus Ioannes Ingolt, Canonicus hujus Ecclesiae.

Bezieht sich diese Grabschrift, was nach dem Zeitpunkt recht wol möglich ist, auf den Verfasser des Goldenen Spiels, so dürften wir uns das Leben desselben etwa so vorstellen: im letzten Viertel des 14. Jhs. geboren — denn er war bei Abfassung des G. Sp. nicht mehr jung — trat er in das Strassburger Dominikanerkloster ein und erwarb sich den gelehrten Meistertitel, war dann Beichtvater bei einer vornehmen elsässischen Adelsfamilie, schrieb 1432 sein Hauptwerk, predigte noch längere Zeit in Strassburg und zog sich zuletzt als Kanonikus in das Stift an der Sauer zurück, wo er hochbetagt starb. Seine Lebenszeit fällt unter die Bischöfe Wilhelm II. von Diest, Konrad V. von Busnang, Ruprecht von Baiern.

Das Strassburger Dominikanerkloster, aus dem er hervorgegangen ist, befand sich *an der hovestat* (Closener, Deutsche Städtechroniken 8,131), an der Stelle des Protestantischen Gymnasiums. Mit seinen Insassen haben die Bürger, seit dieselben im Jahre 1251 in die Mauern Strassburgs selbst eingezogen waren (der Bau des Klosters begann erst 1255), manchen harten Strauss zu bestehen gehabt, so 1277—1280, 1331, 1385; aber vieles verdankt ihnen die Stadt ohne Zweifel, denn in den letzten Jahrhunderten des Mittelalters sind sie es gewesen, die hier jede Art von theologischer Gelehrsamkeit pflegten, insbesondere aber der Predigt sich mit Eifer widmeten. Dass gerade hier im Ausgange des 15. Jahrhunderts ein Prediger von der Bedeutung Geilers auftaucht, hat gewiss zum Theil in der ununterbrochenen Tradition seinen Grund, deren Träger eben die Dominikaner waren.

KAPITEL III.

DIE QUELLEN UND DIE STELLUNG DES GOLDENEN SPIELS.

Das Goldene Spiel ist eines der letzten Glieder in einer langen Kette mittelalterlicher Litteraturerzeugnisse, welche an ein Spiel symbolische, moralisierende Betrachtungen anknüpfen. Sein Verfasser nimmt eine Reihe von Einzelversuchen dieser Art aus früherer Zeit wieder auf und ergänzt seine Tractatsammlung durch Hinzufügung einiger neuen Themata zu einem Cyklus gegen d e sieben Todsünden.

Die Idee, welche der Spielsymbolik des Mittelalters zu Grunde liegt, ist nicht lediglich ein Ausfluss der weitgehenden Neigung der Geistlichen, weltliche Gegenstände und Handlungen in den Bereich moralisierender Darstellung zu ziehen, wie sie zuletzt selbst das Recept zu einem Spickhasen oder einem Fastnachtskuchen nicht verschmäht, es kommt ihr vielmehr jene durchaus volksthümliche und vielleicht in hervorragendem Maasse germanische Anschauung entgegen, die in den einzelnen Acten des Spiels das menschliche Leben sich wiederspiegeln sieht, ja am Ende geneigt ist, dieses selbst als ein Spiel, mit Einsatz. Gewinn und Verlust zu betrachten. Diese Anschauung mag uralt sein, und sie ist besonders leicht begreiflich bei einem Volke, das wie die Germanen dem Würfelspiel leidenschaftlich ergeben war und das Leben, auch im Kampfe, leicht 'aufs Spiel setzte'. Unter eben dieser Voraussetzung hat es Scherer Zeitschr. f. d. Alt. 22,322 ff. versucht, die dunkele Etymologie des germ. *plegan* aufzuhellen. Dem Ritterthum dann waren diese Vergleiche durchaus geläufig, zunächst für Kampf und Turnier *(nîtspil)*, wie die Anmerkungen Haupts zu Erec V. 867, 869, 872, 875 reichlich belegen. Wolframs oft wiederholtes *rîterschaft ist topelspil* ist der prägnanteste Ausdruck dafür. Die Vergleiche aus dem Würfelspiel bleiben, vielfach nicht mehr als solche gefühlt, auch als das höfischere Schach eine Menge neuer hinzufügt (s. Wackernagel Kleine Schriften I 119 f.); eine reiche Ausbeute hat dann der bildliche Ausdruck aus dem Kartenspiel gewonnen (s. Hildebrand im DWB. V 235 f. unter 'Karte'), und wie rasch derartige Metaphern aufkommen, zeigt die Mörin Hermanns von Sachsenheim (V. 2888, 4862, 5434), die geschrieben ist, als das Spiel noch gar nicht lange bei uns heimisch war. Am unempfindlichsten sind wir gegenüber den zahllosen Wendungen geworden, welche der Ausübung des Wurfes und

Schusses entnommen sind, obwol eine grosse Anzahl derselben erst in der Zeit aufgekommen sein mag, wo diese Spiele den Mittelpunkt der bürgerlichen Volksfeste bildeten, im 15. und 16. Jh. (s. Gustav Freytags Bilder aus der deutschen Vergangenheit II. 2, 304). Wettlauf und Tanz haben am wenigsten und meist nur durchsichtige Ausdrücke hergeliehen. Die Vergleiche aus der Musik sind wesentlich anderer Art [1].

Die Geistlichkeit machte sich die Popularität dieser Spielvergleiche frühzeitig zu Nutze, indem sie ihnen eine ethische Wendung zu geben, ja nicht selten kirchlich dogmatische Sätze in sie einzukleiden suchte. Als das Würfelspielen unter den Mönchen der Diöcese Cambrai zu arg wurde, erfand der nachmalige Bischof Wibold für sie eine Alea regularis, ein geistliches Würfelspiel mit den Namen der christlichen Haupttugenden für die Würfel (Gesta episcoporum Cameracensium, Mon. Germ. SS. VII 434—437). Wie man, in verschiedener Weise, das Würfelspiel auch in Deutschland geistlich ausdeutete, ersehen wir aus den Stellen des Wartburgkriegs und Reinmars von Zweter, die Wackernagel Kl. Schr. I 122 anführt. In origineller Weise vergleicht ein deutscher Didaktiker aus dem Anfange des 13. Jhs., der Dichter der Warnung V. 1285—1414, das Leben eines leidenschaftlichen Wurfzabelspielers, dem die Freunde die Schulden bezahlen müssen, mit dem des Sünders, den schliesslich nach wiederholten Rückfällen nur der Priester retten kann. Umfangreiche Moralisationen anderer Spiele hat das spätere Mittelalter noch manche hervorgebracht, in den Niederlanden sogar eine solche des Ballspiels (gedruckt Löwen 1477, Delft 1498).

Besonders nahe lag es, die Andeutungen, welche das damals überaus verbreitete Schachspiel schon in den Formen und Namen der Steine enthielt, weiter auszuspinnen und so

---

[1] Der Verfasser hofft die Sammlungen, die er während dieser Arbeit begonnen hat, später einmal in einer eigenen Schrift vorzulegen, die auch zur Geschichte der Spiele selbst mehr beitragen wird, als er jetzt zu geben vermag.

ein Bild der damaligen Gesellschaft und ihres Treibens zu schaffen, an das sich in der beliebtesten Form der mittelalterlichen Satire eine Kritik der Fehler aller Stände und Berufsarten anknüpfen liess. Anfänge dazu sind bereits im 12. Jh. gemacht durch Alexander von Neckam, ihm schliesst sich im 13. Jh. Johannes Gallensis an (s. van der Linde Geschichte und Litteratur des Schachspiels I 146 ff.), das classische Werk dieser Art aber ist das um das Jahr 1300 entstandene Buch des Lombardischen Predigermönchs Jacobus de Cessolis De moribus hominum et de officiis nobilium super ludo scacorum (hrsg. von Köpke im Programm der Ritterakademie zu Brandenburg a. d. H. 1877; vortreffliche Bibliographie bei van der Linde I. Beilage S. 20–34, 105–152). Dieses Buch, nach der Aussage des Autors aus Predigten über das Schachspiel hervorgegangen, enthält zunächst eine Charakteristik der einzelnen Stände nach den Schachfiguren mit Aufzählung ihrer Sitten und Pflichten und dann eine gleichfalls moralisierende Darstellung der Hauptschachzüge. Eingestreut und meist recht lose angeknüpft sind zahlreiche Beispiele und Geschichten, zumeist aus der spätrömischen Litteratur und der Historia Romana des Paulus Diaconus. Das Werk hatte einen grossartigen Erfolg, der sich annähernd dem der Gesta Romanorum vergleichen lässt, für die es auch eine nicht unwichtige Quelle gebildet hat. Es wurde in zahlreichen lat. Hss. verbreitet und in alle wichtigen Litteratursprachen übertragen, vielfach ausgezogen und poetisch bearbeitet. Den weitesten Leserkreis erwarb es sich aber in Deutschland. Hier gibt es ausser den in vielen Hss. vorhandenen und mehrfach gedruckten Prosaübersetzungen nicht weniger als vier poetische Umwandlungen: zwei alemannische, von Heinrich von Berngen (kurz nach 1300) und von Konrad von Ammenhausen, Leutpriester zu Stein am Rhein (1337), eine ostmitteldeutsche von dem Pfarrer zu dem Hechte (1355) und eine niederdeutsche von Meister Stephan (zwischen 1357 und 1376). Das zweite dieser Gedichte ist wiederum von Jacob Mennel (1507) ausgebeutet worden.

Auch unser Ingold hat, wie er 1, 18 behauptet, das

Buch des Bruder Jacob Tessali d. i. de Cessolis über das Schachspiel gelesen und 'viel daraus genommen'. Widerlegen lässt sich diese Aussage nicht, aber ich glaube, dass sie nur eine ungenaue ist, und der Autor nicht das Original, sondern das Gedicht des Konrad von Ammenhausen gekannt hat. Dieses umfangreiche und wenig poetische, aber culturhistorisch sehr interessante Product ist bis jetzt nicht vollständig gedruckt, grössere Proben daraus geben Wackernagel in Kurz und Weissenbachs Beiträgen zur Geschichte und Litteratur Bd. I (Aarau 1846) S. 46--77. 158—222. 314—373 (voran ein schöner Aufsatz über das Schachspiel im Mittelalter, jetzt Kl. Schr. I 107—127) und Vetter Neue Mittheilungen aus Konrads von Ammenhausen Schachzabelbuch, Aarau 1877. Ich konnte in Strassburg die beste Hs., die Heidelberger Nr. 398, einsehen und habe so eine Reihe von Uebereinstimmungen Ingolds mit solchen Stellen des Schachzabelbuchs gefunden, die theils von dem eitlen und pedantischen Bearbeiter ausdrücklich als eigene Zusätze bezeichnet werden, theils sich durch Vergleich mit der lateinischen Quelle als solche ergeben. Aus den Anmerkungen sind die genauern Citate nach der Heidelberger Hs. ersichtlich, ich begnüge mich daher hier mit der blossen Anführung der wichtigern Vergleiche und Historien, die dem deutschen Gedichte entstammen. Ein Zusatz Konrads sind z. B. die 37, 3 und 5 angewandten Vergleiche bestechlicher Richter mit Spinnweben und Sackpfeifen, er führt ausdrücklich an, woher er den letztern habe: Heid. Hs. 398 Bl. 41 c.

Ich kan hie nút gesagen me
wenne einen spruch den ich vant
ouch geschriben an einer want
an zwein versen die ich do las.
der verse betútunge was
das den fürsprechen und dem spil
des men im höret harte vil.
ich meine sagpfiffen, den zwein
ist ein sitte gemein,
das enweders lere enkit:
wer dem sacke nút engit
blastes gnůg, die pfiffe sprichet niht.
an symelichen fürsprechen men ouch siht
das sú den sagpfiffen sint glich.

Ihm eigen sind ferner die 24, 20 f., 60, 20 ff. und 67, 4 ff. erzählten Anekdoten. Die erste derselben leitet er mit den Worten ein (Bl. 125c):

eines ich hie künde,
das stuont nút an dem búchelin
und muos es werffen doch her in u. s. w.

Er hat die Leute selbst gekannt:

wie ich sy wol genennen kan,
so wil ich ir doch nennen niht.

Und indem er, wie das Ingold 60,20 thut, an die Erzählung von S. Bernhard und dem Spieler, die auch in der Quelle steht, noch die von dem Heiligen und einem seiner Mönche anschliesst, äussert er selbstgefällig, dass er sie aus eigener Belesenheit dem Bericht seiner Vorlage hinzufüge, s. Vetter S. 34, V. 2190 ff. Uebrigens zeigt auch die vorangehende wie fast sämmtliche dem Schachbuche entnommene Historien gemeinsame Züge mit Konrads von Ammenhausen Darstellung, während ich nirgends ein Anzeichen gefunden habe, das auf directe Kenntnis des Jacobus de Cessolis nebenher schliessen liesse. Dass ihm der Name des deutschen Autors entgangen ist, erklärt sich leicht daraus, dass dieser in einer 'rætersche', einem Akrostichon, am Schlusse enthalten ist, während gleich die Einleitung den Lombarden nennt.

Es trifft sich hübsch, dass wir die Verbreitung von Konrads Schachgedicht im Elsass noch besonders nachweisen können. Nicht nur jene Heidelberger Hs. ist hier, in Schlettstadt durch Reubolt Suesse aus Strassburg im Jahre 1365 geschrieben, sondern auch die Hs. der Arsenalbibliothek zu Paris (Mss. all. 6, s. Germ. 21, 338), welche Michael Scherer zu Strassburg am Stephansplatz 1418 vollendete. Und ausserdem wissen wir von einer dritten, in Rappoltstein angefertigten elsässischen Hs. des Schachzabelbuchs, welche der Herzog August von Braunschweig (Gustavus Selenus) in seinem Schach- oder Königsspiel von 1616 S. 425 anführt (s. Massmann Geschichte des mittelalterlichen, vorzugsweise des deutschen Schachspiels S. 155).

Der grosse Umfang dieser Hauptquelle und die gute

Vorarbeit, die er in ihr fand, mag für Ingold neben der Bequemlichkeit der Eintheilung in sechs Tractate (König, Königin, Alte, Ritter, Roch, Venden) der Hauptgrund gewesen sein, dem Schachspiel mehr als die Hälfte seines Werkes zu widmen. Wenn er nicht überhaupt von Predigten über das Schachspiel ausgegangen und erst später darauf verfallen ist, die andern Spiele heranzuziehen. Die Benutzung Konrads ist eine durchaus freie, was er ihm an Erzählungen entnimmt, hat er zum Theil auch in den spätern Tractaten untergebracht, wo andere Quellen und eigene Arbeit die Grundlage bilden.

Diese Quellen glaube ich wenigstens für drei weitere Spiele gefunden zu haben. Zunächst für das Kartenspiel. Als im Jahre 1377 das Kartenspiel von Frankreich her nach Basel gelangte, schrieb ein dortiger Dominikaner Johannes einen Ludus cartularum moralisatus, aus dessen Prolog ich einige Stellen mittheile, zugleich um Wackernagels Vermuthung über die Heimath noch mehr zu befestigen: *Hinc est quod quidam ludus qui ludus cartarum appellatur hoc anno ad nos pervenit, scil. anno domini 1377. — Nam in Alamania bis terrae motum nostris temporibus habuimus, pestilentiam frequenter passi sumus. Nec est angulus in mundo in quo ipsa pestilentia non fuerit, quod quidem pro magna parte constellationi celi ascribo salvo iudicio meliori ..... Unde ego frater Johannes in ordine praedicatorum minimus natione theuthonicus sedens quadam vice in mensa*[1] *abstractus revolvens in corde meo hunc inde statum mundi nunc currentis et ex abrupto mihi ludus cartularum*[2] *et quomodo ad statum mundi posset aptari cepi imaginari ..... decrevi de huiusmodi materia compilari quae die crastina incepi et cum dei adiutorio properans ipsum perficere seu finire. si autem continget aliquem passum non omnibus esse intelligibilem sed aliquibus obscurum et difficilem, tales exeant in Buckhem et iterum in Rinvelden revertantur et procedant ulterius hunc tractatum legendo .....* Seine Absicht bei diesem Werke, das in 3 Theile zu 6, 5 und 12 Kapiteln zerfällt, ist 1, *ludum*

[1] Seemüller las *quondam vitae immensa.*

[2] Ergänze *in mentem venit?*

cartularum in se describere quoad materiam et modum ludendi; 2, ipsum ludum ad mores trahere seu nobilibus dare normam vivendi; 3, ipsos populares instruere seu eos informare de modo virtuose operandi. (Zum Theil nach Abschrift J. Seemüllers aus der Wiener Hs. 4143 (fol. 88—165); vgl. Denis Codd. mscr. theol. bibl. pal. vind. lat. I 2, 1234 ff.)

Die Art der Moralisation in Ingolds Tractat über das Kartenspiel lässt ein fremdes Vorbild entschieden vermuthen, weil sie viel geschickter ist als z. B. in dem Abschnitt über das Brettspiel, und wir dürfen die Bekanntschaft mit dem Ludus cartularum um so eher voraussetzen, als er nachweislich ziemlich verbreitet war. Ausser der oben benutzten Wiener Hs. 4143 aus dem Jahre 1472, in welcher für Bilder Raum gelassen ist, wissen wir noch von zwei weitern Manuscripten, die ihn enthielten, das eine, in Basel 1429 von Petrus Huller alias de Wiscellach geschrieben, kannte Peter Ochs (Geschichte von Basel 2, 450), das andere befand sich auf der Strassburger Bibliothek: Cod. chart. D 44,10 Ludus Chartarum moralisatus (Massmann S. 109 Anm. 13).

In dem Abschnitt über das Tanzen benutzt Ingold einen Tractat Was schaden tantzen bringt, der aus einer Wiener Hs. in den Altdeutschen Blättern I 52 ff. abgedruckt ist; eine abweichende Redaction desselben enthält die Hs. der Wasserkirche zu Zürich B 223/730 (Pap. 4⁰) Bl. 96a—99b, s. Wackernagel Altdeutsche Predigten und Gebete S. 259 f. Ich habe in den Anmerkungen auf mehrere zum Theil wörtliche Uebereinstimmungen kurz hingewiesen. — Es tritt aber hier noch eine weitere Quelle hinzu, die wie für diesen so für sämmtliche Tractate von 7—12 von Wichtigkeit ist, das Werk des Johannes Herolt, Discipulus de eruditione christifidelium cum thematibus sermonum dominicalium (von mir in dem Strassburger Druck des Johannes Prüss von 1490 benutzt). Herolt, wiederum ein Baseler Dominikaner, ist am bekanntesten durch seine Sermones discipuli, ein Predigtmagazin in lateinischer Sprache, das in dem predigtreichen, aber trägen und bequemen 15. Jh. überaus häufig abgeschrieben und benutzt, dann noch vor 1500

36 mal gedruckt ist. Cruel Gesch. d. d. Predigt in MA. S. 480 setzt das Erscheinen dieses Buchs in die Jahre 1435—1440, wie ich jetzt glaube ohne stichhaltigen Grund. Denn dass der Tod Procops im Druck vorausgesetzt scheint, kann recht wol auf einer kleinen Aenderung der ihm zu Grunde liegenden Hs. beruhen. Jedesfalls ist schon einige Jahre vor den Sermones der Discipulus de eruditione christifidelium erschienen, der bereits für zwei Drittel der dort gebotenen Predigten die ausführlichen Dispositionen enthält mit jedesmaligem Hinweis auf das nachfolgende Compendium, wo der Stoff unter den Rubriken der 10 Gebote, der fremden Sünden, Todsünden, Sacramente u. s. w. untergebracht ist (s. Anz. f. d. Alt. 7, 188). So finden wir den Inhalt des Sermo Nr. 37, der gegen den Tanz gerichtet ist, bereits im Discipulus De prec. III J, und diese Abhandlung De chorea, welche, wie die Predigt und G. Sp. 70,9 auf Exod. 32 Bezug nimmt, hat Ingold fleissig ausgeschrieben, ja zum Theil wörtlich übertragen, so namentlich 72,1 ff. Ich wundere mich nur, dass er nicht auch Herolts Teufel Schickendanz mit aufgenommen hat.

Auch in dem Tractat über das Würfelspiel (Schanzen) knüpft er an eine Predigt resp. Abhandlung Herolts an Es ist das die Erörterung in Discipulus D VII über den Ludus alearum et taxillorum, als Weihnachtspredigt in Nr. 12 der Sermones wiederkehrend (vgl. 57,8 und oben S. XVII f.). Von einer allgemeinen Betrachtung über die Habsucht, die immer mit im Spiele sei, geht Herolt zur Aufzählung von 18 Sünden über, die dem Würfelspiel entsprechen: Ingold macht daraus 21, um die Zahl der Augen voll zu haben.

Wie wir Züge aus Herolts De chorea auch in dem Kartenspiel Ingolds wiederfinden, wo die Kleiderpracht besprochen wird, so auch solche aus dem letztgenanntem Abschnitt in dem Brettspiel. Hier glaube ich nicht an eine besondere Quelle für das ganze, weil das Spiel zu ungeschickt rein als Würfelspiel aufgefasst wird. Das Brett selbst wird fast ausser Acht gelassen.

Ausser dem, was diese wichtigsten Vorbilder boten, hat Ingold nach dem Brauche der damaligen Prediger noch eine

Fülle weltlicher und geistlicher Gelehrsamkeit in sein Goldenes Spiel hineingesteckt, deren Quellen ich, wo ich sie auffinden konnte, in den Anmerkungen verzeichnet habe. Es ist das typische Bild des scholastischen Wissens jener Zeit, das sich uns bietet. In der Bibel ist er überaus belesen, dazu tritt die Historia scholastica und mancherlei Kram aus den Werken patristischer Commentatoren. Aus der antiken Litteratur wird die Ethik des Aristoteles am meisten erwähnt, dann kommen Ovid, Lucan, Seneca. Weltliches und geistliches Recht finden wir in pedantischer Weise mehrfach angezogen. Von mittelalterlichen Schriftstellern nennt er Hieronymus, Augustinus, Johannes Chrysostomus, Gregorius, Albertus Magnus, Thomas von Aquino, Petrus Aureolus, Alexander de Villa Dei, die Historia Barlaam des Johannes Damascenus; dazu die Disticha Catonis und den arabischen Arzt Avicenna (Ebn Sina). Wer der Meister von den Gewichten ist, aus dem er die Natur des Magneten kennt (35,8), weiss ich nicht anzugeben, auch das Buch der Römer, aus dem er 23,16 und 26,13 erzählt, habe ich unter den mittelalterlichen Kaiserchroniken und Fabelbüchern nicht finden können. Die Sieben weisen Meister sind es ebensowenig wie die Gesta Romanorum, obwol die letzteren sonst vielfach benutzt sind. Auch der Physiologus und spätere Naturbücher haben manches hergegeben, ebenso volksthümliche Tradition und besonders das Sprichwort. Vielleicht kannte Ingold auch den Edelstein des Ulrich Boner: wenigstens ist für die 81,16 ff. erzählte Anekdote eine andere Quelle oder Parallele nicht nachzuweisen, als Boner Nr. 53. Eigenthümlich berührt uns gerade in Strassburg die geistliche Ausdeutung der Gartenscene aus dem Tristan (68,30 ff.), doch steht auch derartiges in der zeitgenössischen Litteratur nicht vereinzelt da: der Meissner Prediger Meffreth legt in seinem Hortulus reginae Sermo III auch der Schwanrittersage eine geistliche Deutung unter (Cruel S. 491).

Ueberblicken wir die Leistung als Ganzes, so lässt sich zunächst nicht sagen, dass die Moralisation der Spiele selbst mit Geschick durchgeführt sei. Noch mehr als Jacobus de Cessolis irrt Ingold von dem Wege ab, den er sich vorgezeichnet hat: er vermengt durchweg den Zweck der geistlichen Auslegung weltlicher Spiele und den, diese Spiele selbst zu bekämpfen, und kommt so zu vielen Unklarheiten und Widersprüchen. Die Sucht, für alles einen biblischen Gegenzug zu finden, und die Neigung, den Stoff in weitläufige Dispositionen und Subdispositionen einzuschachteln, haben den Rahmen des Spiels an vielen Punkten gesprengt. Wesentlichen Einfluss auf Ingold wie auf seinen Baseler Zeitgenossen und Ordensbruder Johannes Nider, den Verfasser der Vierundzwanzig goldenen Harfen hat das 1386 entstandene Buch des Otto von Passau Die vierundzwanzig Alten oder der goldene Thron der minnenden Seele geübt, wie mich die Einsicht der Giessener Hs. 813 überzeugt hat. Von den Nachwirkungen der Mystik aber, die Wackernagel Litt.-Gesch. 2. A. S. 433 f. annimmt, ist ausser dem herkömmlichen Spiel mit dem Hohenlied wenig zu spüren. Der Grundstock und Grundton seines Werkes ist dürre Scholastik, und seine ansprechende Seite bilden die schlicht und oft recht hübsch erzählten Historien und der derbe Humor, der besonders in den Tractaten über Kartenspiel und Tanz durchbricht. Beides Züge, die für die elsässische Litteratur der Folgezeit in hervorragendem Maasse charakteristisch sind.

Aber es ziehen sich von Ingold zu seinen berühmtern Landsleuten auch noch andere Fäden. Er ist der erste, der ein grösseres deutsches Lehrgedicht seinen Kanzelvorträgen zu Grunde gelegt hat: seinem Beispiele folgen Geiler von Kaisersberg, wenn er über das Narrenschiff seines Freundes Sebastian Brant predigt, und Thomas Murner, wenn er seine eigenen Dichtungen, wie die Narrenbeschwörung, zum Gegenstand von Predigten macht[1]. Und auch die moralische Betrachtung der Spiele hat im Elsass noch mehr als einen Nachfolger gefunden. Der Gegenstand lag freilich damals überhaupt nahe. Das fünfzehnte Jahrhundert war ja so spiellustig, wie kaum das sechzehnte, und dass man namentlich im Elsass recht viele Spiele kannte, beweist eine fast

---

[1] Schluss der Narrenbeschwörung: *Zů Frankfurt hab ich an dem Mein Dis bůch beschriben zů latein Und zů tütsch darzů gepredigget.*

endlose Aufzählung in dem Tugendschatz Meister Altwerts S. 89 f. Als moralisierende Auffassung eines Spiels im Sinne Ingolds kann man füglich auch die poetischen und bildlichen Darstellungen des Todtentanzes bezeichnen. Beides, Schachmoral und Todtentanz, scheint in einem Gemälde vereint gewesen zu sein, das sich im Kreuzgange des Strassburger Münsters befand (s. Edel Die neue Kirche in Strassburg, Strassburg 1825 S. 88 ff.) und durch welches nach Zarnckes ansprechender Vermuthung Sebastian Brant zu seinem Gedicht De periculoso scacorum ludo inter mortem et humanam conditionem in lateinischer und deutscher Sprache (Zarncke, Narrenschiff S. 153 f.) veranlasst wurde. Ihm reiht sich Geiler an, der nicht nur über das Kinderspiel 'Herr König, ich diente gern' eine Reihe von 15 Predigten gehalten, sondern auch in seinem Buch Arbore humana Von dem menschlichen Baum eine sociale und ethische Deutung des Kartenspiels gegeben hat. Ich darf sie als ein recht charakteristisches Stück wol um so eher hierher setzen, als den wenigsten ein alter Druck zugänglich sein dürfte. Der Teufel tritt als Wannenkrämer, als Hausierer mit siebenerlei Waaren auf, deutsche Uebersetzung von 1521:

139d *Die sibent war ist kartenspil, bedüt gwalt, adel, eer etc. Der kremer gibt dir yn, o wie gůt ist es gwalt zů haben zů trützgen oder lassen gon, glaub im aber nit, bring es für den dorffmeier, für den tod, heiß in mit elen vß messen, so sichstu wie kurtz aller gewalt ist. (Vidi impium exaltatum etc.) Aller gewalt diser welt ist wie ein kartenspil, vff der carten sein vil bletter, das ein heisset ein künig, das ander*
140a *der ober, der vnder. Also,* | *in dem weltlichen regiment ist einer ein künig, der ist ein burgermeister, der ein schultheiß, der hat ein andern namen vff vnd ab, etc. Item vff der karten, so sticht eins das ander, der künig sticht die fraw, die fraw den obern, der ober den vndern. etc. Also einer in dem gewalt auch ein künig vberwint ein fürsten, ein fürst ein grafen, vnd wer baß mag, der thůt baß. Item vff der karten sein alle bletter vß bapeier gemacht, vnd vß bappen, vnd wiewol eins hübscher gemalt ist dan das ander. Also alle die in dem gewalt sein, wan schon einer den andern vbertrifft in*

der würde, so sein doch alle, der her vnd der knecht, von einer matery tödlich vnd ellen, vor zeiten was es gar ein schlecht ding zůspilen vff der karten, der künig stach den obern, vnd ie das merer das vnder, zwei stachen nie ein künig. Aber ietz, so hat man ein spil, heisset der karniffel spil, karniffelius, da seint alle ding verkert, die drü stechen ein ober, die fier den vndern, zwei vnd sechß stechen ein künig, vnd so schlecht man vmb, ietz so ist einerlei keiser, darnach so würt ein anderer lei keiser, wie das glück gibt. Also in dem gewalt ist es auch vmbkert, for zeiten was gar ein schlecht ding zů erwölen herren zů dem gewalt, wan man erwölt alwegen die fürsichtigen, die gůten, die gotzförchtigen die waren künig, vnd hatten allen gewalt zů alten zeiten, da waren priester vnd philosophi, die waren künig, die waren, als si Jethro beschriebe dem Moisi, denen waren die andern gehorsam, die minder waren in weißheit.

Aber ietz so ist ein ander spil funden in dem regiment, auff der kartten, das der vnderbůb sticht den Künnig, die zwei vnd sechß ein Künnig, die drü den obern, vnd der minder den merern, wan si von dem keiser spil sein. Ach wie dick kumpt es, das die frumen, | ersamen, fürsichtigen 140b
werden vnder getruckt in räten, in den erwölungen, so man künig vnd bischoff erwölen sol, so man inen fürsetzt frum ersam sein, die nit gehört vnd erhöret werden in iren ersamen heilsamen räten, vnd ander die vrteilen nach dem fleisch vnd der sinlicheit die werden erhört.

Sie haben die kart mit betrug vnd falschheit gemißt, also zů mischen das derlei sie begert haben, keiser zů werden, sie künnen es also practicieren vnd zů rüsten, das der erwölt würt, dan sie wenen es sei durch fillerlei bullen vnd bitbrieff, wie gat es aber zů dem letsten, wan das spil vß ist, so würfet man alle bletter, künig vnd keiser mit allem hoffgesind in das feuer. Also die in dem spil des gewaltz sein, würfft man in das ewig feuer.

In eigenartiger Weise übertrug Murner die traditionelle Spielauslegung von der Kanzel aufs Katheder und verwerthete sie hier praktisch zur Einprägung von Kenntnissen in der Philosophie, Metrik und Rechtwissenschaft. Aus diesen Bestrebungen, welche von seinen Zeitgenossen wiederholt als erfolgreich gepriesen werden, sind drei seiner lateinischen Werke hervorgegangen: 1) Logica memorativa, chartiludium logice, zuerst Cracov. 1507 gedruckt und oft aufgelegt (Gödeke § 133 Nr. 9). 2) Scaccus infallibilis quantitatis syllabarum. auch als Praxis carminandi und als Ludus studentum Friburgensium Francof. 1511 gedruckt (Gödeke Nr. 12 und 13); 3) Chartiludium institute, Arg. 1518 (Gödeke Nr. 27). Ueber alle diese Schriften handelt jetzt ausführlich Gödeke in der Vorrede zu seiner Ausgabe der Narrenbeschwörung S. XVI, XIX, XL ff., vgl. auch Stintzing Geschichte der populären Litteratur des römischen Rechts in Deutschland S. 432 ff., Sieber in den (Baseler) Beiträgen zur vaterländischen Geschichte 10, 273 ff. und Prantl Geschichte der Logik IV 294 ff.; doch irrt der letztere, wenn er glaubt, dass Murner mit seinem logischen Kartenspiel wirklich habe spielen lassen. Diese Karten, in die alles mögliche an Zeichen und Bildern hineingedrängt ist, haben mit wirklichen Spielkarten kaum noch etwas zu thun.

Die alte Art der Spielauslegung scheint nunmehr im Elsass abzubrechen. Wol aber bezeugen noch mehrere in Strassburg erschienene Schach- und Würfelbücher die andauernde Spielfreudigkeit, und namentlich wird hier die aus Italien eingeführte Gattung der Loßbücher heimisch, harmlose Orakelspiele, in denen meist durch Umdrehung einer Scheibe das Loos bezeichnet wird, zu welchem ein bald ernstes, bald scherzhaftes Bild mit Versen gehört. Fast sämmtliche von Gödeke § 159 Nr. 5 namhaft gemachte Werke dieser Art gehören dem Elsass an, oder sind doch zu Strassburg und Mülhausen gedruckt. Da treffen wir neben dem Weltlichen Loßbuch Jörg Wickrams von Colmar das Geistliche Loßbuch des Heinrich Vogtherr, beide 1539 zuerst erschienen, und wenige Jahre später, 1543, auch ein Karten-Loßbuch. Und um der langen Reihe bekannter und berühmter elsässischer Namen einen würdigen Abschluss zu geben, nenne ich Fischart, der zwar über die Loßbücher (mit Ausnahme der Wickramschen) in der Daemonomania[1] herzieht, aber doch auch durch sein

[1] (1581. S. 181 f.).

überreiches Spielverzeichnis im Gargantua unwillkürlich an eine ähnliche Aufzählung bei seinem 150 Jahre ältern Landsmann Meister Altswert erinnert.

Diesseits des Rheins liessen sich noch manche Beispiele für Einkleidung moralischer und politischer Tendenzen in die Form eines Spieles anführen. Ich will hier nur erwähnen, dass, wie wir früher nach einander ein moralisiertes Würfelspiel, Schachspiel, Kartenspiel, Ballspiel auftreten sahen, jetzt der Richtung der Zeit entsprechend das Kegelschieben herangezogen wird. So in einem niederdeutschen politischen Fastnachtsspiel De Schevekloth, das bei Lüntzel Die hildesheimische Stiftsfehde S. 220—230 abgedruckt ist, und namentlich in einem vortrefflichen gereimten Dialog, der den Nürnberger Buchdrucker Lenhard zů der Aych zum Verfasser hat: Kôgel spil gebracttiziert auß dem yetzigen zwytracht des glaubens u. s. w. (2 Drucke aus d. J. 1522, s. Gödeke § 134 Nr. 7 und Weller Annalen II 335). Luther tritt darin als Vorkegler der Reformatoren auf, besonders Hutten zeigt sich zu stürmischem Werfen geneigt. Als abwartende Zuseher unterhalten sich über das Spiel und die Spieler der Pabst und der Kaiser, während andere heftig auf die jungen Lollfetzen schimpfen. Das Stück ist ganz in Murners Ton und Sprache geschrieben und auch in der Tendenz einigen seiner Schriften verwandt.

Do ich bey meiner herschafft was ain peichtiger und ain selwarter, und marckt da pey wie das sy so gar zů gůten sitten genaygt waren, die sy von got hetent und von iren åltern her pracht, als ich wol han gemerkt, und geren vil predig horten, und die an tůn und schreyben, als sy von mir manig predig geschriben hand, do han ich gedacht das ich got dem obrosten herren und der edlen hochgelobten můter Marien und den hailigen zů eren, und meiner genådiger herschafft zů ainem gaystlichen dienst, und allen den die es lessend zů ainer manung zů tugenden, das ich wil machen ain bůchlin das ich nennen wil das guldin spil, und das wil ich taylen in siben spil wider die siben haubttodsünd, und das sind syben guldin spil, schaffzagel wider horffart, pretspil mit den scheiblachen wider frausshayt, | kartenspil wider unkeusch, würfelspil wider geitikayt, schiessen wider zoren, tantzen wider trauckayt, saytenspil wider neid und hass. Von dem ersten schaffzawelspil lass ich wissen das ein prediger was der hieß průder Jacob Tessali, der hat dar über geschriben, dar auss ich vil han genomen, auch han ich vil genomen auß der geschrift und vil auß meinem aygen sinn und auch von sagen, wie ain haidnischer mayster was in Caldia der hieß Xerses oder Philometus, der hat das spil

1a (at line 1) 1b (at line 14)

Ueberschrift: Hie hebt sich das bůch an | dasman nent das guldin spil | vnder dem begriffen seind siben spil | durch welche die houbtsünd der auch an der czal siben seynd | kurcz vnd meisterlich zů bestraffung der irrenden erclårt werden D. 1 Da ich nach den gewonlichen rechten vnd vffgesetzter alter ordung der brůder predier ordens ein vnwirdiger lesmeister was und mir von des selben amts wege die vslegung des gottlichen worts geburt vnd zugehört da marckte ich da by das etlich geistlich kinder Z. 4 die — 5 hand, *dafür* grossen drost vnd geistlichen froid da von enphahen Z. 15 *die Reihenfolge richtig in* Z. 18 tesseli Z von tessalis D. 22 philomater Z.

gedichtod von dreyer lay sachen. Der erst ist das ain küng was ze Babiloni der was Nabuchodonosors sun, und der hies Emordach und was zemal ein untugendhafter her, als auch sein vater was; über den verhangt got das er siben monat aß als ain vich und gieng auf henden und auff fůssen als ain tier. Der selb jung küng wolt von nieman strauff leiden umb seiner misstat, und da in sein vater strauft und in fieng, do erhü er in ze stüken nach seim tod und gab in den foglen zů essen, dar umb das er nit wider lebentig würd und in mer strauffte, und wer in strauft den tod er zehand. Und also gedacht der vor genant mayster das spil, da mit er den küng pracht zů gůten sitten und das er sich liess strauffen, und das was die erst sach. Die ander ursach dar umb das spil erdacht ward das ist für můssig gan, und das man da bey leret streiten und fehten und alle klůckayt, da von fil ze sagen wår. Die dritt sach ist das man da bey lernot tugend und gůt sitten und manig groß klůghait, und also hayßt ain ieglich spil das auff tugent weißt eutropolia, als Aristotiles spricht. Und dar umb will ich von disem spil ze dem ersten sagen wie es gezogen ist auf gůt siten und auf den menschen gaystlich, ze dem andern mal von dem gestain, wie es geschikt ist, und was es bedüt, und wie man es zücht, und wie ir geng sind.

DAS ERST IST SCHAFFZAWELSPIL.

2a Ego pauper ludo dum tu dives mediteris. Ita scribit Alexander de Villa Dei in secunda parte libelli puerorum, ich armer spile, so du reicher betrachtest. Ich han gedacht got dem almåchtigen herren ze eren, und allen den die es lessend zů bessrung, und zů ainem gaystlichen trost allen můssigen menschen dis bůchlin ze machen von dem spil, und dar zů han ich gedacht fier sach. Die erst was da bey die materlich sach des spils, das ist armůt, armůt an gůt und an gnaden und an tugenden. Dar umb ist geschriben: ich armer, wan sunder on zweifel aller spil materi ist armůt und nit reichtum, das merkt man da bey: was ainer hat darumb spilt er nit, er spilt aber

3 elmordacha Z eiulmaradach D. 12 bråcht D. 18 das *fehlt* G. 24 deuila G. 29 was da sey G. sy D. 32 zwefel G.

dar umb das er nit hat und es geren gewünn, und ist nieman so reich er spil dar umb das er noch reicher werd. Wann ės spricht Seneea: der ist nit arm der wenig hat, aber der vil begert dem geprist. Das er hat das getar er nit prauchen noch den eren gotz, und im gepristet auch das er nit hat, und dar umb so spilt er. Die andern sach ist die bewegung werklicher sach, das ist die person der speler, der muotwiller. Dar umb stat geschriben: ich, als ob er sprech: ich pin meines rechtens, als der verloren sun sprach: vater, gib mir mein gůt, und das verspilt er mit frawen. Also spricht auch der spiler: ich verspil mein gůt, dar zů ich recht han, es ist mein und han taylt mit meim vatter. Die drit sach ist ain endsach war umb allü spil erdacht sind, das ist umb dreyer lay sach, als Aristoteles erzelt. Es ist umb gewin leiplichs gelusts, als essen und trinken und kürtzweil ze treiben, oder zeitlich er, und umb überwinden und ertzaygung der sterk. Die fiert sach ist ain formlichü sach des spils, wie das spil geschaffen sey. Und also ist ze wisen das ich sagen wil von siben spilen, da alle spil in begriffen sind: das erst ist schaffzawelspil, das ander pretspil mit den scheiblachen umb die ürten, das drit kartenspil, das fiert ist würfelspil auf dem pret, das fünft ist walgen mit den kuglen, oder durch den ring | küglen, schiessen und des geleich was mit dem 2b
klotz zů gat, das sechst ist lauffen und sterk erzaygen und tantzen, das sibent ist saytenspil. Nun sprich ich in dem ersten wort: ich armer spil, so du reicher betrachtost. Der arm ist der besunder mit dem spil vil verlürt tugend, der sel gůt und der edlen zeit, umb die üppigen wort die da gesprochen werdent, umb ergerung die da beschehent, umb gůtü werck die man versaumpt und verlürt. Der ist billich arm der vil schuldig ist und wenig hat, aber der ist reich

---

6 beweglich werklich Z. *Die Stelle ist verderbt, ob* werltlich? 7 der die p. GD. 12 und han taylt *doppelt* G. 14 zerzelt G. 15 lusts D. zitlichs gutts oder lusts Z. 15 zitt vordriben oder vmb Z. 17 fröliche Z. frümglich D. 17 des (der D) speis GD. *fehlt* Z. 21 ist *fehlt* D. 21 kartenspil vff dem bret Z. 22 ballen schlachen durch den ring keglen vnd waß Z. 24 kotz G. cloß Z. louffen dantzen springen vnd st. Z. 28 vnd die ü. w. GD. 30 die ist G.

in tugenden und in gnaden der da betrachtet den schaden des spils, und hût sich da vor und legt sein zeit bas an. Und dar umb so wil ich sagen wie die untugend spilend, die tugend betrachtend, was dem spil nach volget, des spils armût und schaden. Zû dem ersten so spilt hoffart die erst haubtsünd schachzawelspil, und ir sicht zû und betrachtet die reich tugend der demûtikayt. Zû dem andern mal so spilt die arm fraußhayt pretspil umb die ürten in essen und trinken, so sy zert und zechet on noturft, und sicht ir zû und betrachtet die reich tugend der mâssikayt. Zû dem driten mal so spilt die armût der unküsch mit den karten, und sicht ir zû und betrachtet die reich küschhayt. Zû dem fierten mal so spilt die arm geitikayt das würfelspil auf dem pret, und sicht ir zû und betrachtet die reich miltikayt oder die reich armût Cristi. Zû dem fünfften mal so spilt die arm neidikayt und hass das saytenspil, und sicht ir zû und betrachtet die reich minn und lieb gotz und des menschen. Zû dem sechsten mal so spilt die arm zornikayt des schiessens, stechens, prechens, türnierens, und das betrachtet die reich senfftmûtikayt. Zû dem sibenden mal so spilt die arm faul traukayt das spil des tantz, und das betrachtot reichü andacht und heilikayt und sûssikayt Jhesu Cristi.

Nun von dem ersten das ist schachzawelspil ist ze wissen das es vor der stat ze Troye erfunden ward | von
3a ainem mayster der hies Xerses, von ains küngs willen den nieman torst straffen umb sein hoffart und umb sein groß unrecht, weder sein fraw noch sein gesind; und der mayster strafft in gar redlichen mit dem spil, und erbot im so vil schach und mat und tet im schmachayt und nam im alles sein gestain, wann er was unwissend und unbehût auff dem spil. Das markt der küng vil wol und bessert sich gar fast. Als vil nun ain ieglich spil zû gûten siten geordnet wirt, so ist es ain tugend und hayßt eutropolya von Aristotiles, als vil aber ain ieglich spil weist auff untugend, so ist es sünd

6 sehend zû vnd betrachtend GD. 9 in noturft GD. 11 arm vnkusch Z. mit der k. D. 13 auf — 14 zû *fehlt* Z. 14 die armût Z. 22 und sûssikayt *fehlt* Z. 33 eythropholia D.

und verpoten. Nun ist das erst spil dar umb erdacht das der mensch gestraufft werd umb sein hoffart, und ist das schachzawelspil also geordnet das zû dem spil gehôrend XVI stain von der ainen partey und XVI von der andern, das alles sind XXXII stain; der bedütet acht stain den adel und acht sein dienstlüt. Der erst ist der küng, der ander die küngin, der drit die alten, und der sind zwen, an ietweder seiten ainer, und der fiert sind ritter, auch an ietweder seiten einer, der fünfft sind die roch. Also bedüt der küng die vernunft in dem reich der sel, die küngin den willen, die alten gedâchtnüß die rât wol gedenkend, die riter sind die vechter, die roch sind die richter; der küng die vernunft in der sel das gût erwelen, die küngin den freyen willen, die alten die rât der vernunft, die riter die krafft ze streiten wider das pôs zû dem gûten, die roch die richter oder die vôgt, das sind die krefft die da volgend dem rechten urtayl der sel. Also sind der gestain VIII: der küng, die küngin, zwen alten, zwen riter und zway roch.

VON DEM KÜNG IM SCHACH.

Rectorem te posuerunt, noli extolli, sed esto unus ex illis. Das ist so vil gesprochen: sy hand dich gesetzt ainen küng | über sy, des solt du dich nit überheben, aber du solt 3b
sein als ainer under in. Es ist ze wissen das ain küng wirt in dreyer lay weis. Ze dem ersten von gepurt; also sprachen die küng von orient: wa ist der geporen ist ain küng der Juden? das ist Christus, der allain ain geporen küng ist. Ze dem andern mal ain gemachter küng, der erwelt und geordnet dar zû ist von got, als Saul und David, die von got erwelt wurden zû küngen. Saul was ain esseltreiber und David ain schauffhürt. Ze dem driten mal so hayßt der ain küng den das volk auß erwelt und auf würft zû ainem küng, als dise vor gesprochen wort sprechend. Ze dem fierten mal so ist der ain küng der sich selber auf wirft für ain küng und herren, als wir lessen von Nemrot, der der erst

---

7 den alten GD. 9 die fünfften Z. 12 *In* Z *nur einmalige Aufzählung, aber zum Theil mit den Ausdrücken der zweiten Reihe.* 17 der *fehlt* D. 18 *Am Schlusse* 1450 G. 25 der der D. 33 zû einem k. D. nemort G.

küng auff ertrich was, und Julius der erst kaysser, der satzt ze Rom im selber mit gewalt die kron auf. Nun schreibt Aristotiles in dem pûch von den siten das dreyer lay reichßnung in den lüten ist. Das erst ist so ainer regniert der da gûtt dar zû ist, und den gemainen nutz sûcht mer den sein aygen nutz, und der hayßt ain küng. Aber wer da sûcht nun sein nutz und nit den gemainen, der hayßt von recht nit ein küng, aber ein tyrann und ain wûthrich. Das ander da die gemain regnierend und etlich von der gemaind die da gût sind und sûchend den gemainen nutz, das hayßt aristocratia. Das dritt da die gemainen regnierend und übel, das ist das allerpôst, und hayßt olorgarcia. Also lesen wir in her Daniels pûch das der küng sach in seim traum ain saul und ein abgot dar auf stan, des haupt war lüter vein gold, die arm silbrin, die prüst und der pauch waren erin, die fûss waren eysnin. Dar durch sind bezaychnet vier reich der welt. Das erst bey dem guldin haupt bedüt das küngreich von Kaldea, von Babilonia, dar umb fiert der küng in
4a seim wappen | ain guldins haubt ains menschen. Die silbrin arm und brüst bedütent das künkreich von Meda, und sind ir wappen zway silbrin arm und prüst. Der erin pauch bezaychnot das künkreich von Kriechen, und dar umb so fûrt ir künig in seim wappen drey erin schellen oder glôglach. Die eysnyn fûß bedütend das rômisch reich, dar umb ist sein wappen ain schwartzer adler, des fûß seind eysinvarb. Nun ist ain adler ain küng über all vogel und aller sterkst, als das eysen under anderem geschmeid, also zwingt es und zamet alles geschmeid. Also tût auch das rômisch reich, das überwint und zamet allü reich disser welt nichtz auß genomen. [Dar umb, wan das rômisch reich hat geherschot über all dis welt]. Und dar umb so hat Ovidius dis welt getaylt in vier zeit. Das erst was guldin, wan im anfang der welt do waren die menschen guldin in mynn und lieb

---

1 erst *fehlt* GD. 4 der der G. 10 das — aristocratia *fehlt* D. 11 dritt ist D. 12 und — ologarćia *fehlt* D. 14 vnd des D. 18 fûrentt ire küng in irem w. Z. 22 fûren ire küng — glocken in iren w. Z. 25 eysnin D. vard G. *fehlt* D. der ist isen frawglich Z. 27 vnd alle dem schmide Z. 30 Darumb — welt *fehlt* Z. *Verderbnis in* GD. *resp. der gemeinsamen Vorlage von* GZ.

und in geduld, als sich das gold lat schlahen, und gepessert wirt in dem feur, wan vor zeiten warend allü ding gemain, und was kain gericht. Dar nach kam ain silbrin zeit, da ersprang der pfenning und das gericht. Zů dem pfenning vieng der kauf an mit aufsatz und mit untrüwe, und erdachtend die lüt die mass und die zal und die gewicht, und velten påum nider, und taylten ertrich und wasser ze aygen, und machten schiff, mauren und graben, und zün und hüser und wonoten dar in. Do komen zway wort in die welt, das ist dein und mein. Die drit zeit des menschen und der welt das was messin, das was noch pôser, wan da stůnd auf list, falschayt, unwarhayt, krieg und unfrid, und als das erin geschmeid dônt, also beschirmten sich die menschen mit worten und stůnden auf die gericht. Das fiert zeit da ward die welt eysnin, da ward es noch pôser. Da wurden sich die lüt weren nit allain mit worten, besunder auch mit herten widerspånigen
werken, und die | vor mit worten mochten überwinden, die wel- 4b
lend aber nun mit eysnin schwerten, mit lantzen, mit spiessen, mit pantzer, mit eissenhůten, mit geschossen und mit manger lay waffen überwinden, und wôllend kain strauff leiden als des kings Nabokodonosors sun, und lebte Ovidius noch, er språch: die lüt sind nit allein eysnin, sy sind auch stainin worden; wan wir seyen in ainer pôsern stat denn das wir eysnyn weren. Also sprich ich: das guldin haubt an dem abgot, das der küng von Babiloni sach, bedüt gôtlich lieb der menschen, wan als sich das gold under dem hamer lat treiben on allen widerschall, und lat sich bewåren in dem feur, also tůt auch ein gůter got lieb habender mensch, der lat sich ůben on murmelen, und wirt bewårt in dem feur des leidens; aber er wirt silbrin, so in im gôtlichü lieb erlischt. Do beleibt er an der warhayt, · und hat ouch geren das man im die warhayt halt; und das ist das silber on gold, das ist warhayt on gôtlichü lieb. Dar nach so wirt der puch messin,

---

4 der gitz zu dem pfennig vnd fing Z. 6 gericht GD. 9 das ist dein das ist mein. dein vnd mein GD. das ist dein das ist mein Z. möschen Z. messin das was *fehlt* GD. 13 beschirment GD. behulffen Z. 14 den gerichten GD. 18 lancen baner kesselhutten Z. 20 strauff *doppelt* G. 23 wann D. 25 sach] das D. 28 liebhabender mensch gots D. 32 warhayt on gold das ist warhayt in gôtlichm̅ (gôttlicher D) lieb GD.

das mess klingt und dônt, und ist dem gold geleich, das ist wenn dem menschen die warhayt ab gat, so nempt er sich an ainer geleichßnung und ainer falschen haylikayt, das er doch in warhayt nit enist, und betrügt die welt offenlichen mit dem schein der haylikayt und mit dem tûn klûger wort, und er wirt auch selber betrogen. Dar nach so sind die pàyn eyssin. Das eysen ist hert und zamet alles geschmeid; also wen der mensch begriffen wirt in seinem unwarhafften leben, so wirt er hert und ungeschlacht und felt mit hertikayt auf die lüt die in gemerkt hand, und kan nieman vor im genessen. Dar nach so werdent die fûß scherbin von erden, und das pricht geren. Also wirt der mensch krank und presthaft, unleidig und untuldig, und das er vormals
5a gestraffet hat, das mag er nit leiden | das man in dar umb strauff, und der vor guldin was der wirt nun irrdin, und der vor berayt und willig was alle widerwârtikayt ze leiden, die weil er was guldin in gôtlicher lieb, der ist nun unleidig durch irdisch ungeduld, und mag kain straufwort vertragen. Also bôsert sich die welt, und also vindet man auch den menschen der sich geleichet den tieren, den voglen, den vischen, den paumen, und sind geleich den stainen und der kranken erden. David spricht: der mensch da er was in eren, da verstûnd er es nit, er ist nu geleichet den tieren. Also geschach dem hochfertigen küng von Babilon, der ward siben jar als ain tier. Salomon geleichet den menschen dem vogel und spricht: als der vogel wirt mit dem strik gevangen, also werdent die menschen gevangen mit pôsen listen in diser zeit. Abacuk geleicht sy den vischen und spricht: des menschen antlüt ist als ain visch. Und nach fünffhundert jaren do geleichet Cristus die menschen den paumen; aber nun so man zalt tusend und fier hundert dreißig und zway jar so seyen wir geleichet den stainen mit der hertikayt der ungehorsam, wan in dem stain ist hertikayt, kelt und schwâre. Also

---

1 messing D. 3 ain g. G. 4 nit ist D. 4 und dem D. der tûn G. schall kl. w. Z. 11 in D. von in G. 21 den paumen *fehlt* D. vnd sein geleich wirt GD. 22 in *fehlt* GD. 23 nu *fehlt* GD. 24 vnvernufftig tier Z. 28 sich D. den menschen Z. 31 vnd funfftsig GD. 33 (swery Z) kelt vnd für GD.

wurden die lüt nie herter in ungehorsam, nie kelter in gôt-
licher liebe, schwârer und trâger in gôtlichem dienst. Und
als das wasser lauft über die stain und kumpt doch nit dar
ein, also lauffend allü gûtü ding obnen hin und komend nit
in den grund der hertzen, und wird das hertz unberûrt; aber
es kumpt bald die zeit das wir ze erden werden, als wir vom
erdrich gemacht seyen, und das tût der stain des tods, der
velt auf den abgot, das ist der mensch, und pricht alles das
wir gemacht haben und seyen. Und dar umb wenn hie vor
zeiten die Rômer ain küng machten, so pracht man im ain
marmelstain, dar auß er im ein grab machte, dar umb das
er gedâchtnüss het seins tods; als Salomon spricht: gedenck
dein lest zeit, so sündest du nymmer. | Und dar umb so ist 5b
das spilpret des schachzawel schwartz und weis und vier-
eggig, und wenn man das pret auf hebt, so ist das spil auß,
und legt man das gestain alles in ain sak; so leit der küng
als bald unden in dem sak als obnan, so sind sy denn al
geleich. Also geschicht auch mit dem spil der hoffart. Das
pret ist die zeit, gevârbt mit weis des tags liecht, mit schwartz
der nacht. So nun die zeit auf gehaben wirt durch den tod,
so hat das spil ain end, das man kain für den andern hat,
das man ain her für ziech, den andern hin hinder stoß. So
ist den kainer weder küng noch riter, noch vôgt noch herren,
sy sind all geleich in dem sack der erden. Wer denn hie
wol het tan, der findet es. Nun sol der küng an im haben fier
ertzedel oder fürstentugend, das sind weyßhayt, mâssikayt, ge-
rechtikayt und sterk. Weyßhayt sol im vor gan; Aristotiles
spricht: die klûg vernunft hand die sind von natur der anderen
küng und herren. Mâssikayt zû der rechten seiten des gelüks,
sterk zû der glingen seiten in der zeit des ungelüks. Gerechti-
kayt sol im nach gan. Die weißhayt gat im vor mit aim
pûch, die mâssikayt mit aim muschgatlin, die sterk mit aim
panner und mit aim schilt, und gerechtikayt gat im nach mit
aim schwert. Durch die vier tugend wirt der küng geordnot

---

2 nie schwârer D. und trâger *fehlt* Z. 14 wis quartieret Z. 21 das — hat *fehlt* Z. 22 ziech] vnd D. 25 windet G. 29 gluckrades Z. 31 sol in GD. 32 muschel kemmlin Z.

in allem seim leben: mit der weißhayt gen seinen alten und råten, mit der måssikayt gen seiner frawen und küngin, mit der sterk gen seinen riteren, mit der gerechtikayt zů den rochen und richtern. Zů dem ersten weißhayt ordnet den küng zů seinen råtten den er weißhayt rat, und sy im auch. Nun ist ze merken das weißhayt füret alle tugend, weißhayt schweiget allem zoren, weißhayt überwindet allü ding, weißhayt macht got und der welt genåm. Ze dem ersten sprich ich das weißhayt fürt all
6a tugend |, wan sy weißt den küng zů allen tugenden. Dar umb so hies got in alten zeiten saltz in alle opfer legen; das saltz bedüt weißhayt, dar umb sprach Paulus: ewer red sey mit saltz gesaltzen. Wir lessen das ain küng belag Rom, und begeret ir weißhayt und embot hin ein, das sy im rat gåben wie er sein saltz solt behalten, es wôlt im faulen. Do emboten sy im hin wider auss, er solt es mit mulmilich sprengen; da bey verstůnd er wol ir weißhayt, wann es ist unmüglich das ain maultier milich geb. Zů dem anderen mal so geschweiget weißhayt und stillet den zoren, besunder der küngin, wann Salomon spricht: es ist kain zoren über weibzoren. Aber spricht er: der thor kriegt, der weis stilt den krieg, wann ain sůss wort macht vil fründ. Ze dem driten mal weyßhayt überwint allü ding, wan also lißt man von dem küng Dario: der het drey kåmerling, und ieglicher schrayb ain brief, und legten die dem küng under sein hauptküssin. Der erst schraib: der küng ist stark, es ist war, mag er sich selber überwinden. Der ander sprach: der wein ist noch sterker, das ist auch war, er überwindet den küng und würft in nider auff die erd, so er trunken ist. Der drit sprach: die weib sind allersterkest, aber allü überwindet warhayt. Zů dem fierden mal so macht weißhayt got genåm und den menschen gevellig, wan sy lert die gerechtikayt, die ieder man das sein gibt, got die er, dem menschen bessrung, im selber maysterschafft. Bey dem küng verstan

---

4 zů sinen richtern Z. 5 in G. 10 aller G. 16 f. vnd wen iß man vngelich ist das saltz ful werd als vnglich ist kein mul milch geb Z. 25 ist es D. es *fehlt* Z. 26 schreib Z. 29 schreib Z. bryeff lautet also D. 30 *Anfang* weißhayt *durchstrichen, daneben* warhayt G. weyßheyt DZ. *das echte ergibt sich aus der Deutung* 11, 4. 30 dye weißheit D.

wir sterk in geduld, und ist ain tugend des küngs und seiner ritter, der wein bedüt måssikayt des künigs und der küngin, die fraw bedütet gerechtikayt des künigs und seiner rochen, die warhayt die allü ding überwindet bedütet weißhayt des küngs und seiner alten und råte. Zů dem ersten mal so sol der küng haben sterk in geduld zů im selber, wan | es spricht 6b
Seneca: wer sich selber überwint, der ist sterker denn der land und lüt überwindet. Bist du nun ain küng und ain herr, so bis auch dein selbs künig nnd her, und zů ainem herren macht dich dein starkü geduld, die nieman überwinden mag. Ze dem anderen mal so sol er auch måssig sein, und sol sich den wein und die frawen nit lassen überwinden gegen seiner küngin. Er sol ouch nit ain ebrecher sein, von dreyer lay sach wegen. Des ersten das er nit prech das pot gotz, als David tet mit Bersabc Urias des ritters frawen, darumb das er die und ander sünd müg straffen. Zů dem andern mal das er nit fal in die pein der ebrecher, als David der über sich selber ain rechtz urtayl gab. Zů dem driten mal das er nit verworffen werd von dem reich, als Salomon den ain weib darzů bracht das er ain abgot anbetet. Dar umb auff dem spil so sol die küngin mit dem küng ziehen und sich von im nit ferren. Zů dem fierden so sol er haben die tugend der gerechtikayt, die sol der küng ûben in saim land durch sein vôgt, vitztum und richter, das bedütet die roch der gerechtikayt, die sol ain küng an im han. Wir lessen das ains küngs sun het geschmåcht ain erber witwen und het sy mit gewalt überwunden; das ward der küng gewar sein vater. Nun was dar umb recht, wer ein sôlichs tåt, dem solt man seinü augen auß stechen. Do stach der selb küng im selber ain aug auss und dem sun auch ains auss, das dem rechten gnůg geschåch, und gab der armen frawen den sun zů der e mit grossem gůt. Die fiert tugend hayßt weißhayt, die sol der küng halten mit warhayt, die überwint allü ding. Nun komt die weißhayt von fünf sachen. Zů dem ersten

1 sterk vnd geduld D. 2 der *fehlt* GD. 3 der kunig G. 4 die warhayt — 5 råte *fehlt, dafür* das sind vôgt vnd die richter die in warhayt allü ding überwindent GD. 5 alten vnder der ratten Z. 22 ferrern D. 24 witztum G. vicarien Z. sun der het G. 25 der küng. 32 die heyst D.

von geschrifft und lernung der půch. Ze dem andern mal von weisen råten, den man folgen sol und sy nit verschmåchen. 7a Zů dem driten mal | von dem empfinden, wann es spricht Aristotiles: vil empfindens macht kunst. Dar umb sprach Vegecius in dem půch von der riterschafft: in dem streit ist ain gelertü krafft besser von wenig denn von vil ungelerten. Als wir lesen von aim alten riter, zů dem sein widertayl sprach: ich han vil schwerter wider dich. Do sprach er: so han ich vil gelerter jar wider dich. Salomon spricht: we dem ertrich des küng ain thor ist, und des fürsten frů essend. Also spricht auch Catho: sålig ist der der in fremdem schaden gewitzgot wird. Zů dem fierten mal das man weißhayt von got piten sol. Als man list von Salomou, dem geben ward von got erwelen weißhayt, gewalt, oder reichtum, da erwelt er weißhayt, des gewert in got, und gab im nit allain weißhayt, er gab im auch dar zů reichtum und gewalt und frid, das im nieman mocht geleichen auf ertrich. Nun ist es also, wer den küng ansicht, der sicht an im alles sein künkreich. Das haupt des küngs in dem sicht man an sein alt råt, die sind sein ougen die fer süllend sehen in den sachen, sein oren sind sein råt die er hôren sol und in volgen, sein naslecher sind sein råt die in süllend weissen underscheid ze vinden, der mund ist sein rat der für in reden sol, so seind sein arm und sein prust die ritter, die süllend beschirmen den küng und witwen und waysen. Sein hertz dar inn so sind zwo adern, durch die ainen zücht das hertz den luft an sich, durch die andern so plaußt es den luft von im. Und das ist sein fraw, die sol er lieb han als sein aigen hertz, und sol sy zů im ziehen in lieb und in fraintschaft. Er sol auch von ir lieb gehabt sein. Die fůss sind die richter die das künkreich tragend und laytend, der recht fůss ist die parmhertzikayt die all richter haben süllend, der geling fůss bedüt gerechtikayt. Des zů ainem zaychen so kerend die edlen tier als der leo den rechten fůss für, und 7b sind | auch die gerechten gelider grôsser und sterker den

1 von der g. D. 3 drüten G. 8 sprach der alt man D. 12 die w. D. 20 ferre sechen in die Z. 21 er — 22 die *fehlt* D. 25 erst herts GD. 27 lust GD. den *fehlt* GD. lust GD.

die glingen. Wir lesen von aim küng, der kund nichtz vergessen denn nun allain das das wider in geschach, des vergass er gar bald. Also so solt der küng gemalt han in sein sall ain ring. Ze obrost ist ain küng der sitzt in seiner majestat und spricht: ich reichsnun, zů der linggen hand ainer velt her ab und spricht: ich han gereichßnot; und zů der rechten hand ainer der fert hin auff und spricht: ich wil reichsnen; so leit ainer unden an dem ruggen und spricht: ich bin on reich, und stat in dem glikrad geschriben obenan dar an demůt, darnach weißhayt in warhayt, dar nach frid, dar nach reichtum, dar nach hoffart ze untrost, dar nach wider umb diemůt, und lauft also umb und umb. Das ist der sin: noch diemuot volget weißhayt und bekantnüss sein selbs, wan kain aug das in dem nebel ist das sicht den nebel, wan es ist des nebels vol: also kan nieman in den sünden sich selbs erkennen. Also weishayt pringt demůt, demůt pringt frid, frid pringt reichtum, der reichtum pringt hoffart, hoffart pringt krieg und unfrid, krieg pringt armůt, armůt pringt wider umb demůt, und also lauft das glükrad umb und umb. Wir lesen in dem pŭch der richter in dem nünten capitel, das die hôltzer im wald heten ain rat wie sy ain küng machten über sich, und komen zů dem ôlpaum und paten den das er das reich auff näme und künig über sy würd. Der sprach: nayn, ich mag meiner füchtikayt nit gelassen, wan da mit so dien ich got in dem tempel und den lüten. Sy komen zů dem feygenpaum, der sprach: ich mag mein süssikayt nit gelassen. Sy komen zů dem weinreben, der sprach: ich mag mein gůt | 8a
tranck nit gelassen da mit ich die lüt frôlich mach. Sy komen zů dem hagdorn, und der nam das reich auf und ward küng. Nun hat er die art das er an dem ersten nit sticht, wan die doren sind noch ze weich, aber dar nach werdent sy fast hert, und denn so stechend sy gar übel. Auch so der wind dar ein wâget, so geit er sein feur, da von das holtz und die paum verprennt werdent, und das ist ain gaystlicher sin. Der ôllpaum bedüt ain frumen küng der genaygt ist auf erpårm,

3 bald] der linck fuß bedeuttet gerechtikeit [Der kung Z. 5 majestat] Vnd der gelingg fůss bedüt gerechtikayt [vnd GD. 16 diemůt] vnd D. 17 frid] vnd D. 18 armůt] vnd D. 19 demůt | also. 21 in w. G. 32 vast vbel D.

als Sant Ludwig ain king von Frankreich und Sant Elsbet die küngin von Ungern. So bedüt der feigenpaum die auff süssikayt gaystliches lebens genaygt sind. So bedüt der reb ain herren der bekert ist von weltlichen dingen zů dem frid des himelreichs, und die sind küng aussen und innan, und gaistlicher den münch oder pfaffen. Der hagdorenpaum bedüt die hoffertigen herren, und die sich am ersten senftmůtig erzaygend, aber dar nach so werdent sy hert gen armen lütten und ungeschlacht von jar ze jar und verderbent arm leit. Item ain weisser her und küng sol die warhayt halten, und seinü wort süllend sein so stet als ain insigel. Wir lesen von küng Alexandro das er so warhaft was: er lag vor ainer stat, die wolt er erstôren und gewinnen, nun mocht die stat seim zoren und gewalt nit widerstaun und sich sein erweren. Also santen sy zů im hin auss ain mayster der hieß Amaxenas, das er in gnad erwürb, wan er het in gar lieb. Und do in der küng Alexander ersach, do sprach er zů im: ich sprich und schwer das bey got das ich nit tůn wil das du mich wirst biten, dar umb so bit nit und lass es varen. Do was der mayster nit unweis, er kniet für den küng und pat in das er die stat gewün und zerstôrt,
8b und das er nieman | in der stat ze gnaden nâm. Alexander bestůnd bey seinen worten und gab den kraft, und macht und tet den nichtz; also beleyb die stat bey frid. Es spricht Aristotiles: dis welt ist als ain gart, der garten sind die künkreich, die künkreich werden behalten mit der gesatzt die der küng hat gesetzt, der küng wirt enthalten durch sein riterschaft, und die riterschaft wirt enthalten durch iren sold, der sold wirt gesamnot von dem gemainen volck. Also ist das volk ain dienstman der gerechtikayt, mit der gerechtikayt wirt die welt geregiert. Also spricht man auch: ain roßnagel halt auf ain eysen, ain eysen ain pferd, ain pferd ain man, ain man ain haus, ain haus ein land, ain land ain künkreich.

---

3 leben G. 5 aber ynnan synd sie Z. 8 f. ye herter vnd hertter den armen lütten von jar ze jar vnd schiessen füer vnd brennen und verderben arm lütd Z. 14 sein z. G. 17 do der GD. 18 dem almechtigen got D. 20 bit oder lass GD. 25 karten G. sind des k. GD.

HIE SAGTZ VON DER KÜNGIN.

Non est bonum hominem esse solum, faciamus ei adjutorium simile sibi. Gen. primo. Es spricht got in dem pûch der geschôpf: es ist nit gût das der | mensch allain sey, wir 9a süllen im machen ain hilf sein geleich. Do got die frawen Evam geschûf die ersten küngin, do macht er sy nit aus Adams haupt, noch auß den fûssen, er macht sy aber auß der seiten nach pey dem hertzen, dar umb das die fraw nit wâr ob dem man; ob sy auch nit gesündet hat, so wâr sy gestanden in gleichayt zû dem man. Sy solt auch nit under im sein als ain fûsstuch, aber in geleichayt, wann geleichayt ist ain sach der lieb, und lieb ist ain sach der geleichayt. Dar umb macht lieb geleich allü ding und ungeleichü ding geleich. Dar umb so solt Eva Adam geleich werden: sy ward gemacht das sy Adam geleich würd, das machot lieb, sy ward gemacht Adam zû ainem trost das er nit allein wâr, sy ward gemacht Adam zû ainer hilff kind ze ziehen, und machen das er ir und sy im hülff die pot gotz behalten. Nun ist ze wissen in welchen sachen ain man und ain fraw ainander geleich sind und auch ungeleich in der hayligen e. Zû dem ersten mal so sind sy geleich in der natur, wan sy sind baydü menschlicher art und natur, die Cristus an sich genomen hat. Sy sind auch geleich inn den sacramenten, wann ains empfacht nit mer denn das ander. Sy süllend baydü getauft und gefirmet sein und baydü cristen sein küng und küngin. Sy süllend geleich reich sein an dem gût, wan die e macht ir gût gemain. Sy süllend auch geleichen tayl haben an den leiben, wan kains ist seins leibs gewaltig, wan ie ains ist des andern leibs gewaltig in der e. Sy sind auch gleich an den kinden: wie wol das ist das der vater das edler tayl und substantz gegeben hat. Sy süllend han ain geleichü lieb, also das ains dem anderen mit antwert in lieb geleich sey. So sind sy auch ungeleich in drey dingen. Des ersten in der person: wan der küng ist ain man und ain herte person, die küngin ist ain weib und | 9b

---

1 Hie sagtz *fehlt* Z. 7 fûssen sunder nach by sinem hertzen vssen einem ripp Z. 10 geleichot G. 13 Dar umb — ding geleich *fehlt* Z. 17 machen] nach der selen Z. 24 werden D. 27 ir keynes D. 28 ir eynes D. 34 man — ain *fehlt* GD.

ain weichů natur und zarter. Ze dem anderen mal in den wercken, wann der man sol regnieren und würken außwendige werk die zů dem haus gehôrend, aber der frawen werk süllend sein inwendig in dem haus, als spinen, nåen und sôlchü leiblichü werk. Ze dem driten mal mit den ampten, wan die man habend ampt inn råten, in rechten, das den frawen nit zů gehôrt. Ze dem fierten mal in gaystlicher zůkerung gen got in andacht, wan noch gewonlicher ordnung so sind die frawen andåchtiger und geschikter zů gotz dienst denn die man, doch vålt das oft an manger frawen die vil minder andåchtiger ist denn ain man. Nun wil ich sagen fünff stük von den frawen. Das erst wie man ain frawen sol erwerben. Das ander wie man ain frawen sol erkennen. Das drit wie man sy sol lieb haben. Das fiert wie man ain frawen sol behůten. Das fünfft wie man ain frawen sol regieren und erlich halten. Ze dem ersten ist ze wissen das etlich man nemend frawen von hübschayt und schôn wegen, als die unküschen, etlich von reichtum wegen, etlich von weißhayt wegen. Und die da hübschayt sůchend an frawen die sind unküsch und betrogen, wan die garten tragend nit alle zeit plůmen. Es fraugt Aureolus der mayster, ob der weis man ain frawen sol nemen die schôn sey oder ungeschaffen, und spricht: ist sy hübsch, so begert ir iederman, nun ist das gar hart ze behůten das iederman begert; ist sy aber ungestalt, so ist es auch nit gůt, wan das ist schwår ze lieb haben das iederman hesslich und verschmåchlich ist; doch so ist das ander besser den das erst. Die geitzigen sůchend gůt in weiben. Dar umb so spricht Crisostimus der guldin mund: du junger man, sůch nit reichtum in den frawen,
10a sůch aber gůt siten, wan | gůt sitten gewinend alzeit gůtz genůg, aber reichtum gemachet nie gůt sitten, dar umb ist armůt der heiligen erlicher den reichtum der sünder. Es fraugt ainer ain mayster, ob er sein tochter solt geben aim

---

2 regieren von vßnen in das huß Z. 4 synd von innen in dem huß Z. 4 f. spinnen vnd stricken neen vnd ander arbeit Z. 10 wann D. 18 wegen vnd etlich die vnhübschen ein teyl von richtum Z. 18 wegen *fehlt* GD. 21 allain zeit plůmen GD. 21 Areolus GD. 25 lieb czů haben D. 28 gůt *fehlt* D. 32 a. erlich den hayligen denn (vnd D) r. den sünderen GD.

armen weisen versüchten man oder aim reichen unversüchten man. Der mayster sprach: ich wolt lieber mein tochter geben aim dem reichtum gebråst, denn aim der gût gnûg het und dem weyßhayt geprest. Und der sprach auch: ain arm frawen ze haben ist schwår, ain reich frawen ze haben das ist peinlich, wau sy wil irs reichtums geniessen. Doch so spricht Salomon: es ist besser mit ainer armen frawen die fridlich ist in dem haus und in den winkelen des haus wonen, den mit ainer reichen und unfridlichen die da sitzt in vollem reichtum in dem haus. Der weis man nempt ain frawen nach der weißhayt, wan es spricht Salomon: ain weisse fraw paut das haus, ain thorochte fraw zerstôrt das haus, und die reichtum geben vater und mûter und die fründ, ąber weißhayt geit got. Sålikait des mans ist weißhayt der frawen. Ze dem andern mal wie man ain frawen sol erkennen, die man zû der hailgen e wil nemen. Es spricht Crisostimus der guldin mund: man sol war nemen ob vater und mûter gûter weißhayt und siten seyen und from, wan so ist die tochter on sorg ze nemen. Wa aber vater und mûter nit frum sind noch gûter sitten, so ist es sorglich die tochter ze nemen. Ist aber der vater von gûttem sitten und die mûter von pôssem, so ist es sorglich, wan die dôchtern beleibent geren bey den mûteren und lernend von in. Ist aber der vater von bôssem sitten und die mûter von gûtem, so hab kain forcht die tochter ze nemen. Zû dem driten mal wie man sy lieb haben sol. Man sol | sich hûten vor 10b übriger ungeordneter lieb, wan es ist dreyer lay lieb: aine ist ain ungeordnote lieb und ze vil, die ander ist ze lützel und ze kalt, die drit ist beschaiden geordnet. Die erst ist ain yferende lieb, da von spricht Salomon: es ist ain schmertz des hertzen ain yferende fraw in lieb. Es was ain Rômer, der het ain frawen die was ussan gar sitig, aber in dem haus was sy ain yferin, und er strauft sy; da gab man im unrecht,

---

4 Und — auch *fehlt* GD. 7 vil besser D. 8 und — wonen *fehlt* Z. 9 vnfridlichen frouwen D. 10 sitzt in vollem haus GD. wies G. 21 gûtten D. 22 bôsen D. ist es ze firchten GD. 26 von GD. 30 yserende G eusserende D. heisset ein yfferde l. Z. 31 ifrende Z. GD *wie oben*. 33 ysserin G. eusserin D.

und er sprach: sehend an mein schůch, der ist uswendig schôn und wol geschikt, aber inwendig trükt er mich gar ser. Die ander lieb ist kalt, und ist die so ain fraw wayss das ir man unrecht tůt, und das doch übersicht und gůtiklichen schweigot. Augustinus spricht: die man geschweigend den frawen und sprechend drey ding. Wir seyen man, ir sind frawen, dar umb süllend ir leiden. Aber Augustinus spricht: sind ir mann, war umb ist euch so unleidlich das ewer frawen unrecht tůnd? und wie sol es ewern frawen leidlichen sein das ir unrecht tůnd, die da bas môchten widerstan den die frawen? Bist du ain man, so überwind du dein aügen argen list. Ze dem anderen mal so sprechent sy: wir seyen herren und ir sind kellerin, ir hand uns nit ze strauffen. Augustinus spricht: die fraw ist nit gemacht auß den fůssen das sy sül dein kellerin sein, sy ist gemacht auß ainer ribb nach bey dem hertzen, das du sy als lieb solt haben als dein aygen leib, und die heiligü e macht euch bayd geleich. Und ist fraw Eva auss Adam gemacht, das doch kainer frawen nie ist geschehen. Es ist nieman entsprungsn aus aim stain. Ir süllend ainander helfen zů leib und zů sel, zů sel die pot gotz behalten, zů leib die kind ze ziehen. Das drit sy sprechend: wir
11a seyen häupter und ir sind gelider. Augustinus spricht: | bist du ain haubt, so für das gelid den rechten weg. Ir allerliebsten frawen, nit volgend ewern mannen in der unküsch, aintweder ewer man süllend mit euch behalten werden, oder verdampnot. Die küschen rainen frawen die süllend Cristo allein trü und küschayt halten, ob villeicht die man got nnd euch frawen untrü sind. Die drit lieb ist ain geordnotü lieb mit beschaydenhayt, als Sant Pauls spricht: ir man, habend ewer frawen lieb als Cristus die hailgen kirchen. Cristus hat die menschen also lieb, tůt er wider in, er empfacht in wider gůtiklich. Also sol auch ain man sein frawen lieb haben. Zů dem fierten mal wie man ain frawen halten sol. Dar umb ist ze wissen das ain elich leben ist ain orden, und hat der frawen regel wol

---

3 kalt vnd louw Z. und ist die *fehlt* Z. 12 f. deyner ougen D. 14 vnder den fůssen GD. 17 hailign̄ G. 21 den leib GD. sy *fehlt* GD. 25 oder sond an vwer schuld verlorn werden Z.

fünff capitel, und ist die regel genomen auß Thobias pûch an dem zehenden capitel. Das erst: sy sol nit allain sein noch ziehen auf dem spil, anders das spil wirt nit gewonnen; und wâr Eva bey Adam beliben, sy wâr von der schlangen nit betrogen worden, wan sy sind bayde ainander ze hilf geben. Das ander: sy süllend ainander lieb han lebent und tod, und sol kains an dem andern prechen. Es schreibt Sant Jeronimus das ain fraw hiess Lucrecia, die ward gewaldigot von des küngs sun ze Rom, die erstach sich selber, das kain fraw geren hernach det, das sy vil ungeren det. Wirt aber die küngin auf dem spil genomen, so mag der küng ain ander küngin machen auß aim fendlin, die macht er edel, und hat als vil gewaltz als die erst küngin. Es sind in den rechtpûchern geschriben drey sach die ain man irrend das er kain efrawen mag nemen. Die erst ist: hat er sein efrawen ertôt oder ursach geben das sy ertôt würd, dar umb das er nach irem tod ain ander môcht nemen, das mag er nit tûn mit recht. Die ander sach: hat er ainer frawen die e gelobt | bey seiner frawen leben, also wenn sy gesterb 11b
so wôll er sy haben zû der e, das mag auch mit recht nit gesein. Die drit sach: sitzt er offenlichen bey ainer andern frawen ze unstât die weil sein fraw lebt, die mag er auch mit recht nit nemen zû der e. Wen aber ain küng mer frawen nempt denn ain, das ist zemal unrecht und aussert von got; als Salomon det, der ward von weiben verkert von got zû der abgôtterey. Das drit capitel: die frawen süllend weis sein, das sy nit verloren werdent als Dyna her Jacobs tochter des patriarchen. Die verlor ir er, wan sy was unbehût, und von iren wegen wurden vil lüt erschlagen, als man lißt in dem pûch von der gepurt. Das fiert capitel: die fraw sol trü sein. Es schreibt Vegecius von der riterschafft, das tze aim mall die frawen von Rom so geträ waren den mannen, als die stat belegt ward, das sy ir har abschnitend das man sayl dar auß macht wider die veind. Item es süllend vier verainung geschehen in der e. Die erst ist

9 ersach GDZ, *vielleicht richtig*, *dann fehlt* unt erstach sich. 10 frow iez gern dette Z. 17 f. die sal er dar nach nit nemen Z. 22 by der vne Z.

des gemůtz und des willens, also das sich der frawen will ergeb des mans willen, und wider umb in rechten ordenlichen sachen. Die ander verainung ist des leibs, wan der frawen leib ist des mans leib, und wider umb ist des mans leib der frawen leib. Die drit verainung ist ain fruchtparlichü vermischung des samens von kind und erben wegen. Die fiert verainung ist des lebens, wann ain sunderlichs leben das sol werden ain gemain leben. Hie ist ze mercken das Cristus gesprochen hat: es sind zway auf aim acker, der ain wirt genomen, der ander wirt gelassen; es sind zwen auf ainer mül, der ain wirt genomen, der ander wirt gelassen; es sind zway in aim bett, das ain wirt genomen, das ander wirt gelassen; es sind zway in aim tempel, ains wirt genomen oder
12a gehört, | das ander nit. Das bedüt fier fürstentugend die ain küng an im haben sol. Die erst ist weißhayt, und bedüt die zwen auff dem aker da schôn plomen sind auf gewachsen, das ist der küng und die küngin die da sprechend die schônen plůmen weisser klůger wort von dem aker der weißhayt. Also wirt der behalten der sein weißhayt praucht nach dem lob gotz. Wer aber sein weißhayt praucht nach übikayt der welt und zů den sünden, der wirt verworffen. Das ander betüt die tugend der sterk und der geduld, das betüt die zway in der mül, der ainer wirt behalten, der sein sterk ůbet in gotz dienst und geduld hat in widerwärtikayt, und der sein sterk praucht zů sünden, der wirt verlassen. Die drit ist måssikayt, und bedüt uns die zway in ainem pett, da wirt ains behalten, die in måssikayt by schlaffend und

---

4 mans leib vnderworfen Z. 5 ist die vnfruchtbarkeit die sol sin verwandlot in fruchtbarkeit liblichen zů den kinden vnd geistlichen zů gůtten wercken wen die frow sol nun men betten vor wen nu so sol sy bitten vor dem man vnd für die kinder, des was sy vor nit schuldig vnd ouch der man Z. 7 sundlich D. 10 můl D. 13 oder gehôrt *fehlt* Z. 14 fürsichtig tugend GD. 19 prauch G. 22 das betüt *fehlt* GD. bey den zw. GD. 23 můl D. 24 got dienst G. 27 *die Stelle ist verderbt, der hier eingesetzten Lesart aus Z. geht vorher* die messikeit ist kung und kungin GD *lautet:* die in måssikayt mit essen vnd trincken schlauffen gotz er sůchend in der hailgen e die werdent behalten aber die werdent verlaussen die da mit vnküsch vnordenlichen lebend als das vich wider natur vnd gesatzt der hailigen e.

dar in sͦůchend die er gotz und kind, und meinend die heiligen e; das ander sͦůcht in dem bett unküschayt und lust, die werden verloren. Die vierd tugent ist gerechtikayt, und betüt die zway in dem tempel, der ains wirt behalten durch die tugend der gerechtikayt, das da petet und nieman verurtaylet, das ander wirt verloren, das mit dem geleichßner petot in dem tempel, das sind die die anderü lüt strauffend und sich selber nit erkennen wőllend.

DIE ALTEN. 12b

Consilium custodiet te et prudentia servabit te. Proverbiorum secundo. Es sprach Salomon zů seim sun: rat sol dich behůten, und weißhayt sol dich behalten. Es ist ze wissen, als Sanctus Thomas spricht und Aristotiles in dem driten půch der sitten, das kain rat ist noch sein sol von dem end, aber besunder so ist rat von dem mitelen das da weißt zů dem end. Kain artzit rat gesunthait, wan sy ist von im selber gemaint und beschlossen, er hart aber von den mitelen die zů dem end weisend, das ist zů der gesunthayt. So ist auch kain rat von ewigen dingen, die sich mit kaim rat mügend wandlen. Es ist auch kain rat von notürftigen dingen die von not sind und müssen sein. Es ist auch kain rat von den dingen die von natur alzeit komend, also das die sunn morgen schein, ob der wachter den tag nymmer kündet, dennocht wirt es tag, und ob die stundglogg nymmer schlecht, | dennocht wirt es nacht. Es ist auch kain rat von 13a
den dingen die da nit sind in des menschen gewalt, besunder so ist rat in den dingen menschlicher werk, die auf unsicherhayt stand. Dar inn so wirt rat genomen und gegeben, wen das zůgat das der mensch sͦůcht ain fund oder ain mitel wie er kum zů aim end das er begert. Und das ist ain tugend

3 die ist D. 9 *Ueberschrift fehlt* D, *weil oben am Rande in* G. Von den alten Z. 11 primo GD. 13 schribt Z. 14 ist noch *fehlt* Z. 16 Kain — gesuntheit *fehlt* Z. 17 gemain GD. 20 kaim weg Z. 26 nit *fehlt* GD. die da von vngenerd geschehen, eß ist ouch kein ratt von den dingen die da Z. 28. 29 den dar zů gůt GD. 29 frůnd GD.

die da hayßt in latein eubulia, das ist ain klůgsůcherin. Dar nach so der mensch wol ersůcht, so erwelt er das mitel als vil gůt, dar zů das er den maint ze beschliessen, und das hayßt sinesis', ain urtailende kraft des erfunden mittels. Dar noch so beschlüßt der mensch das gůt ist zů dem end das er zů dem ersten gemaint hat, und die tugend haißt prudentia preceptiva, ain gepietente weißhayt. Aber so die ding sind ob des menschen vernunft, so wirt von got geraten, das hayßt ain gab des hailgen gaysts. Nun wil ich schreiben wer da raten sol, und wer dar zů gůt ist, und was man auß schliessen sol. Es ist geschriben in den rechten, wer nit zücknüs mag geben, den sol man auch nit in rat nemen. Die ersten sind kind, den geprist zeit und weißhayt, als wir lessen von dem kind das mit seim vater in den rat gieng und der můter sagt, der rat wår ob ain man zwo frawen solt han oder zwo frawen ain man. Die andern das sind frawen, den geprist kraft und sterk; frawen rat ist aintweders tür oder schwach. Die driten sind die von natur toren sind, den geprist gescheidikayt. Die fierden sind die in dem pann sind. Die fünfften sind die ungelebigen. Die sechsten sind die zů dem tod verurtaylet sind. Die sibenden die da rechtend mit tieren die zen habend von geltz wegen, das sind üppig arm verlaussen lütt. Man sol auß schliessen auß dem rat unweißhayt. Zů dem ersten sol weißhayt in dem rat sein, als Salomon sprach: ich weißhayt won in dem
13b rat und bin bey den rechten gedenken. Zů dem andern | mal so sol man auß schliessen pôßhayt, denn was pôs ist das mag wol finden pôsen fund. Man sol auch das pôß nit erwellen weder durch sein selbs willen noch durch des gůten willen das dar noch volgt noch durch ains grôssern pôsern ze vermeiden, noch grôssern schaden ze für komen, als man

1 da *fehlt* D. erbulia G. eutropolia D. 4 sineresis D. verteylende D. 5 beschlützt G. 7 prudentia *fehlt* GD. 10 was man raten GD. 14 den *fehlt* G. den rat. Wår (Wie D) ob GD. 15 ain fraw zwen man solt han vnd ain man zwo frawen GD. 18 aintweders zevil hertt oder zevil lind Z. 19 tob vnd toren Z. bescheidenheit Z. 23 verlaussen *fehlt* Z. 27 f. vnd was pôs ist das man wol erfinden vnd erkennen (mag D) GD. 28 mag man Z. 29 dein GD. 30 pôsers G. bôses D. besseren Z.

gemainklich spricht, das under zwain bôssen sol man das minder bôs erwelen. Das ist ie da nit, wan man sol kain bôs erwelen, man sol es auch nit raten. Dar umb spricht David: sålig ist der man der nit gangen ist in den rat der pôßen. Das drit man sol auß schließen schnelikayt von dem rat, sprach Salomon: wer eylt der zerstôsst geren die fûss. Es spricht Socrates: ainem schnellen rat dem volgt rü nach. Es spricht auch Varro der mayster: es ist ain zaychen der unweißhayt von den behenden råten in schwåren sachen. Der kayser Octavianus sprach: es geschicht bald gnûg das da wol geschicht. Das fiert man sol auß schliessen von dem rat den zorn. In rat sol man zorn meiden, wan zoren maint vermügen das er doch nit vermag. Es sprach Jacob zû seinen sünen Symeon und Levi, sy weren våsser der pôßhayt und des kriegs: in ir råt sol mein sel nit eyn komen, wan sy hand in irem zorn ain man ertôt. Es stat geschriben in dem pûch der Rômer das drü ding sind die da habend Rom zerstôrt. Das erst ist junger rat, das ander aügner wil, das drit aygner nütz. Das geschach dem küng Roboam küng Salomons sun, der wolt den alten seins vaters råten nit volgen, er volget aber den jungen die mit im erzogen waren, und dar umb so ward sein reich erstôrt. Nun sind zwen alten auf dem spil, das sind die råt, die der küng nit leichticlichen von im schiken sol, er sol zem mynsten ain bey im behalten, wil er das spil nit verlieren. Also lessen wir das ain küng lag vor ainer stat, und enbot hin ein | das sy im zehen der weissesten hin auß 14a
santen, so welt er von der stat ziehen. Do antwert im ain weiser mayster her auss und sprach: die hirten und die wolf heten ain krieg mit ainander, und sprachen also die wolf: wir wôllen ain frid mit euch hirten machen, und wôllen euch kain schaff mer essen, also gebend uns nun die hund hin auß, wan so ain kantzer frid ist, so bedürfend ir kains hunds. Das teten die hirten und gaben den wolfen die hund. Do nun die hund hin komen, da brachen die wolf den frid und

5 auß schlahen GD. 6 zerstôrt D. 8 Varo G. 9 der behenden råten Z. 13 seinem sun GD. 16 pûch der *fehlt* G. dem geschicht der D. 21 der jungen G. waren worden D. 28 mayster *fehlt* D. 31 nymmer mer D 33 hund all sampt vnd D. 34 hund all sampt D. wolf tzû hannd D.

fraussent die schaff. Die red markt der küng wol, und gab der stat frid von weißhayt wegen des maysters. Also sol der küng nit leichtiklichen von im geben sein alten und sein weis råt. Es kriegt ain junger man mit aim alten weisen man, der jung sprach: ich han gar vil schwerter da mit ich dich ser schlahen will. Do antwert der alt und sprach: so han ich vil jar und sinn da mit ich dir widerstan wil. Mich fraugt ainest ain ritter, warumb ich so vil alter půcher het die ich doch nymmer auff tåt, die würden doch staubig. Ich sprach: lieber her, varend ir nymmer über veld on schwert? Er sprach: nayn, das wår nit riterlichen. Ich fraugt in, ob er nymmer über veld züg das er das swert nit auss züg und es prauchte. Er sprach: ja, ze hundert malen. Ich sprach: war umb? Er sprach: dar umb, so es not tåt, so brauchet ich mein swert. Also sprach ich: also ist es auch mit meinen půchern, die ligend da ze warten, wen ich ains weisen råts bedarf, so brauch ich sy. Ain tor ret mit dem herzogen von O̊sterreich und sprach: al dein råt ratend
14b dir wie du in das land | komest, hayss dir auch raten wie du her wider auß komest. Ain nar sprach zů ainer frawen: ich gieng aim nach und bat in umb ain beltz, als bald er mir ward, do kom ich nymer zů im. Also rat ich dir das du dein gůt behaltest, und es nieman gebest. Die zwen alten auf dem spil bedütend gaystlichen in der sel vernunft und willen. Was der wil erwelt, das sol die vernunft mit rat volgen, und was die vernunft erkent, das sol der wil volgen mit lieb. Und das sind die zway augen und oren und der mund des küngs, und süllend zů in nemen wen sy wellend. Zů dem ersten die natur der vogel und tieren. Zů dem andern mal die geschrift der hailgen e. Zů dem driten mal süllend sy dar zů samnen und růffen die samnung der tugend. Zů dem ersten mal süllend sy nemen rat von dem adel der

5 jung man sprach zů dem alten D. 6 ser *fehlt* Z. alt man dem jungen vnd D. 14 wan es D. 16 ze warten D. 17 der riet eines mals dem h. Z. 18 hôr ich dir ratten Z. land vnd in den sack Z. 27 lieb] vnd wider umb war auf der wil felt das gůt ist, das sol die vernunft volgen GD. 27 der *fehlt* GD. 29 engel vnd tiereu GD. 30 e *fehlt* GD.

natur. Von dem pfawen süllend sy rat nemen zů der demůt, wan er lat sein spegloten schwantz nider, so er sein fůss an sicht. Von dem vogel pellican nem rat wider neid und hass, wan der erpickt sein hertz und sein prust und lat sein plůt dar auß und das geplast von seim hertzen. Von der anmaysen spricht Salomon: du tråger mensch, gang zů der anmayssen und leren von ir den weg. Also sol man auch fraugen die hailgen geschrift, wan durch die kan der hailig gayst wol raten. Man sol auch vorhin all tugend fragen, ob die sach nit sey wider die parmhertzikayt, oder wider die demůtikayt, oder wider ander tugend. Und dar nach sol man den rat | beschliessen. Also spricht Salomon: der rat des 15a weissen hertzen ist als ain prunn darauss man schôpft. Also hatten auch die Rômer zwen råt gesetzt über alles volk, und die nomen zů irem rat wer sy gůt daucht. Man lißt in dem půch Balaam: ain vogler der veing ain nachtgallen, und die sprach: wôltest du mich laussen fliegen, ich wôlt dich drey weis råt leren, das du gar weis wurdest. Do gelobt der vogler, er wôlt sy laussen fliegen. Und sy lert in das er kain ungelåblich ding solt glauben; das ander er solt umb kain verloren gůt rü haben, das er mit rü nicht môcht her wider pringen; das drit er solt sich nit fleissen ze vahen das er nit môcht vahen. Do der vogler die nachtgallen liess fliegen, do sass sy auf ain· ast, und sang gar frôlich und sprach: o du rechter narr, hetest du mich behalten, das het dich reich gemacht, wan ich han in meim pauch ain edlen stain, der ist als groß als ain straussenay, der ist als groß gold wert. Und der vogler gelaubt es pald, und het rü das er sy het laussen fliegen. Do sprach die nachtgal: du hast meiner ler nit gevolget, wan du gelaubst ain unglåblich ding von dem stain. Ich bin doch selber nit als groß als ain straussenay, wie môcht ich denn ain sôlichen stain in mir han? Das ander du hast rü umb das das dich nit hilft. Das drit du wilt vahen das unmüglich ist ze vahen. Ich bin

---

2 sprecloten D. spigloten Z. 3 Und von D. vogel gamaliel Z. 4 im selber das bôs blůt von dem herczen Z. 7 die weg Z. weg tzů gleicher weyß D. 8 durch die heyligen geschrifft D. 10 *Ende* die *fehlt* G. 12 rat ist des weissen GD. hertzen *fehlt* GD. 27 der — wert *fehlt* Z. 28 golds D.

nun gewarnot, ich kom nit mer zů deiner hand. Es ist grosser underschaid zwischen den weisen und den toren. Die erst ist: der thor sicht an den anvang, aber der weis sicht an den ausgang. Die ander: der thor sicht an die hübschayt der ding als sy erscheinend, der weis sicht an unståtikayt
15b der ding und was sy da sind an in selber. Das drit: der tor tregt | das hertz in dem mund und wil nit beiten der fraug, aber der weis tregt den mund in dem hertzen und mag der fraug wol erbeiten. Das fiert: der unweis wil lieber rat geben und sprechen, wan rat hören von andern, aber der weis wil lieber rat heren und von den andern underweißt werden. Das fünfft: dem thoren volget rü nach, dem weisen volget kain rü nach. Wir lessen in der Rômer pûch das die jungen ze Rom ze rat wurden, sy wôlten die alten råt ze Rom all erschlagen und tôtten, umb das das sy selber den rat besessen. Do das geschach, do hetten sy rat, welcher ir aller her würd, also funden sy under in ain fund: welcher under in drü ding betrachtete und pråcht, den besten grôsten fraind, den grôsten veind und den grôsten schatz, der solt ir aller her sein. Do was ainer under in der het gar ain alten weisen vater, den hat er behalten in ain keller, dar in behůt er seinen vater und speißt in dar in, der selb lert sein sun das er mit im nåm sein weib, sein hund und sein jungs kind, und sprach vor dem rat, sein weib wår sein grôster veind, und das es war sey, do schlůg er sy an ain baken, als bald do ward sy erzürnot und sagt von im, das er seinen vater verborgen het in aim keler, und môcht sy ain mord uff in erdacht han, sy het es geren taun. Er nam sein hund und hau im ain groß wunden und sprach: das ist mein getrüoster fründ, und lokot im zehand wider, do kam der hund gar früntlich zů im. Er nam sein kind für sain grôsten schatz und das beweißt er auch, und ward durch die drü ding der obrost in dem rat. Also sprich ich auch: es ist

1 in dein hand Z. 2 toren] vnd das in zwen weg Z. 4 ander vnderscheid D. 6 Die drit vnderscheid die ist D. 11 den *fehlt* D. 12 funft thorhayt volget dem toren nach rew. (vnd der ruwe aber Z) dem w. GDZ. 17 ain fûnd G. 18 betrachtete und *fehlt* Z. 20 under *fehlt* G. 21 den — 22 darin *fehlt* Z. 22 dar ein G. 25 das er G. mit letzer hand [an Z. 32 sprechend sy GD.

ain weiser rat das der mensch hat sein aygen flaysch für sein grösten veind; wer sein leib zů der e hab genomen, der hat ain veintlich eweib. So ist es auch ain weiser rat wer die conscientz zů fründ hat, die bilt ze aller zeit als der hund, wie dik man sy schlecht, so maint | sy uns doch mit trüwen. Es ist 16a auch ein weiser rat der sein lauter almůsen hat für sein reichosten schatz der nit gemindert wirt; als Cristus sprach: sampnend euch den schatz in den himel den kain diep stilt und kain rost frißt und vererbt, und hat da ewig fröd imer ewiglichen. Amen.

VON DEN RITTEREN.

Nemo militans deo implicat se negociis secularibus, ut placeat ei cui se probavit. Es spricht Sant Pauls in seiner epistel: nieman der got riterschaft fůrt bekümert sich mit weltlichen sachen, das er dem gevall dem er sich hat bewert. Nun sind zwen riter auf dem spil, ainer zů der rechten seiten, | der ander zů der 16b glingen seiten, und die springen gar riterlichen auß auf das drit veld. Der ain behůtt dem küng sein hůt das sy nit geprochen werd, der ander behůd der küngin ir hůt das sy nit geprochen werd. Sy varend auß auf rab, sy ziehend wider hinder sich und beschirmend sich selber. Der küng und die küngin die süllend zem minsten zwen venden haben die auf sy warten, so stat das spil wol bewart. Also sprich ich gaystlichen: die riter sind des küngs arm vnd hend, da mit er sich und sein küngin und sein volk schirmen sol gegen seinen widersachen, und pey dem ritterspil ist uns bedüt die tugend der sterk. Nun hat die selb tugend zway werk: das ain ist manlich und kienlich an greiffen gůter werk, das ander ist manlich und kůnlich leiden das übel und das widerwårtig. Das sind die zwen ritter, der ain hilft gůtz tůn und das manlich understan ze tůn, der ander hilft das man sich gůtlich und dulticlichen geb in leiden; und das sind zway tayl der sterk, das sind die zwen riter gaystlich. Der erst tayl der sterk ist das man on sach und on understaun kůnlich und manlich würk das gůt, und das beschicht in zwayer lay weis. Zů dem ersten so ist

1 fleischlichheit Z. 2 sein lieb D. 4 beleibt (*st.* bilt) GD. 6 in schlecht GD. sy vewundet Z. 9 und hat *bis Schluss fehlt* Z. 9 ymer vnd e. D. 20 vnd suln G. 31 die *fehlt* G. gaystlich riter G. das — gaystlich *fehlt* D. 32 Der — ist *fehlt* D.

es ein beraytung des gemûtz zû dem selben, und das hayßt fiducia, ain getrawen, ain hoffung das oder das ze tûn. Zû dem anderen mal das der mensch darzû ain getrawen hat, er wôl das gût tûn und bestan, das er dar zû tû ain ervollung, und das hayßt magnificentia so der mensch alles sein gût dar auff kert, oder es hayßt magnanimitas so der mensch all sein kraft und er dar auff kert, das es volbracht werd dar zû der mensch ain getrawen und ain hoffung hat. Das ander tayl der tugend der sterk leit an leiden. In dem leiden 17a wirt gewirkt | die tugend, und das ist auch ze zwayer lay weis. Das erst so der mensch fürchtet das im geprest in dem werk, dar wider ist die tugend der geduld. Das ander ist das der mensch fürcht das im geprest an dem end, dar wider ist die tugend der gestândikayt bis auf das end. und das ist die tugend der marter. Also sind die zwen ritter die zway tugend der sterk: die ain lert wie man das gût manlich und kûnlich unterstand, die ander lert wie man sich in dem leiden halt mit der erfollung der geduld. Nun ist ze wissen das die sterk der ritter stat auff drei dingen, dar wider sy streiten süllend. Das erst ist angreiffen grosser ding, als David spricht: übend euch manlich, so wirt ewer hertz gesterkt. Das ander ist in laiden und in vertragen grosser ding. Dar umb spricht Salomon: die lieb ist stark als der tod, und Paulus spricht: wer mag uns schaiden von der liebin Cristi. Das drit ist das man grossü ding verschmâch, als Cristus gesprochen hat: wer vater und mûter nit lat durch meinen willen, der ist mein nit wirdig. Also sag ich das geduld ist zû der glingen seiten in der zeit der widerwârtikayt, und geduld oder sterk ist zû der rechten seiten in dem zeit des glüks. Das ist ain starke edle riterschaft das der mensch in lieb und in layd stark und kûn sey das gût ze tûn und das arg ze meiden; dar auf so stat allü riterschafft und sterk. Und dar umb so ist ain fraug ob der sterker sey der das gût manlichen und kûnlichen tût

---

3 hab D. 5 hayßt zû Lateinischer Sprach D. ain m. G. 7 darzû denn D. 10 gewirk G. 11 zû dem ersten das D. 16 die eyn tugent vnd die erst D. 17 vnd ouch D. ander tugent D. 18 ist ouch D. 19 die stat D. 28 dem zeit G. 29 gerechten D.

und volbringt, oder der der das pôß dulticlichen leidet und überwindt. Ich sprich: der ander überwindt mit leiden, und der erst überwindt on leiden, und dar umb ist die ander stårker denn die erst. Man sicht das das kraut geit sein schmak so es zerstossen wirt, und der weyrach | geyt sein 17b rauch so er in das für kompt. Also ist es auch von der geduld, die so stark ist das sy nieman überwinden mag, ie mer man sy peinget, ie mer ir kraft zů gat, als das gold, ie mer man dar auff schlecht, ie mynder es wider dônt. Also tůt auch der tultig. Und auch als ain schnegg, so man den anrůrt, so zuckt er bald die oren hin ein und wil sich nit weren, aber er wil durch got leiden. Es ist ain verflůchtz eysen das von dem schleiffen rostig wirt; also ist das auch ain pôsser mensch der von der strauf gotz nit pessert sein leben, wan geduldikayt pricht das pand der sünden, als den drey kinden in dem pachofen das für nit schadet, nun das es in die pand auf ledigot da mit sy gepunden waren. Ich sprich das: und künd der kelch und die monstrantz in der kirchen reden, sy danckten dem goldschmid das er sy also kosparlichen gemacht hat und kain schlag auf sy gesparet het. Also sol der mensch got auch dancken das man leiden uff in schlecht, wan da von wirt er gar edel, als David spricht: es hand die sünder schmidet auf meim ruggen und hand ir boßhayt verlengert. Und wis: es ist ain erlicher ritter dem sein schwert pricht in dem streit und sein pfert tod beleibt, und das wappenklayd hehaltet. Das wappenklaüd ist geduld. Der riter tregt gold, das gold ist geduld, ie mer man das gold in dem feur prennt, ie mer es sein gůtikayt erzaygt, und ie mer es getriben wirt under dem hamer, ie minder es under dem hamer dônt. Also sol der geduldig riter tun. Die riter süllend in dem streit beschoren sein, das man sy bey dem har nit begreif. Der scherer ist

1 bôß manlich vnd kůnlich Z. 10 gedultig mensch. Es ist war das ain schnecke Z. 11 hin ein] Also thůt ouch der mensch der da gedultig ist. So der angerurt wirt so zucht er bald die werhorner in Z. 14 des almechtigen gotz D. 16 kalchoffen Z. 21 mensch ouch dem almechtigen g. D. 22 (so D) wirt es GD. 23 geschmidet D. 24 hand da D. 24 wiſß ouch D. gar eyn D. 25 eynem str. D. 28 es da D. 32 dar umb das D.

got der herr, der kan also sauberlichen scheren, wer sich
18a stil | und eben under im heltt, und nit vicht hin und her
under dem scherer, das ist under dem scharpfen scharsach
des leidens in geduld sich gůticlichen helt. Ain riter sol
reich sein und grosen sold verdienen mit seim leib. Ich
sprich: als vil der mensch veind hat, als vil hat er schuldner
die im schuldig sind, ist er geduldig, so můssen sy all für in
bezalen, und machend in reych. Ain riter sol edel und wappengenoss sein. Wan wiss: ain unedler stain der pricht pald,
so man in ůbt, so pricht er in unduld, wår er aber edel, so
belib er gantz in geduld. Wer aber recht edel sey, das kent
man bey sechs zeichen. Das erst zaychen ist geduld, da von
ich gesaget han. Das ander ist miltikayt, da mit volgt man
got nach dem aller miltesten. Das drit ist dankpårkayt und
demůt. Salomon spricht: ie grősser du bist, ie mer du dich
demůtigen solt in allen dingen. Das vierd ist erbårm, dar
umb wolt die natur der binen künig sich nit waffnen mit
dem angel, wan er hat kain angel des rauchs als die anderen
binen. Das fünfft ist manhayt wider die veind. Dar umb
so schlecht man die riter und geit in ein neus schwert. Das
sechst ist scham, wan sy süllend fliehen und sich schamen
aller unerlichen und schamlichen ding. Nun lessen wir von
nün der aller sterksten riteren diser welt, der waren drey
juden, drey hayden, und drey cristen. Die drey juden
warend: der erst war Sampson, sein wappen ist ain eselkinbakzan, da mit erschlůg er vil tusend man. Der ander
was David, sein wappen was ain scharf saytenspil, der erschlůg den rissen Golias, und zerzart ain beren und ain leo.
Der drit was Judas Machabeus sun, sein wappen waren dreu
18b jyden hůtlach, der half seim volk, und floch inn die | wůstin
das er nit åss haydnisch speis, und volbracht gross streit und
vechten. Die drey hayden waren: der groß Alexander, der
ander was Hector von Troy, der drit hies kayser Julius. Der

---

1 sich da D. 7 all *fehlt* D. 9 sein *fehlt* D. Dann D. 10 vngeduld D. man in wurcken sol also geschicht ouch einem vnedeln menschen so Z. 11 rech G. reych D. was aber rechter adel sey Z. G. 13 ander tzeichen D. 14 dritt tzeychen D. 18 råches. vindicte Z. 19 fünff G. fünfft tzeychen D. 22 schamlich G. 26 esel kindkasttzan. mandibulum. Z. 27 harpfenseytten Z. 30 hůtlin Z.

floch in ditz land und paut vil stet, bis das er sich gestarkt, do zoch er gen Rom, als Lucanus schreibt von im. Die drey cristan waren: der groß Karulus, der me lüt und lands hat gewunnen mit dem schwert den die zwelfpoten mit den zungen. Der ander was küng Artus von Engeland, der drit hieß Cristofferus. Also sprich ich gaystlichen: es sind dreu ding dar an der mensch sein sterk erzaygen sol. Das erst ist an seim flaysch, dar zů gehôrt gewalt. Das ander ist dis welt, dar zů gehôrt starke weißhayt. Das drit ist der tüfel, und den můß man überwinden mit gerechtikayt. Das erst ist macht oder gewalt, und ist zů gelegt dem almâchtigen vater. Das ander ist weißhayt, die ist zů gelegt got dem sun. Das drit ist gerechtikayt, die da zů gelegt wirt dem haylgen gayst. Nun was alles volk vor Cristus gepurt getaylt in in drü tayl. Es waren Rômer lateinen, die heten den gewalt vor allen dingen. Es waren die Kriechen, die hetten die weißhayt. Es waren die Juden, die heten die hailikayt das got selber mit in redet, dar umb so was auch die übergeschrift an dem crütz geschriben in latein und in kriechen und in ebrâyscher sprach. Nun lißt man in den alten pûchern das sich die drü das ist gewalt, weißhayt und hailikayt auf erden hie nymmer schaydent, als wenig sy in der gothayt geschayden sind; wan wa der gewalt ist, da ist auch die weißhayt und hailikayt. Also do der gewalt was in dem jüdischen land bey Salomonis zeitten, also was auch die weißhayt und die hailikayt bey der judischhayt. Und do der gewalt was in kriechen- | 19a
land, da was auch da bey die weißhayt und die hailikayt bey Alexanders zeiten. Und do der gewalt was bei den Rômern, da was auch da weißhayt und hailikayt. Dar nach kom gewalt, weißhayt und haylikayt gen Frankreich gen Baryß. Nun han ich vor geschriben: allü sterk leit dar an das man drey veind überwind, sich selber mit gewalt, die welt mit weißhayt, den tüfel mit hailikayt. Nun wirt es alles überwunden mit sterk. Zů dem ersten das man ge-

1 tützsche lant Z. 2 als — im *fehlt* Z. 11 oder ist G. 17 Es hetten die Juden D. heten hailikayt G. 24 Alſo was der g. GD. jüdischen *fehlt* GD. 26 in den kriechen D. 33 f. Nun ist es alles vberwunden vnd alle sterke ist zu dem e. Z.

waltiklichen an greif starke ding, und das ist unser flaysch. Ie mer wier das sterken, ie mer es wider uns gesterkt wird; dar umb so süllen wir im gewaltiklichen ab prechen unmässikayt und übrig fül. Das ander das man sich gen der welt weislichen halt in geduld, wan die weissen haben nit alles das gerochen das wider sy geschehen ist. Also süllen wir auch mit weißhayt in gedultikayt die welt überwinden, als Jesus Christus uns gelert hat, so er spricht: in gedultikayt besitzend ir ewer sel. Zů dem driten mal das ist: wir süllen fliehen vnd verschmåhen das gevåcht des flaischs, wan es sind etlich flayschlich veind, die můss man überwinden mit fliehen und mit verschmåhen, als unküschayt. Es ist nit gůt vechten mit aim unflåtigen und unsaubern menschen, man verunraint sich an im. Also under den Juden hatt Sampson erzaigt sein herschaft, der mit aim esselkinbakenzan vil taussend menschen erschlůg, und trůg das tor der stat enweg, und zerrayss den leo und nam auss seim maul das honig, und zerrayß nüe sayl als ain spinnenwepp. Also erzaygt auch David sein sterk an seiner starken weißhayt und geduld, do er vil grosser schmåchayt layd von küng Saul, und endwaich im auss der stat; und auch die schmachayt die er layd von seim sun Absolon. Judas Machabeus erzaygt sein sterk an
19b der hailikayt, | das er in den wald flůch mit den seinen, und wolt sein sel nit vermalgen mit speis der hayden. Also hand auch die heiden ir sterk erzaygt, als Alexander mit seim gewalt, und Hector mit seiner weißhayt, und Julius mit seiner starken gerechtikayt. Auch hand die cristen erzaygt ir sterk, als der groß Karulus mit seinem gewalt, küng Artus mit seiner weisen geduld, und Sanctus Cristoferus mit seiner hailgen sterk, wan er belaib ain junkfraw, und ward ain martrer. Der ist nit weis der wol geseet hat und der nit schneidet, und schauff opfren on den schwantz das ist verpotten. Also

---

12 alle vnkeuscheit D. ringen vnd fechten Z. 13 eynfeltigen vnd saubern D. 15 gar vil D. 17 ouch den l. D. 18 ouch new s. D. 19 starker G. 20 gar vil D. 21 die ander schmacheit D. wißlich vnd dultigklich leid Z. 22 Machabeus sun Z. 22 an der hailikayt *fehlt* D. 24 wolt nit schwinifleisch essen Z. 25 die *fehlt* D.

ist geständikayt das pest in der sterck, das sind die marter durch gotz und durch des glauben willen.

Hie endent die riter und vahend an die roch des schaufzawelspils.

VON DEN ROCHEN.

| Juste judicate qui judicatis terram, ir süllend recht 20a richten die da richtend das ertrich. Zû ainem rechten gericht gehôrend dreu ding. Das erst ist ain rechtz gemût und mainung, das ander ain redlichü sach, das drit ain rechtü ordnung. Dar umb wirt das gericht verkert, so man rechtet auß pösser mainung und von gunst oder von ungunst. Es spricht Seneca: alles recht zergat, wenn die sach komend zû gunst. Das gericht wirt verkert von pôßen sachen, als die zwen richter tâten Susanna der unschuldigen frawen, als man lißt in dem pûch Daniel an dem XIII. capitel. Das gericht wird verkert von unordnung wegen, als Cayphas tet; er gab von ersten urtayl und dar nach fraugt er erst umb, do er unseren herren verurtaylet zû dem tod. Pylatus der erkant unseren herren unschuldig, und dar umb so wûsch er sein hend, und über das alles do sass er nider ze gericht und urtaylet Jhesum Cristum zû dem tod; do ward die ordnung des gerichtz verkert. Also geschiht es noch hüt bey tag. Nun sind auf dem spil zway roch, die gand gar weit und fer auf aim schlechten ebnen weg, und sind dem küng gar nütz, und behûtend und bewarnend das gantz spil. Und ist man in gar gefär, wie man sy und den küng gfieng auf aim veld, wan man mag nicht sprechen schach roch auf ungeleichen velden. Unde versus: disparibus campis nunquam schach roch tibi fiet. Ain richter sol den küng nit so lieb han noch in geleichhayt bey im stan, das er von seinen

4 *Am Schlusse:* got viegs zû (fûgs D) dem pesten GD 1450 marzo G. 5 *Ueberschrift fehlt* GDZ. 6 terram summus auctor Z. 8 ist ain *fehlt* Z. gericht vnd mainung G. 23 sind ouch D. 23 gangend D. 25 bewarend DZ. 26 man ist D. gar | veind *durchstrichen*, gar gefâr G. gar veind vnd gar gefär D. 27 ainer feldunge Z. 28 vñ versus G. Darumb so ist ain spruch zu latein Z. 29 fiat D.

wegen unrecht richt. Es spricht Aristotiles: Plato ist mein fründ, die warhayt ist mein fründ. Doch so sol die warhayt vor allen dingen geert werden. Die roch sind die richter des küngs, dar pey bedüt uns die gaystlich und die weltlich 20b gewalt. Das sind | zway schwert die das gantz reich behůtent und beschirmend, und die zway schwert werdend uns bedüt bey den zwain sünen Zebedey, von den geschriben stat das ir můter sprach zů unserem herren: herr, sprich das die zwen mein sün sitzen ainer zů der gerechten hand, der ander zů der glingen hand in dem reich des himels. Die richter und vo̊gt der gerechtikayt sind des küngs fůss, wan sy enthalten den küng auf und das küngkreich. Sy gebend got er, dem menschen mitleiden und in selber aufenthaltung in natur. Und das ist: der erst gat schlechte wege weder zů der rechten noch zů der glingen hand, und nit krumme weg, als etlich dye naygend sich zů dem swåren tayl dem gelt nach und nit der gerechtikayt nach, so sy nemend schenk und miet. Wir lesen von aim küng von Frankreich, in des gegenwertikayt gab ain richter urtail wider des küngs sach. Do sprach der küng: ich fro̊w mich von gantzem hertzen, das in meim reich noch so vil gerechtikayt ist in meiner angesicht. Wir lesen das der groß Alexander kom an ain gericht beklaydet als ain knecht unbekant, und hort da zwen die kriegten mit ainander umb ain schatz ze verlieren. Der erst sprach: ich han das haus kauft und nit den schatz, der schatz ho̊rt mir nit zů. Der ander sprach: ich han das haus verkauft und was in dem haus was, und han das main her auss genomen, der schatz ward nie mein und wil sein nit. Und also sprachen sy dem richter zů, er solt den schatz nemen und geben wem 21a er welt. Der richter sprach: ich wil sein auch nit, ir woltend mir die sünd auff legen. Also nam Alexander den schatz und taylt den in drey tayl, und gab | dem richter ain

---

1 Ar. vnd Plato D. ist — 2 warhayt *fehlt* Z. 10 Item die r. Z. 10 f. Die gerechtikayt sind der richter vnd der vo̊gt fůss GD. 14 ist das D. 14 gat *fehlt* GD. ist die rechte schlechte wege weder Z. gerechten hannd D. 15 vnd krum ist als GD. *verderbte Stelle.* 16 sich als die wag Z. 16 schwårern D. 19 der k. von Frankreych. 21 meinem D. 22 der kom GD. 24 erst der sp. D. 31 küng A. D.

tayl und den zwayen auch yetwederm ain tail. Ich fürcht aber. gar übel gechâch ietzt ain sôlichs, es würd anders urtayl dar umb gan. Es kom Alexander in ain land und fraugt nach dem richter. Sy sprachen: wir haben kain richter, ain ieglicher ist sein selbs richter; dar umb so bedurffen wir kains richters. Der da nempt ain magnatenstain auf die wag, so zücht er die wag auff, und der in legt under die wag so zücht er sy her ab, als da spricht der mayster von den geweichten. Also tůt auch ain bösser richter, wan er legt gar ungleich auf die wag des rechten des armen und des reichen sach. Wir lessen das ainer het grossü ding ze handlen, und der schikt gen Rom groß miet und schenk, und die von Rom beschlüssend die tor und wolten des gůtz nit. Ain küng der schand ainen falschen richter und beschlůg den richtstůl mit der hut, und macht sein sun richter und satzt in auf den richtstůl, das er gedâcht das er recht richtet. Ain armü fraw het ain ků, und des richters ků sties der armen frawen ků, das sy in das waser viel und erdrank. Nun ward sy gelert das sy kôm für den richter und sprâch: mein ků hat die ewern gestossen in das wasser das sy ist ertrunken. Do sprach der richter: ich gib ain urtayl das du mir mein ků bezalen solt, wan dein ků hat mir die mein ertrenkt. Do sprach die fraw: mir gefelt das urtayl wol, aber ich haun missrett, wan ewer ků hat mir mein ků ertrenkt. Da sprach der richter: es sol nieman urtayl geben in aigner sach, ich widerrůff das urtayl. Es was ain průder in aim wald, dem starb sein vater, und der richter urtaylet im sein vâterlich erbtayl. Die fründ komen zu im und sprachen: nym da taussend pfund, das ist | dein erbtayl und ist dir gefallen mit 21b
urtayl; wan dein vater der ist tod, des sind acht tag das er starb. Der průder sprach: ich wil des unglikhaften gůtz nit und wil auch unglik nit erben. Ist mein vater tod in acht

---

1 tzweyen sechern Z. 2 ain a. u. D. es 3 gan *fehlt* Z, *dafür längerer Zusatz.* 4 vnd sye sprachen zů im D. 8 er die wag D 9 legt ouch D. 14 der *fehlt* D. sant G. 15 zů richter D. 16 in da D. 17 Es was e. a. f. die hett D. die stieß D. 19 und sprâch *fehlt* G. sprâch czů im D. gelert vnd sprach zu dem richter Z. 23 fraw czů dem Richter D. 24 die meinen ertrenkt D. der *fehlt* D.

tagen, so bin ich vor hin tod es ist wol zwaintzig jar, kain toder sol nit erben. Es was ain küng, des künkreich gieng under und verdarb, und er fraugt die weissen mayster in den schûlen, war umb das wår. Da waren fier mayster, und ieglicher schraib ain spruch an die porten, und het die stat vier porten. Der erst schrayb: Cum nummus fit judex, fraus est mercator in urbe; Nec lex est domini nec timor in pueris. Der ander schrayb: Ingenium dolus est, amor omnis ceca voluptas Ludus rusticitas, gulaque festa dies. Der drit schrayb: Etas ridetur, mulier pulsatur amore, Dives laudatur, pauper adheret humo. Der vierd schrayb: Prudentes ceci, nobiles de genere scandunt, Mortuus ignoratur, nullus amicus amat. Der erst sprach: der pfenning ist richter worden, in der stat ist untrü der kaufman, die herren hand kain gesatzt, und ist kain vorcht in den kinden. Der ander sprach: klûghayt ist worden bôßhayt, alle lieb ist ain blinder wollust, der schimpf ist worden pürisch und hochzeitliche tag fraußhayt. Der drit sprach: alter wird verspotet, die weib werdent bewegt zû lieb, der reich wirt gelobt, der arm sitzt auf der erden. Der fiert sprach: die weissen sind blind, die edlen verlieren iren adel, man vergißt des tods, kain fründt hat lieb. Es ist ain fraug, ob gerechtikayt nottürftiger sey dem menschen oder fraintschafft, und sprechent die mayster: und wåre der mensch in unschuld beliben, er het kainer gerechtikayt bedurft, er het aber wol bedurft fraintschafft, wan allü
22a ding waren woll bestanden in ainer geleichen | fraintschaft. Nun spricht Aristotiles in dem fünften pûch der sitten: es sind zwû gerechtikayt, aine ist gemain und hayßt ain auß taylende gerechtikayt, die geit auß nach dem rechten, got die er und lob, dem nåchsten das sein, und im selber auch das sein, aim me, dem andern minder, nach wirdikayt der menschen. Die ander hayßt ain verwandlende gerechtikayt,

---

1 dar vmb so mag keyn toder nit erben D. 2 was eines mals ein Künig vnd dem gyng sein k. vnder D. 6 schreib vnde versus Z. 7 timor pueris GD. 8 Der — schrayb *fehlt* Z. 9 Der — schrayb *fehlt* Z. 10 deridetur D. 11 Der — schrayb *fehlt* Z. 12 amicus ame G. amico amor D. 15 spruch spruch lautet also D. 19 arm mensch D. 20 spruch lautet also D. 22 dye gerechtikeyt D. 23 meyster da D. 29. 30 gût Ere D.

die geit ains umb das ander in kaufs weis, dem küng als dem hirten, dem armen als dem reichen in geleichayt. Die gericht geleichend dem spinnenwepb, sy vahend allain nit anders den klain flügen und lassen die grossen hin durch faren. Die richter und die sakpfeiffen sind geleich, wan die sakpfeiff můs allweg plaust haun und der richter allenfantz, anders ietweders dônt nit.

Hie endend die roch und vahend an die venden.

VON DEN VENDEN.

Quis, putas, fidelis dispensator et prudens inveniatur? omnes sunt administratores. Ich han vor gesagt von dem adel und het geren da von noch mer geschriben. | So mist sich 22b
der adel under die dienstlüt, dar umb so wil ich fürbas von den dienstlüten sagen die edel sind und doch dienstlüt. Und sind auf dem spil acht venden die uns bedütend die dienstlüt, also sind an des küngs hoff achter lay dienstlüt oder amptlüt, die all mit dem küng ze veld ziehend, und die züch ich auff gab des hayligen gaists gaystlich. Der erst ist der portner, der ander ist der arzat, und hat bey im jâger, pfister, koch und des geleich, vischer und appeteger; der drit ist der kantzler und mit im die schreiber, der vierd ist der peichtiger, der fünft ist der cappelan und der almůssner; der sechßt ist der panerher; (der haubtmann ist der küng selber und der ritermeister;) der sibend ist der weinschenck, der keller und der kredentzer, der achtend ist der marschalk und der wagenman und der lâffel. Die all gehôren dem küng zů, so er ze veld zücht, und sind all ander dienstlüt in den acht stüken begriffen. Bey den werden uns begriffen die siben gab des hailgen gaystz und des gepetz. Zů dem ersten die gab der gôtlichen vorcht bedüt uns den portner oder den kamrer die nieman ein lassend und wol hůtend und wachend. Es sey den das du dich haltest in gôtlicher vorcht, so wirt

1 hin fliegen D. 9 *Ueberschrift fehlt* GD. Von den vendeln vnd dinst lütten Z. 10 Putas quis fidelis dispensator inveniatur fidelis servus et prudens Z. 11 ministratores D. 12 gesagt D. 12 mischt D. 15 die — dienstlüt *fehlt* Z. 17 gaben D. 20 aptecker D. 26 louffer vnd der handtwerckman Z.

dein haus bald umb kert, spricht Salomon. Wer got fürcht, der versaumpt nichtz, wan vorcht ist ain anfang aller weißhayt, spricht Salomon und mit im David in dem psalter. Nun ist manger lay vorcht. Es ist ain naturlichü vorcht, die da kumpt von natur. Die ander ist ain menschlichü vorcht und kumpt von vernunft. Die drit ist ain weltlichü vorcht, so man die welt fürcht. Die fiert ist ain knechtlichü vorcht, also der knecht fürcht sein her erschlag in, oder zürnet mit im, oder geb im sein lon nit. Die fünft ist ain kintlichü
23a vorcht, also die kint fürchten iren vater von lieb wegen, | von eren wegen, das hayßt ain erlichü vorcht, dar umb so behalt sy wol. Es stat geschriben in der küng půch, das küng David mit Joab giengen bey nacht durch das volk in das zelt küngs Saul seins veinds, da wolt Joab küng Saul mit aim spies haben erstochen han, da zucht in David da von und sprach: da sey got vor das wir unser hend legen an ain gesalbeten küng. Aber sy nomen im den kopf dar auss er trank und sein sper und giengen wider auss dem zelt uff ain berg und růfften des küngs portner, der hieß Abner: Abner, wie hůtest du deins herren? Do das küng Saul gewar ward, da hielt er ain frid mit David. Nun ist das der geystlich sin: Abner was des küngs ritermayster oder hoffmayster, der was entschlaffen, dar umb so kom sein her in sorg. Saul ist der sünder der durchåcht David das ist Cristus. So nun der sünder nit stat inn seiner hůt sicher, und Abner entschlaffen ist, das ist so der mensch lebt in sünden und nit gotz vorcht hat, so wil Joab, das ist die gerechtikayt gotz, Saul, das ist den sünder, tötten. Dar wider ist David, der wil es nit verhengen; das ist die parmhertzikayt gotz, die nit wil des sünders tod, mer das er von den sünden ker und in des gesalboten, das ist in dem plůtvergiessen Cristi wider kom und leb. Aber er nimpt im das trinkgeschir, das ist da er aller mayst trostz in hat, und das sper da er die allergrösten

---

2 vorch, *(auch sonst wechselnd mit* vorcht*)* G. 8 schlag D. 8 czürne D. 10 die ist D. 14 geczelt D. küng D. 15 han *fehlt* D. zuckt D. 18 guldin kopf Z. 18 paner sper GD. 21 mit dem David D. 24 Cristum G. 27 das ist *fehlt* D. 28 ertötten D. 30 er sich D. in dem D. 32 lob D. 34 das er GD. 33 dye größt D.

hoffnung in hat, das unzücht er im, also das der sünder von seinen sünden ker und Cristum erkenn und frid mit im halt, als Saul mit David; und das ist der portner, der kamerling und der hoffmayster. Zů dem anderen mal so ist die gab der gôtlichen miltikayt der artzit, der koch, der pfister und alle die da speis beraytend und pringend; | wan das ampt 23b
sol haben miltikayt, wan ains hern speis süllend vil lüt geniessen. Der artzit der nie siech ward der ist hert und unmilt gen den siechen. Dar umb sprach Cristus: sålig sind die milten, wan sy werden das ertrich besitzen. Ain ieglicher artzit der sol sich kains siechen underwinden, er hab den vor gebeichtet und der sel ertzney genomen; das gepüt Innocencius der pabst bey dem pann. Es süllend auch die amptlüt nit karg sein, da der her milt ist, es wår denn des herren unwil und grosser schad. Das drit ist die gab der kunst, die da lert under den pôssen unstrauffperlichen wandlen, und das bedüt uns bey dem kantzler. Dem gehôrt zů das er dem herren bewår sein er, sein gůt und alles das sein mit geschrifft, mit insigel, das sein herr und er unstrauffpar beliben. Also tet nit küngs David schreiber, der da schraib von Davids hayssen ain brief über Urias, wie in der hauptman Joab solt schaffen voran an den spitz des streitz, das er erschlagen würd, und die brieff fůrt Urias selber zů Joab. An des tod waren schuldig: der küng, der kantzler, der schreiber und der haubtman. Das vierd ist die gab der sterk, und das bedüt das ampt des hauptmans. Des hauptmans ampt ist so der her nit selber ze veld ligt, wan so ist er selber hauptman (wan man nit zway häupter sol haben über ain volk) oder der panerher, wann an dem so leit die sterk des streitz. Man lißt von küng Karolus, do er het ain streit verlorn und vil ritter, do machet er ander ritter, und nam anwerkslüt von schwåren anwerken die macht er edel und schlůg sy ze riter, als schmid, stainmetz, zümerlüt und maurer, und nit die leichte anwerk

1 enczuckt D. 2 mit in G. 3 kamerer D. 4 Darnach czů D. 15 schaden D. 20 des küngs Dauid D. 21 küng Dauids D. 26 Des — 27 ist *fehlt* GD. 27 ze weld G. 31 ritter *fehlt* D. handtwercksleut *immer* D. 33 maurer vnd metzger Z.

fürten, als schneider, schreiber und der geleich; und also
gewan er den streit. Das fünfft ist die gab des gôtlichen
24a ratz, und das | bedüt den beichtiger, den sol der küng mit
im ze veld füren. Man sol ain peichtiger prauchen als ain
besem, da mit man sol gar sauber keren, wenn man des
bedarf, und den menschen wol übergan und kain staub der
sünden in im lassen. Und wenn man des bessems nit mer
bedarf, so sol man in hinder dem offen lassen ligen, bis das
man sein mer bedarff. Also main ich: der beichtiger sol
auch nit gemain sein, aber man sol im nach senden, und er
sol selber nit komen, dar umb das die scham der beicht dem
menschen nit engang. Es ist ain sprüchwort: ain han wâr
ain hübscher vogel, wâr er nit als gemain. Das sechßt
ist die gab der gôtlichen verstântlichhayt, durch die man
verstat die geschrift des hailgen gelaubens; und das ist der
capplan. Wan der sol verstan was er betet, singt oder lißt.
Es was ain herr, der sach zû ainem fenster auss wie frû ain
weib gieng auss seins capplans kamer. Der herr hieß den
capplan meß han, wan er wôlt reitten. Der kapplan wolt kain
mess lessen und vorcht got mer denn den herren; dar an ward
der her gebessert. Das sibent ist die gaub der fürschmecken-
den weißhayt gotz, das ist der weinschenk, der virtrâger,
der virschneider, der kredentzer. Da von spricht Salomon: die
weißhayt hat gepawen ain haus und hat dar ein gemacht siben
sâul, das sind die siben gab des hailgen gaistz, und hat
den wein gemischt und versûcht, wie süss der herr ist. Nun
lessen wir wer den wein des ersten funden hat, das was Noe.
Und do er des weins kraft empfand, do legt er zû den reben
fier ley mischt, das was schaufmist, leomist, affenmist und schwein-
mist, ze tungen. Wer wein messiklichen trinkt, der wirt
senftmûtig als ain schauf und beschayden, wan er kreftigot
das hertz und hitzigot das plût; wer aber trinkt über mass,
24b der wirt schimpflich als | ain aff; wer sich aber übertrinkt,
der wirt zornig als der leo; wer auch den wein unbeschayden-

---

1 schnider, weber, kürßner, watlüt, appentegker, schriber, pecker, scherer, badter u. d. g. Z. 3 und *fehlt* D. 16 betes GD. 17 auss wie *fehlt* D. wol frû D. 18 die gieng D. 27 wir noch mer der den w. D. 30 Welcher D. 34 eyn leo D.

lichen trinkt, den macht er unsauber als ain schwein, und wirt dar auss ain grossü sau mit unsauberkayt, mit speien, mit unflat. Das achtend ist ain andåchtigs gebet und ist uns bedüt bey dem lauffer und poten; wan es lauft bald zů got und zů seinen hailgen. Sy lauffend all, aber ainer nempt den laytstab. Ain pot oder ain lauffer sol haben ain zaychen des wappens seins herren, also sol das gepet bezaychnet sein mit dem wappen gotz, das ist gôtlichü minn und lieb, als Cristus sprach in dem ewangelio: in dem erkennend allü menschen das ir mein junger sind, ob ir ainander lieb habent. Also wen das pet von dem mund gat auß lauterm hertzen, so ist es zehand vor got in dem himel, als David sprach: es sol mein pet gefiert werden für dein angesicht, das ist der schnell pot. Das geistlich dienstlüt die bedütent uns die acht venden auf dem spil, und die süllend all fürsich gan und nit hindersich in dem dienst gotz; wan Cristus spricht: wer sein hand legt an ain pflůg und hindersich sicht, der ist nit wirdig des reichs gotz. Also han ich gesagt von dem adel in den acht ersten stainen und von den dienstlüten in den acht andern stainen. Also sprich ich gaystlich: die hailig kirg ist ains und hat doch zwen namen, die ain hayßt ecclesia triumphans, die ist die überwindent kirch in dem himel, die ander hayßt ecclesia militans, das ist die vechtend kirch auff dem ertrich. In dem himel ist Jesus Cristus ain küng und her über all herren, der da überwunden hat al dis welt. Des geleich ist auch die můter des küngs ain küngin der engel und alles himlischen hers. Maria die gewaltig kayserin die hat kain spil nie verloren und ist von | dem küng nie komen noch geschayden. Da 25a
sind auch zwair lay råt, das sind die alten patriarchen und propheten, die ir weißhayt uns gelassen habent auf erden, und die hailgen engel, die ze allen zeiten von got zů uns

---

1 er *fehlt* G. schwin] Also nement seü ain schwein fårlin In dem Ermel und ee dann es nacht wirt so ist ein grosse suw dar vß woden. So man den weg lernet an den hußern ald zunen heim gen Z. 7 ein buchsen oder ein wappen zaichen Z. 9 heiligen ew. D. 13 gebet D. 14 Die geistlichen d. D. 19 acht stainen von den ersten GD. 24 himel das ist D. 28 nye kein D. 30 seind ouch die czwen a. p. D.

gesent werdend, uns das best ze raten und ein sprechen noch dem willen gotz, als sy es in got bekennend. Da sind auch die wirdig ritterschafft, das sind die haylgen martrer, und die sind zwayer lay: die ainen sind martrer des plůtz, die ir plůt vergossen habend durch gotz willen, die andern die hie inzeit vil durchâchtikayt gelitten habent von der welt, als die lieben beichtiger. Da sind auch die roch, die richter, das sind die hailgen zwelfpoten; zů den werdent gesetzt all arm lüt den hie inzeit kain recht gan mag, die setzt got an dem jüngsten gericht zů den hailgen apostollen auff die stůl ze urtailen die zwelf geschlecht von Israhel; und das ist der adel in dem himlischen spil. Die dienstlüt gotz die sind auf der erden, und unser her Jhesus Cristus ist selber ain dienstman hie auf erden gewessen, als er gesprochen hat: des menschen kind ist nit komen auf die erden dar umb das man im diente, mer das er uns wolt dienen und sein sel setzen für vil menschen. Und mer spricht er: ich pin miten under euch als ain diener. Zů dem ersten so ist ze merken das die ampt alle ains kings dienstlüt werdent bezaychnot in unserem herren Jhesu Cristo. Des ersten so ist er ain portner und behůter aller welt, wan er spricht: ich bin die tür, wer durch mich ein gat, der wirt behalten. Es spricht David: es sey denn das der her die stat behůt, so wachend die umb sunst die ir hůtend. Zů dem anderen mal so ist er ain artzat der da spricht: ich bin nit komen von der gerechten wegen, mer von der sünder ze růffen zů der rü. Er ist auch
25b der artzat der den wunden menschen ir Jericho | haut auf gehabt und hat im öll und wein gegossen in sein wunden, und hat in gehailt, und hat die kranken al gesunt gemacht. Er ist auch der koch der all speis lustig macht und uns allü speisset mit seinen sacramenten und manigvâltigen gnaden, besunder der fünftaussend menschen gespeyßt hat von fünf proten und von zwain vischen. Zů dem driten mal so ist er der schreiber und der kantzler, der mit seinen vingern geschriben hat in das ertrich der Juden sünd, der mit seinen

20 Zů dem e. D. 25 Ich bin komen das ich sůchen will vnd behalten das verlorn was Z. 27 verwunten D. 31 seinem sacrament D. 31 manigualtiglichen D. 34 eygen vingern D. der ouch D.

vingern geschriben hat die zehen pot in ain stain, und die geschrift hat er gesiglet mit seinen hailgen fünff wunden. Zů dem fierten mal so ist er der hauptman und banerher, der da spricht: habend ain getrawen, ich haun die welt überwunden. Der first diser welt ist auff geworffen, er hat sein sterk wol erzaygt daran das er auss trayb uss dem tempel kauffer und verkauffer. Er hat die hell erstört, und den tüffel dar ein gepunden. Er hat auch manig tüff wunden gelitten durch unseren willen. Er hat mit seim tod den ewigen tod überwunden. Zů dem fünfften mal so ist er ain weiser peichtvater und geit gůt rât, wan er mag allain die sünd vergeben, als er sprach zů Maria Magdalena uss dem rat seiner parmhertzikayt: dir werdent dein sünd vergeben, gang hin in frid. Also hat er auch den andern sündern allen ir sünd vergeben die sich gen im mit rü gebeichtet habent, und noch allen sündern tůt. Zů dem sechßten mal so ist er der weinschenk, und hat uns geladet zů der wirtschafft und zů seim aubentessen, da er sein flaysch und plůt verwandlet in prot und wein, und uns das für setzt ze niessen als ain milter her und vater seinen lieben fründen und kinden. Er ist auch der weinschenk der uss sechß kriegen wassers wein gemacht hat zů der hochzeit, und sprach: | 26a ist ieman da den turst, der kom zů mir und trink. Ze dem sibenden mal so ist er unser capplan, der für uns gepetet hat auf dem berg, und mess gehalten an dem fronen crütz, do er sich selb seim vater auf geopfert hat für all menschen ain lebendigs opfer. Zů dem achtenden mal so ist er ain lauffer und ain pot von got gesant, als er sprach: der vater hat mich in die welt gesant, nun lauss ich die welt und far wider zů dem vater. Er ist in unserem dienst gelaffen drü und dreissig jar und ain halb jar, barfůss, hungrig, durstig, des dienstz süllen wir im billich dancken mit im selber, wan unser dienst ist ze krank dar zů. Also beschlüss ich nun das spil wie hoffart spilt wider die junkfrawen der diemůtikayt, als der arm an tugenden mit dem reichen. Got geb das die demůt der hoffart ob lig. Nun

---

3 der banerfûrer vnd her Z. 7 zerstôrt D. die teufel D. 8 gebunden dareyn D. 14 allen sampten D. 18 vnd ouch seyn blût D. 21 gûten wein D. 25 vff dem altar des heiligen fron creutzs Z. 31 vnd durstig D.

ist gesagt von dem spil: von dem küng, von der küngin, von iren råten und riteren; von den rochen und von den venden was das alles bedüt. Nun fürbas wil ich sagen wie das gezogen ist uff die hoffart, wie die da spilt und was sy her für zücht. Zů dem ersten mal so zücht die arm und schnôd hoffart her für den küng das ist iren adel: wie edel, wie wol geporen und wie sy mit eren her komen sey; und man solt sy billichen fürbasser eren und her für ziehen wenn man tůt, und des geleichen. Den adel zücht sy uff das pret, und in wil doch nieman kauffen. Dar auf wil ich antwerten. Es ist war das die hoffart edel ist, wan sy nam iren ursprung in dem himel und viel in abgrund der hell. Nun nimpt mich wunder wie sy her wider auss komen sey, sy leit aber hie zeveld. Sy zücht ze dem andern mal den küng her für, so sy für fasset iren reichtum, und maint sy sey dester besser von irs gůtz wegen, oder went, het sy des schnôden gůtz
26b nit, sy wår dester bôsser, und schamet sich das ¦ sy nit vil übrigs gůtz hat. Und also wil sy allzeit her für gezogen werden durch irs gůtz wegen. Etwen zücht sy her für auf das pret er, und also spilt hoffart und zücht auff den küng und geschicht im als dem hůn. Wenn das ain ay legt, so schreit und gatzgot es gar lang, bis das es im genomen wirt. Also spricht Gregorius dem geleich: der begert beraubt werden, der sein schatz offenlichen ze weg tregt. Dar noch so spilt die hoffart mit der küngin, so sy der küngin tugend her für zücht, das ist küschhayt: ich bin so küsch und so rain und so bederb und so trü, und des geleichen. Dar nach so spilt sy mit den alten, so sy der alten aygenschafft her für zücht und spricht: ich bin so weiß und so witzig, und kan ditz und das, und bin des herren rat und tůt nichtz on mich, und des geleichen. Dar noch so spilt hoffart mit den riteren, und spricht: ich pin so stark, so geståndig, so türstig, ich getar im sagen under sein antlütz was mir gen im geprist, und des geleichen. Dar nach so spilt sy mit den rochen, so sy überhebt ir gerechtikayt, als der geleichssner tet in dem

7 grossen eren D. 8 billicher GD. fürbasser *fehlt* Z. 11 mã G. 18 werden vnd geret Z. 21 schreit es vnd gaczgot D. 22 ir G. 23 dem geleich *fehlt* Z. 32 vnd so geturstig D.

tempel, der sich seiner gerechtikayt berûmt und den offen sünder verwarff. An dem spil verlor er, wann er gieng haim in sein haus ungerechter. Dar nach so spilt sy mit den venden, so sy sich überhebt und her für zücht ir ampt das ir empholhen ist und irs antwerks das sy treibt. Nun spricht Gregorius das fier lay hoffart sind. Die erst ist so der mensch sein vermügen zû zelt das das er den volbringt, als ob er das von im selbs hab. Die ander, ob er nun went das er es von got hab, so zelt er es doch seim verdienen zû. Das drit, so der mensch sich rûmet und güdet von dem das er doch nit vermag und nit hat, und woll wais das es an im nit enist. Die fiert, so sich der mensch auf hebt in hochmûtikayt, und sich besser dunkt den andrü | menschen, und sy durch das ver- 27a
schmächt. Auch spricht Johannes der mit dem guldin mund, das hoffart dik kompt von gûten werken, und denn sol man gûtü werk underwegen lassen. Auch kumpt sy etwenn mit gûten werken, und dann sol man gûtü werck nit underwegen lassen, wan man hat sy nit durch hoffart angefangen. So kumpt hoffårt etwen nach gûten wercken, und denn sol man der hoffart ab komen in der beicht. Und das ist gesagt von dem ersten sinn des spils, als ich verhayssen han am anfang ditz bûchlins. Zû dem andern mal so ist ze wissen das der küng und auch der anderen gestain erster aussgang gat bis auf das drit feld, dar nach so gat der küng fürsich, hindersich, nebensich auf das nächst veld, also der küng in seim reich; der mag faren wa er wil, so er aber auss dem reich kumpt, so sol er sich bewaren, und seins volks eben war nemen. Wan welher herr sein volk lieb hat und es nit übergibt, dem gat es wol. Der küngin gang ist ze dem ersten auf das drit veld und nit fürbas, und dar nach nebensich und her wider. Das bedüt das die frawen da haim bas behût sind denn anderswa an fremden steten. Zû gleicher weis: ain rech ist gar schnel, und hördt doch das bellen der hund geren, also das im der sprung dik ze kurtz wirt und gefangen wirdt.

---

3 sy ouch D. 4 züch G. 10 doch *fehlt* D. 13 vnd] das D, *durchstrichen in* G! 16 So kompt Z. kumpt man GD. 24 an das d. f. D. 24 hindersich fürsich D. 25 also sol d. k D. 27 volk G. 32 an anderen st. D. 33 ain roch G. euwer frag (!) D. 34 und — wirdt *fehlt* D.

Also sol ain fraw nit ze fer springen und lossen fremder mer von der minn, wil sy nit gefangen werden, als Dina Jacobs tochter geschach. Also sprach ain mayster: und het ich ain frawen die da faren wôlt zů den haylgen, ich wôlt ir mallen die hailgen in das haus, das sy da applas hollet. Des alten gang ist an das drit veld und nit ferer, und das selb sol sein über die spitz. Er sol auch sein varb auf dem veld behalten die er des ersten het. Die drey spring bedütent drü ding. Das erst ist gottes er, das ander des küngs er, das drit ist
27b sein | aygen er. Er sol auch die farb behalten, das ist die ståtikayt in der warhayt. Des ritters gang der ist gar eng. Zů dem ersten umb in, wenn er aber kumpt enmiten auff das pret, so sind sein geng frey, und hat acht veld bey im. Das ist, die weil er da haim ist in der künd, so ist er gar gemålich und stil, so er aber kumpt under die veind, so schlecht er umb sich hie und da und versorgt sich gar wol. Von des rochs gang: so můß das roch stil stan an dem ersten, so al stain gand her und dar. So es aber mag in die weit komen, so hat es gewalt verr und nach ze gan. Also das es bey dem küng in ainer farb nit stand, anders man gibt im schach roch, das ist, die weil der richter und der landtvogt nit ist komen auß des küngs balast, so zaygt er nit sein gewalt. Der venden gang die mügend des ersten auf das drit feld gan und dar nach auf das nåchst, und getürrend nit hindersich ziehen. Das ist das die amptlüt da haimd gar wild und frevel sind, wenn sy aber komen von irem haus, so vergat in der unmůt, und gedenkend hindersich an weib und kind, sy türend aber nit fliehen hindersich. Er sol auch in der fremd nit fer gan, kumpt er aber mit seim rechten gang bis

---

1 lessen? lauffen fremde mere zů horende Z. 2 wil *fehlt* D. 2 thina GD. 6 vff das d. v. Z. 8 wie er es D. 8 sp. die bed. D. 10 sin velde nach sinen varben Z. 12 umb in *fehlt* D. wenn er ab her D. 13 weld G. 14 gemåchlich D. 17 an dem ersten *fehlt* GD. 20 im *fehlt* D. bütet im Z. 21 roch *fehlt* D. der ritter Z 25 haim D. 26 irů G. 27 hindersich *fehlt* D. 28 hindersich fliehen D. 29 gan.] Er komet ouch oben an die spangen vnd wirt der kungin genosse nach dem vnd den das velde geuerbet LXIII ist nun so haut das felde LXIII velde nun so das spil vß ist so sprichet demůt so sind sy alle glich in dem sack der kunig als bald zů vndrest als zů obrest. In dem grabe

zů der spang, so wirt er der kingin genoss, nach dem und das veld gemert ist. Item das schaufzawelpret hat LXIV veld, schwartz und weis sind sy am maysten.

Hie endet sich der schafzawel, und sagt dar nach von dem pretspil.

VON PRETSPIL.

| Hie hebt pretspil an oder spilen mit den scheiben.

Postquam comederunt et biberunt, surrexerunt ludere. Dar nach als sy geaussen und trunkent, do stůnden sy auf ze spilen. Es ist ze wissen das das pretspil erdacht ist worden in Kriechen vor ainer stat die hayßt Troya von kürtzweil und ůbung willen, und ist in dem rechten erlaubt umb trincken und essen unt nit anders. Und das spil spilt der veind mit Eva unter dem paum, auch spilt es die arm fraußhayt mit Loth, do er truncken ward und bedü sein tochter beschlieff, auch spilt es die arm fråssikayt mit der reichen måssikayt, die kan gar wol betrachten den gewin und die verlust des spils. Und also des ersten wil ich sagen was den spiler dar zů pringt, und wie manger lay es ist. Zů dem ersten ist ze wissen das ditz spil pringt vil abgôtterey, das des menschen leib wirt sein abgot, als sant Paulus spricht. So ist die kirch die tabern, die küchin, der altar die tisch, das altartůch das tischlach, die speis das opfer, das | trinkgeschirr der kelch, 28b
die paten das tåler, die gloggen die weinrůffer. Der priester der das opfer nimpt das ist der wirt, der niemand lat auß gan unbezalt. Dar umb do das volk von Israhel geauß und ge-

---

wa ist den adel ere richtum schonheit wa ist der gewaltig kung allxander wa ist der veste kung dauid der starck samson der schon absolon der wis aristotiles. Alle in der erden darumb sprach david in dem dritten bůch der kunigen. Ich wil spilen das ich swerer werd wenn ich wil vnd wil werden demůtig in minen augen vnd diß sy geseit von dem ganczen spil das genant ist das schaffzabel spil Z. 2 schaffczapel *stets* D. 5 pretspil] 1450 iar in dem mayen G; *es folgt ein Wappen mit einem umgestülpten rochus bifrons, daneben eine Schleife mit den Buchstaben* V. A. N. 7 *fehlt* GDZ. 8 scheiblachen D. Das ander ist bretspil oder vrtin spil Z. 13 ebung G. 16 bedo G. 17 rechtem G. armen D. 18 den v. D. 19 Und — 20 es ist *fehlt* Z. 23 tabern vnd D. 24 tischtůch D. 25 pattene der teller Z.

trank, do viengen sy an ze spilen und betend an das guldin kalb. Da von so stat geschriben in herr Daniels pûch, das Daniel zerstôrt den abgot Bel und den gemachten tracken, und zaygt dem küng die verborgen weg die dar zû giengen, die besât er mit âschen, und darin sach man die fûsstrit der dieb, die die speis und trank haimlich nacher heten tragen. Was ist disser abgot anders den der full buch? wilt du wissen wen man an dem hailgen tag an betet? Das ist der selb abgot von frû an bis zû aubend. Wilt du auch wissen wa die speis allü hin kumpt, so betracht die âschen wa sy all vor uns komen sind. Wir seyen all von aschen komen, und werden auch das selb wider umb. Ze dem andern mal so verlürt ditz spil das gaystlich gût, als Esau verlor sein erb von essen. Dar umb mûss der mensch got rechnung tûn. Das erst ist die gnad die er versaumpt hat in der ürten, das ander ist zeit die er verlürt, das drit ist unnützü wort die da geschehend, das fiert unmâssikayt der speis und des tranks das da on noturft verzert wirt. Zû dem driten mal so speißt der spiler sein veind, das ist sein aygen leichnam, wan es spricht Salomon: wer sein knecht zartlichen speißt, der vint in her nach widerspenig. Es war ain altt vater den hungert gar übel, und er lief in die stat und rûft das man im ze hilf kâm; er het drey veind, die zwen het er überwunden, aber der drit lief im alzeit hinden nach, des mocht er nit ledig werden. Der erst ist hoffart, der ander ist geitikayt, der drit ist der leib oder das flaysch, der hunger. Und do er gespeißt ward, do gieng er wider in den wald. Zû dem andern mal so wis das die fraushayt ist getaylt nach den
29a punten und nach den augen die auff dem würffel stand, | da mit man in dem pret spilt umb die ürten. Wan auf dem würffel stat ain aug, das hayßt ain ess, das bedüt ain ürten in dem tag; und ist ain cristen wort, so man vastet, so sol man nun ain mal essen und nit mer, das ist gaystlich und cristenlich. Aber Cristus vastet on alles essen und trinken, das was nit menschlich, es was gôtlich. Ze dem anderen mal so sind zway auff dem würfel, hayßt ain dus, das bedüt

11 all hin D. vor uns *fehlt* D. 14 vmb ein voressen Z. 16 unützen G. 32 tag *fehlt* D. vasten G. vasten sol D. 36 dauß D.

zwů ürten, zwen anbis, an dem tag und an dem aubend; und also vastend die Juden bis aubend, bis das sy den steren sehend, wan sy fahend iren tag an an dem aubend bis an den andern aubend, und wir ze mitter nacht. Und also essen wir in der vasten am suntag zway mal, und nit mer. Ze dem driten mal ist auf dem würffel drü augen, das hayßt ain drey, und bedüten drey ürten in dem tag, zwen anbis und ain morgenprot, das gehórt den arbaytern zů, aber sunst so hayßt es geselclichen. Das fiert auf dem würfel das sind fier augen und hayßt ain quater, und bedüt fier ürten in dem tag, an dem morgen, an dem inbis, des aubends und des nachtz; das ist vichlich. Ich han gehórt das ain mensch was der hat die gewonhayt der fier ürten, dem gieng ain stim nach die sprach: vich, vich, vich, also lang bis er die selben bóssen gewonhayt verließ, da hórt er sy nit mer. Das fünft auf dem würfel sind fünf augen und hayßt ain zingg, und bedüt fünf ürten in dem tag, die fier da von ietz gesagt ist und dar nach das schlafftrincklin, das wir nit ler nider gangen schlaffen. Das sechst uff dem würfel sint sechß augen und hayßt ain ses, und bedüt die ürten und die unmåssikayt die die trincker den gantzen tag verfüllend; und die ist tüflisch. Dar umb als ich han gesagt in dem schaufzabelspil, wie Noe der erst was der den wein flantzet, an dem auch der wein ze dem ersten sein kraft erzaygt. Und da er zů im selber kom, do mischt er den weinstok mit vier lay tierplůt und tiermist, das was mit schauffen, affen, leon und schweinen. Nun ist allü fraußhayt also, das sy geschicht zů dem ersten mal in lust | der speis 29b
und des tranks, und das in treyer lay weis: in schmecken oder in versůchen wider der sel hayl, wider des leibs gesunthayt und wider des leibs und sel sålikeit, oder in neu der speis, wan das neu ist lustiger, oder so man das essen mit nüer kost sol beraiten, oder so man unzeitig frücht ißt durch lustz willen, oder so der speis ze vil ist noch der gewonhayt, noch der leichtvertikayt oder nach dem glust. Zů dem sündet man

1 imbis Z. 5 an dem s. D. 6 ain tres Z. 7 in den t. G. inbis D. 12 vilich gelept Z. 14 bis das D. 20 vrten] den gantzen die kloffter vnd die spertruncke vnd für vnnutz hinhin ferr in die nachte Z. 21 das ist tüfenlich gelept Z. 23 wein beltzet D. 30 *das erste* und *fehlt* D.

in fraußhayt noch der zeit, so man joch zimlich speis nimpt, vor der stund, noch der stund, wider das pot gotz und der kirchen. Es ist auch sünd, so man ißt in der zeit so es verpoten ist, und an der stat die da geweicht ist, oder die speis die da verpoten ist haimlich oder offenlich. Als Sanctus Gregorius spricht: fraußhayt ist sünd in fünferlay weis. Ze dem ersten so man die rechten zeit nit hålt, ze dem andern so man ze vil berayt, das drit so es kostlich ist, das fiert ze vil geitziklichen essen, das fünft ze vil fleiß auf die speis legen. Nun merck was schaden von dem spil komen. Der erst ist enteren der feirentag, wan die hailgen feirtag, die in gôtlichem dienst verzert süllend werden, die werdent da mit dem spil in des tüfels dienst verzert, da mit man got schwårlichen erzürnet. Das ander ist verlust der zeit, die man in gotz dienst wol an legen solt, die wirt da durch das spil unnützlich zerstråt und verloren; dar umb der mensch got ain rechnung tůn můß an dem jüngsten tag. Das drit ist versaumen gůter werck und manger lay gnad und tugend, die der mensch versaumpt und sich selb hyndert an vil gnaden, die im sunst beschehen môchten. Das vierd ist müssigü unnützü verlaussnü wort und das groß mißhandlen gotz das da bey dem spil beschicht, durch das got hart erzürnet und geunert wirt. Das fünft ist pôsü gewonhayt und verluscht der gůten gewonhayt, wan ob spil werdent all gůt siten des menschen verkert in
30a bôß gewonhayt. Das sechßt | ist ergernüß des nåchsten, wan ob spil wirt nieman pessert. Das sibent verlust des zeitlichen gůtz und gesunthayt des leibs, wan mit spil verlürt der mensch leib und sel, und gůt und er. Das achtend ist nachvolgung ewiger verdamnüs, und ander vil schaden die da von komend. Und also ist würfelspil ain ursach der fraußney, und ist erdacht und erfunden umb sôlichß, als ich vor han gesprochen. Dar umb ain ieglich mensch flüch spil und unmåsikayt, wan dar umb das Adam und Eva mit fraßhayt habend gesündet,

1 doch D. 7 andern mal D. 9 ze vil speis GD. 11 den feirtag D. 11 in dem gôttlichen d. D. 17 tag *fehlt* G. 17 versaumung D. 19 selber D. 19 hyndt G 20 die måssigu G. måssigen vnnützlichen verlaussen D. 24 ob dem sp. D. 26 ob dem sp. D. 26 verleust D. 30 fresserey D. 31 vor an G.

dar umb wurden sy vertriben auß dem paradis, dar umb ward auch Sodoma und Gamorra versenkt. Dar umb ward Noe verspotet, dar umb kam Esau umb sein recht erbtayl, dar umb ward das volk von Israhel in der wûstin in dem land Madian erschlagen, dar umb ward der küng Baltasser geplagot ob seim tisch, do er saeh ain hand die schrayb an die wand: mane thechel phares, das ist so vil: dein reich ist gewegen, gezelt und getaylt. Dar umb ward der unschuldig Sant Johannes enthauptet in der ürten Herodis des küngs. Nun nemend war wie dy arm fraußhayt spilt das pretspil umb die ürten, und die reich mâssikayt sicht ir zů und betracht iren schaden an sel und an leib. Wann frasshayt hat mer lüt getôt denn das swert, spricht Avicenna der artzat. Dar umb hayßt frassney wol ain zerer, wan sy zerzert leib und sel, und gůt und er. Aber die reych mâssikayt die wil kain ürten verzeren mit der frâssikayt, sy wil aber verzeren mit Cristo Maria kind. Der hat sein ürten gehapt ze dem ersten do er in dis welt kam: do nam er herberg bey Maria seiner tugentreichen můter, und ward von ir getrenkt mit ir junkfrâulichen milich, und doch nit genůg, wan er allen naturlichen gelüsten nie genůg tet. Er prach im selber vil mer ab in der kinthayt den Sanctus Nycolaus, der in seiner kinthayt | zwen tag [30b] in der wuchen seiner můter prust nit wolt sugen, an der mitwuchen und an dem freitag; und auch vil mer wen das kindlin Dominicus, der in der kinthayt nun wolt ligen auf der blossen kalten erd. Die ander ürten unsers herren Jhesu Cristi was in Symons haus, und da geprast im wassers, als er selber klagt: du haust mir nit wasser geben meinen fůssen. In der driten ürten geprast im weins, das was auf der hochzeit Sant Johannis, do sprach sein můter: sy habent nit wein. Do macht er auß wasser wein den hochzeitlüten, und ist gelâublichen das er desselben mauls zem ersten wein tranck. Es ist in der welt gar unerlich, so man in ainer ürten oder zech unbezalt auß gat; unser her Jhesus Cristus der bezalt

2 versenk G. 5 Balthasar D. 7 dechel pares G. 9 wirtschaft Herodis D. 12 und *fehlt* GD. hayßt es fresserey D. 27 was *fehlt* G. 31 er wasser zů wein D. 34 der *am Rande* G. *fehlt* D.

sein ürten wol und trank wenig, und liess doch sechs gelten vol weins, die schanckt er den hochzeitlüten für sich und sein måter. Die fiert ürten was in der wåstung, do låd in der tewfel und gab im stain vir prot ze essen, und er wolt im selb nit prot machen auß den stainen, der doch von fünf proten speißt fünf tausend menschen, und des vil übrig ward. Die fünft ürten was an dem aubendessen, do Cristus mit seinen jungern auss und trank und in sein frain leib gab ze niessen und sein plåt ze trinken. Und das was das schlafftrinklin, wan er gieng dar nach schlauffen in den menschlichen tod. Die sechßt ürten het unser her an dem fron creitz, do trank er essig und gallen, gemist mit mirrenwein, und an die sechsten ürten so sicht die reich måssikayt und manet die armen spilerin die fraußhayt, das sy in ir sechs ürten gedenk unsers herren Jhesu Cristi. Aber nach seim tod so hat er noch mer ürten gehabt mit seinen jüngern uff der erden an dem haylgen ostertag, da er fürbas nit mer von dem weinreben trank und kain flaysch auß. Aber er auß prot, honig und praten fisch, und die selb speis ward weder in sein leib noch in sein 31a flaysch verwandlet, | es verschwand aber in seim leib in die materien, dar uss es denn komen was. Aber nun in dem himel so hat er die rechten ürten und wirtschafft, da von Johannes schreibt: sålig ist der mensch der da ißt das prot in dem reich gotz. Dar ein helf uns Jhesus Cristus Maria kind. Amen.

DAS DRIT SPIL IST SCHANTZEN.

Super vestem meam miserunt sortem. Auf meinü kleider habend sy das los geworfen. Hie ist geschriben wie die Juden habent gespilt umb die klayder unsers herren Jhesu Cristi, die doch nach der welt wenig wert warend. Und als der groß mayster Albrecht schreibt, so hat er fier klayder gehabt: das erst ain mantel, der was vornan offen, der belayb

---

3 wåstin D. 7 aubend essen] vff den hochwirdigen donstag Z. 8 fronen D. 10 dẽ G. dem D. 14 her G. 17 nit mer *fehlt* GD. keinen wein me tranck Z. 21 martern D. 24 Maria — Amen *fehlt* D. Amen.] Ein sprichwort von der vrten trinck tranck vnd gilt tranck oder gang da die ganß trank Z. 26 meinen kleidern D. 28 f. Jhesu Cristi *fehlt* D.

in dem garten; ain rok an blossem leib, und der belayb gantz und ward verspilt, ain weiß klayd das im Herodes an leit, und ain purpur klayd das im an gelegt ward nach der gayßlung. Nun sprich ich das die arm geitzikayt spilt umb zeitlich gůt, und sicht ir zů und betrachtet die reich miltikayt, und nimpt irs gewinns und verlust war. Nun hörend zů dem spil | drü 31b ding. Das erst ist: die person sol nit gaystlich sein, weder priester noch kind das seins vaters prot ißt, noch kain fraw noch nieman der seins gewaltz nit ist, als wir das haben in decretis, distinctione XXXI capitulo I questione XIV ca. V non sane et XXXI ca: non debent; extra de honestate et vita clericorum: cui officio et cetra. Das ander das das gelt dar umb man spilt nit sey über ain schilling, so man umb die ürten spilt. Codice de censu alieno constitucione greca et in ff. de aleatoribus qui in convivio postulento et poculento ludunt. Das drit ist außschliessung der geitikait, dar umb allü spil die da stand auf dem glük ze wagen die sind verpoten. Nun ist ze wissen, als auf dem würffel sind XXI puncten und augen, als manig sind ist auch auf dem würfelspil. Der erst punct auf dem würfel ist die erst sünd, das ist geitikayt aller sünd ain wurtz, wan das spil ist genaygt auf gewin, und solt ainer mit seim vater spilen; und das erst aug hayßt ain eß. Der ander punct ist ain dus, und das ist die ander sünd, das ist raub, besunder des der mit im trinkt und ist auf dem selben tisch. Und der hayßt wol ain rauber, wan möcht er in berauben mit spil bis an das hemd, das tät er geren. Der drit punct hayßt ain tres oder ain drie, und ist wůcher, nit allain ain jar oder ain monat, ja auch auf den selben tag und stund fier umb fünff leihen. Das viert ist ain quater, und ist manigvaltig liegen und üppigü wort die der spiler tůt. Das fünft ist mainayd, schweren und versweren, er wöl nit mer spilen bey got und bey allen seinen haylgen, bei Sant Anthoni rauch, und in manger lay weis, und doch so pricht ersch alles, und wirt mainayd und trülos und erlos, und bloßt ain spiler dem

1 am blossen D. 5 vnbetrachtes GD. 8 in s. v. p. GD. ist D. 9 XXXV D. 10 clericorumqui G. -que D. et cetra *fehlt* GD. 19 auch *fehlt* D. 19 punct *fehlt* D. punct vnd aug G. 23 tauß D. 26 mit dem sp. D. 27 hayßt — und *fehlt* GD. 31 wölt D.

andern den mainen ayd in sein vergiftigs maul. Die sechßt sünd ist das ellend flůchen got und den haylgen und der zeit, dem würfel, dem weter, und dem der mit im spilt, dick und vil on underlauß. Die sibent ist grossü untrü und betrogen-
32a hayt | mit valschen würfellen, da ainer den andern betrügt und im die augen verhebt mit falscher behendikayt. Das achtend ist neid und hass, ungunst, ungeleichhayt, und des geleich vil. Das nünd ist todschleg und gewaltnüss, da ainer den andern zwingt wie er wil. Das zehend ist diebstal der fraind und der veind. Das aylft ist üppikayt der wort in schimpf und in ernst. Das zwelft ist flůchen und schelten und übel reden got und den haylgen. Das treyzehend verlust der zait und versaumung gůter werk in der zeit die er nit mer vindt. Das fiertzehend brechung der hailgen veirtag und der hochzeitlichen tag. Das fünftzehend ist růffung des zorens und manger lay grossü unzucht die ob spil geschehent. Das sechszehend ist ergerung der menschen die da dem verflůchten spil zů sehend; da wirt niemant pessert. Das sybentzehend ist unglaub und ketzrey, wan die spiler gelaubent, es sey ain stat, ain haus, ain würfel, ain zeit klückhaffter den die ander. Solicher tayrhayt und unglaub ist vil under den spileren. Das achtzehend ist kain widerkerung des unrechten gůtz das da abgerissen und gewunen wirt, das doch gar schwår ist; wann die sünd wirt nit vergeben, es wert den wider kert das unrecht gewunen wirt. Das nünzehend ist ain verschmåchung der pot der haylgen cristenhayt und der rechten die das verpoten hand. Das zwaintzgost ist apgőterey, wan der würfel ist der spiler got, dem dienent sy frů und spot, tag und nacht, und liebend in: lieber würffel, truter würffel. Und wenn er nit felt nach irem willen, so flůchend sy irem got und werffent in zem fenster aus. Und wissend das die spiler mer würffel verwerffend und irem abgot mer gebent, denn Sant Martin gab durch gotz willen; wan er gab nun ain halben mantel, aber

1 meyneyd D. mauls G. 4 sibent sünd D. 6 mit vil andern behendikeit Z. 8 gewalt D. 12 treyzehend ist D. 14 fünftzehen G. 20 torheit D. 24 unrecht gůt D. gewunen wirt *fehlt* D. 27 apgőtery G. 28 fro G. 28 und sprechen l. w. D. 29 trurter G. trewer D. 29 würffel.] die taffel ist der alter vnd vnd sy vnder werffent sich dem toutenbein Z.

der spiler geit oft ain gantzen mantel, rock, girtel, wamiß und hossen, und was er hat, und oft mer wan er hat, das geit er alles seinem abgot dem würffel und seim herren dem teufel. 32b Die ain und zwaintzgost sünd ist ain sünd in dem hailgen gayst, wan in ist laid das sy nit lenger türrend spilen, wie lang sy es treybent, so werdent sy nit mied und unwillig in irs abgotz dienst, und sündent vil mer leit mit in den die spiler mit in selber: die mit in gemein habend, die zů sehend, die würffelleger, die würfelmacher, die das haltend in iren hüssern und liecht und wein und prot und essen und trinken in gebent, und ze gewin von in nemend, die dar zů verginnent, frawen, kinden und ehalten. Und in welcher lay sach das geschicht, die sind all in den swåren sünden als die spiler selbert. Auch besunder die es nit verbieten und des doch gewalt habent. Auch ist ze wissen das unser her got hat geben XXI bůchstaben, also sind auf dem würfel XXI augen und puncten, davon ietzt gesagt ist, da mit sy kennend und volbringen den willen irs gotz des würffels. Und also verdampnot sich der spiler selber mit seinen aygen henden, den got mit seinen henden an dem haylgen crütz erlôßt hat. Als ich nun erzelt han das auf dem würffel sind XXI augen und puncten, die XXI groß sünd bedütend, drey malen sübent, der sind siben wider got, siben wider den nåchsten, siben wider sich selber. Das erst das wider got ist das ist ketzerlicher glaub, das ander zaubrey und kranker glaub, das drit abgôterey, das fiert got flůchen und den hailgen, das fünft ain irung der feirentag, das sechßt sweren und versweren, das sibent ist undanckparkayt. Das ander sibene sind wider den nåchsten: das erst ist raub, das ander untrü, das drit geitikayt, das fiert diebstal, das fünft wůcher, das sechßt krieg und mishelung, das sibent ist liegen und triegen. Die driten sibene sind wider den spiler selber: das erst ist neid und has, das ander zoren, das drit verschmåhen der kirchen, das fiert sind die nün fremden sünd, das fünft ergerung des nåchsten, das sechßt kain wider | kerung des bôssen gůtz, das 33a

4 XXI GD. 4 in den h. g. GD. 6 sy es D. 9 würffelmeister Z. 10 wein prot D. 11 zů ziechend Z. 21 und puncten *fehlt* D. 28 Die andern siben D. 34 der n. f. s. vil G. 35 funfft ist D.

sibent versaumen vil gnaden und gůtz. Es ist ain fraug wem man das spilgůt wider keren sol. So sprich ich: den armen lüten, doch so sol man es wider keren dem der es verloren hat in dreyer lay weis. Zům ersten ob ainer den andern zücht zum spil der nit wolt spilen, verlürt er, dem sol man es wider keren, und der mit gewalt dar zů zogen wirt. Zů dem andern mal so man gewint mit falschayt, so sol man es auch wider keren dem der es verloren hat. Die dritt weys, ob ainer verloren hat der seins gůtz nit gewaltig ist, und der sind sibner lay menschen: die ersten sind kind, das ander toren und narren, das dritt sind knecht leybs und gůtz, das fierd die da begriffen sind mit dem ewigen siechtagen, als die blinden, die fünfften gaystlich leut, als münich und nunnen, das sechst sind die priester die da verspilen der kirchen gůt und pfründgůt, das sibend seind eweyb die irs mannes gůt verspilen, den sol man es wider geben, wann sie mügen mit recht nichtz verspilen. Aber ist ain frag, gewint ainer zehen gülden, und kumpt gen marckt und legt die an und gewint mit den zehen hundert, ob er die hundert all sol wider keren dar umb das das hauptgůt unrecht gůt ist. Ich sprich mit Sant Thomas: er ist schuldig die zehen wider keren und nit die hundert, wann sie nit sind mit unrecht gewunnen, aber mit glück und kauffmanschaft; doch so sol er dem keren den schaden umb den mangel der zehen gülden, und sol den armen dester mer almůsen geben. Nun habt ir gehört wie geytikeit spilt, und sie so arm ist das ir als vil gebrist als sy hat, und sy nit hat. Aber die reich miltikayt will sich keren zů unserm herren, und will mit dem spilen ain spil das hayßt lüstlins, und das ist ain gar hitzigs reyßends spil, dar mit man vergißt trinckens und essens und schlauffens die nacht und den tag, und ist gar ain kurtzweiligs spil, und dar umb sol man mercken was zů dem spil gehört. Das erst das der spiler vor

---

4 dem a. G. 6 und *fehlt* D. 6 Zů dem, *von hier bis 60, 29 die andere Hand* G. 13 blinden vnd lamen Z. 15 der pfrůnd gůt G. 22 rit vnrechtiglich g. G. 23 vnd mit kouffmanschatz G. do so D. 24 schaden den er haut gehept in mangel Z. 25 Nun hund ir nun G. 27 vnd als vil als sie nit hatt G. 28 herrn Jhesu Cristo G. 30 reichsends D. 30 f. essends vud tr. G. 31 den tag vnd d. n. G. 32 f. sol fiel geltz vor im h. l. G.

im vil gůtz und geltz sol haben ligen, | das ander das man 33b geren da gilt und bezalt, das drit das man da nit topt und schilt und flůcht, das fierd das man geren beyt oder borgt, das fünfft das man niemant betreugt noch veruntreut, das sechst das man vil vortayls gibt und den vorwurff vor auß, das sibend so man geren halt was dar ein geschlagen wirt. Also sollen wir gaystlichen spilen mit dem kindlin Jhesus, und das ist uns yetz zů den weihenåchten erlaupt: das hat zů mal vil geltz vor im und groß reichtum und schåtz im hymel und auff erden. Er hat in gwalt sein våterlich und můterlich erb, als er gesprochen hat: mir ist geben aller gewalt im hymel und auff erden; mit dem süllen wir spilen, wann er will auch in die schantz schlagen sein můterlich erb, das ist leyden, kummer, marter, armůt und hunger, als er sprach zů seiner můtter an dem creutz: sich an dein kind, als er språch: was hastu geboren? Dar nach so will er wagen sein våterlich erb, das ist das himelreich, wann Sant Paulus spricht: durch vil trůbsal můssen wir ein gan in das himelreich. Also süllen wir mit dem milten kindlein Jhesu Cristo spilen mit leiden und trůbsal, dar mit wir im ab gewinnen seins vater reich und das gůt das kain end hat. Zů dem andern mal sollen wir mit im spilen, wann er gilt zůmal geren was er schuldig bleibt und gand uns des gewinß wol; so zürnet er mit uns auch nit, so stelt er sich auch nit untultig gen uns, er will uns auch lang borgen und vil jar beyten, er wil auch niemant betrügen noch unrecht tůn. So geyt er uns auch das groß vortayl auff dem bret, ob dem tisch, auff der scheiben, an der stat und an der zeit, da mit man den vortayl sůchen sol zů gewin, das will er uns alles stat thůn und verhengen, das wir im wol mügent ab gewinnen sein reichtum mit dreyen würffeln; das seind drey krefft der sel, | die süllen wir werfen auf 34a sein schantz der bessrung, ob der tisch der zeit auf genomen werd. Er gibt uns auch dar zů das liecht des haylgen glaubens und essen und trincken das haylig sacrament seins fron leichnams. Er will uns auch übersehen unser torhait und

3 schilt oder fl. G. 3 beytet vud b. G. bargt D. 4 fünfft man D. 7 mit Jhesus dem iungen spilkindlin Z. 12 lustlin spilen G. 14 und *fehlt* D. 15 als ob D. 18 f. wir gan zů dem milten Jh. Cr. spilen D. 22 dar vmb wan G. 23 er auch mit vns G. 29 wol *fehlt* G.

kranckhait, ob wir nit wol spilen künden, und will uns halten was wir im in sein schantz schlagen. Nun sind etlich leut die nit gar wol geschickt sind zů dem spil. Die ersten die allzeit auff borg wôllen spilen und auff schlahen. Nun kam nie kain aufschlag, es kâm dar nach ain abschlag. Sag an, wie lang wiltu vertziehen? wenn wiltu nun den herren bezalen und im gelten? du wilt ze aller zeyt spilen auff die faust. So seind die andern die habent sich verspilt mit der welt und mit dem teufel, der hat sie beraubt und enplôst und verwundet bis auf den tod, als da geschach dem Samaritan auf dem weg zwischen Jherusalem und Jericho. So sind die dritten untultig und zornig, mit den spilt Jhesus nit geren, wann er ôrt die flůch nit geren. So seind die fierden zů forchtsam und verzagt, und thürend die schantz nit her für werffen der besserung und der gůten fürsätz, und wôllen sie zů lang han und inn halten, ob sy es her wider würffen. Aber wirff es frischlich her auß und rittel es nit lang: so felt dein schantz dester ee, wann wer verzaglich spilt, der gewinnt nit. So sind die fünfften die wôllen nit gern bezalen und schlahent vil auff; das seind die die got und den hailgen vil lobent und kains halten, und liegent in selber und triegent sich selber; und die mügen auff dem spil auch nichs gewinnen, wann man trauwet in nit. So seind die sechsten die verspilent anderschwa des herren gůt, das er in mit trauwen gelihen hat; das seind die die zeit und weil unnützlichen vertreibent on gotz dienst. Die sibenden verlierent bald was sy gewunnen habend, die
34b da nit beleybent auff ainem gůten fürsatz, | wann was sy vor gewunnen habend mit rechtem fürsatz, das verlieren sy bald. So sind die achteten etlich die falsch wirffel tragen. Die wirffel sind krefft der sel, das ist vernunft, will und gedechtnüß, die seind also erblent und erblichen das niemant kain schantz dar auff werffen kan der bess-

5 kain *und* ain *fehlt* G. 5 abschlagt G. 18 vertzagtlich G. 20 vil in die schancze Z. vnd das seind D. 22 auch *fehlt* D. nit D. 23 nichs D. 25 vertzerendt G. 26 die — 27 gůten *fehlt, dafür nur* mit rechtem G. 29 tragent falsch wurffel G. 30 die vernunft D. wil vngedechtnuß G. 31 verblichen vnd verblendet Z. 31 verplichen G.

rung. Aber Jhesus wirft drey ander wirffel dar, da mit du wol gewinnen magst, und die sind gerecht, das sind drey gôtlich tugent, der gelaub, die hoffnung, die lieb. Glaub erleucht die vernunft, lieb den willen, hoffnung die gedechtnüß. Es sind auch etlich, so sy gewinnen, das mügen sy nit verhalten und verschweigen, und breiten das auß bis das es in verstolen wirt, und tůnd recht als ain henn: wenn die ain ay legt, so hat sy ain groß geschrey, biß ir das ay genomen wirt, das sind die geuder und die růmer ir gůten werck. Nun spilend fast mit dem milten kind Jhesu, das da so vil gůtz hat, und so gietig und so gerecht ist auff dem spil, und gen uns kains vortails begert. Und gand recht mit im umb, so gewinnt ir im ab alles das euch nott ist hie und dort, und dar zů seins vatters reich. Und gebent mir auch des gewinns, als ir wol wissend das man den umbsässen und zůsehern gern gewin gibt. Das bedeut besserung irs lebens mit gůten ebenbilden gen dem nebenmenschen, als unser herr gesprochen hat: euwer liecht sol also leuchten vor den menschen, das sy euwer gůtte werck also sehen und da von gebessert werden, das der vater im himel da von gelobt werd. Es sind aber etlich menschen die gern mit Jhesu spilten und im ab gewünnen, sy wôllen aber nit halten was er in ein schlecht inn ir schantz, das ist sie hetten gern vil gůtheit von im, sie wôllen aber nit leiden armůt, kranckheit, widerwertigkeit und versůchung, recht als die katz die gern fisch äß, sye will aber nit in das wasser. Wir lesen von Sant Bernharts, der rayt ainest auff ainem schônen pferd, | und im gegnet 35a
ain nackender bůb ain spiler, der sprach wider sich selber: nun wôlt got das ich dem münch das pfert het mit spilen

---

2 das ist G. 5 f. behalten G. 6 breyten es auff G. 8 biß das ir G 9 wirt] Es sind ouch etlich vff dem spile was sy gewinnend das verbergent sy halbe gewinne vnd houpt gůt [nun so Z. 9 riemer G. Rômer D. 11 so recht G. 12 spil gen vnß vnd k. v. b. G. 13 notorfftig ist G. 15 das ir wol wissend da wir D. wissend das sessen vnd zů seher gern zů gewin gilt G. gewinne geben *(sonst abweichend)* Z. neben dem D. ebenmenschen G. 18 vor dem m. D. 19 denen *(statt* da von) G. 24 a. vnd k. vnd w. D. 28 ein bůb ein nackender spiler G.

ab gewunnen, und das erhort Sant Bernhart und sprach zů dem bůben: was wiltu mir dar an setzen? so will ich mit dir dar umb spilen. Der bůb sprach: ich han nichs anders denn mein sel, wôllent ir, so will ich mein sel dar an setzen. Sant Bernhart was fro und sprach: ja gern, wo nemen wir würffel genůg? Der bůb sprach: das spil sol nit zergan von wirffel wegen, ich han wirffel genůg, und warff auff drei scharpf wirffel Sant Bernhart gab dem bůben den vorwurff, der bůb warf dar XVIII augen, das was das mayst, und wischt auf und was fro und wolt das pfert bey dem zam nemen. Sant Bernhart sprach: beyt, du hast das pfert noch nit gewunnen, ob ich mer würff denn du, und warff dar XIX augen, ains augs mer denn der bůb, und gewan des bůben sel mit dem wurf. Der bůb schray und kniet nider für in und bat umb gnad, das er in nâm in sein orden. Also fůrt er in mit im haim in das closter und machet auß im ainen münch, und ward ain hailiger mensch. Nun nempt war, wie wol het er gespilt, das er dem teufel ain sel ab gewunnen het die er got zů bracht hat. Man list mer von Sant Bernharts münch ainem wie das was, er wolt nit lenger in dem closter bleiben, und nam urlob von im. Sant Bernhart bat in fast das er blib. Er sprach: und stůnd alle welt dar an, so wolt er doch nit bleiben. Sant Bernhart sprach: sag an, wie wiltu dich in der welt began? Er sprach: ich kan wol spilen, da mit will ich mir gnůg gewinnen. Sant Bernhart sprach: lieber, laß mich dein gesel sein, ich will ain pfunt pfennig zů dir legen, und glob mir das du wider zů mir wôllest kummen und den gewin mit mir tailen. Der minch verhieß im das, und lief von im in die welt, und was fro das er ain pfund pfennig het, und bald kert er sich zů dem spil. und im geriet die kunst nit wol,

4 wann m. s. G. dar an setzen an euch G. 6 würffel gung G. 8 wirffel] vnd spilten der meisten ougen GD. 9 den wurff G. 13 dar *fehlt* G. 14 me w. wen G. 18 mensch auß im G. 19 ab genomen G. 20 hat *fehlt* G. von sant bernnhartenn wie das ein münch was der wolte Z. 21 bleiben. er nam G. 23 und *fehlt* G. alle die welt G. er wôlt doch G. 24 was wilt du G. 25 f. sol ich gewinnen das vnser vier gnůg hettend Z. 28 kummen wollest G. 29 spilmünch Z. 29 im *hier endet die andre Hand* G.

wan er verlor alles das er het, und dar zů sein klayder. Also gedacht er in seim layd | das er geren in das kloster wólt 35b komen, und het doch geren etwas mit im pracht, do het er nichtz. Also verlief sich die zeit das das jar schier auß was. Er gedacht wes er gelobt het, das er in jars frist solt wider umb zů im komen, und also kert er zů dem kloster und klopft an. Der portner sprach, was er wólt. Er sprach: gang mir nach Sant Bernhart, und sprich das er da her kom zů aim dem er ain pfunt pfenning geben hab, es ist schier ain jar. Do das Sant Bernhart hort, do kom er bald geloffen, und hůb auff den geren und sprach: bis wilkom, lieber gesell mein, zel bald her! wa ist dein gewin? unt tayl mit mir das du gewonen hast mit deiner kunst. Der arm spiler sprach: gnädiger herr, ich pring weder gewin noch hauptgůt, ich han es alles verlorn, empfach mich wider in dein orden, ich wil wasser und prot all mein tag essen. Sant Bernhart was fro und sprach geren: es ist noch pesser ich empfach dich, denn das ich dich und das pfunt pfenning verlür. Und also enpfieng er in wider in den orden, und dar auß ward er ain hailger mensch. Also gewan Sant Bernhard die sel wider.

VOM KARTENSPIL.

| Balaam dedit consilium, ut filias Moabitarum, quarum 36a specie illudi possent filii Israhel, cum ornamentis ponerent ad tentoria Israhel. Numeri xxv. capitulo Balaam gab ain rat das man satzte an den weg die tóchtern und junkfrawen wol geziert, der gestalt mócht wol betriegen die kind von Israhel und sy bringen zů an beten die abgóter, dar umb got erzürnet ward, und hieß vil der selben tótten, und hieß fünf fürsten gen der sunen aufgang henken. Bey dem ist uns ze merken das kartenspil, dar mit spilt die arm und unweis unküschayt, und ir sicht zů und betrachtet die lauter rainikayt und küschhayt. Nun ist das spil vol untrü, und als ich

3 etwes G. 5 was er g. D. 5 umb *fehlt* D. 9 pfunt dñ G. 11 sein gern auff D. 18 Und *fehlt* D. 19 ward ain D. 21 Von dem k. D. nota enedicta, das vierd spil ist karten Z. 22 concilium G. 27 die abgótterey D. 32 wol untrü G.

gelessen han, so ist es komen in tüsche land des ersten do man zalt von Cristus geburt tusend drühundert jar, und das spil bedüt die untrü der betrogen lieb und unküschhayt, die uns der veind von der hell für setzt an den weg, die schônen frawenbild wol gezierd von dem haupt bis auf die fieß. Es ist gewonlich das ieglichs von seim geleich verkert wirt, ain edelman von ainer edlen frawen, ain purger von ainer purgerin, ain paur von ainer pâurin, ain bůb von ainer bůbin. Das bedütet die gemalten karten mit den bilden. Es ist alles papeirin: das papeir in den stürtzen, in den schlayren, die glokschnůr in dem har, die hůtlach und die lumpen die sy ein pinden, und sich ferbent und auff mützend. Ich han gezelt das zwů und fünftzig karten sind auf dem kartenspil, das bedüt zwů und fünftzig wuchen in dem jar, dar in man die sünd volbringt. Nun ist ze wissen das in der figur Balaam uns wirt bezaychnet der bôß gayst, der da rât, wie das volk gotz dar zů kom das es prech das pot gotz, und das sich got von im kert (wan all die weil und got bey in ist, so mag in nichtz geschaden, und mag auch niemant wider sy tůn), und ratet das man die schônen frawenbild wol geziert mit klainaten setz an den weg, das die kinder von Israhel mit
36b in unküsch tribent | und mit in verpoten speis essen, und das sy durch sy gezogen werden das sy iren got Beelphagor an petent. Also ward ir got erzürnot, das er sy schlůg mit ainer blag, das die schuldigen all erschlagen wurden. Nun sind fier ursach an frawenbild die da raysend zů der unküsch. Das erst ist schônhayt der weiplichen pild, die pracht küng David dar zů das er ain ebrecher ward mit dem weib Bersabe, do er sy sach obnen von seim sal sich wâschen. Da von spricht Salomon: es ist ain betrognü gnad ain schôns weib. Es sprach ain meister: ach heten wir ains luchsen augen, so wir hübsch frawen an sehen; das maint er also, das wir sy durchsehen môchten wie sy innan ain gestalt heten,

---

1 tuschzẽ? G. teutsch D. 8 bůbin.] ein münch von einer nunnen Z. 9 gemalten pild GD. 10 paperin G. 11 hudeln Z. 12 vff miczen ferwent vnd spieglent als ein diep vf einem jarmerk Z. 13 karten *am Rand* G. *fehlt* D. 15 baalam G. 19 geschehen D. 21 setz *fehlt* GD. 22 mit in *aus* im G. im D. 23 f. an petet GD. 27 brachten D. 29 er sich sach G. 29 sich *fehlt* D.

under der helen haut recht als ain geschunden kautz, die da hat ain waich glat haut und ain raych flaysch dar under. Es spricht Ovidius: gelaubent mir das die meder und die wisen nit alweg grônend und plůend. Die weib die in der jugend schône antlüt hand, die hand in dem alter gerüchtü und gerumpfen antlüt. Das ander das da rayßt zů unküsch an den weiben das ist zierd die man tůt auf die hübschayt, und die zücht vast zů unküsch, als ich her nach wirt sagen. Als David spricht: ir dôchtern sind geziert als gleichhayt des tempels. Vor zeiten zů den hochzeiten da ziert man den tempel, die kirchen und die altar, aber nun so zierend die gaffelstirnen den tempel irs leibs mit den kalbskrôssen auf dem haupt. Das dryt ist reichtum, das pietend sy her für, silber und gold, edel gestain an henden, an fůssen, an haupt, an klaydern. Sy komen her als die kaufffrawen, sy tragend fayl ir gůt; was? iren reichtum? nein, ain kospar sel, die mit dem kospern plůt Jhesu Cristi kauft ist, die verkaufent sy mit dem schnôden gůt. Das vierd ist bekomlichhayt der stat; wan die haydnischen junkfrawen sassen an dem weg neben den zelten und heten manger lay schimpf und spil. Nun wissend | fürwar 37a das haimlichayt pringt müglichhayt. Der bôß gayst lebt noch, er fiert den menschen ze dem ersten an ainem seiden faden, dar nach so wirt dar auß ain starcks sayl. Also erhebt sich die lieb gar hübschlichen und glimpflichen, sy endet sich aber gar ungelimpflichen, und das sind die karten gemalt. Nun sind auf dem kartenspil fier küng mit iren wauppen, und hat ieglicher under im XIII karten, das macht an ainer sum LII, und hat ieglichü das zaychen irs küngs. Etlich kartenspil hat dar zů fier küngin und fier junkfrawen, etlich haben den ackerman, den edelman, den wůchrer, den pfaffen, die toypel, den riffian, den wirt; und gewint ie ains dem andern ab: dem edelman der wůchrer, dem wůchrer der pfaff, dem pfaffen das tâppelweib, dem tâppelweib der riffian, dem riffian der wirt, dem wirt der weinman, dem weinman wider umb der

---

1 der kelen hat D. 2 glat har D. rauch D. ruch Z. 3 matten Z. 6 das da — 7 weiben *fehlt* Z. 8 würt s. D. 11 gaffel stieren D. 14 haupt vnd mit den fürdeln Z. 15 kouffrowen] die farendenn töchtern Z. 28 ieglichū G. 30 töppel Z. das toppelweib D.

pauman der den wein pauwen sol, der nimpt das gelt wider von dem wirt. Nun hat das kartenspil der unküsch fier küng gemainclich, das sind die fier ursach der unlauterkayt. Die erst ist der küng von den rossen, das ist die unlauterkayt die da kumpt von hübschhayt des leibs, und die geleichet sich dem rossen, der sein hübschhayt bald verlürt, und die pleder bald da von valend und dorent. Wa sind nun die schônen blůenden rossen? Der küng mit seinem wauppen hat under im dreyzehen karten, das sind dreyzehen sünd, die da entspringend von den andern dreyen. Der ander küng ist von der kron, und das bedüt die unküschhayt die da kumpt von zierd der hübschhayt, die da zů gelegt wird, und under der so sind auch XIII sünd. Der drit küng ist der küng von dem pfenning, und bedüt das drit das da pringt unküschhayt, das ist reichtum, und dar under sind auch die XIII sünd da mit man sündet. Der fiert küng ist der küng von den ringen, und bedüt die fierden sach der unküsch, das ist haimlichayt der stat, oder der küng von dem fingerlin, das trâgt nieman denn der | in besunderhayt und in haimlichhayt verbunden ist, und dar under sind auch XIII sünd. Item von dem ersten küng der rosen, das ist hübschhayt von naturen, und die selb machet den küng David vellig mit fraw Bersabe Salomons mûter. So sind die sünd in leiblicher schônhayt: die erst ist hoffart, die ander neid und hass in andern lüten, die des verdrüßt das ieman anders hibscher ist, die drit ist zoren und undultikayt, als mit krankhayt und siechtagen die hübschhayt ab gat, die vierd so die hübschhayt verkauft wirt und hinderredet wirt, die fünft ist geitzikayt, so man der hübschhayt geniessen wil, die sechßt ist fraßhayt, da der mensch wol ißt und trinkt das er lang hübsch beleib, das sibend ist unlauterkayt gemainclich und tôrlichü lieb, das achtend ist undankparkayt gen got, das nünt ist der lüt ergrung und bekorung, das zehend ist traugkayt, wenn der mensch geflissen ist auf des leibs schônhayt und versaumpt die schônhayt der

---

4 rosen *immer* D. 6 der r. die ir D. 7 abrisend Z. doret G. 12 hübhayt G. hibsche *immer* D. 14 pfeinig G. 15 die vordren XIII Z. 17 von dem vingerlin Z. 17 ist der heimlicheit D. 19 triegt G. 29 so der m. D.

sel, das aylft ist verschmâcht der die ungeleich sind in der hübschayt, das zwelft ist unbenûglichayt, das dreyzehend ist das sy jederman wolten wol gevallen, die doch nit mit jederman wolten verfallen. Und das ist war das die aller süberlichesten frawen hand die unsüberlichsten, unlauterlichsten gedenck. Nun lessen wir von vil schônen frawen, das die ain hat ir schôn augen aus geprochen und hat sy irem liebhaber gesendet, die ander hat begert das sy aussetzig würd, die drit das ir ain langer bart wûchß, das kain man ir begert. Der ander küng hayßt der küng von der kron, und bedüt die zierd. Also vielen die zwen alten richter an Susannan, dȯ sy sich salbet und wûsch, und verfiel Judas der patriarch an Thamar, do sy sich geziert het. Die erst sünd der frawen ist: sy verkerend die ordnung gotes. Der her wil das in diser zeit die selen geziert werdent, und nach dem jüngsten tag die leichnam denn erst geziert werden mit den gaben der sâlikayt. So verkerend sy die ordnung gotz und zierend den leib und lassend die sel ungeziert | mit gnaden und mit tugenden. Es hat 38a auch got den kostlichen gayst verborgen in dem schwachen sak. Die ander sünd ist hoffart, die drit ist geitikayt, die wôllend die zierd han, und solten die man ymmer dar umb stellen, wûchren und rauben. Die fiert: der man ist der frawen gegeben und sy im, das sy ainander süllend helfen, das sy bayde behalten werdent. Aber nun in diser zeit so hilft ains dem andern das sy bayden verloren werdend, und ist nun die haylig e worden als ain thorenpürdin, da ain toren in dem andern hanget, bis das sy mit ainander verprinnend in dem feur, und als die lüt hangend an ainander in dem schiff, bis das sy ertrinkent. Die fraw solt dem man weren unrecht tûn, und der man der frawen. Die fiert sünd ist ergernüß der lüt, das man sich gar kostlich ziert. Die fünft sünd ist nochvolgung bôßer gewonhayt. Wer gesach ie das die kellerin kostlicher gieng denn die fraw? Und in welchem land ist es

9 ir kein man D. 11 alten zwen D. 13 het gecziert D. verkert GD. 15 werdent] mit den (+ gauben *roth durchstrichen* G) vnd GD, *in* G denn *braun durchstrichen.* 16 gaben diser der selen GD. 20 sack] des fleisches in dem eschsack Z. 25 bayd D. baydn̄ *für* baydu? G. 31 man kostlich sich ZD. sünd *fehlt* D.

gewonlich das die frawen dienent der kellerin? Es ist wol gewonhayt an der faßnacht das sich die kellerin klaydet mit der frawen kleyder, das werot aber nit lang; aber das ist über jar gewonhayt das man den leib klaydet, das ist die kellerin, und lautt die frawen, das ist die sel, unbeklaydet. Es spricht Salomon: das ertrich wirt bewegt durch drü ding, und das vierd mag es nit geleiden: so der knecht reichsnen will über sein herren. Die sechßt sünd ist ursach zů der bekorung in andern lüten, wan die frawen sind ain fürin und ain schneydend und hauwend swert des veinds. Nun sprechen sy: wir tragen dise ding nit in bößer mainung. Ich glaub es wol, das swert hat auch kain bős mainung, wer aber das swert fiert in der hand, das ist der tüfel, der hat ain bős mainung, und der on bős mainung getőt wirt der ist als wol tod als ob er mit mainung ertőd würd. Die recht sagend: wer ursach zů dem schaden gibt der hat auch den schaden getan. Ain weib ist ain ertzney irs mans, und ursach zů dem
38b tod gen | aim fremden man. In her Moyses půch stat geschriben: wer ain grůb macht und ain graben, velt yeman dar ein, er sol es biessen. Die sybent sünd ist so sy sich des zierens und der klayder überhebent und sich dester besser tunkend. Es ist der ain tor der ain pferd schatzt nach dem satel und noch dem zaum. Wer ist aber der der sich frőwet der steltzen und des hiltzin bains, so er nit mer denn ain bain hat? und wer frőwet sich des zaychens das die wund hat hinder ir gelaussen? und wer frőwet sich des pflasters das im über den presten gelegt ist? Also sind uns die klayder geben zů aim verdecken unsers prestens der sünden, wan vor den sünden bedorft der mensch kains klayds, in benůgt wol an seiner naturlichen hübschhayt. Also die sunnen beniegt wol an dem klayd des liechtz, so ir natur ist beklaydet, und das selb die schőnen rosen und blůmen; und doch Salomon in aller seiner glori nit als schőn geziert was als der plům auf dem veld. Die achtenden sünd das sy mer kostens dar auf

---

9 schneydēs G. 10 vigendes Z. neids GD. 13 das ist *fehlt* GD. 14 und — mainung *fehlt* D. 15 getőt D. 17 ertzney vnd ursach irs mans zů dem tod gen GD. 19 grab macht D. 24 hiltzins G. 29 bedarff D. 32 rosen blůmen D. 34 kostes Z.

legend wie sy ander lüten die augen speisen, denn auff iren aygen leib, dar umb so sind die augen das kosparlichst das der mensch hat. Die nünd sünd: sy wöllend all ding hübscher und schöner haben denn sy selber sind. Dar umb so lesen wir von ainem mayster der spåwt dem küng in sein bart. Die zehend sünd ist das die klayder sind überflissig, ze groß und ze lang, und klaydent da mit die erd, und samnend mit dem schwantz die flöch von der erden, und bestabent die haylgen in der kirchen. Got wôlt das ir antlüt als gerumpfen wer als irü klayder gevalten und gerumpfen sind. Man lißt das ain tüfel ainest lachet, der wart gefraugt, wes er lachte, do sprach er: ich sach mein gesellen reiten hinden auf dem rokswantz durch die kirchen. Die natur hat den frawen kain schwantz geben, sy machend in aber ain swantz auß tůch, der in hinden nach gang. Die aylft sünd ist das die klayder werdend mit | unrechtem gůt gewunnen, das den 39a armen zůgehôrt den es abgenomen ist. Die zwelft sünd ist: sy sind kauffrawen worden, und tragend die zaychen des kaufs. Der wirt der stekt hinden und vor auf sein zaychen, das man sech das er wein vayl hab. Also hand sy sich gezaychnet hinden und vornan mit den vier antlüten von dem haupt biß auf die fůß. Sy legent ir fůß in ain ring in die engen schůch, sy legend iren leib in ainen engen notstal des paumwollen rocks gepfrengt und geprissen, und der es in ze půß satzti, sy tåtend es nit. Die dreyzehend sünd ist fremdikayt der klayder und manigvaltikayt der klayder, die sy den würmen gebent ze essen, das sy Cristo solten geben in armen menschen. Nemend war wie die man, vor auß die jungen, ietzund tragend kåplach mit lappen und werffen die lappen auf dem kopf, und mit iren engen recken und mit irem har; sy wissend nit wie sy das gewand an süllend schneiden das

1 andern D. 3 ding *fehlt* GD. 5 spawt G. speyt D. 6 X G. 7 groß oder D. 10 gerumpffen vnd gevalten D. 12 ich sich D. 13 rockschwantz hinden D. 15 XI G. das sy klayder G. 17 XII G. 19 hinder G. und *fehlt* Z. das zeichen sins reiffes Z. 22 in die ringe Z. 24 bounwillen D. 25 trůgent es D. XIII GD. 27 in den a. m. Z. 28 war] der mannen wie sy die fülczinen hůtlin tragend gebunden mit den gurtelin vnd die schůche hinden vff gepriseu vnd die rôcklin hinnan vff geton vff den nacken Z.

wol berayt sey zů der hoffart, und mit schneblen an den schůchen und holtzschůchen, und gan ainher schnateren, man dorft kain schnatertafel an dem karfreitag, wen man sy het an dem weg. Nemend war wie die junkfrawen fech und seydin tragend, und wie sy die hoffart hand gemert in die pater noster, in das gaystlich, in die langen korellen. Sag an, wayst du was das mitel ist in dem pater noster? Ja ich wil dirsch sagen, es ist die seydin schnůr die inmiten dar durch gat. Die man tragend pater noster als ob es seyen gayslen, die frawen nemend totenhar und bindent es ein und tragend es mit in ze bet, und ir ainü getorst nit ains toten hemd an legen. Es ist alles unrecht, es ist alles kartenspil und be trüknüss der welt und des tüfels. Der drit küng von den pfenningen bedüt reichtum, da mit man zů pringt die unküsch. Da mit so gibt man der frawen, man geit der kellerin, man schenkt der kuplerin, und also bezalt man die ürten, und
39b also wirt die minn kauft und die frawen, | sy bezalend es aber wol von irs emans gůt. Der fiert küng ist von dem fingerlin, das bedüt haimlichhayt. Wir lessen das Sant Bernhartz swester gar wol geziert kam zů dem kloster, und wolt iren průder sehen. Und er wolt nit zů ir, und sprach, sy wår ain netz des tüfels. Also wainet sy und sprach: verschmåcht mein průder mich ain sünderin, so empfach mich doch ain rüerin; und legt all ir hübsch zierd von ir; und ward dar nach ain haylge klosterfraw. Von der haimlichhayt lessen wir, das Joseph der küngin von Egyptenland so haimlich was das er von iren wegen umb unschuld gefangen ward. Es ist ain kertzlin an ainer wand, und ob es die wand nit prennt, so machet es sy doch raumig und schwartz. Also haimlichayt belaydiget den menschen. Es was ain küngin, die

---

1 ietzund] da man zalt nach cristus geburt M°. CCCC. L. iar GD. 4 Nemen G. iunckfraw sydin faden da herkumt Z. 5 wie sich Z. haut gemengt Z. 6 in den GD. krellin ring vnd der uil one zal vnd das ståtenklich durch die hand zogen vnd doch nüczig dar an bettet Z. 9 als es D. also werent es geislen riemen vnd wedel da mit sy selten der flůgen weren Z. 17 ürten] vnd mit dem so koufft man klaniet [vnd also Z. vmb die fr. D. 29 es doch ein schwarcz flecklin an der wannd Z. 30 beluimet Z.

het ain riter haimlich lieb, und die gieng haimlich zů im in ain garten, und sass zů im under ain paum bey aim prunnen. Des ward der küng gewar, und verstal sich haimlich in den garten, und stayg auf den paum ob dem prunnen und verparg sich da in den paum, und wolt da sehen, was da beschehen wölt. Und do die kingin kom zů dem prunnen, do sach sy in dem prunnen des küngs antlüt auff dem paum. Do winkt sy dem ritter das er auch in den prunnen såch, und also viengen sy an ze sagen gůtü ding von dem küng, und warend da wol behůt und züchtig. Also süllend die lüt in gůt hůt stan, und süllend sehen in den prunnen des haylgen glaubens, und süllend da sehen das antlüt des obrsten küngs, vor dem sich nieman verbergen mag; wan er sicht die mainung und willen in dem paum des hertzens, da spilt leib und sel mit ainander. Der leib ist der ritter, die sel ist die küngin. Das spil der karten da sol die sel für werffen die waffen Jhesu Cristi, die kron Cristi wider all hoffart, das sper wider allen | neid und hass, die gayßlen wider allen zoren, die klayder Cristi wider all geitikayt, das crütz Cristi und die någel wider all traugkayt, den schwam der gallen wider all fraußhayt, ain weiß swayßtůch wider all unlauterkayt. Also sprach Sant Pauls: ich trag in meinem hertzen die minnenzaychen unsers herren Jhesu Cristi. Des helf uns die lauterkeit Jhesu Cristi. Amen.

VON DANTZENSPIL.

In circuitu impii ambulant. Ps. XI. In dem umblauff wandlend die pôssen. Die wort spricht David in dem psalter. Hie vacht an das tantzspil, und dar in so werdent begriffen allü andrü spil, als da ist: lauffen, springen, ringen, und andrü geradikayt da mit man des leibs krafft bewårt. Also spilt die arm traugkayt, und ir sicht zů und betrachtet die reich an-

2 im nider D. 5 in dem D. 11 gůter D. 12 und — sehen *fehlt* Z. 13 sicht durch die hertzen in die meinunge der menschen Z. 19 klayder vnsers herren Jhesu D. 23 *unten an der Seite* (200 b) karten da sol die seel. 1450. I. M. 25 *Ueberschrift über der Seite, die mit* karten da sol Z. 16 *beginnt* G. Von dem Tantz D. Das fünfft spil ist tanczen Z. 26 Ps. XI *fehlt* GD. 28 wirt G. 30 craffte übet | das spilt Z.

dåchtikayt. Nun ist ze wissen das des tantz ursprung und anfang sind die haiden gewessen, die allü spil erfunden hand.
40b Und die Juden hand es gelernet | von den hayden, und durch das tantzen so wirt got erzürnet, und wirt volbracht abgôterey, und die haylgen tag werdend geprochen, und die schar des tüffels wirt gesamnet, und werdend gůt lüt geergert, und frôd wirt bekert in betrůbnüß, und die siben sacrament werdent endert. Von dem ersten so stat geschriben in Moyses pûch in dem xxxII capitel, do Moyses mit den zehen gepoten her ab dem perg kom, do sach er das das volk het auff geworffen ain guldin kalb, und tantzten dar umb und sungend. Und mainend da die lerer das da des ersten mals getantzt würd von den Juden umb das guldin kalb das sy auf geworffen heten, und das an beteten für got. Und also hayßt es noch in tüsch tantz. Und do das Moyses sach, do ward er so zornig auf sy, und warf die stainin taffel auf die erd, das sy zebrachen, und schlûg drey tusend ze tod. Er wer vil minder bôs der an dem suntag ze aker fier oder ander notürftig und nütz arbayt tât den tantzen. Got hat verboten an dem feirtag werk die got unerlich sind und dem nåchsten unnützlich. Zû dem andern mal so wirt volbracht abgôterey, wann da setzt ains auf das ander sein hertz und liebin, und wirt gotz vergessen und aller seiner gnaden. Zû dem driten mal so werdent geprochen die zehen gepot, wan da petet man got nit an, man versaumpt vil mer das pet, die predig, die vesper, und allü gûtü werk. Man redet da bey dem namen gotz vil üppiger, tôrlicher und schådlicher wort, man macht den feirtag nit hailig, mer man entert in mit dem tantz, wan als manig sprung als manig todsünd. Dar zû auch so enterd man vater und mûter lebent und tod. Da tôd man die lüt gaystlich mit vil bôsser nach-
41a red, und die es auch hôrend, die dar von geergert | werden. Da wirt falsch zügnüß geben, wer der best, der hoflichost

---

1 und anfang *fehlt* Z. 3 es] ouch D. 12 da *fehlt* D. 14 vnd an b. D. 15 teutschen getantz D. 17 zerbrach D. 19 notüftig G. notdurfft D. 21 wirt ouch D. 23 und sin sinne vnd sich nach im verbildet das betütet das kalb was an dem dancze der mensch fürsetzet Z. 24 werdent ouch D. 25 ain got GD.

und der hübschest an dem tantz sey. So tantzet der wol, so tantzet der übel. Da wirt volbracht unküsch in manger lay weis und ursach dar zů geben. Da wirt volbracht diebstal, wan da stilt der mensch im selber die edlen zeit, die er nach gotz lob vertzeren sol; die verzert man üppiclichen mit tantzen und springen und ander unfůr, dar umb er got rechnung geben můß. Dar nach so begert ains des andern gemachelen, klayder, reichtum, zerung, glimpf und schimpf, krantz und schapel, und was zů dem tantz und üppikeit gehört. Zů dem fierten mal so samnend sich da all sünd: man sündet mit fůssen, die unnützen fůßtrit zelt got, mit den augen, man sündet mit sehen, mit hören der pfeiffen und des saytenspils, mit dem mund mit singen und klaffen, mit allen gelidern und zierd des leibs, mit hertzen und willen. Das fünft ist das die gůten menschen da von geergert werdent und an gevochten. Es was ain mal ain klains münchlin aus aim wald, das sach tantzen, und fraugt sein altvater, was das wår mit dem langen har, mit den langen klaydern, mit den weissen schlayren. Der vater sprach: es sind gens; ain ander sprach: es sind tüfel die die lüt verkerend. Das münchlin oder das kind über drey tag vieng an und wolt auch in dem wald tantzen. Die frawen an dem tantz sind blossü swert des veinds, wan so sy die mentel von in legend und sich zů dem tantz rüstent, so ist das swert auß gezogen. Do sind so vil blosser swerter die den menschen verschneident mit sünden, so vil frawen und man tantzend; da ist ie ains dem andern ain swert. Wer ist der der under so vil blossen swertern unversert beleibt? Die kind die man dar zů verfiert und sy lert den tantz, die sind das münchlin das da verhawen ward in versůchung. Das sechst sind die frodigen wortt die da geschehent, durch die manig zorn und gevåcht und | todschlag 41b

---

1 hůbscher GD. 3 volbrach G. 6 f. r. můß tůn D. 10 mal *fehlt* D. 10 f. fůssen mit vnnützen fůßdriten das tzelt got D. Mit den oren hörende pfiffen, mit dem munde singend vnd klaffend vnd mit den henden zertennet Z. 16 klaines iunges m. in dem wald erzogen vnd das was mit dem altvatter vß gangen vnd das Z. 20 Das — oder *fehlt* Z. oder kind D. 21 an und sprach, ach gott möchte ich ein genßlin oder ein tüffelin han das mir hulffe tantzen Z. 30 freidigen D.

geschehend. Das sibent das sy tůnd wider allü sacrament; wider den tauf das sy widersåten dem tüfel und allen seinen zierden, wider die firmung da mit sy das zaychen gotz, das ist das crütz an der stürnen, namen; wider die rü, wan sy solten nemen åschen auf iren kopf, und wider den orden mit versamen gůter werk, wider die haylgen e und ôlung, wan wenn der mensch die emphacht, so sol er fürbas nymmer mer tantzen. Sy lauffent frôlich tzů dem tod, und den gang mag nyeman gehindern. Von dem tantz schreibt Johannes in dem taugenpůch ain figur, und spricht: ich sach auss ainem loch springen matschreken oder hôwschrikel, die heten menschenhåupter und langü hôrner und kron auf den håubtern und heten schwåntz als die scorpion. Das alles bedüt die tantzer und tantzerin. Es ist auch ze merken das Sant Johannes der tauffer sein haupt verloß von ainer tantzerin. Die frawen und die hund sind geleich: wenn man ain hund fůrt an aim sail, so wirt er bald můd, so man in aber ledig lat laffen, so wirt er nit als bald můd, und laft doch mangen unnützen gang. Also tůnd die frawen, so sy süllend laffen umb ablauß ir sünd zů gotz dienst zů gotz hüsseren, so sind sy bald můd, so trukent sy die engen schůchlach, so ist in das gewand ze lang, und geprist in gar vil, und ist in ze hayß; wenn sy aber springen und tantzen süllend, so werdent sy nit můd, wan der tüffel geit in sterk, das sy oft die man auß tantzend. Nun wil die reich sålig andacht auch tantzen zů der rechten hand mit unserem herren Jhesu Cristo an dem crütz in das ewig leben, und nit zů der glingen hand als die traug tantzerin, die da tantzend die schlauffenden tåntz. Aber die andåchtig sel sol tantzen mit irem gemachel Jhesu Cristo besunder XVII umbgeng die er hat getan. Der erst ist in můterleib, do Maria mit im in irem junkfrawen-
42a lichen leib gieng | gen Jerusalem in das haus Zacharie und grůßt Elisabet. Der ander do Maria gieng von Judea gen

2 tauft G. 2 wider sagten D. 4 namen *fehlt* GD. 5 ire kôpf D. 6 versamung D. 6 e] vnd wider das sacramentt des heiligen altars Z. 13 haben schw. G. 17 lauffen *immer* D. 22 und — vil *fehlt* Z. 26 gerechten D. 26 Cristi G. 27 nit *fehlt* D. 28 da *fehlt* D. den schl. t. D. 30 Cristi G.

Nazareth. Der drit do sy gieng von Nazareth gen Bethlahem und da gepar ir kind. Der vierd do sy mit im gieng von Bethlahem gen Jerusalem und in da in den tempel opfret. Der fünft gang do er ward gefiert in Egipptenland und von seiner zůkunft die abgôter nider fielen. Der sechst do er wider kom von Egipptenland und kom in den tempel, do er zwelf jar alt was, und lert da das volk. Der sibent do er kom in den tempel und dar auß traib kauflüt. Der achtend gang do er kam in den tempel an dem palmtag. Der nünd gang do er aber in den tempel gieng, und da lert die gerechtikayt und strauft umb die unrecht. Der zehend gang do er gieng in den garten an sein gepet. Der ôlft do er in dem garten seinen veinden engegen gieng in ir hend. Der zwelft do er mit dem schwâren crütz gieng an die stat, do er den pittern tod leiden wolt. Also sol ain ieglicher andâchtiger mensch seim gemachel Jhesu Cristo in den zwelf gengen nach tantzen und springen mit aller andacht seins hertzen, und sol sprechen zů im: züch mich her nach dir, das wir lauffen in dem sůssen schmak deiner salb, als geschriben stat in der minnen půch; und das ist der sin: züch mich mit deiner ler, wan ich bin swâr, züch mich nach dir, wan ich pin krank in deinen gelüpten, als der ain kind zücht mit aim roten apfel den man im vor zaygt; züch mich nach dir, ich bin widerspenig, züch mich mit pein oder mit blaug, es sey mir lieb oder layd das ich nach dir gezogen werd in dein fůsstrit. Züch mich nach dir, das ich dich âugenclichen lieb hab, züch mich nach dir, das zwischen mein und dein kain mittel sey. Züch mich nach dir, als der ain sak zücht das er vol werd, also das nichtz in mir müg denn gôtliche
| gnad. Züch mich nach dir, das ich in nieman kleb und 42b
haft denn in dir, underzüch mir all ursach die zů dir nit

1 nazarecht *immer* G. do Maria D. 7 Das s. GD. 10 gieng] zů lerende vnd zů vrteilende das recht der ebrecherin Z. 11 Der zehend — gepet *fehlt, eine Reihe dafür frei, am Rande:* x vß nit da wz Z. 14 xII GD. 19 rouch d. s. Z. 20 innigen sel bůch D. liebe bůch Z. 23 dem man G. den — zaygt *fehlt* Z. 24 dir wan D. widerspenig vnd hinderzüggig Z. 27 mir vnd dir DZ. 28 wenig mittel Z. 28 zů zucht Z. 29 in mich DZ. 30 an nieman D. neman G.

weissent. Und zůch mir ab die alten bősen gewonhayt, und zůch mich auß dem loch der verzaglichhayt, und zůch mich auf den rechten weg, den du mir vor gegangen hast. Zůch mich auß ainander, das ich deiner gnaden vil vas und enpfenclech werd. Nun sol die andacht für den tantz applas hollen. Das erst: sy sol rü haben in gegenwertikayt und peicht in willen. Das ander: sy sol aplas gelauben. Das drit: sy sol von der pein enbunden werden. Das fiert: sy sol das tůn das der aplasbrieff sagt, es sey pct oder anders. Das fünft: sy sol auch nit anders tůn denn aplas hollen. Das sechßt: sy sol den aplas holen mit gebet, dar zů sy nit gepunden sind, weder von gewonhayt, půß oder conscientz. Das sibent: sy sol sich auf den aplas also nit lassen das sy dester minder gůtz tů, oder dester mer sünd. Das achtend: sy sol den aplas taylen mit aller cristenhayt, dar umb das sy fremß aplas auch taylhaftig werd. Das nünd: das sy den aplas von dem der sein gewalt hat nem, und der nit in dem pann sey. Das zehent: sy sol beten für den der den aplas hat geben. Das őlft: sy sol pitten für den der den aplas erworben hat. Sy sol sich versůnt haben mit irem widertayl, als Jhesus Cristus gelert hat: wilt du dein opfer pringen, so versůn dich vor mit deim průder. Das zwelft: sy sol den aplas behalten, und den nit verlieren.

Hie endet sich das tantzen, und vacht an das schiessen.

DAS SECHST IST SCHIESSENSPIL.

43a | Sagitte in manu potentis, die geschoss in der hand des gewaltigen, spricht David. In dem spil des schiessens ist begriffen kuglen, walglen der bůben, bolen, ballen, keglen

---

7 süllent (söllend) GDZ. 7 f. von dem bande Z. 8 verbunden GD. 9 anders] Sy sol sich ouch vorhin versinet hon als xps sprach willtu din opffer bringen. So soltu dich vorhin mit dinen brůdernn versienen Z, *vgl. unten* zu 19. 12 süllent GD. 18 den der aplas D. 17 nemen GD. 18 süllent GD. 19 *vorn* süllent GD 19 Sy — průder *fehlt* Z, *vgl. oben La. zu* 9. 22 XII G. 25 *Ueberschrift fehlt in* GD. 26 potentis] acute et p^{os}. das scharpff geschiez Z. 28 walen Z. der bůben *fehlt* Z. der balle schlachen Z.

und alles das spil da mit man des zils war nempt. Und hie schüßt die arm zornmûtikayt, und sicht ir zû und betrachtet die reich gedultig senfftmûtikayt. Nun ist dreier lay zoren der da schüßt: der ain ist schnell und vergat bald, der ander ist trâg und beleibt lang, der drit ist gerecht und peingot das unrecht. Den ersten sol man entschuldigen, den andern sol man versmâchen, den driten sol man fürchten. Item Theodosius der kayser verbüt, das nieman sol die urtayl der fürsten die in zoren sind gesprochen ervolgen vor dem dreyßgosten tag, als das recht sagt cap. x. q. III. Und wen das urtayl geben ist wider ain tragend frawen, so sol man das urtayl nit ervôllen bis das sy des kinds genißt (de penis, lege: pregnantes). Wenn das urtail gesprochen ist wider ain knecht, so sol man es nit ervolgen biß das er gerechnet hat | mit seim 43b
herren (C. de caus. presbiterorum lege Ia). Der zornig spant den bogen, und schüßt zû dem ersten zû got in dem flûch, zû dem andern mal zû dem nâchsten, zû dem driten mal sich selber; und mit solichem ungestômen zoren übertrift er ain hund, wan kain hund beißt sein herren, er rayß in denn, oder er sey denn wûtend. Aber der zornig mensch schüßt mit seim zoren gen got, der in nit rayßt und im nichtz args tût. Der zornig übertrift den Juden; die Juden flûchten got auf erden do er tôdlich was, so flûcht im nun der zornig so er untôtlich ist. Er entert got den heren on ursach, er geit bôß umb gûtz. Es ist nit gût sprentzen in den himel, wan es velt her wider ab in das antlüt. Und bey dem mund sind zway nasslôcher, was flûch auß dem mund gand, die gand zû den nasslôchern wider ein. Wir lessen das ain vater het drey sün, und die zwen warend nit sein sün, wan die mûter het sy an der unstât und uner, des west der vater nit. Und die mûter verjach an dem todpett das zwen basthart wâren und ain ekind; und bat sy, welher ain elich kind wâr,

1 des spils war nempt vnd des zils GD. 2 ye zû D. 10 cap. *fehlt* GDZ. 12 eruolgen Z. 14 hat *fehlt* D. 15 pbror GZ. 16 bogen siner zungen Z. 21 gen vnserm herren D. reytzt D. 22 Also so übertrifft der kristen mentsch in seinem flûchen d. J. Z. 23 zornig mentsch in dem himel, so er Z. 25 speczen gen dem h. Z. 27 gat das gat Z. 30 une D. (Z *weicht ganz ab).* 30 das wißt D.

das er diß lies mit im erben durch frids willen. Und sagt doch nit welher under in das recht ekind wår. Und also kriegten sy lang mit ainander umb das erb, und ieglicher wolt das ekind sein. Und do sprach der richter, sy sölten iren vater auß graben, und solten all drey zů im schüssen, und welcher allernåchst zů dem hertzen schüsse, der wår das recht ekind. Die zwen schussen gar nach, der drit erschrack das im das armbrost empfiel, und kund nit schiessen. Da urtaylet der richter, der wår der recht sun der seinen totten vater nit wolt schiessen. Der vater ist Cristus unser her, ain vater der cristenhayt, die zwen sün sind Juden und haiden, und sind nit elichü kind, wan sy sagend was sy wöllend von Cristo, und sind unglaubig. Kain rechter cristen mensch
44a | flůcht seim vater Cristo, der von seinen wegen erstorben ist. Zů dem andern mal so schüßt der zornig zů seim ebenmenschen. Wir lessen in der bibel das der erst schütz auff ertrich hiess Lamech, und der ward plind, und schoss in ain hurst, und maint er wolt ain tier treffen, und schoss Kaym ze tod sein altvater. Also schiessend die zornigen lüt und wenend sy strauffen sünd, sy treffent aber die natur. Zů dem driten mal so trift der der da schüßt sich selber, als ich vor gesagt han. Nun schüßt die senftmůtikayt, und trift die sünd, und schonet des menschen. Sy ist zornig umb die sünd, und hat die menschen lieb. Wir haben ain figur in der taugen půch, das ainer sass auf aim weisen pferdt, und der hat ain bogen in seiner hand, und gieng uss bis das er überwand. Das bedüt gaystlich Cristum gotes sun, der da sitzt in der kron seiner götlichen er, das er geert sol sein, als got auß gefaren ist in die zeit und hat besessen ain weis pfert, das ist die unschuldig menschayt Jhesu Cristi, die er besessen hat in ainikayt der personen. Die weis menschhayt ist das pferd wol beschlagen mit fier eyssen, das sind die

---

1 mit im ließ D. 3 wol G. 6 schusst GD. 9 vater totten G. 13 und – unglaubig *fehlt* Z. 14 seinem w. G. 18 hursche Z. forst D. 18 f. K. s. altuater ze tod D. 19 fürschiessend Z. 20 straffend die lute Z. treffend sünd D. 22 trifft da D. 24 f. in — půch *fehlt* D. in appocalipsy Z. 29 als er Z. 31 ewikayt d. p. GD.

vier ellement in der menschayt Jhesu Cristi in geleichhayt wol beschlagen; wan er hat ain geleich natur von vier ellementen: für, luft, wasser, ertrich. Der satel ist die sel Jhesu Cristi, die der sun gotz besessen hat mit der menschayt in ewikayt. Die person sind die gürt, das sind dreyer lay verainung in Cristo. Die erst die verainung der gothayt zů dem leib Cristi, und die verainung ist nie geprochen noch auf gangen, weder in leben noch in tod. Der ander gurt und verainung ist der gothayt und der sel Cristi, die auch nie auf getan ward noch zerprochen, wan die gothayt wart ze aller zeit veraint mit der sel Cristi in dem leib und außwendig des leibs. Der drit gurt und verainung in Cristo | 44b was zwischen leib und sel, und der gurt prach und tet sich auf, da sel und leib von ainander schied an dem crütz. Der zaum an dem pferd was die zucht, des mitels braucht er sich in allen dingen. Der pog in seiner hand ist der gewalt des vaters, als er spricht: mir ist geben aller gewalt in himel und auf erden; und schüßt all tag und trift die außerwelten menschen, als von David geschriben ist, das im all die nach volgeten der hertzen got berůrt hat. Sålig ist der dem got sein hertz berůrt und trift. Got spannt dick sein pogen, und schüßt und trift gar eben on felen, das gůt, die kind, den leib, das hertz, die sel, die conscientz. Wir lessen das got zů ainer zeit die welt wolt lassen zergan, und wolt die geschossen haben mit drey stralen. Da pat Maria die můter gotz für die welt, das Sant Dominicus und Franciscus solten mit iren leren die welt bekeren. Der erst straul was wider zornig hoffårtig lüt, der ander wider unmilt und geitzig lüt, der drit wider die unküschen und unlautern lüt. Mit den sünden ist die welt begriffen, als Johannes schreibt in seiner epistel. Also sol auch die reich andacht schüssen ir gepet zů dem zil, das got selber ist, das end und der anfang.

---

1 vnsers herren ih. c. D. 2 natur *fehlt* GD. 4 f. in einikeit der personen Z. 6 in vnsern herren D. 6 erst ist v. D. 8 im l. D. im t. D. 11 sel vnsers herren jhesu cr. D. 15 die zucht cristus nach Z. zucht er sich GD. 18 f. der a. herczen Z. 19 stat *(durchstrichen in G)* D. 25 han verschossen Z. 26 welt. | Da stůnd D. u. F. die solten GD. 27 mit iren průdern Z. 32 der ist das end Z.

Und das pater noster sol man allain zů got schüssen, es sol auch allain in got enden, wan es ist allain von got komen, wan kain hailig ist unser pater noster. Es ist etlicher menschen hertz usswendig des gepetz, und da wirt das gepet geschossen her und dar, und kumpt nit zů dem zil das got ist. So ist etlicher menschen hertz under dem gepet, die da pitent das in in sünden geling. So sind etlicher menschen hertzen in dem gepet, die tůnd als die schützen, die das ain aug zů tůnd, dar umb das sy mit dem andern das zil dester ec treffend. Also sol man in dem gepet das aug der welt und der creaturen zů tůn, das der mensch nichtz anders lieb hab denn
45a got allain, und das recht zil treff, und sol also das gepet | auß lassen in ainem gesamneten gemůt, als Crists spricht: schlüß dein kåmerlin und sprich dein gepet.

DAS SIBENT SPIL IST SAYTENSPIL.

Cantabant in choro mulieres dicentes: Saul percussit mille, et David decem milia. Die frawen sungen in dem saytenspil: Saul hat tausend erschlagen, und David zehen taussent; also stat geschriben in der küng půch. Ditz ist das sibent spil, saytenspil. Das spilt die arm untugend neid und hass, als uns die geschrift beweißt. Do David het gevelt den grossen rissen Goliam, und er sein swert und sein haubt pracht, do giengen im die frawen engegen und sungen in dem saytenspil die wort, und das verdroß Saul, und beneydet das und sprach: sy hand mir zů geben taussent, und David zehen taussent, was hat er nun nit mer denn ain künkreich? Und fürbas sach er David nit mer an mit richtigen augen. Es ist ze wissen das man lißt, das das erst saytenspil vand Orpheus, etlich sprechend, es fünd Tubalcayn ain schmid, etlich mainend, es fünd Pictagoras ain mayster. Der hort
45b ain schmiten mit fier | håmeren, und hort das gedôn; do hieß er die håmer wegen, da wag der ain als vil als zwelf pfund

2 auch *fehlt* GD. 12 versaumpten gem. GD. *Überschrift über der mit* Der erst straul (77, 27) *beginnenden Seite* (205 a) G. *fehlt* D. 16 thoro D. 17 centum milia GD. 19 C. tausent D. 20 spil als s. D. 21 beweiß G. 26 nit *fehlt* GDZ. 27 sichtigen GD. 30 Der hette Z. 32 pfund *fehlt* GD., *in* Z *meist* lib.

der ander als vil als åcht, der drit als vil als sechß; und nach der zal ward das gesang musica genant. Er hies zwen håmer zesamen schlahen, den der da zwelf hat an dem gewicht und den der da hat sechs an dem gewicht; und die habent ain thon dyapason, ain octava. Es ist die achtost stim und der achtost sayt. Mit dem ersten dar nach schlůg er zesamen den der da hat zwelf und den der da hat nün, und das tônd gar wol, und hayßt diapente, ain quintstim, und ist der fünft sayt mit dem ersten; und der ist der aller sůßest don den man hat, und spricht Aristotiles: man sol uff der quinten die kind underweissen. Er schlůg auch zesamen den hamer der sechß het und den der acht het, und die machten das selb undergetôn, ain quint. Dar nach schlug er zesamen die zwen, der zwelf hat und der acht hat, und macht ain don dyatessaron, das hayßt ain quartstim; und den der da hat zwelf und den der da hat nün, das macht ain don, der haisset unus sonus, ainstimme. Also funden die alten vier concordantz, die nüen hand ir me funden: ain tertz und ain duodetz. Und also ist das saytenspil funden mit sechß stimmen und noten. Nun hat das saytenspil die art, zů dem ersten das man dar mit got lobet, als David spricht in dem psalter. Das ander: es macht gůt gedenck in dem himel, als etlich sprechent, es wåren die scheiben der steren und der planeten, die lauffend umb und machend das sůss gedôn. Dar zů so wirt der mensch vermanet von natur. Das drit: es machet flüchtig die pôßen gayst, als wir lesen von Saul den der pôß gayst ůbt. Also wenn der gayst gedenckt an die sůssen dôn in dem himel, so flücht der bôs gayst von im. Das vierd: es vertreibt bôs gedenk. Das fünft: es macht frôlich lüt noch frôlicher. Das sechßt: es macht den menschen das er sein selber vergißt und im selber engaut, und gedenckt an das saytenspil der engel. Es machet andåchtikayt Sanctus Augustinus | in seiner 46a

1 sechßt G. 2 ward er d. g. G. 3 hat *fehlt* GD. XII lib het Z. 4 an dem gewicht *fehlt* Z. 6 nach *fehlt* DG. 12 und *fehlt* D. 14 hat] zesamen GD. 15 XII GD. den *fehlt* D. 16 da *fehlt* D. IX GD. der — ainstimme *fehlt* GD. 17 drey c. GD. 24 ermanet D. 25 natur] Es sind ouch IX sengerin in den IX himmeln vmb louffend die hand die heiden genant die nun můssend Z. 28 floch D. 30 macht das der mensch Z. 31 in s. GD. 32 andåchtig Sanctum A. Z. als S. Augustin D.

ersten bekorung. Das sibent: es machet schlaufen, als wir lessen in der poetrey von den syrenen, und auch von aim der hies Arguss, der het hundert augen, und hût ain kostlich hert kû, und wenn er schlauffen wolt, so ließ er zway augen offen staun und wachen, das er die kû môcht behûten. Des kom Mercurius mit saytenspil, und sang so vil und sûss, das er entschlief und im all sein augen zû giengen. Und also nam er im die kû. Das hat ain gaystlichen sin; wan das saytenspil hat die siben gût weis, so es gôtlicher minn und lieb spilt. Es hat auch die siben bôs weis, wann es neid und hass spilet. Es wirt zû dem ersten nit gespilt got ze lob und ze eren, und macht auch nit gût gedenk. Es vertreibt auch nit den bôssen gayst, es rûft in mer her zû: do küng Saul das gesang hort, do kom neid und hass in sein hertz. Es macht den menschen mer betrûbt und betrûbt den menschen vil mer, wan es ist ungeleich dem betrûbten hertzen. Es macht den menschen wachend das er nit schlauffen kan, wan ain neydigs hertz mag kain rû haben noch rast. Als nun in dem saytenspil sind sechß stim und noten, also spilt der neidig mensch auch sechßer lay neydikayt und noten. Der erst ist so er hinderretet seinem nâchsten, und das layder war ist, aber seinem nâchsten zû laster und zû uneren. Das ander so er hinderretet seinem nâchsten das er gehôrt hat, und mer ret und dar zû legt, und macht das grôsser den es ist. Das drit so er seinen nâchsten hinderklaffet, und lügt und slât auff in das nit war ist, und das er selber erdacht hat oder ander lüt. Das fiert so er mindert seins nâchsten gelinpf, und wen man gûtz von im ret, so widerspricht er es, und würft etwas dar ein das wider sein gût laym und er ist, und lachot oder schmotzot spotlichen, und hôrt nit geren wenn man gûtz von im rett. Das fünft so er das gût in das bôs verkert mit wissen und willen, und wil sich an den gûten

---

1 bekerung G. 3 einer kôstlichen G. 5 staun *fehlt* D. wachten D. môch G. behalten D. 6 Des so Z. Da D. 6 vil und *fehlt* D. 11 gespilt *fehlt* D. 13 die b. g. GD. 15 und — 16 hertzen *fehlt* Z. 17 wacker Z. 19 nun *fehlt* D. 21 das] von im seit das da l. Z. 25 so der D. seinem G. 26 und slât *fehlt* D. 28 und er wenn GD. 30 schmieret sp. Z. 32 wil *fehlt* D.

werken ergern. Das sechßt so der mensch geren nachred hôrt von seim | nåchsten und sich des frôt. Also wirt neidi- 46b kayt erfrôwt, so sy also ir sayten rôrt, so frôwt sich das neidig hertz. so sy etwas wissend args von den lüten ze reden, es sey war oder nit. Und das ist des tüfels saytenspil, und das ist gemacht von aim holtz das hayßt puchßpaum; das hat die natur, das es alles das verderbt was es mit seim schaden deckt. Also tůt auch neyd und hass. Es stat geschriben in dem decret ff. libro v: wa ain paum schedlich ist aim haus, aim garten, aim mad, aim aker, so mag der den paum wol abhawen dem er mit seim schatten schaden tůt, und mag den verprennen, wes er ist. Also werdent all die verprent in dem hellischen für die irem nåchsten schedlich sind an seinen eren, und got der schneit in ab den paum irs lebens. Wir lessen von ainer edlen frawen, die was gesessen nachend bey ainer stat, und die was ain hübsche bůlerin, und das weßt jederman von ir. Und wenn ir gesindt uss der stat kom, so fraugt sy: was sind nüer mår in der stat? So sprachen sy: wir hôren nichtz frems, wenn das jederman nun von euch redet. Also nam die fraw ain esel und hieß den schinden, und hieß im die haut auf den ruggen legen und gen markt in die stat treiben. Do das geschach, do lof jederman zů und schaweten das wunder; do ward jedermenclich in der stat von dem geschunden esel sagen. Do nun ir hausgesind haim kom, da fragt die fraw aber, was der mer wår in der stat. Die sprachen: es hat menclich ze sagen von dem geschunden essel auf dem marckt, das man ewer gentzlich geschwigen hat. Also tůnd die neydigen menschen; dar umb das man ir bôßhayt gesweig, so erdenkend sy lügin auf ander lüt, und sagend die uner von in, als begein und die gaystlerin, und die gleissnerin die da hayssend erabschneyderin; die tragend den gayst in den naßlôchern, und den tüfel auf der zungen, und den neid in dem

1 ergert D. 11 schatten *fehlt* G. dem — tůt *fehlt* D. *(in G. gerade eine Zeile!)* 12 er sy ouch wes er welle Z. 19 fremds D. 25 ir volck D. 26 Do sprachen sy D. 28 vergessen hat D. 29 sy erd. sy D. 31 geistlichen D. also vnser geisterin die da den gayst tragend in der nasen Z.

hertzen. Dar umb so wissend für war, es můs under zwain 47a ains sein, dar wider ist | nichtz. Das ain das sy ir tag selber groß pőßhayt habend volbracht, und das selb redent sy auch von andern lüten, als sy sich selber schuldig wissend; wan man spricht: wes sich der bok fürwayß, des versicht er sich auf die gayß. Es sůcht niemand den andern in dem sack, er sey denn vor dar in gewessen. Ob aber das nit ist, so můss von not das ander sein, das ist das got über sy kurtzlichen verhengt, das auf sy schamlichen velt groß schand, laster und uner, das sy gedemůtiget werdent, und das sy fürbas kennend der lüt schonen. Beschehent aber die zway nit, so můß on zweiffel das drit volgen, das der mensch dar umb verdampnot werd; und das ist ain sichers zaychen zů der hel, wenn got den menschen hie nit peingot und strauffet umb sőlich sünd; und wem got sein sünd ze lieb lat werden, das er dar inn also reichsnot nach wollust seins hertzens, das ist ain gewis zaychen das der mensch ewiclichen verdampnot můß werden mit allen tüffellen. Dar umb sprach David: nüm war, in meinem frid han ich die grossen piterkayt; das ist frid in den sünden, und besunder in nachreden. dar inn der mensch frit hat, das ist kain conscientz. Dar wider die tugend gőtlicher minn spilt auf dem saytenspil Cristi, das erdőnt in den himel, und das ist gar frőlich. Das saytenspil Cristi ist nit anders den das leiden Jhesu Cristi, wan als die sayten auf aim saytenspil gespannen und gedent sind über das holtz, also ist er gedent und gespanen an dem holtz des crütz, so vast das man im all sein rib gezelt mőcht han. In dem selben spannen so dőnt das selb saytenspil gar ain sůssen dőn, und der selb dőn hat siben sůss stim und kleng. Das sind die siben wort des crütz, die da rűrend die tugend gőtlicher minn. Das erst was weiplicher nam: sich an fraw, das

---

3 getan D. selb] trüwend sy ouch andern lüten vnnd sagend das ouch nach Z. 5 verweiß D. 8 über sich G. kurtzlichen über sye D. 9 auf sich G. felt schamlich laster schand D. 13 werdñ G. 18 werden můß D. 19 in meinen frőwden GD. 21 da sy keinen frid noch noch conscientz hand Z. 24 Jhesu *fehlt* D. 25 gedőnt *corr. in* gedent G. getűnt D. 26 des heiligen cr. D. 29 selbig D. 30 wort die cristus sprach an dem heiligen fron crütz Z. die dar tzů tůnend D. 31 erst *fehlt* GD.

ist dein sun; das gehôrt die reich minnent tugent, und antwert im auf irem | saitenspil, das ist das gôtlich gepet, das 47b
pater noster: gehailgot werd dein nam, das ist in deiner hailgen mûter. Das ander wort was: hüt solt du bey mir sein in dem paradis. Des antwert die reich minnent tugend und spricht: zû kum uns dein reich; das uns Cristus verhaissen hat an dem crütz. Das drit wort do er sprach: consummatum est, es ist alles volbracht. Des andwert im die gôtlich minn und spricht: dein will der werd, als im himel und auf erd, und begert das der wil gotz volbracht werd. Das fiert wort do er sprach: mich dürst. Des antwert im die gôtlich minn und spricht: gib uns hüt unser tâglich prot; als ob sy sprâch: türst dich nach mir, so hungert mich noch dir. Das fünft wort do er sprach: vater, vergib in, sy wissent nit was sy tûnd. Des antwert im die tugend der minn und spricht: vergib uns unser schuld, als wir vergeben unsern schuldigeren. Das sechst wort er sprach und rûrt des hertzen adren: mein got, mein her, war umb hast du mich verlassen? Dar über antwert im die tugend der minn und spricht: las uns nit verlayt werden in bekorung; als ob sy sprâch: gib das wir von dir nit gelaussen werden, noch du von uns gelassen werdest, als von deinen jungern. Das sibent wort da rûrt er den lesten sayten in dem saytenspil, und sprach: vater in dein hend emphilch ich mein gayst. Das erhort die tugentreich mynn, und sprach under dem crütz und rûrt auch ir saytenspil: besunder erlôs uns vor allem übel. Amen. Das ist das wir got dem vater empholhen werden, so seyen wir woll behût vor allem übel.

Das sind die rechten maysterlieder, der man ains umb das ander singt, und ains dem andern antwert. Cristus
Marie sun singt an dem saytenspil | des haylgen crütz, und 48a
die reich minnend tugend under dem crütz auf dem saytenspil des haylgen pater noster. Als sprach David: ich wil got dem herren dienen und singen al mein tag. Und süllend

1 erhôrt D. minnen t. D. 5 dein reich G. 7 crütz] das begert sy vnder dem crütze Z. 11 sprach] vnd rûrte sines hertzen andren Z. 13 recht als ob D. 17 schulden Z. 26 von Z. 30 und ie Z. 33 dauid sprach D.

seinen namen loben in dem kor, in dem saytenspil der psalterien und der harpfen, auf den sayten und auf den orgeln, in den zimbelgloggen die wol dônent. Wir lessen, als Avicenna schreibt, das saytenspil wider bringt krankhayt des haubtz. Er sprach das ain prunn ist in Arabia, des wassers mag nieman haben den mit saytenspil; wenn man das treybt ob dem prunnen, so gat das wasser übersich auf und wirt über fliessen. Das ist der gôtlich prunn der parmhertzikayt, der wirt über fliessend wen man dar auf wol spilt und singt in den siben sayten des haylgen pater nosters. Wir lessen das die vôgel und die wilden tier gern hôrend singen all mein lebtag. Sy süllent seinen namen loben in dem chor, in harpfen, in der psalterien, auf den sayten und auf den orglen, in den zimbelglôgglin die wol dônend. Ain ieglicher gayst lob den herren.

Nun han ich mit gotz hilf und der hailgen geschrift hilf ditz pûchlin volpracht von dem guldin spil, als auch Sant Augustinus ainest macht ain bûchlin von zehen sayten. Ich han das mein getan unverfenclichen, wer das lißt und hôrt pesser es, und bitte got auch fleissiclichen und ernstlich für mich. Des beger ich ain priester prediger ordens, mayster Ingold.

---

1 saytenspil vnd psaltierñ (psalter D) | in dem kor. des herñ vnd d. h. GD. 6 nyemants D. werden GD. 11 wilde G. 13 psaltierñ und *fehlt* D. 14 tzimbelglocken D. zimmerglöcklin Z. 14 Ain — *Schluss rot unterstrichen* G. 16 Nun — *Schluss fehlt* Z. 20 bittñ G. ernstlichen D. 21 ordñ G. 22 hieß mayster ingold hat disse spil gemacht GD. G. *fügt noch hinzu:* aber ich jorg mûlich han ditz bûch geschribñ vnd volbrach 1450 an sant marx tag got behût vns vor dem gehen tod. Amen. *Schluss von D und Z s. Einleitung.*

ANMERKUNGEN.

1, 18 Tessali (de Tessalis, de Tessalonia) ist eine der vielen Formen, in die Cessolis entstellt worden ist, s. Köpke in der Ausgabe des lat. Werkes. 1, 22 Xerses und Philometus, richtiger Hyerses und Philometro, s. Köpke S. 2 und 35. 2, 3 Emordach und Elmordacha entstellt aus dem biblischen Evilmerodagh (IV. Reg. 25, 27).

2, 24 Alexander de Villa Dei, Minorit und Lehrer zu Paris im Anfange des 13. Jhs., schrieb ein Doctrinale puerorum in leoninischen Hexametern. 2, 31 *sunder on zweifel*, vgl. *sunder âne mîne schulde* MS. I 39b. 3, 3 Seneca Ep. 87 (Opera Arg. 1809 III 350 f.) 3, 10. Dieser Zug, nicht bei Luc. C. 15, erinnert an die spätern dramatischen Bearbeitungen der Parabel. 3, 14 Nach Ethica II 7, 11. 4, 33 *εὐτραπελία* Ethica II 7, 13.

5, 20 Eccli 32, 1. 6, 2 S. Anm zu 31, 1. 6, 3 Eth. VIII 10, 1. 6, 13 Dan. 2, 31—35, vgl. Gesta Rom. ed. Österley Nr. 213 und die Nachweise des Herausgebers. 6. 31 Ovidius, im Eingang der Metamorphosen (I 89 ff.). 7, 5 *aufsatz* Steuern, Zinsen, Betrug, Hinterlist. 8, 22 Ps. 48 (49), 21. 8, 25 Eccli. 9, 12. 8, 28 Hab. 1, 14. 8, 30 Marc. 8, 24 (*video homines velut arbores ambulantes*). 8, 31 s. Einleitung. 9, 12 Eccli. 28, 6. 9, 15 ff. Diese Deutung des Spielschlusses auf den Tod und seine ausgleichende Macht, von Ingold dem Ammenhausen entlehnt, war weitverbreitet. Den Renner, Herman von Fritzlar und Seb. Brant führt Wackernagel Kl. Schr. I 126 an, andere Beispiele bei van der Linde I 150 ff. 9, 33. Die Muskatnuss oder Muskatblüthe als Sinnbild der Mässigkeit kennen weder Konrad von Megenberg (S. 371) noch die von Wackernagel Die Farben- und Blumensprache des Mittelalters S. 35 f. benutzten Handschriften. 10, 10 Lev. 2, 13. 10, 11 Col. 4, 6. 10, 19 Eccli. 25, 23. 10, 20 Aus Eccli. 5, 4 u. 5. 10, 22 Vgl. Esra 3, 4 und Gesta Rom. Nr. 258. 11, 7 Es mag eine Stelle aus Seneca De ira gemeint sein. 11, 15 Die Verwechselung von Bethsabe mit Bersabe (wie hier auch 62, 28. 64, 22.) ist dem ganzen Mittelalter geläufig. 11, 26 Die Geschichte von Zaleucus (aus Valerius Maximus VI 5, 3) haben Jac. de Cessolis ed. Köpke S. 8 und nach ihm Konrad von Ammenhausen Heid. Hs. Nr. 398 Bl. 38 d; vgl. Gesta Rom. Nr. 50

u. Anm. 12, 5 Vegetius Epitome rei militaris (im Mittelalter als De nobilitate citiert) I 1. Ueber Benutzung des Vegetius im frühern M.-A. vgl. Zeitschr. f. d. Alt. 15, 443 ff. 12, 7 ff. Ausführlicher 24, 4 ff. 12, 10 Disticha Catonis III 13 wird gemeint sein. 13, 3 Ueber bildliche Darstellung des Rads der Fortuna mit der Umschrift *regnabo, regno, regnavi, sum sine regno* handelt Wackernagel Kl. Schriften I 251 ff. Die bekannteste findet sich im Hortus Deliciarum der Elsässerin Herrad von Landsberg (Engelhard Taf. V). 13, 20 Die Königswahl der Bäume aus Jud. 9, 8 ff. ist öfter moralisiert worden, vgl. Odo de Ciringtonia Jahrb. f. rom. und engl. Litt 9, 127 f., Zeitschr. f. d. Alt. 23, 283; Gerhard von Minden Nr. 102. 14, 12 Alexander vor Lampsacus und der Philosoph Anaximenes (aus Valerius Maximus VII 3, 4) bei Jac. de Cessolis S. 4, Konrad H. Bl. 17a.

15, 3 Eigentlich Gen. 2, 18. 15, 6 Nach 18, 14 stammt diese Deutung aus einer (falschen?) Schrift Augustins. 16, 21 Petrus Aureolus, Franciskaner und Professor in Paris, später Erzbischof von Aix, gab im Jahre 1345 ein Compendium Bibliae heraus. 16, 28 Johannes Chrysostomus De virginitate Opp. Par. 1614 V 573a. 16, 32 Gemeint ist wol die Erzählung aus den Gesta Rom. Nr. 60, welche den Philosophen Sokrates die Tochter des Kaisers Claudius heiraten lässt (vgl. Konrad H. Bl. 97 d). 17, 7 Prov. 21, 9 u. 25, 24, wo aber von Reichthum gar nicht die Rede ist. 17, 11 Prov. 14, 1. 17, 17 Die ganze Erörterung stammt aus Konrad H. Bl. 28 d. (Jac. de Cess. S. 6 f.). 17, 29 Eccli. 26, 8. 19, 7 *prechen* [*die e*] vielleicht nur in den Hss. ausgefallen. 19, 8 Richtiger Augustinus De civitate Dei I 19 (Opera ed. Migne VII 32), der neben Ovid Fasti II 719 ff. im M.-A. die Hauptquelle für die weitverbreitete Erzählung von Lucretia ist: Jac. de Cess. S. 6, Konrad H. Bl. 25 d., Massmann, Kaiserchronik III 716 ff. 19, 24 *aussern*, entfernen, 19, 27 Jac. de Cess. S. 33, Konrad H. Bl. 131 f. Die Geschichte von Jacobs eitler und neugieriger Tochter wird im Mittelalter, im 16. und 17. Jh. überaus oft angeführt und erzählt, so auch 46, 2, in Ingolds erster Predigt (s. Einleitung), und im Renner V. 12587 ff. 19, 31 Vegetius Epitome rei mil. IV 9. 20, 9 Luc. 17, 34 ff. (vgl. Honorius Spec. eccl. Sp. 834).

21, 11 Prov. 2, 11. 21, 13 Ethica III 3, 10 ff., (wo auch von der *εὐβουλία* = *βουλῆς ὀρθότης τις* die Rede ist). 22, 1 ff. Die Ausdrücke *eubulia*, *sinesis* und *prudentia praeceptiva* (*φρόνησις βουλευτική* oder *νομοθετική*) hat die scholastische Philosophie der Ethik des Aristoteles entlehnt. 22, 11 Ueber die Zeugnissunfähigkeit handelt das Decretum Gratiani II 20. 22, 12 Gemeint ist die Geschichte von dem Knaben Papirius (aus Gellius und Macrobius) bei Jac. de Cess. S. 5, Konrad H. Bl. 22 d; vgl. Massmann Kaiserchronik III 741 ff., Boner Nr. 97, Gesta Rom. Nr. 126. 22, 25 Prov. 8, 12. 23, 6 Prov. 19, 2. 23, 28 Boner Nr. 93 (aus dem Anonymus Neveleti). 24, 4 Vgl. 12, 7. 24, 20 Die Geschichte steht bei Konrad von Ammenhausen H. Bl. 125 c. 25, 1 Aehnlich Konrad von Megenberg S. 213. 25, 3 Ueber den Pelican, der auf Christus gedeutet wird, handelt der Physiologus Fundgruben I 33 f.; vgl. auch Parz. 482, 12, Honorius Expositio in psalmos Sp. 300, W. Grimm Vorr. zur Gold. Schmiede S. L., Voigt Zeitschr. f. d. Alt. 23, 301. Eine Abbildung gibt die Milstäter Hs. (Taf. 25 bei Karajan Sprachdenkmale des 12. Jhs.), wo er übrigens *sisegoum* heisst. 25, 6 Prov. 6, 6. 25, 12 Prov. 13, 14. Eccli 21, 16. 25, 15 Das „pûch Balaam" meint den geistlichen Roman Barlaam et Josaphat (Historia Barlaam) des Johannes Damascenus (Opera Paris. 1619 S. 846), dessen parabolische Erzählungen die Prediger der späteren Zeit gern anführen, s. Cruel Gesch. der deutschen Predigt im M.-A. S. 466. Die hier daraus mitgetheilte Geschichte von dem Vogelsteller und der Nachtigall (Lerche u. s. w.) war im Mittelalter überaus beliebt. Ingold mag sie aus den ihm wolbekannten Gesta Romanorum haben (Österley Nr. 167). Mhd. gereimte Fassungen bei Boner Nr. 92 und Zeitschr. f. d. Alt. 7 343. Ueber die Verbreitung handeln Österley Gesta Rom. S. 739 und Dunlop-Liebrecht Gesch. der Prosadichtung S. 484 Anm. 74. In Rudolfs von Ems Bearbeitung des orientalischen Romans fehlt sie. 26, 13 Eine im einzelnen stark abweichende Geschichte der gleichen Art findet sich in der deutschen Bearbeitung der Gesta Romanorum, die Keller aus einer Münchener Hs. herausgegeben hat (Gesta Romanorum das ist der Roemer Tât. Quedlinburg u. Leipzig 1841 S. 40. Cap. 29: *sein gewizzister freund, sein spilman, sein vngetrewester feint*). 27, 7 Matth. 6, 20.

27, 12 II Tim. 2, 4. 28, 21 Ps. 26, 16. 28, 23 Cant. 8, 6. 28, 24 Rom. 8, 35. 28, 26 Matth. 10, 37. 29, 10 Ueber die Schnecke vgl. Odo de Ciringtonia 48a (Jahrb. f. rom. u. engl. Litt. 9 136, Zeitschr. f. d. Alt. 23, 299: aus einem erweiterten Physiologus.) 29, 16 *nun daz* gleich *niuwan daz*, nur. 29, 22 Ps. 129, 3. 30, 5 Diese Anschauung ist für die Zeit doppelt charakteristisch, weil sie ein Prediger ausspricht. 30, 15 Eccli. 3, 20. 30, 17 Jac. de Cess. S. 14 und nach ihm Konrad. 30, 18 *rauch* wie 53, 32 = *rach* stm. neben dem stf. *râche*, *râch*. 30, 22 Ueber die Neunzahl der grössten Helden handelt Liebrecht bei Dunlop S. 476, der sie auf bretonischen Ursprung zurückführt. Ein letzter Rest der alten Zusammenstellung dieser neuf preux scheint sich in den Bezeichnungen unserer Spielkartenkönige (David, Alexander, Hector, Julius Caesar) erhalten zu haben. — Statt der Christophorus finden wir gewöhnlich Gotfried von Bouillon (in englischen Quellen auch Guy of Warwick); die Einfügung des Heiligen setzt schon die jüngere Erweiterung seiner Legende voraus, wonach er auszieht, sich den stärksten Herrn zu suchen. Dass er 32, 30 ausdrücklich jungfräulich genannt wird, deutet auf den Widerstand hin, den er den Buhlerinnen Aquilina und Nicaea leistete (Acta Sanctorum Julii VI 147). 30, 30 Drei spitze „*jyden hûtlach*" zeigt auch ein Züricher Judensiegel aus dem Jahre 1329, das in der Leipziger Illustrierten Zeitung (1881) No. 1983 mitgetheilt ist. 31, 1 ff. Nach der mittelalterlichen Sage von Caesar, vgl. Annolied und Kaiserchronik ed. Massmann V. 455 ff. (Diemer 15, 6 ff.). Wesemann, Caesarfabeln des Mittelalters. Progr. d. höh. Bürgerschule zu Löwenberg i. Schl. 1879. Als Quelle wird unnütz Lucanus hinzugefügt, über seine Kenntniss im M.-A. vgl. Th. Creizenach Die Aeneis und die Pharsalia im Mittelalter, Frankfurter Progr. 1864. 31, 21 potestas, sapientia, sanctitas, eine der vielen Formulierungen der Trinität. 31, 30 Hinweis auf das grosse Ansehen der Pariser Universität. 32, 8 Luc. 21, 19. 32, 24 *vermalgen* für *vermeiligen* (Al. Gr. § 87) findet sich fast durchweg in gleichzeitigen Ulmer und Augsburger Drucken. 32, 32 Lev. 3, 9. 7, 3?

33, 6 Kein biblisches Citat. 33, 12 Seneca De tranquillitate animi Cap. 1 (Opera Arg. 1809 I 251): *semper judicio officit favor.* 34, 7 Matth. 20, 20. 35, 3 Es ist wol Alexanders Anwesenheit bei den Brachmanen, sein Gespräch mit Dandamis gemeint. 35, 14 Konrad H. Bl. 38c (Jac. de Cess. S. 8); auch Gesta Rom. Nr. 29. Quelle ist Helinand, dessen Bericht auf eine Erzählung des Herodot von Kambyses zurückgeht. 36, 6 ff. Die Quelle dieser Erzählung wie der Verse vermag ich nicht nachzuweisen. Eine ähnliche Klage wie der erste Hexameter enthält ein im Anz. f. Kunde d. d. Vorzeit 8, 596 f. abgedrucktes Gedicht De nummo: *In terra summus rex est hoc tempore nummus.* 36, 27 Ethica V 2, 12 (Ethica Eudemia ed. Fritzsche 93, 30). 37, 3 u. 5 Die Vergleiche der Richter mit Spinnweben und mit Sackpfeifen sind beide aus Konrad von Ammenhausen H. Bl. 39c und 41c entlehnt, der den letzteren einer Wandinschrift entnommen hat. *allenfantz, alefanz* Schalk, Schalksstreich; dann: Bestechung.

37, 10 Frei und sicher verderbt aus Luc. 12, 42. 37, 26 *låffel* = *lôufel*, Läufer, Lexer I 1967. 38, 3 Eccli. 7, 16 und Ps. 110 (111), 9. 38, 4 Gewöhnlich sprechen die Prediger nur von *timor servilis* und *timor filialis* (7 u. 9). 38, 18 Da mir *paner-sper* GD unverständlich, *paner und sper* aber nach I Reg. 26, 11 u. 12 *hasta et scyphus aquae* unmöglich schien, habe ich die einfachere Lesart von Z eingesetzt. 39, 32 *anwerk* entstellt aus *antwerk*. 40, 17 Die Pointe dieser Geschichte scheint verwirrt; ihre Quelle ist mir nicht bekannt geworden. 40, 23 Prov. 9, 1. 40, 28 Ebenso 49, 24, nach Jac. de Cess. S. 17, Konrad H. Bl. 77b. Aus Jacobus, der als seine Quelle Josephus Liber de caus. nat. rer. angibt, schöpfen auch die Gesta Rom. Nr. 159. 41, 9 Joann. 13, 35. 41, 12 Ps. 140 (141), 2. 41, 17 Luc. 9, 62. 42, 7 *beichtiger* = *confessores*, im Gegensatz zu den *martyres* (3). 42, 15 Matth. 20, 28. 42, 17 Luc. 22, 27. 42, 21 Joann. 10, 9. 42, 23 Ps. 126 (127), 1. 42, 25 Matth. 9, 13. 43, 7 Beziehung auf das Evangelium Nicodemi. 43, 12 Diese Ausdeutung der magna peccatrix aus Luc. 7 gehört zum Grundstock der Magdalenenlegende, schon Gregor d. Gr. kennt sie: Hom. in evang. 25 u. 33 (Opera Ven. 1769 V 256 u. 306). 43, 22 Joann. 7, 37. 43, 25 Das Kreuz als Altar, s. Denkmäler [3] S. 379. 43, 28 Joann. 16, 28. 44, 20 Gleich 59, 7. Das sprichwörtliche Beispiel belegt Zingerle Die deutschen Sprichwörter im Mittelalter S. 65 zweimal aus der Colmarer Hs. Das Verbum hat dort die gewöhnlichere Form *gagzen*. 46, 2 Wie 19, 27.

47, 6 Das Brettspiel mit den Scheiben, unser Damespiel, ist aus dem Schachspiel hervorgegangen, s. van der Linde II 392 ff. Wie dieses galt es im frühern Mittelalter auch den strengen Sittenpredigern nicht für anstössig, weil es nicht um Geld, sondern höchstens um die Zeche *(ürte)* gespielt ward. Die Brettspieler die nur *durch kurzwil* spielen, nimmt Konrad von Haslau im Jüngling V. 373 f. ausdrücklich von seinem Tadel aus. Die Angriffe, welche Dichter und Prediger der spätern Zeit auch gegen das Brettspiel richten, scheinen meist das Wurfzabel oder Trictrac zu treffen, bei dem der Würfel die Züge entschied und das wohl mit Vorliebe von trank- und speiselustigen Zechern in den Doppelschulen (s. Horae Belgicae VI 170 f., Bodman Rheingauische Alterthümer S. 674) gespielt wurde. Ingold scheint beide zu vermengen, er geht von den scheiblachen bald zu den Würfeln über. Wie jedes Hasardspiel hatte es Fluchen und Schwören unvermeidbar im Gefolge, daher die scharfen Ausfälle im Teufelsnetz V 4672 ff. (auch V. 1728 ff.), dessen Verfasser freilich auch das Schachzabel nicht verschont (V. 4688). — Abbildung bei Schulz Höfisches Leben I 414.

47, 10 vgl. 4, 25. Vom Brettspiel speciell berichtet diese Sage auch Hugo von Trimberg im Renner V. 11402, wo ein Ritter Alco als Erfinder genannt wird. 47, 21 Phil. 3, 19. 47, 24 *weinrüffer* sind bis jetzt nicht nachgewiesen. Waren es Ausrufer, die mit einer Schelle oder Glocke den Ausschank des neuen Weins ankündigten? 48, 20 Prov. 29, 21. 48, 30 *ürte* swstf. bezeichnet zunächst die Wirthsrechnung, Zeche, dann die Gesellschaft, das Gelage im Wirthshaus, schliesslich jede Mahlzeit, s. Zarncke z Narrenschiff 77, 87. 48, 30 ff. Die Bezeichnungen der Würfe als *ess, dûs (daus, tûs), drey (tres), quater, zingg, sess* (vgl. Reinmar von Zweter MSH. II 196b No. 109, Renner V. 11406 ff.) scheinen aus dem Französischen zu stammen und auf die Herkunft einer Art des Würfelspiels über den Rhein hinzuweisen. Einige davon haben wir noch heute im Kartenspiel. 49, 24 Vgl. 40, 28. 50, 5 Gregorii Opera Ven. 1769 III 253. Aus dieser Stelle scheint auch Gesta Rom. Nr. 179 (S. 583) zu schöpfen, wo der Gula fünf Töchter gegeben werden. 50, 32 ff. Die Beispiele schon bei Gregor und Gesta Rom. a. a. O. 51, 13 Avicenna (Ebn Sina), der berühmteste der arabischen Aerzte des M.-A.'s (978—1036), dessen Hauptwerk im 12. Jh. von Gerhard von Carmona ins Lateinische übersetzt wurde und u. d. T. Canon sehr verbreitet war. 51, 22 S. Nicolaus, Legenda aurea S. 22. 51, 25 S. Dominicus, Acta SS. Aug. I 387 (nach Vincenz von Beauvais Spec. hist. Lib. 29, Cap. 94). 51, 28 Luc. 7, 44. 51, 30 Die Hochzeit zu Cana, welche der Evangelist Johannes (2, 1—10) allein erzählt, wird später von Sage und Legende allgemein als seine eigene (nach einigen Versionen mit Maria Magdalena) aufgeführt. Honorius Spec. eccl. Sp. 834, Mones Anzeiger 8, 412, Kelle Speculum ecclesiae

S 82, Fundgruben I 85, Erlösung V. 3809 ff., Marienlied, Zeitschr. f. d. Alt. 3, 130. 52, 22 Luc. 14, 15 spricht Johannes diese Worte. — 52, 25 „Schanzen“, von fr. *chance*, bezeichnet zunächst jedes Hasard, dann speciell das Würfelspiel; andere Bezeichnungen sind *rasseln* und *topeln (doppeln = duplare)*. 52, 26 Matth. 28, 18. 52, 30 Albertus Magnus, der als „grosser Meister“ oft citiert wird. 53, 10 Stellen des Corpus juris canonici, *non debent* und *cui officio* bezeichnen den Anfang der betr. Erlasse, *extra* einen Zusatz (Decr. Greg. III. 1, 15). 53, 14 f. Diese Constitucio greca war nicht aufzufinden, de aleatoribus meint Dig. XI 5 (über die Bezeichnung ff vgl. Zeitschr. für Rechtsgesch. 12, 300). 53, 18 Der folgenden Aufzählung liegt ein Predigtentwurf des Johannes Herolt von Basel zu Grunde, vgl. die Einleitung. 54, 27 ff. Ganz ähnlich Konrad von Haslau im Jüngling V. 389 ff., auch Hugo von Trimberg im Renner V. 11278, wo die Spieler *vor der beininen driveltikeit* auf den Knieen liegen. Als untreuer Buhle erscheint der Würfel in einem Augsburger Loos- oder Würfelbüchlein (gedruckt bei Johann Blaubirer um 1500), von dem es ein neueres Facsimile gibt. 54, 32 S. Martin, s. Leg. aurea ed. Grässe S. 741. 55, 9 *würfelmacher* werden als *würfeler* erwähnt bei Berthold von Regensburg I 562, 18 (neben Messerschmieden und Schapelmachern), und im Renner V. 4453. Auch der Wiener Professor Thomas Ebendorfer von Haselbach wendet sich in einer Predigt gegen sie, s. Cruel Gesch. d. d. Predigt im M.-A. S. 497 — Der *würfelleger* (Teufels Netz V. 13323) erscheint hier von dem Wirthe unterschieden; er leiht gewiss nicht nur die Würfel, sondern muss noch auf andere Weise betheiligt sein. 56, 28 *lüstlins* d. i. *listelin* (s. Lexer) ist die Bezeichnung eines Brettspiels, sicher nicht des Würfelns, obwohl es Ingold hier einreiht. 57, 7 *yetz zů den weihenächten* scheint darauf hinzuweisen, dass die Tractate in der Advents- oder Weihnachtszeit entstanden sind. 57, 11 Matth. 28, 18. 58, 19 *aufschlagen*, aufschieben. 59, 7 Vgl. 44, 21. 59, 26 S. Bernhard und der Spieler, aus Konrad von Ammenhausen H. Bl. 126 d = Cess. S. 29 f. 60, 20 S. Bernhard und der Mönch, nicht bei Jac. de Cessolis, sondern nur bei Konrad H. Bl. 127c, der ausdrücklich bemerkt, dass die Geschichte von ihm aus anderer Quelle hinzugefügt sei.

61, 21 Die — ziemlich ausgedehnte — Litteratur über das Kartenspiel ist, soweit sie die Erfindung oder Genesis des Spiels, seine Aufnahme in Deutschland und seine älteste Geschichte betrifft, fast werthlos, nachdem van der Linde II 375—391 die Unhaltbarkeit der Herleitung aus dem Schachspiel nachgewiesen und gezeigt hat, dass in ältern Urkunden, Verordnungen u. s. w., die man chronologisch ausbeuten wollte, unser Spiel vielfach erst später interpoliert worden ist. Sicher ist soviel, dass die Spielkarten erst im 14. Jahrhundert und zwar nicht vor der zweiten Hälfte desselben aufgekommen sind, gleichzeitig mit der Verallgemeinerung des Papiers. Hoffmann von Fallersleben Horae Belgicae VI 174 f. und van der Linde a. a. O. verzeichnen die Litteratur wie die ältesten Belege für ihr Vorkommen. van der Linde geht indessen zu weit, wenn er (S. 382) keinen Beleg vor dem Jahre 1392 als gesichert gelten lässt. Freilich, die Nachricht unseres Ingold (62, 2), das Spiel sei 1300 nach Deutschland gelangt, ist sicher unrichtig, ich vermuthe, dass der Autor oder eine alte Handschrift seines Werkes hier ein *siben und sibenzig* nur vergessen hat, das die wahrscheinliche Quelle, der Ludus cartularum moralisatus des Baseler Dominikaners Johannes bietet. Seiner Angabe dürfen wir gewiss Glauben schenken. Es stimmt mit dieser zeitlichen Fixierung vortrefflich überein, wenn wir in den St. Galler Rathssatzungen (hrsg. in den Mittheilungen zur vaterländischen Geschichte IV. St. Gallen 1865) zum Jahre 1379 ein Verbot der Karten finden (Nr. 236 S. 108). nachdem die Spielverbote der frühern Jahre: 1364, Nr. 153 u. 157 (S. 70), fast wörtlich wiederholt in Nr. 208 (S. 96) vom J. 1373 und in Nr. 222 (S. 101) vom J. 1377, immer nur das Würfelspiel erwähnt haben. Es scheint, dass das Kartenspiel welches von Anfang an in Deutschland um Geld gespielt wurde, auch auf den Charakter der andern Spiele verderblich einwirkte oder doch die Aufmerksamkeit der Obrigkeit mehr auf diese hinlenkte; wenigstens stellen sich in den St. Galler Satzungen jetzt schärfere Bestimmungen gegen alle Arten von Spiel ein, *mit denen man den pfenning gewinnen oder verlieren mag.* Brett und Schach, Kegeln und Schiessen werden aber noch besonders ausgenommen. — Die Verbote des Kartenspiels in Regensburg 1378, Nürnberg 1388, Ulm 1397, Augsburg 1400 hat bereits Hoffmann a. a. O. angeführt. — Das Kartenspiel hatte von Anfang an im Gegensatz zu dem aristokratischen Schach einen mehr demokratischen Anstrich, es war auch weniger conservativ als jenes, sondern nahm schon im 15. Jh. unter der Hand der Landsknechte, die seine Hauptgönner waren, eine Form an, die in socialironischer Kritik die Ansichten der niedern Kreise von der Hinfälligkeit der irdischen Grössen wiederspiegelt. Das zeigt deutlich die in der Einleitung ausgehobene Stelle aus Geiler. — Das Aussehen der alten Karten ist in unsern „deutschen Karten" nicht ungetreu erhalten. Alte Abbildungen und Beschreibungen findet man bei (R. Merlin) Origine des çartes à jouer, Paris 1869, und bei Willshire A descriptive catalogue of playing and other cards in the British Museum, London 1876. Von besonderer Wichtigkeit wird natürlich der lat. Ludus cartularum in Wien sein, aus dem ich einstweilen (durch J. Seemüllers Güte) nur die Bezeichnungen *reges*, *reginae*, *ancillae*, *marschalci* mitzutheilen vermag. Weniger Werth haben die Abbildungen in Murners Chartiludium institute (Argentorati 1518), weil hier in den Rahmen der Karten um des praktischen Zweckes willen alles mögliche hineingedrängt wird. Wichtig aber ist auch dies Werk, weil es für die Kartenzahl 52 spricht und weil wir unter den vielen Emblemen auch die wohlbekannten Eichel, Schelle, Grün (Blatt) Roth (Herz) wiederfinden. Die beiden letztern sind auch auf dem Bild im G. Sp. deutlich erkennbar. Eine ältere oder doch eine abweichende alte Zusammenstellung der „Farben" scheint unser Text zu bieten (S. 64): Rose, Krone, Pfennig, Ring. Die Krone finden wir übrigens auch unter den 12 Emblemen Murners. — Der Umfang des Kartenspiels muss, wie im Goldenen Spiel, von Anfang an 52 Karten betragen haben, für gewisse Spiele brauchte man indessen schon früh nur 36 Karten. Dass es schon damals verschiedene Arten des Spiels gab, deutet Ingold selbst 63, 28 an, ausser den 4 Königen, sagt er, haben *etlich kartenspil* ... *fier küngin und fier junkfrawen*, das sind die *reginae* und *ancillae* des Ludus; ob die andern Bilder, die er nennt, nur den Zahlenkarten beigegeben waren, ist leider nicht ganz klar, es sind ihrer freilich auch in der vollständigern Aufzählung (63, 32 ff.) nur 8: Edelmann, Wucherer, Pfaff, Kupplerin, Hurenwirt Wirt, Küfer, Winzer. Dass der „Bube" als beständiger Trumpf aus der Zeit der Landsknechte herrührt, habe ich schon oben angedeutet. 61, 21 Das Citat ist nicht der angeführten Bibelstelle, sondern der Hist. schol. Lib. Num. Cap. 34 entnommen: *Balaam consilium dedit eis ut virgines, quarum specie illudi posset castitas, circa tentoria Israhel cum exeniis venalibus mitterent.* 62, 2 S. Anm. zu 61, 21. 62, 10 *sturz* stm. Schleier, bes. Trauerschleier. 62, 11 *glokschnür* im Haar, bisher unbelegt, aber leicht verständlich. 62, 12 Das Schminken war im M.-A. durchaus üblich, s. Schultz Höf. Leben I 187, im 15. Jh. auch in bürgerlichen Kreisen: Spiegel des Sünders bei Geffcken Bilderkatechismus S. 57 *Hast du dich an dem suntag — auf gesprünczt — mit gefärbtem antlitz, mit deim har und anderm* u. s. w. 63, 3 Ovid, wo? 63, 22 Dasselbe Bild hat J. in einer seiner Predigten, s. Einl. 63, 11 Das unklare *gaffelstirnen* ändere ich jetzt in *gaffeldirnen*, zu *gaffel* stf., Zunft (Lexer Nachträge S. 170), also Zunftdirnen, Huren. 63, 12 Die „Kalbsmägen" scheinen sich auf eine hässliche, in Frankreich als „Hörner" bezeichnete Art des Chignons zu beziehen, s. Schultz I 181. 63, 27 Es muss statt XIII XII heissen, wenn nicht der König selbst mitgezählt sein soll. 63, 30 *die toypel* = 33 *das tåppelweib*, Hurenwirthin, Hure. Bei Lexer II 1483 (als *töupel*) nur aus dem Buch der Beispiele belegt, also wol speciell alemannisch. 63, 33 *der riffian*, der Kuppler, Hurenwirt. 36, 34 der *weinmann* ist sonst der Weinbauer, Winzer, hier scheint es im Gegensatz zu dem *pauman, der den wein pauwen sol*, der Küfer oder Weinhändler zu sein. 65, 5 Die erste Geschichte findet sich bei Konrad H. Bl. 92 (= Jac. de Cessolis S. 21). Daneben hat Konrad noch eine Geschichte ähnlicher Art von einem, zwei oder drei Demetrii, aus der er selbst nicht klug geworden sein will. (Bl. 13b, Bl. 91b, vgl. Jac. de Coss. S. 21). 65, 26 *thorenpürdin* stf. = ahd. *-burdin*, Graff III 162. 66, 6 Prov. 30, 21. 66, 18 Exod. 21, 33. 66, 33 Luc. 12, 27. 67, 4 Die Geschichte von Arispus, der dem Herzog von Aachen in den Bart speit, bei Konrad H. Bl. 15d. 67, 7 Gegen die Schleppen oder *swenze* ziehen Dichter und Prediger sehr oft zu Felde, vgl. Heinrichs von Melk Erinnerung V. 319 ff., Vintlers Plüeme der Tugent V. 9428 ff. und bes. die Stelle aus Etienne de Bourbon bei Schultz Höf. Leben I 199, die mit Ingold aus der gleichen Quelle stammt. 67, 11 Diesen Schwank erzählt Etienne de Bourbon a. a. O. einem „Meister Jacobus“ nach. Surgant im Manuale curatorum S. XLI b führt ihn als „exemplum Caesarii“ an, und in der Tat hat Caesarius von Heisterbach im Dialogus miraculorum V 7 eine ähnliche Geschichte, nur reitet dort „multitudo daemonum“ auf der Schleppe. 68, 3 Was die *schnatertafel* am Charfreitag ist, vermag ich nicht anzugeben, vielleicht einer jener sonderbaren kirchlichen Schwänke, die die Strassburger Geistlichkeit im 15 Jh. dem Uebermut des Volkes zugestehen musste? 68, 5 Gegen das Prunken und Kokettieren mit der Paternosterschnur eifert auch Hugo von Trimberg V. 429 ff. *gemert* = hineingemengt, zu *mern*, eintauchen, nicht zu *mêren*, vermehren. 68, 10 Die ganze Stelle ist entlehnt aus Altd. Blätter I 60. 68, 19 Das Wiedersehen des Heil. Bernhard und seiner Schwester Humbelina beschreibt die Vita Bernhardi (bei Mabillon, Opera S. Bernhardi Paris, 1719 II 190). 68, 26 Irrthum, der Frau Potiphars! 68, 27 Herolt Discipulus de eruditione christifidelium (De luxuria) XIX Q.: *Item si murus lapideus a candela juxta se posita non comburatur: tamen denigratur: sic licet quod homo quandocunque non cadat ex familiaritate mulierum in peccatum actuale: tamen frequentius aliquantulum inquinatur ad minus per cogitationes et delectationes malas.* 68, 30 ff. Die nachfolgende originell moralisierte Gartenscene aus dem Tristan (aus cgm 311 bereits mitgetheilt von Birlinger Anz. f. Kde. d d. Vorz. N. F. 10, 328) kann sowol auf Gottfried von Strassburg V. 14617—14910 wie auf Eilhart von Oberge V. 3449—3625 zurückgehen; sie setzt indessen nicht nothwendig Bekanntschaft mit einer dieser Dichtungen selbst voraus, da gerade diese Scene auch für bildliche Darstellungen beliebt war, s. Anz. f. Kde. d. d. Vorz. N. F. 13, 18.

69, 26 Ps. 11, 9. 69, 29 Der Wettlauf gehörte im ausgehenden Mittelalter zu den beliebtesten Volksvergnügungen, vgl. über ihn und andere Leibesübungen Bintz Die Leibesübungen des Mittelalters, Gütersloh 1880, dessen künstlich construiertes altdeutsches Pentathlon jedoch Steinmeyer Anz. f. d. Alt. 6, 228 mit Recht zurückgewiesen hat. Man setzte als Preis in wohlhabendern Kreisen ein Stück Scharlachtuch, in ärmern ein Stück Barchent. 70, 3 Der Tanz ums goldene Kalb wird überall, wo gegen das Tanzen gepredigt wird, als der Anfang dieser Unsitte angesehen, vgl. bes. Renner V. 12374 ff., Altd. Bl. I 60, Zarncke zu Narrenschiff C. 61. 71, 12 Instrumentalmusik als alleinige Begleitung des Tanzes kam allmälich immer mehr auf und verdrängte schliesslich ganz die alten Lieder (reien und tenze), die freilich schon längst zu Zotengesängen ausgeartet waren. 71, 16 Bezieht sich auf die gleiche Erzählung der Renner V. 12366?

und sehe ein münch an einem tantze
ein meit in einem gelben swantze
und mit einem schœnen rosenkrantze,
ein hertze viel vil lihte ein schantze.

Ein mhd. gereimter Schwank von einem Mönchlein, das die Frauenzimmer für Gänse hält und in die Einsamkeit zurückgekehrt sich nach den „Gänsen" sehnt, ist Zeitschr. f. d. Alt. 8, 95—105 abgedruckt. 71, 22 Altd. Bl. I 56 f. „aus Hieronymus". 71, 30 *frodig* = *fraidig* leichtsinnig, übermütig; die umgekehrte Schreibung haben wir in *frain* für *fron* u. s. w., s. Einl. 72, 9 Das *taugenpůch* ist Apoc. 9, 3. 72, 28 Ob *slâfende* oder *sleifende (slöufende) tenze* gemeint sind, ist nicht ganz deutlich. Der *sloufende tanz* würde der Gegensatz zu dem *springenden tanz* Altd. Bl. I 56 sein 73, 20 *der minnen půch*: das Hohelied Salomonis (1, 3), dem die folgende Stelle nachgebildet ist, der *liebe bůch* Z, der *innigen* (od. *minnenden*) *sel bůch* D. sind andere Bezeichnungen dafür.

74, 26 Ps. 126, 4. 74, 28 Die fünf Arten des Kugelspiels, welche hier aufgezählt zu werden scheinen, scharf zu scheiden ist mir nicht gelungen. Klar ist zunächst Nr. 4 *ballen*, von Z als *der balle schlachen* näher erläutert. Das Ballspiel, aus den mhd. Dichtern wolbekannt (vgl. Schultz Höf. Leben 422 f.) erfreute sich auch noch im 15. Jh. grosser Beliebtheit. Indessen scheint mir die Vergleichung der Quellen (Predigten, Tractate, Stadtbücher, Polizeiordnungen) den Schluss zu gestatten, dass es zuerst in Oberdeutschland immer mehr von dem Kegelspiel verdrängt wurde und zu einer Belustigung der Knaben und Mädchen herabsank. Am Rhein, in Mittel- und Niederdeutschland erhielt es sich weit länger, und gab besonders durch die enge Verbindung mit dem Tanz zu Rohheiten und Ausschreitungen Anlass, welche der Gegenstand geistlicher Ermahnungen und obrigkeitlicher Verbote wurden. S. hierüber Bintz a. a. O. S. 107, S. 110—112, wo auch ein unsittliches Ballhaus in Köln erwähnt wird. Es ist nicht Zufall, dass gerade in den Niederlanden im 15. Jh. das Ballspiel moralisiert wurde (s. Einl.). Andere Angriffe richteten sich gegen hohen Einsatz beim Ballspiel. — Ist bei Nr. 2 der Zusatz „*der bůben*" echt (in Z fehlt er), so ist auch dies Spiel nicht misszuverstehen: es wäre das Bickern oder Schussern unserer Jungen. Wir behielten so noch übrig Nr. 1 *kuglen*, Nr. 3 *bolen*, Nr. 5 *keglen*. Hier müssen wir jedesfalls zwei Arten des Kugelspiels unterscheiden, die in andern Nachrichten klarer hervortreten, die eine, alterthümlichere, welche auf den Steinwurf (vgl. Discus) zurückgeht und wobei die Kugel bald aus freier Hand oder an einem Seil geschleudert, bald ähnlich wie beim Ballspiel mit einem Knüttel auf oder über der Erde getrieben wurde, die andere, jüngere, welche mit unserm Kegelspiel am nächsten verwandt ist. Die erstere ist überall da gemeint, wo von *bôzen (pôzen)* die Rede ist; auf niederdeutschem Boden scheint der Schevekloth (vgl. Lüntzel Die hildesheimische Stiftsfehde S. 230, und über das Klotschieten der Jeverländer Bintz a. a. O. S. 108) die beliebteste Form gewesen zu sein. Das *spil mit dem klôze* indessen, das u. a. auch Kaiserchr. Diem 401, 24 gespielt wird, war, wie sich aus der Schilderung im Athis C* 87 zu ergeben scheint, das Ballspiel, und ebenso ist in lat. Stellen meist der *ludus globorum* aufzufassen. (Anders Schultz, Höf. Leben I 411).

Das *kuglen* an unserer Stelle ist wol identisch mit *durch den ring küglen* 3, 22. — Unser Kegelspiel, Nr. 5 *keglen*, dürfen wir wol auch da vermuthen, wo von *walen*, *walgeln*, *wälzeln* gesprochen wird. Es muss schon frühzeitig um hohen Einsatz und mit grosser Leidenschaftlichkeit gespielt worden sein, nur so erklären sich die schweren Strafen, welche in den Nürnberger Polizeiordnungen (ed. Baader S. 65) gegen die Spieler und besonders gegen den *platzmeister* festgesetzt werden. Das *pozen* wird in einer frühern Verordnung (Ebda S. 63) viel milder behandelt. — Aus den Nürnberger Verordnungen gegen das *wälzeln* geht die Form des Ziels nicht ganz deutlich hervor: neben dem *wälzeln* wird ein anderes Spiel *in einen kreis schizzen* mit der gleichen Strafe belegt, das dem jetzigen Kegeln in dieser Beziehung noch näher zu stehen scheint. Leider lässt uns auch die köstliche Schilderung, welche Hugo von Trimberg im Renner V. 11364 ff. von aufgeregten Kugelspielern gibt, über einige Punkte im unklaren. Im Tugendschatz Meister Altwerts S. 89: *zwei spilten der bolen, zwei walten zů dem zweck* und im Teufelsnetz V. 13321 *walar, bosar mit unrecht triben* werden, wie ich glaube, die oben auseinandergehaltenen zwei Hauptarten unterschieden an der erstern Stelle ist indessen nicht an ein Kegelspiel auf Bohlen zu denken, wie Lexer andeutet, denn die gedielte Kegelbahn ist eine ziemlich junge Einrichtung: wie noch heute in vielen Gegenden schob man auf festgestampfter Erde. Das *spil der bolen* ist vielmehr dasselbe wie frz. *jeu de boule*. — Ich erwähne zum Schluss noch den ältesten Beleg für das Wort Kegel, weil diese Stelle, bisher kaum beachtet, zugleich auf eine eigenthümliche alte Sitte hinweist: Predigt auf Dom. IV aus Kuppitschs Sammlung (ca. 1200) Mones Anz. 8, 513 f. *Swa der keiser hiute ist, daz ist sin reht, daz ouch er sich frewen sul unde sol der keglen spiln als ime gezetzet ist. Mine karissimi, daz bediutet alles die wunne die wir haben suln mit dem gotis dienste.* Eine Reihe weiterer Belegstellen findet man bei Rothe Das Kegelspiel. Zeitz und Leipzig (1880) S. 6—15. 75, 12 Dig. XLVIII 19, 3. 75„ 28 Diese Geschichte (in GD mit einem Bilde) entnimmt Ingold den Gesta Rom. Nr. 44 (deren Quelle Vincenz von Beauvais ist). 76, 16 Die Erzählung vom Tode Kains durch den Pfeil seines Nachkommen Lamech bietet nach ältern Genesiscommentatoren Petrus Comestor Hist. schol. Lib. Gen. Cap. 28. 76, 25 Apoc. 6, 2, auch in Ingolds erster Predigt. 77, 20 I Reg. 10, 26. 77, 23 In keiner Vita der beiden Heiligen zu finden. 77, 30 I Joann. 5, 19. 78, 14 Matth. 6, 6.

78, 16 Frei nach I Reg. 18, 6 u. 7. 78, 30 Boëthius De institutione musica I 10 und danach bei den meisten mittelalterlichen Musikschriftstellern. 79, 32 Augustini Confessiones Lib. VIII Cap. 12. 80, 2 Die Sirenen waren am besten aus dem Physiologus bekannt (Fundgr. I 25, Bild bei Karajan Sprachdenkmale Taf. 7, Chaucer, Nunprests tale V. 450 f.), mit der „*poetrey*“ wird wohl Ovid (Metam. V 555, XIV 88 ff.) gemeint sein. 80, 3 Argus, Gesta Rom. No. 111. 80, 29 *laym (leym* D) = *lium* stm? Ruf, Gerücht, bisher unbelegt.

80, 30 *schmotzen* = *schmutzen*, schmunzeln. 81, 6 Konrad von Megenberg S. 316 hat davon nichts. 81, 9 Dass ff auch für „Decret" angewendet wird, vermuthete Stölzel, Zeitschr. f. Rechtsgesch. 13, 399. 81, 16 Boner Nr. 53. 81, 31 Ueber die Beginen lautet das Urtheil der Moralisten an den verschiedenen Orten recht verschieden. Sehr gelobt werden sie im Teufelsnetz V. 5988 ff., scharf getadelt von Heinrich von Neustadt Von Gotes Zuokunft V. 437 ff. Ueber die Strassburger Beginen s. K. Schmidt Alsatia 1858—61 S. 149 ff., bes. 216 ff. und Zarncke zu Narrenschiff 102, 47. — *gaystlerin*, *geisterin*, Schwester des freien Geistes, Begine, s. Deutsche Städtechroniken X 310, 13 (Königshofen). 82, 5 Wander, Sprichwörterlexicon I 416, Nr. 56. 82, 6 Ebda III 181, Nr. 65. 83, 29 *die rechten maysterlieder*, vgl. Herolt Sermo 124: *cantilenas amatorias in cruce altisone cantavit, ne unam quidem sed septem.* 84, 5 Von dieser Musikquelle handelt Gesta Rom. Nr. 150, aber ohne Avicenna und Arabia zu nennen; andere ähnliche Naturerscheinungen bespricht Konrad von Megenberg S. 484. 84, 18 Augustini Sermones Nr. 9 De decem chordis (Migne V. 1, 75 ff.), ziemlich umfangreich und daher hier als Tractat angesehen. 84, 19 *unverfenclichen* kann hier nicht wie sonst im mhd. 'unnütz, wirkungslos' bedeuten, sondern wol 'ohne Nebenabsicht, Stolz'.

WÖRTERVERZEICHNIS.

(Ein a neben der Zahl bezeichnet eine Anmerkung).

BERICHTIGUNGEN.

Seite 1 Z. 3 v. u. lies *5—6* statt *4—5*.
„ 3, 3 lies *Seneca* statt *Seneea.*
„ 6, 12 lies *ologarcia* statt *olorgarcia.*
„ 10, 32 lies *iederman* statt *ieder man.*
„ 38, 24 setze ein Komma hinter *sünder,*
„ 47, 7 am Rande fehlt *28a.*
„ 47, Zeile 4 v. u. lies *6* statt *7.*
„ 47, Zeile 6 v. u. lies *schaffczag.l* statt *schaffczapel.*
„ 59, 9 lies *riemer* statt *růmer* und tilge die Lesart von G.
„ 68, 1 die Lesart gehört zu *67, 29.*
„ XIV Einl. Zeile 10 v. u. lies Eigennamen statt Hauptwörter.

Schliesslich bitte ich zu entschuldigen, wenn durch einen Irrthum die bei der Correctur von Bogen 1 u. 2 notierten Trennungen wie *dar zů* einige Male nicht ausgeführt worden sind.

FSC
www.fsc.org
MIX
Papier | Fördert
gute Waldnutzung
FSC® C083411

Kolibri 360 GmbH
Ferdinand-Jühlke-Straße 7
99095 Erfurt, Deutschland
produktsicherheit@kolibri360.de